普通高等教育机械类应用型人才及卓越工程师培养规划教材

CAD/CAM 技术

王宗彦 李文斌 闫献国
陆春月 刘丽娟 杜 娟 孙淑婷   编 著

电子工业出版社

Publishing House of Electronics Industry
北京·BEIJING

内 容 简 介

本书全面系统地描述了产品全生命周期中 CAD/CAM 技术的基本概念、基本理论和基本方法。全书共分为 12 章，主要内容包括 CAD/CAM 技术概述、CAD/CAM 系统、计算机图形处理技术、计算机辅助概念设计、CAD/CAM 建模技术、CAD/CAM 装配建模技术、计算机辅助工程分析、计算机辅助工艺过程设计、计算机辅助制造技术、计算机辅助质量管理技术、CAD/CAM 系统集成及 CAD/CAM 应用软件开发技术等。

本书可作为高等院校机械设计制造及其自动化、机械工程、飞行器制造工程、车辆工程、机械电子工程等专业的本科生和研究生教材，也可作为从事 CAD/CAM 技术研究与应用的工程技术人员的参考资料或培训教材。

未经许可，不得以任何方式复制或抄袭本书之部分或全部内容。
版权所有，侵权必究。

图书在版编目（CIP）数据

CAD/CAM 技术／王宗彦等编著．—北京：电子工业出版社，2014.7
普通高等教育机械类应用型人才及卓越工程师培养规划教材
ISBN 978-7-121-23095-0

Ⅰ.①C… Ⅱ.①王… Ⅲ.①计算机辅助设计－高等学校－教材②计算机辅助制造－高等学校－教材 Ⅳ.①TP391.7

中国版本图书馆 CIP 数据核字（2014）第 084799 号

策划编辑：李　洁
责任编辑：李　洁
印　　刷：北京京师印务有限公司
装　　订：北京京师印务有限公司
出版发行：电子工业出版社
　　　　　北京市海淀区万寿路 173 信箱　邮编　100036
开　　本：787×1 092　1/16　印张：19.75　字数：506 千字
版　　次：2014 年 7 月第 1 版
印　　次：2018 年 7 月第 2 次印刷
定　　价：45.00 元

凡所购买电子工业出版社图书有缺损问题，请向购买书店调换。若书店售缺，请与本社发行部联系，联系及邮购电话：(010) 88254888。
质量投诉请发邮件至 zlts@phei.com.cn，盗版侵权举报请发邮件至 dbqq@phei.com.cn。
服务热线：(010) 88258888。

前 言

CAD/CAM（计算机辅助设计与制造）是制造工程技术与计算机信息技术结合发展起来的一门先进制造技术，它的应用使传统的产品设计、制造内容和工作方式等都发生了根本性的变化，为制造业带来了巨大的经济和社会效益，被视为工业化与信息化深度融合的重要支撑技术。目前 CAD/CAM 技术广泛应用于机械、电子、航空航天、汽车、船舶、纺织、轻工及建筑等各个领域，它的研究与应用水平已成为衡量一个国家科技现代化和工业现代化水平的重要标志。

对制造业来说，企业的核心竞争力主要体现在其产品的快速开发和制造能力上，CAD/CAM 技术是提高产品设计质量、缩短产品开发周期、降低产品生产成本的强有力手段，是当前工程技术人员必须掌握的基本工具，已经成为机械工程等学科领域相关专业本科生和研究生的必修课程。我国作为世界制造大国，对掌握 CAD/CAM 技术的人才需求十分强烈。但由于 CAD/CAM 技术仍处于高速发展阶段，其新技术层出不穷。因此，系统地编写一本反映 CAD/CAM 技术基本原理与最新进展的教材，满足当前 CAD/CAM 技术研究、教学和推广应用的需要，是本书编写的初衷。

本书融入作者多年的相关教学与科研经验，围绕产品全生命周期的设计与制造环节，全面叙述了 CAD/CAM 技术所涉及的计算机辅助技术概念、理论和应用技术。在整体结构和内容安排上具有如下特点。

（1）在整体结构上，充分体现内容安排的系统性、条理性和完整性。将产品全生命周期的设计制造理念贯穿全书始终，符合从概念设计到详细设计及加工制造的基本流程。本书从基本理论入手，以概念设计→建模技术→装配技术→辅助分析→辅助工艺过程→辅助数控编程→辅助质量控制→系统集成→CAD/CAM 系统的二次开发技术为主线来安排章节。

（2）在内容安排上，着重介绍基本概念、原理、关键技术和实施方法，加入了云平台、MBD 等新概念，并对多种技术给出仿真实例，在传统经典内容的基础上突出了新颖性与实用性。基本原理介绍做到清晰准确；关键技术介绍突出各单元技术的掌握；在介绍实施方法时，突出思路和方法的多样性，以开阔学生的思路，培养他们分析问题和解决问的能力。增加了一章计算机辅助概念设计的内容，介绍计算机辅助概念设计的内涵、设计方法、建模与评价。在计算机辅助工艺规划(CAPP)一章，增加了工艺数据库技术和计算机辅助工装设计的内容。基于企业对各通用系统的不同需求，增加了一章 CAD/CAM 应用软件二次开发技术。考虑到 PDM 技术应用的日益广泛，将 PDM 技术作为 CAD/CAM 集成技术一章的重点。

全书将概念、理论与应用有机结合，在建模、分析、工艺、编程及二次开发等章节分别增加了 SolidWorks、开目 CAPP、MasterCAM、ANSYS 等软件的应用实例，使学生对基本概念、原理及方法能进一步理解与掌握，从而加强他们的 CAD/CAM 技术工程应用意识。本书配有 PPT 课件，请登录华信教育资源网（www.hxedu.com.cn）注册后免费下载。

写作分工如下：第 1 章由中北大学王宗彦教授编写，第 2、10 章由太原理工大学李文斌教授和中北大学王宗彦教授编写，第 3 章由太原工业学院孙淑婷副教授编写，第 4、5、7 章由中北大学刘丽娟讲师编写，第 6、9、12 章由中北大学陆春月讲师编写，第 8、11 章由太原科技大学闫献国教授和杜娟副教授编写，武汉开目信息技术有限责任公司袁惠敏提供了开目 CAPP 软件简介。

全书由王宗彦、陆春月和刘丽娟统稿。本书参考或引用了一些文献的部分内容，在此对文献的作者谨致由衷的谢意。

由于编著者水平有限，书中不足、不妥之处在所难免，敬请读者批评指正。

作　者

2014年3月于中北大学

目 录

第1章 CAD/CAM 技术概述 (1)
  1.1 CAD/CAM 技术的基本概念 (1)
  1.2 CAD/CAM 技术的起源 (2)
    1.2.1 CAD 技术 (2)
    1.2.2 CAE 技术 (2)
    1.2.3 CAPP 技术 (4)
    1.2.4 CAM 技术 (4)
    1.2.5 CAQ 技术 (5)
    1.2.6 PDM 技术 (5)
  1.3 CAD/CAM 技术在产品设计制造过程中的地位 (6)
  1.4 CAD/CAM 系统的功能与任务 (7)
    1.4.1 CAD/CAM 系统的基本功能 (7)
    1.4.2 CAD/CAM 系统的主要任务 (7)
  1.5 CAD/CAM 技术的应用和发展 (9)
    1.5.1 CAD/CAM 技术在工业中的应用 (9)
    1.5.2 CAD/CAM 技术的发展趋势 (10)
  习题与思考题 (12)

第2章 CAD/CAM 系统 (13)
  2.1 CAD/CAM 系统的组成与分类 (13)
    2.1.1 CAD/CAM 系统的组成 (13)
    2.1.2 CAD/CAM 系统的分类 (15)
  2.2 CAD/CAM 系统的硬件与支撑软件 (15)
    2.2.1 CAD/CAM 系统的硬件 (15)
    2.2.2 CAD/CAM 系统的支撑软件 (18)
  2.3 CAD/CAM 系统的设计原则 (20)
    2.3.1 系统设计的总体原则 (20)
    2.3.2 系统中硬件设备的选用原则 (22)
  2.4 网络化 CAD/CAM 系统 (23)
    2.4.1 概述 (23)
    2.4.2 计算机网络的拓扑结构和网络协议 (23)
    2.4.3 客户机/服务器工作模式 (24)
    2.4.4 CAD/CAM 系统和网络 (25)
  2.5 基于云计算的 CAD/CAM 系统 (26)
    2.5.1 云计算的概念与组成 (26)
    2.5.2 CAD/CAM 云设计平台概念和技术体系 (27)
  习题与思考题 (31)

第3章 计算机图形处理技术 (32)
  3.1 图形的几何变换 (32)
    3.1.1 图形几何变换的基本原理 (32)
    3.1.2 二维图形的基本变换 (32)
    3.1.3 二维图形的组合变换 (37)
    3.1.4 三维图形基本变换 (40)
    3.1.5 三维图形组合变换 (42)
    3.1.6 工程图的生成 (43)
  3.2 图形的消隐技术 (44)
    3.2.1 消隐的概念与作用 (44)
    3.2.2 消隐算法中的基本测试方法 (45)
    3.2.3 常用消隐算法 (47)
  3.3 图形的光照处理技术 (50)
    3.3.1 光照处理的基本原理 (51)
    3.3.2 光照处理的基本算法 (53)
  3.4 图形裁剪技术 (54)
    3.4.1 窗口与视区 (54)
    3.4.2 二维图形裁剪 (56)
  3.5 曲线设计 (61)
    3.5.1 Bezier 曲线 (61)
    3.5.2 B 样条曲线 (62)
  3.6 曲面设计 (64)
    3.6.1 Bezier 曲面 (65)
    3.6.2 B 样条曲面 (66)
    3.6.3 孔斯曲面 (66)
  习题与思考题 (68)

第4章 计算机辅助概念设计 (69)
  4.1 基本概念 (69)
    4.1.1 概念设计的内涵 (69)
    4.1.2 计算机辅助概念设计的内涵 (71)
    4.1.3 CACD 的方法与支撑技术 (74)
  4.2 CACD 的流程与模型 (74)
    4.2.1 设计流程 (74)
    4.2.2 设计概念的产生、定位与决策 (76)
    4.2.3 计算机辅助概念设计体系结构 (78)
    4.2.4 功能建模 (78)

		4.2.5　形态学建模……………………（80）
	4.3　CACD 方案的评价……………………（81）
		4.3.1　方案评价的指标体系与原理…………………………（81）
		4.3.2　方案评价识别模型………（82）
	习题与思考题…………………………（84）
第 5 章　CAD/CAM 建模技术……………（85）
	5.1　基本概念…………………………（85）
		5.1.1　概述………………………（85）
		5.1.2　建模基础知识……………（85）
		5.1.3　常用建模方法……………（89）
	5.2　线框建模…………………………（90）
		5.2.1　线框建模的概念…………（90）
		5.2.2　线框建模的特点…………（91）
	5.3　表面建模…………………………（92）
		5.3.1　表面建模的基本概念……（92）
		5.3.2　表面描述方法的种类……（93）
		5.3.3　曲面造型方法……………（94）
		5.3.4　曲面建模的特点…………（96）
	5.4　实体建模…………………………（96）
		5.4.1　实体建模的基本原理……（96）
		5.4.2　实体建模的表示方法……（98）
	5.5　特征建模………………………（103）
		5.5.1　特征建模的概念…………（103）
		5.5.2　特征建模的形成体系……（104）
		5.5.3　特征间的关系……………（105）
		5.5.4　特征的表达方法…………（106）
		5.5.5　特征库的建立……………（106）
		5.5.6　特征建模技术的实现和发展……………………（107）
	5.6　参数化特征建模………………（107）
		5.6.1　参数化特征建模的概念…（107）
		5.6.2　参数化特征建模的表示及其数据结构………………（108）
		5.6.3　参数化特征建模技术应用范围…………………（110）
	5.7　同步建模………………………（110）
		5.7.1　基本概念与特点…………（110）
		5.7.2　同步建模软件的结构层次……（111）
		5.7.3　同步解析引擎……………（112）
		5.7.4　同步建模中的特征技术………（112）
		5.7.5　应用同步建模技术的 CAD 数据交换………………………（114）
	5.8　行为建模………………………（115）
		5.8.1　基本概念与特点…………（115）
		5.8.2　行为建模技术的核心……（116）
	5.9　SolidWorks 的参数化特征建模技术……………………………（117）
		5.9.1　SolidWorks 工作界面及特征管理树………………（117）
		5.9.2　SolidWorks 实体建模……（120）
		5.9.3　SolidWorks 曲面建模……（122）
		5.9.4　SolidWorks 的参数化特征建模实例………………（125）
	习题与思考题………………………（129）
第 6 章　CAD/CAM 装配建模技术………（131）
	6.1　装配建模概述…………………（131）
	6.2　装配模型………………………（132）
		6.2.1　装配模型分类……………（132）
		6.2.2　装配模型的结构…………（134）
		6.2.3　装配模型的管理…………（135）
	6.3　装配约束技术…………………（136）
		6.3.1　装配约束分析……………（136）
		6.3.2　装配约束规划……………（138）
	6.4　装配建模方法…………………（140）
		6.4.1　自底向上的装配设计……（140）
		6.4.2　自顶向下的装配设计……（141）
		6.4.3　混合装配建模方法………（142）
	6.5　装配建模技术的应用…………（142）
		6.5.1　基于 SolidWorks 的自底向上的装配设计………………（142）
		6.5.2　基于 SolidWorks 的自顶向下的装配设计………………（144）
	习题与思考题………………………（146）
第 7 章　计算机辅助工程分析……………（147）
	7.1　概述……………………………（147）
	7.2　有限元分析技术………………（149）
		7.2.1　有限元分析基本原理……（150）
		7.2.2　有限元法的分析步骤……（150）
		7.2.3　有限元法的前置处理与后置处理…………………………（155）
	7.3　优化设计方法…………………（156）
		7.3.1　优化设计数学模型………（156）

7.3.2 优化设计过程……………（158）
7.3.3 机械设计中常用优化设计方法……………（159）
7.4 工程分析中的动态仿真…………（161）
7.4.1 仿真的基本概念……………（162）
7.4.2 计算机仿真的工作流程……（164）
7.4.3 仿真技术的应用……………（166）
习题与思考题…………………………（168）

第8章 计算机辅助工艺过程设计………（169）
8.1 概述……………………………（169）
8.1.1 CAPP 的定义及作用………（169）
8.1.2 CAPP 的应用意义…………（169）
8.1.3 CAPP 的分类及基本原理…（170）
8.1.4 CAPP 的发展趋势…………（171）
8.2 零件信息描述与输入……………（172）
8.2.1 图纸信息描述与人机交互式输入……………（172）
8.2.2 从 CAD 系统获取零件信息……………（173）
8.3 派生式 CAPP 系统………………（174）
8.3.1 成组技术……………………（174）
8.3.2 零件分类编码系统…………（176）
8.3.3 基于 GT 的派生式 CAPP 系统……………（180）
8.3.4 基于特征（实例）推理的派生式 CAPP 系统……（181）
8.4 创成式 CAPP 系统………………（185）
8.4.1 创成式 CAPP 系统的设计方法……………（185）
8.4.2 创成式 CAPP 系统的组成及工作过程……………（186）
8.4.3 创成式 CAPP 系统的工艺决策……………（187）
8.4.4 一般创成式 CAPP 系统的工艺决策方法……………（187）
8.5 CAPP 专家系统…………………（190）
8.5.1 专家系统概念………………（190）
8.5.2 创成式 CAPP 专家系统概述……………（190）
8.5.3 CAPP 专家系统组成………（191）
8.5.4 知识的获取和表达…………（191）
8.5.5 工艺决策知识的组织与管理…（194）

8.5.6 CAPP 专家系统推理策略…（194）
8.6 计算机辅助工装设计……………（195）
8.6.1 夹具设计……………………（195）
8.6.2 复杂刀具计算机辅助设计…（198）
8.7 CAPP 的工艺数据库技术………（202）
8.7.1 工艺数据基本概念…………（202）
8.7.2 工艺数据类型及特点………（202）
8.7.3 工艺数据库建立……………（205）
8.7.4 工艺数据库管理系统………（208）
8.8 CAPP 系统开发与应用…………（208）
8.8.1 CAPP 系统开发目标………（208）
8.8.2 CAPP 系统开发原则………（208）
8.8.3 开发环境及工具的选择……（209）
8.8.4 CAPP 系统开发过程………（210）
8.8.5 CAPP 系统功能模块………（212）
8.9 开目 CAPP 系统简介……………（212）
8.9.1 开目 CAPP 的功能模块……（213）
8.9.2 开目 CAPP 主要特点………（215）
8.9.3 开目 CAPP 工艺规程编制实例……………（216）
习题与思考题…………………………（223）

第9章 计算机辅助制造技术……………（224）
9.1 CAM 技术概述…………………（224）
9.1.1 CAM 技术原理和基本概念…（224）
9.1.2 CAM 系统功能与体系结构…（224）
9.2 计算机辅助数控编程基础………（226）
9.2.1 计算机辅助数控加工编程的一般原理……………（226）
9.2.2 数控编程的内容与步骤……（226）
9.2.3 数控编程术语与标准………（228）
9.3 数控自动编程……………………（230）
9.3.1 APT 语言自动编程…………（230）
9.3.2 CAD/CAM 集成系统数控编程……………（232）
9.4 图形交互式自动编程技术………（233）
9.4.1 图形交互式自动编程的特点和基本步骤……………（233）
9.4.2 加工工艺决策………………（235）
9.5 MasterCAM 数控编程实例……（238）
9.5.1 MasterCAM 的基本功能……（238）
9.5.2 MasterCAM 的工作界面……（238）

9.5.3 MasterCAM 数控编程的一般
　　　工作流程 ……………………(239)
9.5.4 MasterCAM 数控编程实例…(239)
习题与思考题 ………………………………(250)
第 10 章 计算机辅助质量系统技术 ………(251)
10.1 概述 ……………………………………(251)
　　10.1.1 与质量有关的基本概念 ……(251)
　　10.1.2 传统的质量系统存在的
　　　　　问题 …………………………(252)
　　10.1.3 计算机辅助质量系统及其
　　　　　作用 …………………………(252)
10.2 计算机辅助质量系统设计 ……………(254)
　　10.2.1 CAQ 系统的基本组成 ………(254)
　　10.2.2 CAQ 系统的信息流程 ………(254)
　　10.2.3 CAQ 系统功能设计与
　　　　　分析 …………………………(255)
10.3 加工系统质量监测技术 ………………(256)
　　10.3.1 加工系统的检测技术 ………(256)
　　10.3.2 加工系统工件尺寸的自动
　　　　　测量 …………………………(259)
　　10.3.3 加工系统刀具的自动识别
　　　　　和监测 ………………………(264)
　　10.3.4 加工系统加工设备的自动
　　　　　监测 …………………………(268)
习题与思考题 ………………………………(271)
第 11 章 CAD/CAM 系统集成 ……………(272)
11.1 CAD/CAM 集成的概念 ………………(272)
　　11.1.1 CAD/CAM 的概念与作用 …(272)
　　11.1.2 CAD/CAM 集成系统的基本
　　　　　组成 …………………………(272)
　　11.1.3 CAD/CAM 集成系统的体系
　　　　　结构 …………………………(273)
11.2 CAD/CAM 集成方法 …………………(274)
　　11.2.1 基于专用接口的 CAD/CAM
　　　　　集成 …………………………(274)
　　11.2.2 基于 STEP 的 CAD/CAM
　　　　　集成 …………………………(275)
　　11.2.3 基于数据库的 CAD/CAM
　　　　　集成 …………………………(276)
11.3 基于产品数据库管理的 CAD/CAM
　　系统集成 ………………………………(276)
　　11.3.1 产品数据表达 ………………(277)
　　11.3.2 产品数据管理 ………………(278)
　　11.3.3 基于 PDM 的 CAD/CAM
　　　　　内部集成 ……………………(279)
　　11.3.4 基于 PDM 的 CAD/CAM
　　　　　外部集成 ……………………(280)
习题与思考题 ………………………………(280)
第 12 章 CAD/CAM 应用软件开发技术 …(281)
12.1 应用软件开发技术概述 ………………(281)
　　12.1.1 CAD/CAM 系统的开发
　　　　　要求 …………………………(281)
　　12.1.2 CAD/CAM 软件开发方式 …(282)
　　12.1.3 CAD/CAM 软件二次开发
　　　　　的概念、目的和一般原则 …(282)
　　12.1.4 CAD/CAM 系统开发的
　　　　　步骤 …………………………(283)
12.2 基于通用平台的系统开发技术
　　基础 ……………………………………(283)
　　12.2.1 CAD/CAM 系统二次开发
　　　　　平台的体系结构 ……………(283)
　　12.2.2 二次开发模式及开发接口 …(284)
　　12.2.3 CAD/CAM 软件参数化
　　　　　技术 …………………………(285)
12.3 基于 SolidWorks 的应用软件开发
　　方法 ……………………………………(286)
　　12.3.1 程序开发环境 ………………(286)
　　12.3.2 开发方式 ……………………(288)
　　12.3.3 基于 SolidWorks 的软件
　　　　　开发技术 ……………………(295)
12.4 零件参数化程序开发实例 ……………(300)
　　12.4.1 创建零件 ……………………(300)
　　12.4.2 尺寸驱动 ……………………(302)
习题与思考题 ………………………………(304)
参考文献 ……………………………………(305)

第 1 章 CAD/CAM 技术概述

> **教学提示与要求**
>
> 本章介绍了 CAD/CAM 技术的基本概念与起源、CAD/CAM 技术在产品设计制造过程中的地位、CAD/CAM 系统的功能与任务、CAD/CAM 技术的应用和发展等内容。要求重点掌握 CAD/CAM 技术的基本概念和 CAD/CAM 系统的功能与任务。

1.1 CAD/CAM 技术的基本概念

CAD（Computer Aided Design）即计算机辅助设计，是指工程技术人员在人和计算机组成的系统中以计算机为工具，辅助人类完成产品的建模、分析、绘图等工作，并达到提高产品设计质量、缩短产品开发周期、降低产品成本的目的。一般认为 CAD 系统的功能包括：①概念设计；②结构设计；③工程分析；④施工设计等。

CAE（Computer Aided Engineering）即计算机辅助工程分析，泛指包括有限元分析、可靠性分析、动态分析、优化设计及产品的常规分析计算等内容。是用计算机辅助求解复杂工程和产品结构强度、刚度、屈曲稳定性、动力响应、热传导、三维多体接触、弹塑性等力学性能的分析计算以及结构性能的优化设计等问题的一种近似数值分析方法。广义上讲，CAE 技术是 CAD 技术的一部分，强调 CAD/CAE 一体化即设计分析一体化。

CAPP（Computer Aided Process Planning）即计算机辅助工艺过程设计，是指在人和计算机组成的系统中，根据产品设计阶段给出的信息，人机交互地或自动地完成产品加工方法的选择和工艺过程的设计。一般认为 CAPP 的功能包括：①毛坯设计；②加工方法选择；③工艺路线制定；④工序设计；⑤刀夹量具设计等。其中工序设计又包含：机床、刀具的选择，切削用量的选择，加工余量分配以及工时定额计算等。

CAM（Computer Aided Manufacturing）即计算机辅助制造，有广义和狭义两种定义，广义 CAM 一般是指利用计算机辅助完成从生产准备到产品制造整个过程的活动，包括工艺过程设计、工装设计、NC 自动编程、生产作业计划、生产控制、质量控制等。本书采用狭义定义方法，并适当扩展了有关集成质量管理的内容。

CAQ（Computer Aided Quality）即计算机辅助质量管理，是指企业采用计算机支持的各种质量保证和管理活动，也可称为计算机辅助质量保证（Computer Aidied Quality Assurance）。在实际应用中，可以分为质量保证、质量控制和质量检验等几个方面。其中，质量保证贯穿了整个产品形成的过程，是企业质量管理中最为重要的部分。包括以下功能：质量数据采集、整理、存储和传输，质量预测、决策与控制，质量评价等。

PDM（Product Data Management）即产品数据管理，是一门管理所有与产品相关的信息（包括电子文档、数字化文件、数据库记录等）和所有与产品相关的过程（包括审批/发放、工程更改、一般流程、配置管理等）的技术。它提供产品全生命周期的信息管理，并可在企业范围内为产品设计和制造建立一个并行化的协作环境。

CAD/CAM 技术即计算机辅助设计与制造技术，早期强调的是 CAD、CAM 两种技术的集成，现在已经发展为 CAD、CAE、CAPP、CAM、CAQ 五种技术依托 PDM 技术的集成技术，即 C5P 技术。曾经有人称为 C4P 技术，即 CAD/CAE/CAPP/CAM/ PDM 集成技术。本书的 CAD/CAM 系统是指由 CAD/CAM 技术与相应的计算机硬件与外围输入输出设备组成的系统。

1.2 CAD/CAM 技术的起源

1.2.1 CAD 技术

CAD 技术诞生于 20 世纪 60 年代，是美国麻省理工学院提出的交互式图形学的研究计划，由于当时硬件设施昂贵，只有美国通用汽车公司和美国波音航空公司使用自行开发的交互式绘图系统。

20 世纪 70 年代，小型计算机费用下降，美国工业界才开始广泛使用交互式绘图系统。

20 世纪 80 年代，由于 PC 机的应用，CAD 得以迅速发展，出现了专门从事 CAD 系统开发的公司。当时 VersaCAD 是专业的 CAD 制作公司，所开发的 CAD 软件功能强大，但由于其价格昂贵，没有得到普遍应用。而当时的 Autodesk（美国计算机软件公司）公司是一个仅有人数员工的小公司，其开发的 CAD 系统虽然功能有限，但因其可免费复制，故在社会得以广泛应用。同时，由于该系统的开放性，该 CAD 软件升级迅速。

有人认为 Ivan Sutherland（伊凡·萨瑟兰郡）于 1963 年在麻省理工学院开发的 Sketchpad（画板）是一个转折点。Sketchpad 的突出特性是它允许设计者用图形方式和计算机交互：设计可以用一枝光笔在阴极射线管屏幕上绘制到计算机里。实际上，这就是图形化用户界面的原型，而这种界面是现代 CAD 不可或缺的特性。

CAD 最早的应用是在汽车制造、航空航天以及电子工业的大公司中。随着计算机成本变得更低，应用范围也逐渐变广。

计算机技术的发展使得计算机在设计活动中得到技巧性更强的应用。如今，CAD 已经不仅仅用于绘图和显示，而且开始进入设计者的专业知识中更"智能"的部分。

随着计算机科技的日益发展，性能的提升和更便宜的价格，许多公司已采用立体的绘图设计。以往，碍于计算机性能的限制，绘图软件只能停留在平面设计，欠缺真实感，而立体绘图则打破了这一限制，令设计蓝图更实体化。

国产 CAD 技术起源于国外 CAD 平台技术基础上的二次开发，随着中国企业对 CAD 应用需求的提升，国内众多 CAD 技术开发商纷纷通过开发基于国外平台软件的二次开发产品让国内企业真正普及了 CAD。到 2000 年后，逐渐涌现出一批优秀的自主版权的 CAD 开发商，如浩辰 CAD、中望 CAD、CAXA、开目 CAD、山大华天等。

1.2.2 CAE 技术

国际上早在 20 世纪 50 年代末、60 年代初就投入大量的人力和物力开发具有强大功能的有限元分析程序。其中最为著名的是由美国国家宇航局（NASA）在1965年委托美国计算科学公司和贝尔航空系统公司开发的 NASTRAN 有限元分析系统。此后有德国的 ASKA、英国的 PAFEC、法国的 SYSTUS、美国的 ABQUS、ADINA、ANSYS、BERSAFE、BOSOR、COSMOS、ELAS、MARC 和 STARDYNE 等公司的产品。

1979 年美国的 SAP5 线性结构静、动力分析程序向国内引进移植成功，掀起了应用通用有限元程序来分析计算工程问题的高潮。在国内开发比较成功并拥有较多用户（100 家以上）的有限元分析系统有大连理工大学工程力学系的 FIFEX95、北京大学力学与科学工程系的 SAP84、中国农机科学研究院的 MAS5.0 和杭州自动化技术研究院的 MFEP4.0 等。

衡量 CAE 技术水平的重要标志之一是分析软件的开发和应用。ABAQUS、ANSYS、NASTRAN 等大型通用有限元分析软件已经引进中国，并在汽车、航空、机械、材料等许多行业得到了应用。中国的计算机分析软件开发是一个薄弱环节，严重地制约了 CAE 技术的发展。仅以有限元计算分析软件为例，世界年市场份额达 5 亿美元，并且以每年 15%的速度递增。相比之下，中国自己的 CAE 软件工业还非常弱小，仅占有很少量的市场份额。

20 世纪 60~70 年代，有限元技术主要针对结构分析进行发展，以解决航空航天技术中的结构强度、刚度以及模态实验和分析问题。世界上 CAE 的三大公司先后成立，致力于大型商用 CAE 软件的研究与开发。

1963 年 MSC 公司成立，开发称之为 SADSAM（Structural Analysis by Digital Simulation of Analog Methods）结构分析软件。1965 年 MSC 参与美国国家航空及宇航局（NASA）发起的计算结构分析方法研究，其程序 SADSAM 更名为 MSC/Nastran。

1967 年 Structral Dynamics Research Corporation（SDRC）公司成立，并于 1968 年发布世界上第一个动力学测试及模态分析软件包，1971 年推出商用有限元分析软件 Supertab（后并入 I-DEAS）。

1970 年 Swanson Analysis System, Inc.（SASI）公司成立，后来重组后改称为 ANSYS 公司，开发了 ANSYS 软件。

20 世纪 70~80 年代是 CAE 技术的蓬勃发展时期，这期间许多 CAE 软件公司相继成立。如致力于发展用于高级工程分析通用有限元程序的 MARC 公司；致力于机械系统仿真软件开发的 MDI 公司；针对大结构、流固耦合、热及噪声分析的 CSAR 公司；致力于结构、流体及流固耦合分析的 ADIND 公司；等等。

在这个时期，有限元分析技术在结构分析和场分析领域获得了很大的成功。从力学模型开始拓展到各类物理场（如温度场、电磁场、声波场等）的分析，从线性分析向非线性分析（如材料为非线性、几何大变形导致的非线性、接触行为引起的边界条件非线性等）发展，从单一场的分析向几个场的耦合分析发展。出现了许多著名的分析软件如 Nastran、I-DEAS、ANSYS、ADIND、SAP 系列、DYNA3D、ABAQUS 等。软件的开发主要集中在计算精度、速度及硬件平台的匹配，使用者多数为专家且集中在航空、航天、军事等领域。从软件结构和技术来说，这些 CAE 软件基本上是用结构化软件设计方法，采用 FORTRAN 语言开发的结构化软件，其数据管理技术尚存在一定的缺陷，运行环境仅限于当时的大型计算机和高档工作站。

进入 20 世纪 90 年代以来，CAE 开发商为满足市场需求和适应计算机硬件、软件技术的迅速发展，对软件的功能、性能，特别是用户界面和前后处理能力进行了大幅扩充，对软件的内部结构和部分模块，特别是数据管理和图形处理部分，进行了重大改造，使得 CAE 软件在功能、性能、可用性和可靠性以及对运行环境的适应性方面基本满足了用户的需要，它们可以在超级并行机、分布式微机群，在大、中、小、微各类计算机和各种操作系统平台上运行。

1.2.3 CAPP 技术

自 1965 年 Niebel 首次提出 CAPP 思想，迄今 30 多年，CAPP 领域的研究得到了极大的发展，期间经历了检索式、派生式、创成式、混合式、专家系统、工具系统等不同的发展阶段，并涌现了一大批 CAPP 原型系统和商品化的 CAPP 系统。

在 CAPP 工具系统出现以前，CAPP 的目标一直是开发代替工艺人员的自动化系统，而不是辅助系统，即强调工艺设计的自动化和智能化。但由于工艺设计领域的个性化、复杂性，工艺设计理论多是一些指导性原则、经验和技巧，因此让计算机完全替代工艺人员进行工艺设计的愿望是良好的，但研究和实践证明非常困难，能够部分得到应用的至多是一些针对特定行业、特定企业甚至是特定零件的专用 CAPP 系统，还没有能够真正大规模推广应用的实用的 CAPP 系统。

在总结以往经验教训的基础上，国内软件公司提出了 CAPP 工具化的思想：CAPP 是将工艺人员从许多工艺设计工作中解脱出来的一种工具；自动化不是 CAPP 唯一的目标；实现 CAPP 系统的以人为本的宜人化的操作，高效的工艺编制手段，工艺信息自动统计汇总，、与 CAD/ERP/PDM 系统的信息集成，具有良好的开放性与集成性是工具化 CAPP 系统研究和推广应用的主要目标。

工具化 CAPP 的思想在商业上获得了极大的成功，使得 CAPP 真正从实验室走向了市场和企业。借助于工具化的 CAPP 系统，上千家的企业实现了工艺设计效率的提升，促进了工艺标准化建设，实现了与企业其他应用系统 CAD/PDM/ERP 等的集成，有力地促进了企业信息化建设。

1.2.4 CAM 技术

1952 年美国麻省理工学院首先研制成功数控铣床。数控的特征是由编码在穿孔纸带上的程序指令来控制机床。此后发展了一系列的数控机床，包括称为"加工中心"的多功能机床，能从刀库中自动换刀和自动转换工作位置，能连续完成铣、钻、铰、攻丝等多道工序，这些都是通过程序指令控制运作的，只要改变程序指令就可改变加工过程，数控的这种加工灵活性称之为"柔性"。加工程序的编制不但需要相当多的人工，而且容易出错，最早的 CAM 便是计算机辅助加工零件编程工作。

20 世纪 50 年代末 60 年代初，CAM 系统是由美国麻省理工学院的 D. T. Ross 教授在 APT 程序系统的发展基础上形成的。APT（Automatically Programmed Tools）语言是通过对刀位轨迹的描述来实现计算机辅助自动数控编程的系统。它是类似 FORTRAN 的高级语言。增强了几何定义、刀具运动等语句，应用 APT 使编写程序变得简单。这种计算机辅助编程是批处理的。在发展这一程序系统的同时，人们就提出了一种设想：能否不描述刀位轨迹，而是直接描述被加工工件的尺寸和形状，由此产生了人机协同设计、加工的设想，并开始了 CAM 技术的研究。

早期的 CAM 系统具有数据转换和过程自动化两方面的功能，所涉及的范围包括计算机数控和计算机辅助过程设计。现在市面上的成熟的 CAM 软件有：UG NX、Pro/NC、CATIA、MasterCAM、SurfCAM、SPACE-E、CAMWORKS、WorkNC、TEBIS、HyperMILL、Powermill、GibbsCAM、FEATURECAM、Topsolid、SolidCAM、Cimatron、VX、Esprit、EdgeCAM 等。

1.2.5　CAQ 技术

1924 年提出休哈特理论，质量控制从检验阶段发展到统计过程控制阶段，利用休哈特工序质量控制图进行质量控制。休哈特认为，产品质量不是检验出来的，而是生产制造出来的，质量控制的重点应放在制造阶段，从而将质量控制从事后把关提前到制造阶段。

1961 年美国的菲根堡姆提出全面质量管理理论（TQM），将质量控制扩展到产品寿命循环的全过程，强调全体员工都参与质量控制。后来在西欧与日本逐渐得到推广与发展。

20 世纪 70 年代，田口玄一博士提出田口质量理论，它包括离线质量工程学（主要利用三次设计技术）和在线质量工程学（在线工况检测和反馈控制）。田口博士认为，产品质量首先是设计出来的，其次才是制造出来的。因此，好的质量是设计、制造出来的，不是检验出来的。因此，质量控制的重点应放在设计阶段，从而将质量控制从制造阶段进一步提前到设计阶段。

20 世纪 80 年代，利用计算机进行质量管理（CAQ），出现了在 CIMS 环境下的质量信息系统（QIS）。借助于先进的信息技术，质量控制与管理又上了一个新台阶，因为信息技术可以实现以往所无法实现的很多质量控制与管理功能。

1.2.6　PDM 技术

在 20 世纪的六七十年代，企业在其设计和生产过程中开始使用 CAD、CAM 等技术，各单元的计算机辅助技术已经日益成熟，但都自成体系，彼此之间缺少有效的信息共享和利用，形成所谓的"信息孤岛"。其特点是数据种类繁多，数据急剧膨胀，数据重复冗余，数据检索困难，数据的安全性及共享管理困难，对企业管理形成巨大的压力。在这一背景下产生一项新的管理思想和技术 PDM，即以软件技术为基础，以产品为核心，实现对产品相关的数据、过程、资源一体化集成管理的技术。

PDM 产品诞生于 20 世纪 80 年代初，各 CAD 厂家配合自己 CAD 软件推出了第一代 PDM 产品，这些产品的目标主要是解决大量电子数据的存储和管理问题，提供了维护"电子绘图仓库"的功能。第一代 PDM 产品仅在一定程度上缓解了"信息孤岛"问题，但仍然普遍存在系统功能较弱、集成能力和开放程度较低等问题。

20 世纪 90 年代初，专业 PDM 系统通过对早期 PDM 产品功能的不断扩展，出现了专业化的 PDM 产品，如 SDRC 公司的 Metaphase 和 UGS 的 iMAN 等就是第二代 PDM 产品的代表。与第一代 PDM 产品相比，在第二代 PDM 产品中出现了许多新功能，如对产品生命周期内各种形式的产品数据的管理能力、对产品结构与配置的管理、对电子数据的发布和更改的控制以及基于成组技术的零件分类管理与查询等，同时软件的集成能力和开放程度也有较大的提高，少数优秀的 PDM 产品可以真正实现企业级的信息集成和过程集成。第二代 PDM 产品在技术上取得巨大进步的同时，在商业上也获得了很大的成功。PDM 开始成为一个产业，出现了许多专业开发、销售和实施 PDM 的公司。

为了实现各单元的计算机辅助技术系统之间数据更加有效的集成，20 世纪 90 年代初诞生了许多数据交换标准，第一批是由欧美国家组织的，把重点放在几何图形的数据交换上，包括法国的 SET 格式、德国的 VDAFS 格式和美国的 IGES 格式（Initial Graphics Exchange Specification）。之后在国际标准组织（ISO）的领导下，为了产生一个技术产品数据全方面的国际标准，人们作出了大量的努力，诞生了产品模型数据标准：STEP（Standard for The Exchange of Product model data）即产品模型数据交换标准。

1997 年 2 月 PDM 进入标准化阶段，OMG 组织公布了其 PDMEnabler 标准草案。作为 PDM 领域的第一个国际标准，本草案由许多 PDM 领域的主导厂商参与制定，如 IBM、SDRC、PTC 等。PDMEnabler 标准的公布标志着 PDM 技术在标准化方面迈出了崭新的一步。PDMEnabler 基于 CORBA 技术，就 PDM 的系统功能、逻辑模型和多个 PDM 系统间的互操作提出了一个标准。这一标准的制定为新一代标准化 PDM 产品的发展奠定了基础。PDM 新技术的背景为 20 世纪 90 年代末期，PDM 技术的发展出现了一些新动向，在企业需求和技术发展的推动下，产生了新一代 PDM 产品。如果说第二代 PDM 产品配合了"自顶向下"企业信息分析方法的话，第三代 PDM 产品就应当支持以"标准企业职能"和"动态企业"思想为中心的新的企业信息分析方法。新技术的发展是产生新一代 PDM 产品的推动力。

随着信息技术的不断发展，为使企业产生更大效益，又有人提出要把企业内所有的分散系统集成。这一设想不仅包括生产信息，也包括生产管理过程所需全部信息，从而构成一个 CIMS（Computer Integrated Manufacturing System）即计算机集成制造系统，CIMS 的重要概念是集成（Integration），通过企业生产经营全过程中的信息流和物流的集成，达到产品功能强、上市快、质量好、成本低、服务好，提高企业的经济效益和市场竞争能力的目的。实现 CIMS 集成的核心技术是 CAD/CAM 技术。

1.3　CAD/CAM 技术在产品设计制造过程中的地位

产品是市场竞争的核心。产品设计与制造过程是从需求分析开始的，经过设计过程、制造过程最后变成可供用户使用的成品，这一总过程也称为产品生产过程。产品设计制造过程具体包括：产品设计、工艺设计、加工检测和装配调试过程。每一过程又划分为若干个阶段，例如产品设计过程可分为任务规划、概念设计、结构设计、施工设计四个阶段；工艺设计过程可划分为毛坯及定位形式确定、工艺路线设计、工序设计、刀、夹、量具设计等阶段；加工、装配过程可划分为 NC 编程、加工过程仿真、NC 加工、检测、装配、调试等阶段（见图 1-1）。

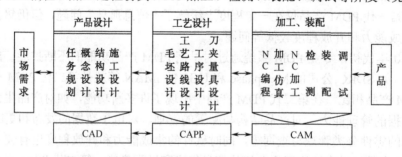

图 1-1　产品设计制造过程及 CAD/ CAPP/CAM 过程链

在上述各过程、阶段内，随着信息技术的发展，计算机获得不同程度应用，并形成了相应的 CAD/CAPP/CAM 过程链。按顺序生产观点，这是一个串行的过程链，但按并行工程的观点考虑到信息反馈，这也是一个交叉、并行的过程。

另外，从市场变化的观点来看，产品又可以分为投入期、生长期、成熟期、饱和期和淘汰期，这是产品生命周期的概念。同时从产品全生命周期整体考虑，还应包括有关产品的研究阶段及市场超前的研究，所以产品的生命周期可分为产品研究、产品规划、产品设计、产品试制、产品制造、产品销售、产品使用及产品报废、回收等阶段。随着计算机应用领域的日益扩大，当前不仅从事生产过程建模技术的研究，而且还面对产品的整个生命周期，从事产品生命周期建模技术研究，以便从根本上解决产品在设计、生产、组织管理、销售、服务等各个环节内产品数据的交换和共享问题。

1.4 CAD/CAM 系统的功能与任务

1.4.1 CAD/CAM 系统的基本功能

（1）人机交互功能

在 CAD/CAM 系统中，人机接口是用户与系统连接的桥梁。采用友好的用户界面，是保证用户直接、有效地完成复杂设计任务的基本和必要条件，除此以外，还需有交互设备，以实现人与计算机之间的联络与通信过程。

（2）图形显示功能

如上所述，CAD/CAM 是一个人机交互的过程。在这个过程中，用户的每一次操作都能从显示器上及时得到反馈，直到取得最佳的设计结果。

从产品的造型、构思、方案的确定，从结构分析到加工过程的仿真，系统应保证用户能够随时观察、修改中间结果，实时进行编辑处理。图形显示功能不仅能够对二维平面图形进行显示控制，还具有对三维实体进行处理等功能。

（3）存储功能

CAD/CAM 系统运行时具有很大的数据量，且伴随着很多算法，将生成大量的中间数据，尤其是对图形的操作、交互式的设计、结构分析中的网格划分等。为保证系统能够正常的运行，CAD/CAM 系统必须配置容量较大的存储设备，以支持数据在各模块运行时的正确流通。工程数据库系统更要求具有储存较大空间的能力。

（4）输入/输出功能

CAD/CAM 系统运行过程中，一方面用户需不断地将有关设计要求、计算步骤的具体数据等输入计算机内；另一方面通过计算机的处理，能够将系统处理的结果及时输出。这个输入/输出功能也是系统的基本功能。输入/输出的信息可以是数值，也可以是非数值，如图形数据、文本、字符等。

1.4.2 CAD/CAM 系统的主要任务

CAD/CAM 系统的主要任务是对产品设计以及制造全过程的信息进行处理。这些信息主要包括设计、制造中的数值计算，设计分析，工程绘图，几何建模，机构分析，计算分析，有限元分析，优化分析，系统动态分析，测试分析，CAPP，工程数据库的管理，数控编程，加工仿真等各个方面。

（1）几何建模

产品设计构思阶段，系统能描述基本几何实体及实体间的关系；提供基本体素、构造实体的多种造型方法，以便为用户提供所设计产品的几何形状、大小，进行零件的结构设计以及零部件的装配；能动态地显示三维图形，解决三维几何建模中复杂的空间布局问题；同时还能进行消隐、色彩浓淡处理等。利用几何建模的功能，用户不仅能构造各种产品的几何模型，还能够随时观察、修改模型，或检验零部件装配的结果。

几何建模是 CAD/CAM 系统的核心。它为产品的设计、制造提供基本数据，同时为其他模块提供原始信息。几何建模所定义的几何模型信息可供有限元分析、绘图、仿真、加工等模块调用。几何建模模块内，不仅能构造规则形状的产品模型，对于复杂表面的造型，系统可采用曲面造型或雕塑曲面造型的方法，根据给定的离散数据或有关具体工程问题的边界条件来定义、生成、控制和处理过渡曲面，或用扫描的方法得到扫视体，建立曲面的模型。小至 U 盘移动插套、手机机壳、液晶显示器机体，大到汽车车身、飞机机翼、巨型船舶船体等的设计制造，均可采用此种方法。

（2）计算分析

CAD/CAM 系统构造了产品的形状模型之后，能够根据产品的几何形状，计算出产品相应的体积、表面积、质量、重心位置、转动惯量等几何特性和物理特性，为系统进行工程分析和数值计算提供必要的基本参数。CAD/CAM 中的结构分析尚需进行应力、温度、位移等计算；图形处理中需进行变换矩阵的运算；体素之间要进行交、并、差运算等；在工艺规程设计中要进行工艺参数的计算。所以，要求 CAD/CAM 系统对各类计算分析的算法要正确、全面，且数据计算量大，还要有较高的计算精度。

（3）有限元分析

有限元分析是一种数值近似解法，用来解决结构形状比较复杂零件的静态、动态特性，如强度、振动、热变形、磁场、温度场强度、应力分布状态等的计算分析问题。在进行静态、动态特性分析计算之前，系统根据产品的结构特点划分网格，标出单元号、节点号，并将划分的结果显示在屏幕上；进行分析计算之后，将计算结果以图形、文件的形式输出，例如应力分布图、温度分布图、位移变形曲线等，使用户方便、直观地看到分析的结果。

（4）优化设计

系统应具有优化求解的功能，即在一定条件的约束限制下，使工程设计中的预定指标达到最优。优化设计包括总体方案的优化、产品零部件结构的优化、工艺参数的优化、可靠性优化等。优化设计是现代设计方法学中的一个重要组成部分。

（5）工程绘图

很多产品的设计结果都以图形的形式出现，CAD/CAM 中的某些中间结果也是通过图形表示的。CAD/CAM 系统一方面应具备从几何造型的三维图形直接向二维图形转换的功能；另一方面还需有处理二维图形的能力，包括基本图元的生成、标注尺寸、图形的编辑处理（比例变换、平移、图形复制、图形删除等）、显示控制以及附加技术条件等功能，保证生成符合生产要求，也符合国家标准的图样文件。

（6）计算机辅助工艺设计 CAPP

工艺设计为产品的加工制造提供指导性的文件，是 CAD 与 CAM 的中间环节。根据建模后生成的产品信息及制造要求，决策或自动决策加工该产品所采用的加工方法、加工步骤、加工设备及加工参数。其结果一方面能被生产实际所用，生成工艺卡片文件，另一方面能直接输出一些信息，为 CAM 中的 NC 自动编程系统接收、识别、直接转换为刀位文件。

（7）数控编程

数控机床是由计算机控制的，而计算机又必须通过加工程序来控制机床。零件加工程序是控制机床运动的源程序，它提供数控机床各种运动和操作的全部信息，主要的有加工工序各坐标的运动行程、速度、联动状态，主轴的转速和转向，刀具的更换，切削液的打开和关断以及排屑等。

数控编程的主要内容有：分析零件图样、确定加工工艺过程、进行数学处理、编写程序清单、制作控制介质、进行程序检查、输入程序以及工件试切等。

（8）动态仿真

在编制数控程序的过程中出错是经常可能发生的，如输入进给方向的错误、切削深度和机床功率的超载等会导致刀具、机床的损坏。对产品从设计到制造的整个过程进行动态仿真，即在产品设计之后投入生产之前，可以实时模拟出产品制造的全过程。借助于动态仿真系统，可以将数控程序的执行过程在屏幕上显示出来，从软件上实现零件的试切过程。利用动态仿真系统可以检查程序的结构错误、语法错误和词法错误。动态仿真系统可以动态模拟加工的全过程，还可以对给定的工艺极限值进行监控检测。

在CAD/CAM系统内部建立一个工程设计的实际系统模型，如机构、机械手、机器人等。通过进行动态仿真，代替、模拟真实系统的运行，用以预测产品的性能、产品的制造过程和产品的可制造性。如数控加工仿真系统，从软件上实现零件试切的加工模拟，就可避免现场调试带来的人力、物力的投入以及加工设备损坏的风险，减少制造费用，缩短产品设计周期。通常有加工轨迹仿真，机构运动学模拟，机器人仿真，工件、刀具、机床的碰撞、干涉检验等。

（9）计算机辅助测试技术

计算机辅助测试技术是一门新兴的综合性学科，它所涉及的范围包括微型计算机技术、测量技术、数字信号处理技术、信号的传输和转换技术、抗干扰技术及现代控制理论等。我国对计算机辅助测试理论和实践的研究已有很大发展，取得了很大的成绩，并且在科研、生产中得到了十分广泛的应用。

（10）工程数据管理

CAD/CAM系统中的数据量大且种类繁多。有几何图形数据、属性语义数据；有产品定义数据、生产控制数据；有静态标准数据、动态过程数据。数据结构一般都较复杂，故CAD/CAM系统应能对各类数据提供有效的管理手段，支持工程设计与制造全过程的信息流动与交换。CAD/CAM系统通常采用工程数据库系统作为统一的数据管理环境，实现各种工程数据的管理。

1.5 CAD/CAM技术的应用和发展

1.5.1 CAD/CAM技术在工业中的应用

从20世纪60年代初第一个CAD系统问世以来，经过50多年的发展，CAD/CAM系统在技术上、应用上已日趋成熟，三维设计成为主导。尤其进入21世纪以后，硬件技术的飞速发展使软件在系统中占有越来越重要的地位。作为商品化CAD/CAM软件，如西门子公司的NX，美国PTC公司的CREO（Pro/Engineer），法国达索公司的CATIA，以及数据库管理软件Oracle等大量投入市场。目前CAD/CAM软件已发展成为一个受人瞩目的高技术产业，并广泛应用于机械、电子、航空、航天、船舶、汽车、纺织、轻工、建筑等行业。据统计，美国全部大型汽车业、电子行业的 60%、建筑行业的 40%均采用 CAD/CAM 技术，例如美国波音 777 已全部实现数字化三维实体设计及无图纸制造。

我国的 CAD/CAM 技术在近 20 年间也取得了巨大进步。从"CAD 应用 1215 工程"和"CAD 应用 1550 工程"，前者是树立 12 家"甩图板"的 CAD 应用典型企业，后者是培育 50～100 家 CAD/CAM 应用的示范企业，继而带动 5000 家企业的计划，到近几年来市场上已越来越多地出现了拥有自主版权的 CAD、CAM、PDM 软件，如高华 CAD、PDM 软件、CAXA 的 CAD、CAPP 软件、天河公司的 CAPP 软件、开目的 CAD、CAPP 软件、中望的三维 CAD 等，CAD/CAM 的研究与应用水平日益提高。但总体上我国 CAD/CAM 技术的研究应用与工业发达国家相比还有较大差距，主要表现在：①CAD/CAM 的应用集成化程度较低，很多企业的应用仍停留在绘图、NC 编程等单项技术的应用上；②CAD/CAM 系统的软件、硬件主要依靠进口，拥有自主版权的软件较少；③缺少设备和技术力量，有些企业尽管引进了 CAD/CAM 系统，但二次开发能力弱，其功能没能充分发挥。

随着市场竞争的日益激烈，用户对产品的质量、成本、上市时间提出了越来越高的要求。事实证明，CAD/CAM 技术是加快产品更新换代，增强企业竞争能力的最有效手段，同时也是实施先进制造和 CIMS 的关键和核心技术。目前，CAD/CAM 技术应用已成为衡量一个国家工业现代化水平的重要标志。因此，我们应抓紧时机，结合国情，积极开展 CAD/CAM 的研究和推广工作，提高企业竞争能力，加速企业现代化的进程。

1.5.2 CAD/CAM 技术的发展趋势

CAD/CAM 技术还在发展之中，发展的主要趋势是集成化、并行化、智能化、虚拟化、网络化和标准化。具体主要体现在如下几个方向上。

(1) 计算机集成制造（CIM）

CIM（Computer Integrated Manufacturing）是 CAD/CAM 技术发展的必然趋势。CIM 的最终目标是以企业为对象，借助于计算机和信息技术，使生产中各部分从经营决策、产品开发、生产准备到生产实施及销售过程中，有关人、技术、经营管理三要素及其形成的信息流、物流和价值流有机集成并优化运行，从而达到产品上市快、高质、低耗、服务好、环境清洁，使企业赢得市场竞争的目的。CIMS 是一种基于 CIM 哲理构成的计算机化、信息化、智能化、集成化的制造系统。它适应多品种、小批量产品市场需求，可有效地缩短生产周期，强化人、生产和经营管理联系，减少在制品，压缩流动资金，提高企业的整体效益。所以，CIMS 是未来工厂自动化的发展方向。CIMS 技术的发展体现了信息技术、自动化技术与管理技术的集成，然而由于 CIMS 是投资大、建设周期长的项目，因此不能一揽子求全，应总体规划、分步实施。而分步实施的第一步是 CAD 与 CAM 集成的实现。

(2) 并行工程（CE）

并行工程（Concurrent Engineering）是随着 CAD/CAM、CIMS 技术的发展而提出的一种新系统工程方法。这种方法的思路就是并行、集成的设计产品开发的过程。它要求产品开发人员在设计的阶段就考虑产品整个生命周期的所有需要，包括质量、成本、进度、用户要求等，以便最大限度地提高产品开发效率及一次成功率。并行工程的关键是并行设计方法代替串行设计方法。图 1-2 为两种方法示意图。由图 1-2 可见，在串行法中信息流向是单向的，在并行法中，信息流向是双向的。

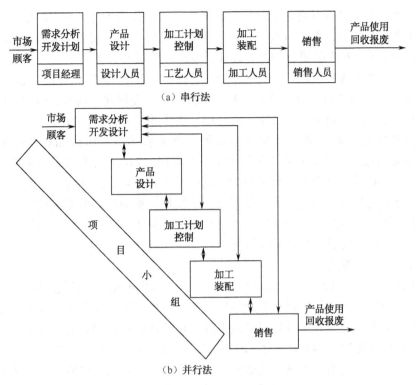

图 1-2 产品的两种开发方法示意图

随着市场竞争的日益激烈,并行工程必将引起越来越多的重视。但其实施也决非一朝一夕的事情,目前应为并行工程的实现创造条件和环境,其中与 CAD/CAM 技术发展密切相关的有如下几项要求:①研究特征建模技术,发展新的设计理论和方法;②开展制造仿真软件及虚拟制造技术的研究,提供支持并行工程运行的工具和条件;③开展企业经营过程重构研究,实现可制造性、可装配性、可维修性设计;④借助网络及 PDM 技术,建立并行工程中数据共享的环境;⑤提供多学科开发小组的协同工作环境,充分发挥人在并行工程中的作用。以上要求将极大地促进 CAD/CAPP/CAM 技术的变革和发展。

(3)智能化 CAD/CAM 系统

机械设计是一项创造性活动,在这一活动过程中,很多工作是非数据、非算法的。所以随着 CAD/CAM 技术的发展,除了集成化之外,将人工智能技术、专家系统应用于系统中,形成智能的 CAD/CAM 系统,使其具有人类专家的经验和知识,具有学习、推理、联想和判断功能及智能化的视觉、听觉、语言能力,从而解决那些以前必须由人类专家才能解决的概念设计问题。这是一个具有巨大潜在意义的发展方向,它可以在更高的创造性思维活动层次上给予设计人员有效的辅助作用。

另外,智能化和集成化两者之间存在着密切联系。为了能自动生成制造过程所需的信息,必须理解设计师的意图和构思。从这一意义上讲,为实现系统集成,智能化也是不可缺少的研究方向。

(4)虚拟产品开发

数字化建模技术、仿真技术和虚拟现实技术的发展,为人类提供了从定性到定量,从模糊到精确、从直觉到科学的工具,因而设计活动开始了从定性、经验型设计向定量、可预测性设计的方向发展。虚拟产品开发(Virtual Product Development,VPD)是建立在虚拟现实技术与

CAD/CAM 技术的有机结合基础之上产生的新概念，它以计算机仿真和产品生命周期建模技术为基础，集计算机图形学、人工智能、并行工程、网络技术、多媒体技术和虚拟现实等技术于一体，在虚拟环境下，对产品进行构思、设计、制造、测试和分析。

虚拟产品开发的显著特点之一是利用存储在计算机内部的"数字化样机"（Digital Mock-Up，MDU）来代替实物样机进行仿真、分析，从而提高了产品在时间、质量、成本、服务和环境等多目标中的决策水平，达到缩短产品开发周期和一次性开发成功的目的。

虚拟产品开发技术通过采用虚拟现实和增强现实技术（Virtual and Augmented Reality Technology，VR、AR）为产品开发人员提供了高度可视化和高度柔性化的人机交互接口，操作者可以通过视觉、触觉及语音和手势等与数字化样机进行交互，从而将人类的观察、思维、想象和操作能力有机地集成在一起，为产品开发人员提供了更为广阔的创造性空间。可以说，这是设计发展史上的一大进步。尽管它的出现只有短短的数年，但已在新产品的开发中显示出巨大影响，波音 777 的开发成功是其最明显的实例。

（5）网络化设计与制造

自 20 世纪 90 年代以来，计算机网络已成为计算机发展进入新时代的标志。随着 Internet 的迅速发展和广泛应用，人们可以突破地域的限制，在广域区间和全球范围内实现协同工作和资源共享。由于分布在异地的资源信息可以方便、迅速地通过网络获取和交换，因此可实现资源的取长补短和优化配置，为此出现了"全球制造"和"分布式网络化生产系统"等先进制造模式。异地协同设计和制造，可以方便地吸收最优秀人才，采用最可靠、最经济的元器件，开发出最有竞争力的产品，然后在最接近用户、最有条件的生产基地制造出产品，以满足世界上任何一地的订货要求，提高企业的快速响应能力和市场竞争力。

习题与思考题

1. CAD/CAM 技术包括哪些单元技术？
2. CAD/CAM 技术如何实现集成？
3. CAD/CAM 系统的基本功能有哪些？
4. CAD/CAM 技术的发展趋势如何？

第 2 章 CAD/CAM 系统

> **教学提示与要求**
>
> CAD/CAM 系统是计算机辅助设计与制造作为共同目标组织在一起的相互关联的有机集成，它主要由硬件、软件和人等部分组成。本章节将从 CAD/CAM 系统的组成、分类和基本功能，硬件与软件，系统的设计原则，网络化 CAD/CAM 系统，以及基于云平台的 CAD/CAM 系统等内容进行阐述。通过本章的教学，使学生进一步理解和认识 CAD/CAM 系统的组成部分，掌握 CAD/CAM 系统设计原则和构成方法。

2.1 CAD/CAM 系统的组成与分类

2.1.1 CAD/CAM 系统的组成

一般地，从计算机应用的角度分析，CAD/CAM 系统由硬件系统和软件系统组成，如图 2-1 所示。实际应用中，由于使用要求的目的不同，其硬件和软件的配置也有所不同，但其组成的结构模块都大同小异。

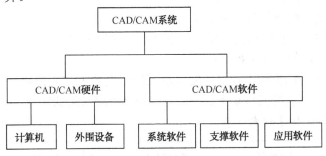

图 2-1 CAD/CAM 系统的基本结构

CAD/CAM 系统的硬件系统由计算机（或工作站）及其外围设备组成，如图 2-2 所示。其中外围设备主要包括输入/输出设备和数控设备等。图中扫描仪和电视摄像机可以输入二维结构和图像，而且通过采用纹理映射技术，系统可以模拟待设计形体的各种曲面外形。数控设备直接与主机相连，通过数控加工模块或数控加工文件产生刀具轨迹信息，进行数控加工。

CAD/CAM 系统的软件由系统软件、支撑软件和应用软件组成。

系统软件是直接与计算机硬件联系并供用户公用的软件，起到管理系统和减轻应用软件负担的作用，它一般包括操作系统、高级语言编译系统等。常见的操作系统有 DOS、UNIX 和 Windows 等。对于工程工作站的主流操作系统主要是 UNIX，微型计算机的操作系统 DOS 已被 Windows 所代替，现在推出的微机 CAD/CAM 系统一般均在 Windows 平台上运行。微型计算机上的系统软件（如 BASIC、FORTRAN、C 等）基本被向面向对象的开发工具（VB、VC 等）语言和编译系统取代。系统软件还提供了各种支撑软件，如图形支撑软件 Graphics Library（GL），它是三维图形系统的开发工具，已成为国际上公认的标准 OPENGL。

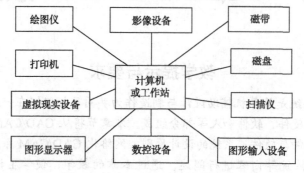

图 2-2　CAD/CAM 系统的硬件组成

支撑软件主要是指那些直接支撑用户进行 CAD/CAM 工作的通用性功能软件，如 CATIA、NX、SolidWorks、CREO 等。

应用软件是根据企业的产品特点进行自行开发的软件。通常是对 CAD/CAM 系统支撑软件的二次开发，还需要基于 CAD/CAM 软件系统提供的用户编程语言（UPL），如 UG 的 GRIP、AutoCAD 的 LISP 语言和 ADS 环境等。基于 UPL 开发的应用软件可与 CAD/CAM 支撑软件系统集成一体，具有良好的用户界面，这样增强和扩充了 CAD/CAM 软件系统的功能。应用软件可以是自动编程软件，包括识别处理、由数控语言编写的源程序的语言软件（如 APT 语言软件）和各类 CAD/CAM 软件；其他工具软件和用于控制数控机床的零件数控加工程序也属于应用软件。

CAD/CAM 软件系统的配置，根据用户要求的不同，其差异较大，基本的模块组成如图 2-3 所示，主要有：

① 三维交互造型模块，包括实体造型和曲面造型；
② 工程绘图模块，绘图并自动标注尺寸；
③ 数控加工模块，使机床按用户给定的条件和要求加工零件；
④ 设计仿真模块，使产品可视化；
⑤ 渲染处理（在三维模型中通过改变亮度表现深度的方法）模块，在绘图过程中，应用 Lexidata 图形终端指令，系统能自动生成一个具有浓淡处理效果的图像。
⑥ 动态仿真模块，用于检查干涉及碰撞。

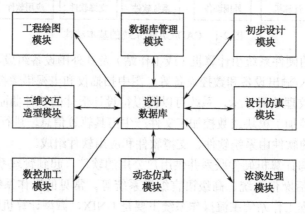

图 2-3　CAD/CAM 软件系统的配置

2.1.2 CAD/CAM 系统的分类

CAD/CAM 系统的类型可按系统的功能和系统的硬件配置进行分类。

1）按系统的功能分类

根据 CAD/CAM 功能，一般可分为通用型 CAD/CAM 系统和专用型 CAD/CAM 系统。通用型 CAD/CAM 系统的功能适用范围广，其硬、软件配置也比较丰富；而专用型 CAD/CAM 系统是为了实现某种特殊功能的系统，其硬件、软件相对简单，但要符合特殊功能的要求。

2）按系统的计算机配置分类

（1）大型机 CAD/CAM 系统（Main Frame System）。该系统一般采用具有大容量的存储器和极强计算功能的大型通用计算机为主机，一台计算机可以连接几十至几百个图形终端和字符终端及其他图形输入/输出设备。大型机 CAD/CAM 系统的主要优点：系统具有一个大型的数据库，可以对整个系统的数据库实行综合管理和维护；计算速度极快。缺点：如果 CPU 失效，则整个用户都不能工作；由于计算机数据库处于中央位置，计算机数据容易被破坏；终端距离不能太远；随着计算机的总负荷增加，系统的响应速度将降低，这种现象在三维造型和复杂有限元分析时尤为突出。

（2）小型机和微型机 CAD/CAM 系统。生产和制造小型机 CAD/CAM 系统（Turn Key System）的厂商很多，如美国的 CV、Intergraph、Calma、Applicon、Autotrol、Unigraphics、DEC 等公司，它们大致可分为两种类型。CV 公司的生产属于全封闭的系统，典型的产品有 CADDS 4 系统；另外一些厂商，如 Intergraph、Calma、Applicon 等公司，则采用了与 CV 公司完全不同的策略，即选择通用的计算机（如 VAX 计算机）作为系统的硬件环境，自己根据需要研制和生产一些专用的图形处理设备和高性能的图形显示器等，重点把精力放在软件的研制上，使软件的移植性较好。后来 CV 公司也逐渐改变了原来的策略，向具有兼容性的硬件环境方向发展。随着微机性能的不断提高，价格更低廉，使用更方便，故小型机 CAD/CAM 系统越来越少，逐步被微型机 CAD/CAM 系统（PC CAD/CAM System）和工作站组成的 CAD/CAM 系统所代替。目前大多数的 CAD/CAM 系统都在微机上运行。

（3）工作站组成的 CAD/CAM 系统（Work Station System）。工作站是具有计算、图形交互处理功能的计算机系统，其硬件（包括外围设备）和软件全部配套供应。一台工作站只能一人使用，具有联网功能，其处理速度很快。如 SUN 系列工作站的 CPU 处理速度已达到 28.5MIPS（Million of Instructions Per Second，百万指令每秒）。现在高档工作站都采用 RISC（Reduced Instruction Set Computer，精简指令集计算机）技术和开放系统的设计原则，用 UNIX 作为其操作系统，其处理速度更高，甚至超过小巨型机的水平。这种系统特别适用中小型企业。在大型企业中，合理使用这种系统，可以减轻计算机主机的负担，降低 CAD/CAM 费用。国内外应用较多的工作站还有美国的 HP、DELL 和我国的联想。

2.2 CAD/CAM 系统的硬件与支撑软件

2.2.1 CAD/CAM 系统的硬件

CAD/CAM 系统中的硬件包括主机、输入/输出设备及网络互连设备等三大类。其中主机进行数据的计算和存储；输入设备向计算机输入信息和各种指令，输出设备主要用于把计算机计算、处理的结果以数据或图纸的形式传送出来；网络互连设备则使计算机能够通过网络互相传递信息，实现设计信息和设计数据的共享。

1）主机

CAD/CAM 系统中的主机包括大型机、小型机、图形工作站和微型计算机。目前，微型计算机技术发展得非常迅速，其性能已接近甚至超过了传统的工作站，因此在 CAD/CAM 系统中得到了广泛应用，是中小用户的首选机型。

主机主要包括 CPU、存储器等。CAD/CAM 系统要求计算机的 CPU 具有极高的运算速度，现在市场上流行的微机 CPU 为奔腾系列处理器，其主频可达 4GHz 以上，有些计算机还采用了双 CPU，以满足 CAD/CAM 系统对运算速度的要求。存储器可分为内存储器和外存储器两类。一般常见的 CAD/CAM 系统要求计算机应当有较大的内存容量，目前可达到 2GB 以上，甚至更大。

常见的外存储器有硬盘、光盘等。硬盘是计算机中的主要外存储器，当前容量可达 500 GB以上，并且根据需求可以加装双硬盘；还有就是移动硬盘和 U 盘，而移动硬盘容量可达 1TB 以上，这类外存储器与计算机的 USB 接口连接，支持热插拔，因此使用方便且广泛。

2）输入设备

输入设备是把图形数据或指令传送给计算机的设备，键盘就是一种最普通、最常见的输入设备。除此之外，还有以下几种。

（1）鼠标。鼠标是计算机上的主要输入设备，由于其结构简单、使用方便、价格便宜，因此现在已经成为计算机的标准配置。在 CAD/CAM 系统中，鼠标主要通过交互的方式向计算机输入命令、坐标点以及拾取图形对象等。鼠标的种类主要有机械鼠标、光电鼠标等，根据按键的数量又可分为双键鼠标和三键鼠标。在 CAD/CAM 系统中由于要求有较高的光标定位精度和方便观察图形的能力，因此，最好选用真三键的光电鼠标。

（2）数字化图形输入板。数字化图形输入板是一种定标设备，当使用专用的触笔或游标（与鼠标类似）在输入板上移动时，它向计算机发送触笔或游标的坐标位置。数字化仪定位精度高、使用方便，但价格较贵，一般用于原有图纸的计算机化。

（3）扫描仪。当用户希望把复杂的图形或图像输入计算机时，扫描仪是首选设备。扫描仪是一种高精度的光电产品，它通过光电转换原理，把要输入的图形、图像、文字、数据等扫描到计算机中，供计算机进行处理。扫描仪的特点是输入速度快、质量好，并可以输入彩色图形。扫描仪在工程中主要用于原有工程图纸的计算机化，但图纸只能以图像的形式存储，占用空间很大，并且不便于修改。扫描后的图形只有通过专用的软件进行处理后，才能够转化成工程中常用的格式。

常见的扫描仪有手持式、平板式（见图 2-4）和滚筒式三种，其主要性能指标为光学分辨率。

（4）数码相机。数码相机是新一代的输入设备（见图 2-5），它的外形类似普通照相机，但其感光部分用电子元件取代了传统照相机的胶卷。它的主要优点是可以像照相似的把实物的信息直接输入到计算机中，供计算机处理使用。数码相机的性能主要是分辨率（用像素表示），像素越多则性能越好。与数码相机的原理类似，还有数码摄像机，它主要用于存储动态的图像。

图 2-4 平板式扫描仪

图 2-5 数码相机

（5）数据手套。数据手套是一种多模式的虚拟现实硬件，通过软件编程，可进行虚拟场景中物体的抓取、移动、旋转等动作，也可以利用它的多模式性，用做一种控制场景漫游的工具。数据手套的出现，为 CAD/CAM 系统提供了一种全新的交互手段，目前的产品已经能够检测手指的弯曲，并利用磁定位传感器来精确地定位出手在三维空间中的位置。这种结合手指弯曲度测试和空间定位测试的数据手套被称为"真实手套"，可以为用户提供一种非常真实自然的三维交互手段，如图 2-6 所示。

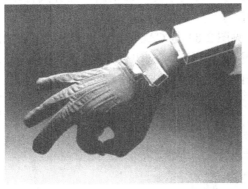
图 2-6 数据手套

3）输出设备

输出设备是把计算机中生成的图形或数据打印到图纸上或显示在屏幕上的设备，包括显示器、打印机和绘图仪等。

（1）显示器。显示器是计算机中应用的最主要的输出设备，用于图形、图像、文字等各种信息的显示，因此，显示器是计算机的标准配置。目前，常用的显示器有阴极射线管式（CRT）和液晶式（LCD）。

阴极射线管式（CRT）显示器的主要优点是价格便宜、亮度高，但易闪耀而使眼睛产生疲劳，同时体积较大。这类显示器的主要技术指标有显示器大小、分辨率、刷新频率等。

液晶显示器具有不闪耀、亮度适中、体积小、无辐射等优点，目前得到广泛使用。

还有一种显示设备叫做头盔显示器，如图 2-7 所示，是虚拟现实（VR）应用中的三维图形显示与观察设备，可单独与主机相连以接受来自主机的三维图形信号。使用方式为头戴式，辅以三个自由度的空间跟踪定位器可进行虚拟现实输出效果观察，同时观察者可做空间上的自由移动，如自由行走、旋转等，沉浸感极强，在 VR 效果的观察设备中，头盔显示器的沉浸感优于显示器的虚拟现实观察效果，逊于虚拟三维投影显示和观察效果，在投影式虚拟现实系统中，头盔显示器可作为系统功能和设备的一种补充。

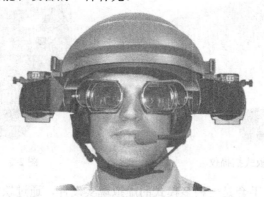

图 2-7 头盔显示器

（2）打印机。打印机是把计算机中的图形或文字信息输出到纸介质的一种设备，它主要用于 A3 以下图纸的打印。目前，常见的打印机有针式打印机、喷墨打印机和激光打印机三种。在机械设计中使用的多为黑白线条图，因此常采用打印速度快、效果好、耗材便宜的激光打印机。喷墨打印机可以打印彩色图形，常用于打印效果图。而针式打印机打印的图形效果较差，在 CAD/CAM 系统中很少使用。

（3）绘图仪。绘图仪（见图 2-8）是 CAD/CAM 系统中的主要输出设备，用于大幅面工程图纸的输出，其特点是输出图纸幅面大（可打印 A0 加宽加长的图纸）、速度快、精度高。高性能的彩色喷墨式绘图仪打印出的彩色图像可与照片媲美。

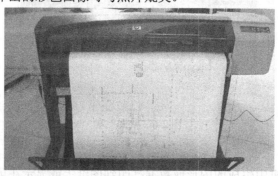

图 2-8 绘图仪

4）网络互连设备

网络互连设备是组成计算机网络的必要设备。目前企业 CAD/CAM 网络主要使用局域网，组建其网络的主要设备有集线器（HUB）、网络适配器（网卡）、传送介质（双绞线、同轴电缆或光缆）等。网卡安装在每台用户终端计算机上，通过传送介质与集线器相连，而集线器与服务器连接。

另外，为保证在不同的企业局域网之间远距离传送信息，组网时还应根据具体情况选用调制解调器、中继器、路由器、网关、网桥、交换机等网络互连设备。

2.2.2 CAD/CAM 系统的支撑软件

支撑软件是为计算机和用户之间提供界面的软件。支撑软件主要由软件开发商提供，也可以由用户自己开发使用。CAD/CAM 系统的支撑软件主要指那些直接支撑用户进行 CAD/CAM 工作站的通用性功能软件，一般可分为功能集成形和功能单一型。

功能集成形 CAD/CAM 系统的支撑软件提供了设计、分析、造型、数控编程与加工控制等多种模块，例如：UG NX 软件；功能单一型 CAD/CAM 系统的支撑软件只能提供用于实现 CAD/CAM 的某些典型过程的功能，例如：几何建模软件，计算机分析软件，优化设计软件，有限元分析软件，动态仿真软件和数控编程软件等。目前，市场上出售的 CAD/CAM 软件基本是支撑软件，各种数据库软件、程序设计语言也属于支撑软件。以下举例说明。

（1）CATIA。CATIA 是法国达索公司开发的 CAD/CAM 软件。作为全生命周期管理（PLM）协同解决方案的一个重要组成部分，它可以帮助制造厂商设计进行产品设计、分析、模拟、组装到维护在内的全部工业设计流程。提供产品的概念设计、机械设计、工程设计、数字样机、机械加工、分析和模拟等功能。能够使企业重用产品设计知识，缩短开发周期，市场上广泛采用它的数字样机流程，从而使之成为世界上最常用的产品开发系统之一。CATIA 系列产品在七大领域里提供 3D 设计和模拟解决方案：汽车、航空航天、船舶制造、厂房设计、电力与电子、消费品和通用机械制造。

（2）UG NX。UG NX 是德国 SIEMENS PLM SOFTWARE 公司 CAD/CAM 软件，具有完全关联的 CAD/CAM/CAE 一体化的集成功能，涵盖了跨越整个产品生命周期产品设计、制造仿真的完整开发流程。帮助用户以更快的速度开发创新产品，实现更高的成本效益。是下一代数字化产品开发系统。UG NX 主要客户包括通用汽车、通用电气、福特、波音麦道、洛克希德、劳斯莱斯、普惠发动机、日产、克莱斯勒以及美国军方。几乎所有飞机发动机和大部分汽车发动机都采用 UG NX 进行设计，充分体现了其在高端工程领域，特别是军工领域的强大实力。在高端领域 UG NX 与 CATIA 并驾齐驱。

（3）Creo。Creo 是美国 PTC 公司开发的 CAD/CAM 软件，是一个在 Pro/ENGINEER、CoCreate 和 ProductView 三大软件基础上重新研发的新型 CAD 设计软件包，集成了多个可互操作的应用程序，功能覆盖整个产品开发领域。Creo 的产品设计应用程序使企业中的每个人都能使用该工具，全面参与产品开发过程。除了其先进的参数化设计功能之外，还在 2D 和 3D CAD 建模、分析及可视化方面提供了新的功能。Creo 的互操作性可确保在内部和外部团队之间轻松共享数据。还提供了新的模块化产品设计功能和功能更强的概念设计应用程序，提高了用户的工作效率。

（4）SolidWorks。SolidWorks 是美国 SolidWorks 公司研发的世界上第一个基于 Windows 开发的三维 CAD 系统。SolidWorks 遵循了易用、稳定和创新三大原则，使用它，设计师可大大缩短设计时间，产品能快速、高效地投向市场。SolidWorks 使用了 Windows OLE 技术、直观式设计技术、先进的 Parasolid 内核（由剑桥提供）以及良好的与第三方软件的集成技术。SolidWorks 成为全球装机量最大、最好用的软件。SolidWorks 用户涉及航空航天、机车、食品、机械、国防、交通、模具、电子通信、医疗器械、娱乐工业、日用品/消费品等行业。在教育市场上，每年来自全球 4,300 所教育机构的近 145,000 名学生通过 SolidWorks 的培训课程。在美国，包括麻省理工学院（MIT）、斯坦福大学等在内的著名大学已经把 SolidWorks 列为制造专业的必修课，国内的一些大学（教育机构）如清华大学、华中科技大学、哈尔滨工业大学、浙江工业大学、北京航空航天大学、大连理工大学、北京理工大学、武汉理工大学、中北大学等也在应用 SolidWorks 进行教学。

（5）SolidEdge。SolidEdge 是 Siemens PLM Software 公司旗下的三维 CAD 软件,采用 Siemens PLM Software 公司自己拥有专利的 Parasolid 作为软件核心，将普及型 CAD 系统与世界上最具领先地位的实体造型引擎结合在一起，是基于 Windows 平台、功能强大且易用的三维 CAD 软件。SolidEdge 支持自顶向下和自底向上的设计思想，其建模核心、钣金设计、大装配设计、产品制造信息管理、生产出图、价值链协同、内嵌的有限元分析和产品数据管理等功能遥遥领先于同类软件，是企业核心设计人员的最佳选择，已经成功应用于机械、电子、航空、汽车、仪器仪表、模具、造船、消费品等行业的大量客户。

（6）MasterCAM。MasterCAM 是美国 CNC Software Inc.公司开发的基于 PC 平台的 CAD/CAM 软件。它集二维绘图、三维实体造型、曲面设计、体素拼合、数控编程、刀具路径模拟及真实感模拟等多种功能于一身，具有方便直观的几何造型。MasterCAM 提供了设计零件外形所需的理想环境，其强大稳定的造型功能可设计出复杂的曲线、曲面零件。MasterCAM 软件已被广泛地应用于通用机械、航空、船舶、军工等行业的设计与 NC 加工，从 20 世纪 80 年代末起，我国就引进了这一款著名的 CAD/CAM 软件，为我国的制造业迅速崛起作出了巨大贡献。MasterCAM 对广大的中小企业来说是理想的选择，是经济有效的全方位的软件系统，也是学校广泛采用的 CAD/CAM 系统。

（7）ANSYS。ANSYS 由世界上最大的有限元分析软件公司之一的美国 ANSYS 开发，是融结构、流体、电场、磁场、声场分析于一体的大型通用有限元分析软件。它能与多数 CAD 软件接口，实现数据的共享和交换，是现代产品设计中高级 CAE 工具之一。ANSYS 有限元软件包是一个多用途的有限元法计算机设计程序，可以用来求解结构、流体、电力、电磁场及碰撞等问题。可应用于航空航天、汽车工业、生物医学、桥梁、建筑、电子产品、重型机械、微机电系统、运动器械等工业领域。

（8）AutoCAD。AutoCAD（Auto Computer Aided Design）是 Autodesk（欧特克）公司于 1982 年开发的自动计算机辅助设计软件，用于二维绘图、详细绘制、设计文档和基本三维设计。现已经成为国际上广为流行的绘图工具。AutoCAD 具有良好的用户界面，通过交互菜单或命令行方式便可以进行各种操作。它的多文档设计环境，让非计算机专业人员也能很快地学会使用。AutoCAD 具有广泛的适应性，它可以在各种操作系统支持的微型计算机和工作站上运行。

（9）CAXA 简介。CAXA 是我国北京数码大方科技股份有限公司（CAXA）开发的 CAD/CAM 软件，CAXA 是我国最大的 CAD 和 PLM 软件供应商，是我国工业云的倡导者和领跑者。CAXA 客户覆盖航空航天、机械装备、汽车、电子电器、建筑、教育等行业，以及包括清华、北航、北理工等知名高校。

（10）中望 CAD。中望 CAD 是广州中望龙腾软件股份有限公司开发的 CAD 软件，中望软件是一家专注于 CAD/CAM 设计软件研发与推广的国家高新技术企业，致力于为用户提供高性价比的 CAD/CAM 解决方案，主打产品有中望 CAD、中望 CAD 机械版、中望 CAD 建筑版、中望 3D CAD/CAM。在全球 80 多个国家和地区积累了超过 32 万的正版用户，包括韩国三星电子、瑞典索尼爱立信、中国华为集团、中国宝钢集团、中国移动等国际知名企业。是国内领先的 CAD/CAM 软件供应商。

2.3　CAD/CAM 系统的设计原则

2.3.1　系统设计的总体原则

随着 CAD/CAM 技术应用领域的扩大，应用软件系统也将逐渐扩大，最终会形成一个结构复杂的庞大系统。开发一个高质量的和规模庞大的 CAD/CAM 应用软件系统，不只是各种程序的设计问题，而是一个极为复杂的系统工程，不仅需要产品和工程设计方面的专业理论知识，而且还要求具有一定的软件设计方面的知识和技术。

一个工程或者产品的 CAD/CAM 系统需要大量的应用软件。这些应用软件之间彼此构成一个多层次的应用软件系统。要建成这样的系统，必须进行较详细的技术论证和可行性分析工作。在此基础上写出总体方案论证报告，并制定出系统总体设计方案。CAD/CAM 应用软件设计与运行环境是密切相关的，所谓运行环境主要是指系统硬件和系统软件。在拟订方案时，必须考虑到设备的兼容性，即当运行环境发生变化，而原来的设备和应用软件在新设备的支持下能继续运行。由于决定 CAD/CAM 系统中的应用软件的因素很多，以下只提出设计的一些原则和思路。

1）应用软件总体设计思想

在调查研究的基础上，并掌握了 CAD/CAM 技术在该领域的应用状况、发展趋势和用户在产品生产方面的需求之后，就可以对 CAD/CAM 系统应用软件的选购或设计提出一些基本的设想和应考虑的问题。

（1）希望系统有较强的交互式图形处理功能。在选择或设计 CAD/CAM 应用软件时，首先要考虑产品的几何形状和图形设计，即使用最简单的操作方法，能高速度地处理二维和三维图形的设计。另外，对一个 CAD/CAM 系统而言，只有图形处理功能和效率超过原来传统设计方法时，这种应用软件才有使用和推广价值。

（2）CAD 结果的信息表示要尽量与加工要求的信息相适应。产品的设计仅是产品生产过程中的一个组成部分，最终目的是要制造出合格的产品。而 CAM 需要的数据绝大多数是由 CAD 系统传递过去的，在软件设计时，应采用国际上通用的数据标准，尽量减少信息传递的人工干预，提高效率，实现 CAD/CAM 一体化。

（3）应用软件要充分适应产品生产过程。在一个具体的 CAD/CAM 系统中图形处理软件是很重要的，但要真正完成一个产品和一项工程设计，还必须进行必要的分析计算和评价，以获得最佳结果。如结构强度计算、动力分析计算、优化设计和设计结果评价等，这些应用软件在 CAD/CAM 系统中也是十分重要的。

（4）规定各专业应用软件的数据格式。在一个 CAD/CAM 系统中各专业的应用软件需要一定的输入数据格式，然后经过处理再输出。而不同的应用软件，要求输入的数据格式是不相同的。所以，在应用软件设计时，应注意各专业应用软件对数据格式的要求，事先严格规定各软件的输出格式或设计必要的接口，以便对有关数据进行转换。

图 2-9 所示为一种 CAD/CAM 系统中应用软件各项目的功能模块。

2）按任务要求划分应用软件类型和开发层次

对于一个 CAD/CAM 系统，通过总体功能分析和论证后，就能得到整个系统的各功能模块。但由于设备、技术和人员等各方面的条件限制，故一般都采用由点到面、从小到大，分期分批地逐步完成各功能模块的设计。那么到底从哪一模块开始呢？一般是选择当前急需用 CAD/CAM 技术处理的产品或某一具体的设计对象作为突破口。当选定突破口之后，必须对设计对象进行周密的分析，掌握它的生产过程，如总体结构和零部件的设计与制造，特别是关键零部件的设计和制造方法。一般可归纳出如下需要做的工作。

（1）一般零部件的设计方法及工程图纸生成手段。

（2）关键零部件的设计和制造。包括零部件的结构设计和各种分析计算，如有限元计算和优化设计等；工程图或数控加工信息的生成。如基本图形生成、尺寸，公差和有关符号的标准。

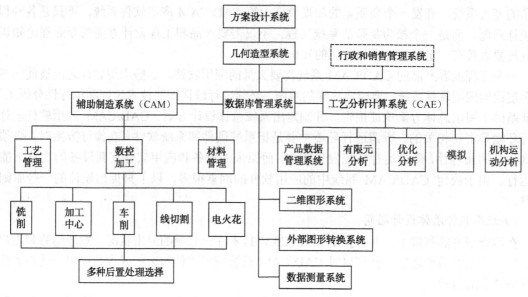

图 2-9 一种 CAD/CAM 系统的应用软件功能模块图

（3）部件装配图和产品总装图的生成。其中包括图形生成，有关符号的标注和零部件明细表的生成及有关技术说明等，有时还需要进行有关部分之间的干涉检查。

（4）建立标准资料库。把与产品生产有关的标准图形和标准数据存入数据库，并考虑如何调用。

通过上述分析和运行环境提供的条件，就可确定要完成该对象的设计任务，需要哪些应用程序以及它们的基本功能、主要技术指标和关键技术。在此基础上再确定应用软件应如何实现，例如有些分析计算已有较成熟的软件，也符合使用要求，或者做某些局部修改或二次开发，就能在短期内投入试运行。当然，有些软件虽不复杂，但一时找不到合适的现成软件，也需自己开发。由于对系统中某一典型产品应用软件的设计作了较详细的技术论证和实施手段的分析，从而为整个系统其余各部分应用软件的需求和组成的分析及划分，打下较为坚实的基础，从而可减少应用软件设计的盲目性。另外，在划分应用软件研究阶段时，还要考虑 CAD/CAM 技术的发展趋势，为新的 CAD/CAM 应用软件的开发留下一定的接口。

2.3.2 系统中硬件设备的选用原则

在选择 CAD/CAM 系统硬件时，首先要满足它所服务的对象，即充分考虑产品的设计和制造的作业性质和技术水平及工作量；其次又要适应 CAD/CAM 技术的发展水平。因此在选择硬件系统时要特别注意其工作能力、经济性、工作可靠性、使用及维护的方便性、标准化程度及可扩充性、工作环境要求、配套或可选的软件等。

CAD/CAM 系统中硬件的选配与系统规模有关，而系统规模决定于所要求的工作能力，即几何造型能力、计算分析功能与速度以及数据库的容量。一般将系统相对地分为较大规模、中等规模和较小规模三个档次。对于较大规模的系统应具有较强的 3D 几何造型与编辑和显示功能以及计算速度快的大容量存储器的计算机；对于中等规模的系统，对 3D 几何造型功能的要求不太高，但要具有 2D 交互图形设计和绘图能力，需配置中等计算速度和内存的计算机；对于较小规模的系统，目前的微机即可满足要求。

2.4 网络化 CAD/CAM 系统

2.4.1 概述

在一定区域内若干分散的计算机，用高速通信链路连接起来的系统，称为计算机网络。网络的主要功用是实现文件传送、电子邮件、远程执行命令并实现硬件资源共享和分布式处理机能等。随着计算机应用发展的网络化趋势，CAD/CAM 系统必然也要网络化。只要企业的局域网与 Internet 相连，用户可以用高性能的 PC 机代替昂贵的工作站，不同设计人员可以在网络上方便地进行全球性的交流，可以发送邮件，查询世界各地各领域的信息，任何设计和制造活动都可在网上进行。

2.4.2 计算机网络的拓扑结构和网络协议

计算机网络的分类有不同的方法。目前，人们比较熟悉的是按网络覆盖范围划分为局域网（Local Area Network，LAN）和广域网（Wide Area Network，WAN）。局域网一般局限在几千米的范围内，联网的计算机通过通信信道（电缆）连接，而广域网的覆盖范围较大，根据需求可以覆盖一个城市，甚至全世界。在 CAD/CAM 系统中，目前主要采用局域网。

在典型的局域网中，每台计算机都配有网卡，各网卡之间通过通信信道连接，通信信道连接的物理布局称为网络的拓扑结构。典型的网络拓扑结构有总线型、星型、环型、网状型和混合型等。

1）总线型拓扑结构

在总线型拓扑结构中，网络中的每台计算机（也称为节点）都连接到一条称为总线的电缆上实现通信。图 2-10 为总线型拓扑结构示意图。

2）星型拓扑结构

星型拓扑结构中的各台计算机节点都连接到一个中央集线器（HUB）上，如图 2-11 所示。

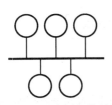
图 2-10　总线型拓扑结构

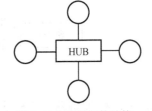
图 2-11　星型拓扑结构

3）环型拓扑结构

在环型拓扑结构中，所有计算机节点连接成圆环状，信息在环形通道上按固定方向流动，如图 2-12 所示。

4）网状型拓扑结构

网状型拓扑结构中各计算机节点相邻彼此互连，此结构中有冗余通信信道，如图 2-13 所示。

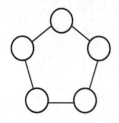
图 2-12 环型拓扑结构
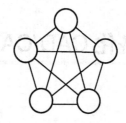
图 2-13 网状型拓扑结构

5) 混合型拓扑结构

在实际的网络应用中，还可以采用混合方式组成网络，即总线型、星型及环型组合使用，如图 2-14 为混合型拓扑结构示意图。

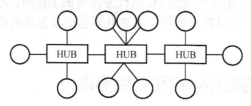

图 2-14 混合型拓扑结构

2.4.3 客户机/服务器工作模式

在计算机网络中，能提供网络资源服务的计算机称为服务器，只能使用网络资源的计算机称为客户机。

图 2-15 所示的客户机/服务器工作模式（Client/Server，简称 C/S）产生于 20 世纪 90 年代，它可以有效地实现网络分布计算功能，是目前 CAD/CAM 网络系统的应用重点。客户机/服务器工作模式由三个基本部分组成，即客户机、服务器及其连接网络，将计算机应用程序的实际工作分配给若干台相互间请求服务的计算机上。客户机和服务器均为计算机，只是处理能力不同，它们协同工作，分担并完成计算机作业必须完成的工作负荷。客户机一般使用微型计算机，服务器可以是一台高档微机或小型机，甚至可以采用大型计算机。

图 2-15 客户机/服务器工作模式

服务器是客户机/服务器工作模式的中心，使用时把应用程序所需的一些特定系统功能和资源放在服务器上，用户在客户机上进行工作，并通过网络访问服务器，获得所需的系统服务和系统资源。一般把客户程序称为"前端"，服务器程序称为"后端"。客户机向服务器发出请求，服务器针对其请求提供各种服务，并将结果反馈回客户机，然后客户机可以访问反馈数据并进行各种处理。

客户机/服务器工作模式的优势来自整个网络的功能，如程序的显示和用户界面功能安排在客户机上运行，而程序中数据的存储、数据库检索、文件管理、通信服务、打印、外设管理、系统管理及网络管理等功能全部或部分安排在服务器上运行。

客户机/服务器工作模式是一种开放型的结构,根据需要可方便地增加或更新客户机,也可以增加服务器的数量或提高档次,以及配置相应的软件,从而扩大系统容量和处理能力。

随着计算机网络技术的发展,客户机/服务器工作模式中融合了因特网技术。服务器和客户机之间通过因特网连接,服务器端通过网络服务器(Web Server)提供各种服务,而客户端通过浏览器(Browser)访问各个站点的服务器,获取所需的信息。

2.4.4 CAD/CAM 系统和网络

CAD/CAM 的网络系统可以是独立的小型局域网,也可以作为子网与企业内部网互联,其网络结构可根据需求选用总线型、星型、环型、网状型中的一种。工作模式一般采用客户/服务器工作模式。

在 CAD/CAM 系统中,要考虑工作效率、可靠性、投资大小及生产的经济效益等整个系统的性能,从而确定最佳网络结构。图 2-16 为一总线型 CAD/CAM 网络结构,通过网络实现了 CAD/CAM 的结合。网络中的客户在客户端完成产品的设计、分析、绘图、工艺设计、工程数据处理及数控自动编程等任务,由加工中心及柔性制造单元完成产品的加工,这就形成 CAD/CAM 系统的一体化。

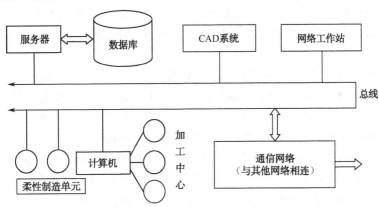

图 2-16 总线型 CAD/CAM 网络结构

计算机网络在 CAD/CAM 方面有着非常广泛的应用,主要体现在以下几个方面。

(1)实现设计资源共享。在工程设计中要使用大量的数据和资料,并且需要大量的计算。利用网络,可以把设计资料和必要的数据存放在服务器中,供设计者调用,这样不但减少了客户机的费用,还可以提高计算速度。

(2)易实现并行设计。在工程设计中,大多数的产品不可能由一个人独立完成。多个设计者可同时进行,每人完成某一部分的设计,设计者通过网络互相调用设计的资料或数据,互相探讨设计过程中的问题,最终完成整个产品的设计。计算机远程网络的使用已实现异地设计。

(3)可以实现异地加工。设计好的产品,通过 CAM 软件自动编程后,可通过网络传送到数控机床,直接进行加工。通过网络传递数据可以减少数据丢失,保证数据安全。计算机网络已使异地加工成为可能。

(4)提高计算机可靠性,均衡负荷,并可协同工作。计算机连成网络后,当某台计算机发生故障时,可由其他计算机代为管理,以防止设计数据的丢失。

2.5 基于云计算的 CAD/CAM 系统

2.5.1 云计算的概念与组成

随着互联网技术的飞速发展,信息量与数据量快速增长,导致计算机的计算能力和数据的存储能力满足不了人们的需求。在这种情况下,云计算技术应运而生。云计算作为一种新型的计算模式,利用高速互联网的传输能力将数据的处理过程从个人计算机或服务器转移到互联网上的计算机集群中,带给用户前所未有的计算能力。自从云计算的概念提出来以后,立刻引起业内各方极大的关注,现已成为信息领域的研究热点课题之一。

1) 云计算的概念

云计算是由分布式计算、并行处理、网络计算发展而来的,是一种新兴的商业计算模型。目前,对于云计算的认识在不断的发展变化中,云计算仍没有普遍一致的定义。关于云计算的定义有以下几种。

维基百科给云计算下的定义是:云计算将 IT 相关的能力以服务的方式提供给用户,允许用户在不了解提供服务的技术、没有相关知识以及设备操作能力的情况下,通过 Internet 获取需要服务。

中国云计算网将云定义为:云计算是分布式计算(Distributed Computing)、并行计算(Parallel Computing)和网格计算(Grid Computing)的发展,或者说是这些科学概念的商业实现。

我国网格计算、云计算专家刘鹏定义云计算为:云计算将计算任务发布在大量计算机构成的资源池上,使各种应用系统能够根据需要获取计算力、存储空间和各种软件服务。

美国国家实验室的资深科学家、Globus 项目的领导人 Tan Foster 的定义是:云计算是由规模经济拖动,为互联网上的外部用户提供一组抽象的、虚拟化的、动态可扩展的、可管理的计算资源能力、存储能力、平台和服务的一种大规模分布式计算的聚合体。

2) 云计算的特点

人们通过分析、研究,总结出了云计算的一些特点。

(1) 具有高可靠性。云计算提供了安全的数据存储方式,能够保证数据的可靠性,用户无须担心软件的升级更新、漏洞修补、病毒的攻击和数据丢失等问题,从而为用户提供可靠的信息服务。

(2) 具有高扩展性。云计算能够无缝地扩展到大规模的集群之上,甚至包含数千个节点同时处理。云计算可从水平和竖直两个方向进行扩展。

(3) 具有高可用性。在云计算系统中,出现节点错误甚至很多节点发生失效的情况都不会影响系统的正常运行。因为云计算可以自动检测节点是否出现错误或失效,并且可以将出现错误和失效的节点清除掉。

(4) 虚拟技术。云计算是一个虚拟的资源池,它将底层的硬件设备全部虚拟化,并通过互联网使得用户可以使用资源池内的计算资源。

(5) 廉价性。云计算将数据送到互联网的超级计算机集群中处理,这样无须对计算机的设备不断进行升级和更新,仅需支付低廉的服务费用,就可完成数据的计算和处理,从而大大节约了成本。

3）云计算的基本组成

云计算的基本组成可以分为六个部分，它们由下至上分别是：基础设施（Infrastructure）、存储（Storage）、平台（Platform）、应用（Application）、服务（Services）和客户端（Clients）。

（1）基础设施。即 IaaS，是计算机基础设施，通常是虚拟化的平台环境作为一项服务。例如：Sun 公司的 Sun 网格（Sun Gird）、亚马逊（Amazon）的弹性计算云（Elastic Computer Cloud，EC2）。

（2）存储。云存储涉及提供数据存储作为一项服务，包括类似数据库的服务，通常以使用的存储量为结算基础。全球网络存储工业协会（SNIA）为云存储建立相应标准。它既可交付作为云计算服务，又可以交付给单纯的数据存储服务。例如：亚马逊简单存储服务（Simple Storage Service，S3）、谷歌应用程序引擎的 BigTable 数据存储。

（3）平台。云平台，即 PaaS，直接提供计算平台和解决方案作为服务，以方便应用程序部署，从而节省购买和管理底层硬件和软件的成本。如谷歌应用程序引擎（Google AppEngine），这种服务让开发人员可以编译基于 Python 的应用程序，并可免费使用谷歌的基础设施来进行托管。

（4）应用。云应用利用云软件架构，往往不再需要客户在自己的计算机上安装和运行该应用程序，从而减轻软件维护，操作和售后支持的负担。例如：Facebook 的网络应用程序、谷歌企业应用套件（Google Apps）。

（5）服务。云服务是指包括产品、服务和解决方案都实时的在互联网上交付和使用。这些服务可能通过访问其他云计算的部件。比如软件，直接和最终用户通信。具体应用如：亚马逊简单排列服务（Simple Queuing Service）、贝宝在线支付系统（PayPal）、谷歌地图（Google Maps）等。

（6）客户端。云客户端包括专为提供云服务的计算机硬件和计算机软件终端。例如：苹果手机（iPhone）、谷歌浏览器（Google Chrome）。

2.5.2　CAD/CAM 云设计平台概念和技术体系

1）概念

如前所述，云计算是指通过互联网平台，将众多的"计算资源"虚拟化为"云"后集中存储，统一提供计算服务。如果用"CAD/CAM 系统"来替代"计算资源"，"云计算"就成了"CAD/CAM 云设计平台"。简单来说，"CAD/CAM 云设计平台"就是把"CAD/CAM 系统"放在互联网上，作为服务提供给所需要的用户。

CAD/CAM 云设计平台的目的是借用云计算的思想，利用信息技术实现 CAD/CAM 系统的高度共享。建立共享 CAD/CAM 公共服务平台，将巨大的设计资源连接在一起，提供各种设计服务，实现资源与服务的开放协作、社会资源高度共享，支持多学科优化、性能分析、虚拟验证等产品研制活动，提升产品研发设计、创新设计和快速定制能力。企业用户无须再投入高昂的成本购买设计资源，通过公共平台来购买租赁设计能力。这种设计模式可以使制造业用户像用水、电、煤气一样便捷地使用各种设计服务。

"CAD/CAM 云设计平台"分为"私有云"和"公有云"两种。"私有云"是大型企业或集团内部联网的"云"，主要强调企业内或集团内部设计资源和设计能力的整合。"私有云"可以优化企业资源，提高使用效率，减少重复建设。"公有云"是由各种企业共同参与的云平台。通过该平台，企业可以实现区域内、全国范围甚至是全球范围的所有设计资源的整合。

2）技术体系

（1）运行与应用模式。

在技术方面的拓展上，CAD/CAM 云设计平台融合云计算、高性能计算、面向服务的技术等新技术。"CAD/CAM 云设计平台"的运行需要三大组成部分支撑：设计资源、设计能力、设计云池。包括三类资源：设计资源提供者、使用者和云平台的运营者，CAD/CAM 云设计平台的运行与应用模式如图 2-17 所示。设计资源提供者将设计资源和设计能力以服务的形式呈现，也就是云设计服务。云设计服务是指制造企业实体将自身的设计能力和管理能力以服务的形式发布在云中，同时支持云客户端在云中发现、匹配与组合优化这些服务，形成整合服务，以满足云客户端个性化的设计服务需求。

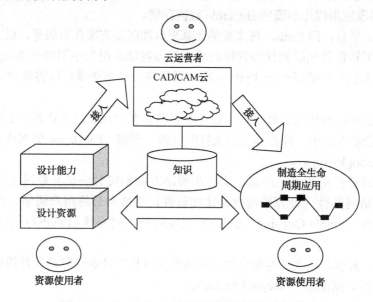

图 2-17　CAD/CAM 云设计平台的运行与应用模式

（2）CAD/CAM 云设计平台虚拟资源构建。

虚拟化是适用于所有云架构的一种基础性设计技术。在 CAD/CAM 云设计平台虚拟资源构建中，除了云计算的计算虚拟化、存储虚拟化和网络虚拟化外，还应包括设计资源和设计能力的虚拟化。即 CAD/CAM 云设计平台应共享四种类型资源。

① 计算资源：存储、运算器等资源。

② 软资源：CAD/CAM 过程中的各种模型、数据、信息、软件、知识等。

③ 设计能力资源：CAD/CAM 过程中有关的论证、设计、仿真、实验、管理和集成等能力。

为了感知各种设备资源，在 CAD/CAM 云设计平台虚拟资源构建中，应引入物联网体系的感知层，采集物理世界中发生的物理事件和数据，确保为云平台的应用服务层提供分析所需的原始数据。通过视频感知、定位感知等前端建设或接入，实现各种数据资源全面实时采集。CAD/CAM 云设计平台的虚拟资源体系如图 2-18 所示。图 2-19 为 CAD/CAM 云设计平台的体系架构。

（3）CAD/CAM 云设计平台总体结构。

云计算所提供的服务与制造全生命周期各环节服务相互交叉。CAD/CAM 云设计平台除了包括 IaaS，PaaS，SaaS 外，更加重视和强调制造全生命周期中所需的其他服务，如论证为服务（Argumentation as a Service，AaaS）、经营管理为服务（Mangement as a Service，MaaS）、设计为服务（Design as a Service，DaaS）、实验为服务（Experiment as a Service，EaaS）、集成为服务（Integration as a Service，InaaS）、仿真为服务（Simulation as a Service，SimaaS）等。云体系架构包括云设计服务管理、云设计服务资源、云设计服务提供、云设计客户端等几个方面。

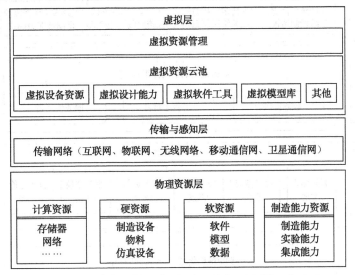

图 2-18　CAD/CAM 云设计平台的虚拟资源体系

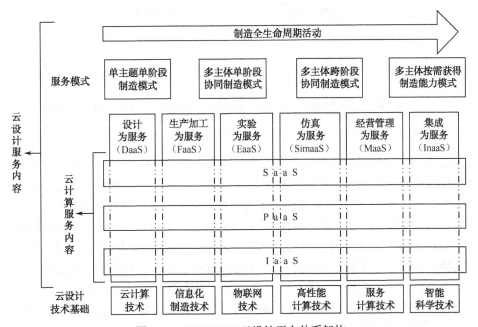

图 2-19　CAD/CAM 云设计平台体系架构

3）云设计平台向云制造平台发展与应用

制造服务化支持平台也是将来云平台可以重点发展的方向之一，将产生"云制造"平台，图 2-20 是云制造服务体系框图。针对服务成为制造企业价值主要来源的发展趋势，我们可以建立制造服务化支持平台，支持制造企业从单一的产品供应商向整体解决方案提供商及系统集成商转变，不但提供在线设计和商务，还提供在线监测、远程诊断、维护和大修等服务，促进制造企业走向产业价值链高端。这类平台主要针对大型设备使用企业。

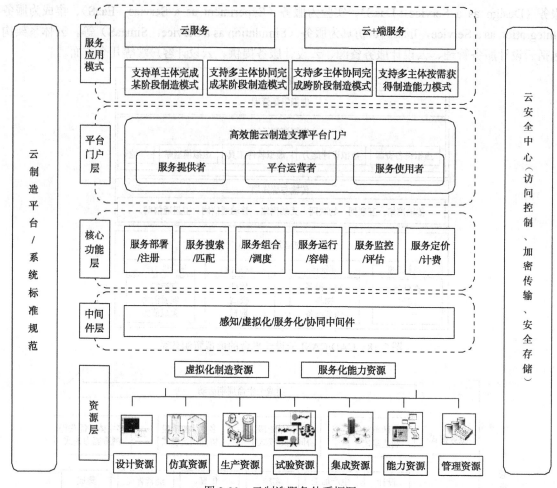

图 2-20 云制造服务体系框图

在理想情况下，云制造将实现对产品开发、生产、销售、使用等全生命周期的相关资源的整合，提供标准、规范、可共享的制造服务模式。云制造是把制造资源和制造能力在网上作为服务提供给所需要的用户。"云制造"融合了现有信息化制造及云计算、物联网、语义 web、高性能计算等新兴信息技术，是一种面向服务的、高效低耗和基于知识的网络化敏捷制造新模式。云制造是在云计算提供的 IaaS（基础设施即服务）、PaaS（平台即服务）、SaaS（软件即服务）基础上的延伸和发展，它丰富、拓展了云计算的资源共享内容、服务模式和技术。从云计算概念到"云制造"概念，不难推论，若将"制造资源，制造能力"增加到 Iaas 中，云计算的计算模式和运营模式将为制造业信息化走向"敏捷化、绿色化、智能化、服务化"提供一种可行的新思路，并为云制造模式提供了理念基础。

对于"云制造"的应用，应追溯到 2000 年，那时 MFG．COM 已成立，现在它是目前世界上最大的制造资源交易平台，总部位于美国亚特兰大，并在上海和巴黎设有分公司。全球制造业的采购商们通过 MFG．COM 平台发布制造需求，寻找制造资源的供应商；供应商加入 MFG．COM 成为会员，主动联系正在采购的客户，赢得业务机会。目前 MFG．COM 的会员有 20 万之多，支持 8 种语言交流和 50 种货币交易。

然而，MFG．COM 距离完全的云制造还有一段距离。MFG．COM 只是一个提供了产品生产和产品销售服务的交易平台，而产品开发、产品使用等功能还没有完全实现；MFG．COM 也只提供企业之间制造资源的交易，还不能提供个人的个性化定制产品服务。

作为一个新生概念，云制造的应用将是一个长期的发展过程。云制造要想完全实现，还需要云计算、物联网、语义 Web、高性能计算、嵌入式系统等各种技术的支持，也面临着制造资源云端化、制造云管理引擎、云制造应用协同、云制造可视化与用户界面等一系列复杂关键技术的挑战。

国外发达国家针对服务化制造已开展了一些相关的工作，并已取得了一定的效果。除了美国的交易平台 MFG．COM 外，还有美国越野赛车制造厂 Local-Motors.com 通过众包的方式，将赛车的全部个性化设计与制造过程众包给社区，仅用 18 个月的时间，就在干洗店大小的微型工厂里实现了赛车从图纸设计到上市；美国波音公司采用基于网络协同、制造服务外包的模式，组织全球 40 多个国家和地区协同研发波音 787，使研发周期缩短了 30%，成本减少了 50%；以及欧盟第七框架于 2010 年 8 月启动了制造云项目（Manu Cloud，Project-ID：260142），总投资 500 多万欧元，目的是在一套软件即服务（Software-as-a-Service）应用支持下为用户提供可配置制造能力服务。

云制造更可以服务于量大面广的中小企业。针对中小企业信息化建设资金、人才缺乏的现状，可以建立面向中小企业的公共服务平台，为其提供产品设计、工艺、制造、采购和营销业务服务，提供信息化知识、产品、解决方案、应用案例等资源，促进中小企业发展。

习题与思考题

1. 简述 CAD/CAM 系统的基本组成？
2. CAD/CAM 系统应具备哪些主要功能？
3. CAD/CAM 系统硬件的选择原则是什么？
4. CAD/CAM 的系统软件包括哪些？
5. CAD/CAM 系统的基本类型有哪些？各有何特点？
6. CAD/CAM 系统的选型应考虑哪些因素？
7. 常用的网络拓扑结构有哪几种？什么是网络 CAD/CAM？
8. 什么是客户机/服务器工作模式？
9. 什么是云计算？云计算有何特点？
10. 什么是云设计平台？云设计平台的体系结构如何？
11. 发展基于云计算的 CAD/CAM 系统有何意义？

第3章 计算机图形处理技术

> **教学提示与要求**
>
> 本章介绍了图形的几何变换、图形的消隐技术、图形的光照处理技术、图形裁剪技术、曲线设计、曲面设计等内容。要求重点掌握图形的几何变换和图形裁剪技术。

3.1 图形的几何变换

3.1.1 图形几何变换的基本原理

在二维平面中,任何一个图形都可以看作是点之间的连线构成的。对一个图形进行几何变换,实际上就是对一系列点进行变换。

1) 点的矩阵表示

在二维平面里,点的坐标(x, y)可以表示为矩阵$[x \ y]$。

2) 变换矩阵

设一个几何图形的坐标矩阵为 A,另一个矩阵为 T,则由矩阵乘法运算可得到新的矩阵

$$B = AT$$

矩阵 B 是矩阵 A 经变换后的图形矩阵,矩阵 T 被称为变换矩阵,它是用来对原图形进行坐标变换的工具。

3) 点的变换

设 $T = \begin{bmatrix} a & b \\ c & d \end{bmatrix}$,点的坐标$[x \ y]$,变换后点的坐标 $[x' \ y']$,则

$$[x \ y] \begin{bmatrix} a & b \\ c & d \end{bmatrix} = [ax+cy \ \ bx+dy] = [x' \ y']$$

变换矩阵中 a, b, c, d 的不同取值,可以实现各种不同变换,从而达到对图形进行变换的目的。

3.1.2 二维图形的基本变换

二维图形的基本变换主要有比例变换、对称变换、错切变换、旋转变换、平移变换。下面分别介绍这些基本变换方法。

1) 以原点为中心的比例变换

比例变换是指图形以固定点为中心,按相同比例进行放大或缩小所得的变换。当固定点为

坐标原点时，则为以原点为中心的比例变换。

在 $T = \begin{bmatrix} a & b \\ c & d \end{bmatrix}$ 中，令 $b = c = 0$，则为比例变换矩阵 $T = \begin{bmatrix} a & 0 \\ 0 & d \end{bmatrix}$

$$[x \quad y] \begin{bmatrix} a & 0 \\ 0 & d \end{bmatrix} = [ax \quad dy] = [x' \quad y']$$

其中 a，d 分别为 x，y 方向上的比例因子。

讨论：

（1）若 $a = d = 1$ 为恒等变换，即变换后点的坐标不变，如图 3-1a 所示。

（2）若 $a = d \neq 1$ 为等比变换，变换结果为图形等比例放大（$a=d>1$）或等比例缩小（$a=d<1$），如图 3-1b 所示。

（3）若 $a \neq d$，图形在 x，y 两个坐标方向以不同的比例变换。变形结果为图形产生畸变，如图 3-1c 所示。

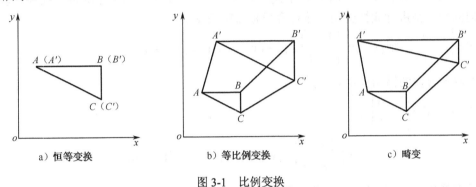

图 3-1 比例变换

2）对称变换

对称变换为图形中的各点关于某个点或某条线对称所得的变换，如图 3-2 所示。

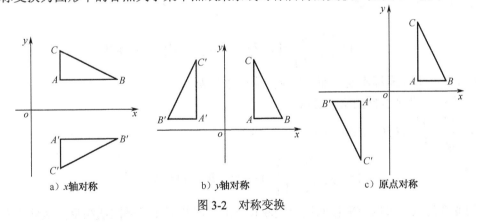

图 3-2 对称变换

（1）对 x 轴的对称变换。

$x' = x \quad y' = -y$ 所以 $T = \begin{bmatrix} 1 & 0 \\ 0 & -1 \end{bmatrix}$

$$[x \quad y] \begin{bmatrix} 1 & 0 \\ 0 & -1 \end{bmatrix} = [x \quad -y] = [x' \quad y']$$

(2) 对 y 轴的对称变换。

$x'=-x$, $y'=y$, 所以 $T=\begin{bmatrix} -1 & 0 \\ 0 & 1 \end{bmatrix}$

$$[x \quad y]\begin{bmatrix} -1 & 0 \\ 0 & 1 \end{bmatrix} = [-x \quad y] = [x' \quad y']$$

(3) 对原点的对称变换。

$x'=-x$, $y'=-y$, 所以 $T=\begin{bmatrix} -1 & 0 \\ 0 & -1 \end{bmatrix}$

$$[x \quad y]\begin{bmatrix} -1 & 0 \\ 0 & -1 \end{bmatrix} = [-x \quad -y] = [x' \quad y']$$

3) 错切变换

图形的每一个点在某一方向上坐标保持不变,而另一坐标方向上坐标进行线性变换,或两坐标方向的坐标都进行线性变换,这种变换称为错切变换。

令 $T=\begin{bmatrix} 1 & b \\ c & 1 \end{bmatrix}$,则 $[x \quad y]\begin{bmatrix} 1 & b \\ c & 1 \end{bmatrix} = [x+cy \quad bx+y] = [x' \quad y']$

(1) 沿 x 方向的错切变换。

令 $b=0$, $T=\begin{bmatrix} 1 & 0 \\ c & 1 \end{bmatrix}$ 则

$$[x \quad y]\begin{bmatrix} 1 & 0 \\ c & 1 \end{bmatrix} = [x+cy \quad y] = [x' \quad y'] \quad (c \neq 0)$$

经此变换后,y 坐标不变,x 坐标有一增量 cy。

(2) 沿 y 方向的错切变换。

令 $c=0$, $T=\begin{bmatrix} 1 & b \\ 0 & 1 \end{bmatrix}$ 则

$$[x \quad y]\begin{bmatrix} 1 & b \\ 0 & 1 \end{bmatrix} = [x \quad bx+y] = [x' \quad y'] \quad (b \neq 0)$$

变换的结果是 x 坐标不变,而 y 坐标产生一增量 bx。

(3) 沿 x、y 两个方向的错切变换。

令 $T=\begin{bmatrix} 1 & b \\ c & 1 \end{bmatrix}$ ($b\neq 0$ $c\neq 0$)则

$$[x \quad y]\begin{bmatrix} 1 & b \\ c & 1 \end{bmatrix} = [x+cy \quad bx+y] = [x' \quad y']$$

错切变换的意义可以使平行四边形变成长方形,使圆形变成椭圆或相反,从而使平面造型内容更加丰富,如图 3-3 所示。

4) 旋转变换

旋转变换是指图形绕坐标原点旋转 θ 角的变换,且规定逆时针为正,顺时针为负,则变换矩阵为

$$T=\begin{bmatrix} \cos\theta & \sin\theta \\ -\sin\theta & \cos\theta \end{bmatrix}$$

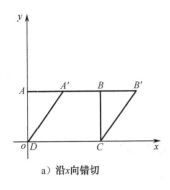 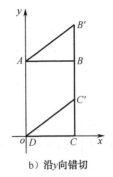 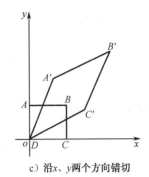

a) 沿 x 向错切　　　　　b) 沿 y 向错切　　　　　c) 沿 x、y 两个方向错切

图 3-3　错切变换

对点进行旋转变换如图 3-4 所示。

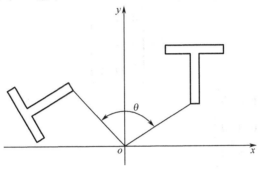

图 3-4　旋转变换

$$[x \quad y]\begin{bmatrix}\cos\theta & \sin\theta \\ -\sin\theta & \cos\theta\end{bmatrix}=[x\cos\theta-y\sin\theta \quad x\sin\theta+y\cos\theta]=[x' \quad y']$$

5）平移变换与齐次坐标

若实现平移变换，变换前后的坐标必须满足下面的关系

$$\begin{cases}x'=x+\Delta x \\ y'=y+\Delta y\end{cases}$$

这里 Δx、Δy 是平移量，应为常数，但是用原来的变换矩阵是无法实现平移变换的（因为下面公式里的 cy，bx 均非常量）。

$$[x \quad y]\begin{bmatrix}a & b \\ c & d\end{bmatrix}=[ax+cy \quad bx+dy]=[x' \quad y']$$

我们把 2×2 矩阵扩充为 3×2 矩阵，即令

$$\boldsymbol{T}=\begin{bmatrix}a & b \\ c & d \\ l & m\end{bmatrix}$$

但这样又产生新的问题，二维图形的点集矩阵是 $n\times 2$ 阶的，而变换矩阵是 3×2 阶的，根据矩阵乘法规则，它们是无法相乘的。为此，把点向量也作扩充，将 $[x\ y]$ 扩充为 $[x\ y\ 1]$，即把点集矩阵扩充为 $n\times 3$ 阶矩阵。这样，点集矩阵与变换矩阵即可进行乘法运算。

$$[x\ y\ 1]\begin{bmatrix}a & b \\ c & d \\ l & m\end{bmatrix}=[ax+cy+l \quad bx+dy+m]$$

所以平移变换矩阵为

$$T = \begin{bmatrix} 1 & 0 \\ 0 & 1 \\ l & m \end{bmatrix}$$

对点进行平移变换

$$[x \ y \ 1] \begin{bmatrix} 1 & 0 \\ 0 & 1 \\ l & m \end{bmatrix} = [x+l \ \ y+m] = [x' \ \ y']$$

其中，l、m 分别为 x、y 方向的平移量。

为使二维变换矩阵具有更多的功能，可将 3×2 变换矩阵进一步扩充为 3×3 阶矩阵，即

$$T = \begin{bmatrix} a & b & p \\ c & d & q \\ l & m & s \end{bmatrix}$$

则平移变换矩阵为 $T = \begin{bmatrix} 1 & 0 & 0 \\ 0 & 1 & 0 \\ l & m & 1 \end{bmatrix}$

对点进行平移变换，如图 3-5 所示。

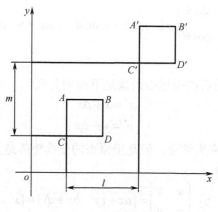

图 3-5 平移变换

$$[x \ y \ 1] \begin{bmatrix} 1 & 0 & 0 \\ 0 & 1 & 0 \\ l & m & 1 \end{bmatrix} = [x+l \ \ y+m \ \ 1] = [x' \ \ y' \ \ 1]$$

讨论：在平移变换中，将 $[x \ \ y]$ 扩充为 $[x \ \ y \ \ 1]$ 实际上是由二维向量变为三维向量，但 $[x \ \ y \ \ 1]$ 可以看成是 $z=1$ 平面上的点，也就是说，经此扩充后图形落在了 $z=1$ 的平面上，它对图形的形状没有影响。

这种用三维向量表示二维向量的方法叫做齐次坐标法。进一步用 $n+1$ 维向量表示 n 维向量的方法称之为齐次坐标法。

从上述介绍的几种二维图形的基本几何变换可见，各种图形变换完全取决于变换矩阵中各

元素的取值。按照变换矩阵中各元素的功能，可将二维变换矩阵的一般表达式按如下虚线分为 4 个子矩阵，即

$$T = \begin{bmatrix} a & b & p \\ c & d & q \\ \hline l & m & s \end{bmatrix}$$

其中，2×2 阶矩阵 $\begin{bmatrix} a & b \\ c & d \end{bmatrix}$ 可以实现图形的比例、对称、错切、旋转变换；1×2 阶矩阵 $[l\ m]$ 可以实现图形的平移变换；2×1 阶矩阵 $[p\ q]^T$ 可以实现图形的透视变换（二维图形无透视变换，p、q 都为零）；而 $[s]$ 可以实现图形的全比例变换，当 $s>1$ 时，图形等比例缩小；当 $0<s<1$ 时，图形等比例放大。当 $s=1$ 时，图形大小保持不变。

3.1.3 二维图形的组合变换

前面讲述了图形的各种基本变换，可以看出比例变换、旋转变换、错切变换以及平移变换都是相对原点而言的，对称变换是相对于坐标轴或原点进行的。但是，有些变换仅用一种基本变换是不能实现的，必须由两种或多种基本变换组合才能实现，这种由多种基本变换组合而成的变换称之为组合变换，相应的变换矩阵叫做组合变换矩阵。

1）图形绕任意一点的旋转变换

平面图形绕任意点 $A(x_A, y_A)$ 旋转 α 角，需用三种基本变换复合而成。

（1）将旋转中心平移到原点，变换矩阵为

$$T_1 = \begin{bmatrix} 1 & 0 & 0 \\ 0 & 1 & 0 \\ -x_A & -y_A & 1 \end{bmatrix}$$

（2）将图形绕坐标系原点旋转 α 角，变换矩阵为

$$T_2 = \begin{bmatrix} \cos\alpha & \sin\alpha & 0 \\ -\sin\alpha & \cos\alpha & 0 \\ 0 & 0 & 1 \end{bmatrix}$$

（3）将旋转中心平移回到原来位置，变换矩阵为

$$T_3 = \begin{bmatrix} 1 & 0 & 0 \\ 0 & 1 & 0 \\ x_A & y_A & 1 \end{bmatrix}$$

因此，绕任意点 A 的旋转变换矩阵为

$$T = T_1 T_2 T_3 = \begin{bmatrix} 1 & 0 & 0 \\ 0 & 1 & 0 \\ -x_A & -y_A & 1 \end{bmatrix} \begin{bmatrix} \cos\alpha & \sin\alpha & 0 \\ -\sin\alpha & \cos\alpha & 0 \\ 0 & 0 & 1 \end{bmatrix} \begin{bmatrix} 1 & 0 & 0 \\ 0 & 1 & 0 \\ x_A & y_A & 1 \end{bmatrix}$$

显然，当 $x_A=0$，$y_A=0$ 时，即为对原点的旋转变换矩阵。

如图 3-6 所示，设有平面 $\triangle abc$，其三个顶点的坐标分别为 $a(6, 4)$，$b(9, 4)$，$c(6, 6)$。求 $\triangle abc$ 绕点 $A(5, 3)$ 逆时针旋转 $90°$ 的变换矩阵及新 $\triangle a'b'c'$ 的坐标。

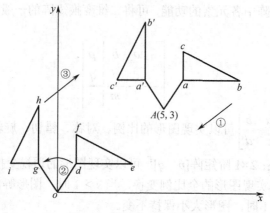

图 3-6 绕任意一点的旋转

（1）将三角形连同 A 点一起平移到坐标原点，则平移量为 x 轴方向平移-5，y 方向平移-3，变换矩阵为

$$T_1 = \begin{bmatrix} 1 & 0 & 0 \\ 0 & 1 & 0 \\ -5 & -3 & 1 \end{bmatrix}$$

（2）将三角形绕原点逆时针旋转 90°，变换矩阵为

$$T_2 = \begin{bmatrix} \cos 90° & \sin 90° & 0 \\ -\sin 90° & \cos 90° & 0 \\ 0 & 0 & 1 \end{bmatrix}$$

（3）将旋转后的三角形连同旋转中心一起向回平移，使 A 点回到初始位置，变换矩阵为

$$T_3 = \begin{bmatrix} 1 & 0 & 0 \\ 0 & 1 & 0 \\ 5 & 3 & 1 \end{bmatrix}$$

故组合变换矩阵为

$$T = T_1 T_2 T_3 = \begin{bmatrix} 1 & 0 & 0 \\ 0 & 1 & 0 \\ -5 & -3 & 1 \end{bmatrix} \begin{bmatrix} \cos 90° & \sin 90° & 0 \\ -\sin 90° & \cos 90° & 0 \\ 0 & 0 & 1 \end{bmatrix} \begin{bmatrix} 1 & 0 & 0 \\ 0 & 1 & 0 \\ 5 & 3 & 1 \end{bmatrix}$$

$$= \begin{bmatrix} \cos 90° & \sin 90° & 0 \\ -\sin 90° & \cos 90° & 0 \\ -5\cos 90° + 3\sin 90° + 5 & -5\sin 90° - 3\cos 90° + 3 & 1 \end{bmatrix} = \begin{bmatrix} 0 & 1 & 0 \\ -1 & 0 & 0 \\ 8 & -2 & 1 \end{bmatrix}$$

新三角形的坐标为

$$\begin{bmatrix} x'_a & y'_a & 1 \\ x'_b & y'_b & 1 \\ x'_c & y'_c & 1 \end{bmatrix} = \begin{bmatrix} 6 & 4 & 1 \\ 9 & 4 & 1 \\ 6 & 6 & 1 \end{bmatrix} \begin{bmatrix} 0 & 1 & 0 \\ -1 & 0 & 0 \\ 8 & -2 & 1 \end{bmatrix} = \begin{bmatrix} 4 & 4 & 1 \\ 4 & 7 & 1 \\ 2 & 4 & 1 \end{bmatrix}$$

从而求得变换后新 $\triangle a'b'c'$ 的顶点坐标为：a' (4, 4)，b' (4, 7)，c' (2, 4)。

2）图形相对于任意直线的对称变换

如图 3-7 所示，设任意直线的方程为 $ax+by+c=0$，直线在 x 轴和 y 轴上的截距分别为 $-c/a$ 和 $-c/b$，直线与 x 轴的夹角为 α，$\alpha = \arctan(-a/b)$。需用五种基本变换复合而成。

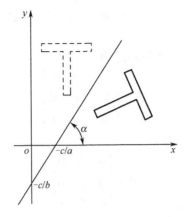

图 3-7 对任意直线的对称变换

（1）平移直线，使其通过原点（可沿 x 向或 y 向平移，这里沿 x 向将直线平移到原点），变换矩阵为

$$T_1 = \begin{bmatrix} 1 & 0 & 0 \\ 0 & 1 & 0 \\ c/a & 0 & 1 \end{bmatrix}$$

（2）绕原点旋转，使直线与某坐标轴重合（这里以与 x 轴重合为例），变换矩阵为

$$T_2 = \begin{bmatrix} \cos(-\alpha) & \sin(-\alpha) & 0 \\ -\sin(-\alpha) & \cos(-\alpha) & 0 \\ 0 & 0 & 1 \end{bmatrix} = \begin{bmatrix} \cos\alpha & -\sin\alpha & 0 \\ \sin\alpha & \cos\alpha & 0 \\ 0 & 0 & 1 \end{bmatrix}$$

（3）对坐标轴对称变换（这里是对 x 轴），其变换矩阵为

$$T_3 = \begin{bmatrix} 1 & 0 & 0 \\ 0 & -1 & 0 \\ 0 & 0 & 1 \end{bmatrix}$$

（4）绕原点旋转，使直线回到原来与 x 轴成 α 角的位置，变换矩阵为

$$T_4 = \begin{bmatrix} \cos\alpha & \sin\alpha & 0 \\ -\sin\alpha & \cos\alpha & 0 \\ 0 & 0 & 1 \end{bmatrix}$$

（5）平移直线，使其回到原来的位置，变换矩阵为

$$T_5 = \begin{bmatrix} 1 & 0 & 0 \\ 0 & 1 & 0 \\ -c/a & 0 & 1 \end{bmatrix}$$

通过以上五个步骤，即可实现图形对任意直线的对称变换，其组合变换矩阵为

$$T = T_1 T_2 T_3 T_4 T_5 = \begin{bmatrix} \cos 2\alpha & \sin 2\alpha & 0 \\ \sin 2\alpha & -\cos 2\alpha & 0 \\ (\cos 2\alpha - 1)c/a & (\sin 2\alpha)c/a & 1 \end{bmatrix}$$

3）图形相对于任意点的比例变换

前面讨论了相对于原点的比例变换，但在工程实际中，相对于任意点的比例变换使用的更多。例如在当前图中要插入另外一个图形，并要使其放大或缩小。一般来说，放大或缩小的相

对点取自于零件上的某一个点,但该点不一定就是原点,这里讨论相对任意一点 $p(e, f)$ 的比例变换。

(1) 将任意点 p 平移到原点,变换矩阵为

$$T_1 = \begin{bmatrix} 1 & 0 & 0 \\ 0 & 1 & 0 \\ -e & -f & 1 \end{bmatrix}$$

(2) 实施比例变换,变换矩阵为

$$T_2 = \begin{bmatrix} a & 0 & 0 \\ 0 & d & 0 \\ 0 & 0 & 1 \end{bmatrix}$$

(3) 将任意点 p 平移至原来位置,变换矩阵为

$$T_3 = \begin{bmatrix} 1 & 0 & 0 \\ 0 & 1 & 0 \\ e & f & 1 \end{bmatrix}$$

通过以上三个步骤,即可实现图形对于任意点的比例变换,其组合变换矩阵为

$$T = T_1 T_2 T_3 = \begin{bmatrix} 1 & 0 & 0 \\ 0 & 1 & 0 \\ -e & -f & 1 \end{bmatrix} \begin{bmatrix} a & 0 & 0 \\ 0 & d & 0 \\ 0 & 0 & 1 \end{bmatrix} \begin{bmatrix} 1 & 0 & 0 \\ 0 & 1 & 0 \\ e & f & 1 \end{bmatrix}$$

4) 组合变换顺序对图形的影响

复杂变换是通过基本变换的组合而成的,由于矩阵的乘法不适用于交换律,即:$[A][B] \neq [B][A]$。因此,组合的顺序一般是不能颠倒的,顺序不同,则变换的结果亦不同。

3.1.4 三维图形基本变换

1) 三维基本变换矩阵

三维图形的几何变换是二维图形几何变换的简单扩展。在进行三维图形的几何变换时,可用四维齐次坐标 $[x \ y \ z \ 1]$ 来表示三维空间点 $(x \ y \ z)$,其变换矩阵 T 为 4×4 阶方阵,通过变换得到新的齐次坐标点 $[x' \ y' \ z' \ 1]$,即

$$[x' \ y' \ z' \ 1] = [x \ y \ z \ 1]T$$

三维基本变换矩阵

$$T = \left[\begin{array}{ccc|c} a & b & c & p \\ d & e & f & q \\ h & i & j & r \\ \hline l & m & n & s \end{array} \right]$$

可以把三维基本变换矩阵 T 划分为四块,其中,$\begin{bmatrix} a & b & c \\ d & e & f \\ h & i & j \end{bmatrix}_{3 \times 3}$ 实现比例、对称、错切、旋转变换;$[l \ m \ n]_{1 \times 3}$ 实现平移变换;$[p \ q \ r]_{3 \times 1}^T$ 实现透视变换(限于篇幅,本章不介绍透视变换,有兴趣的读者可参阅计算机图形学);$[S]$ 实现全图的等比例变换。

2）三维图形的基本变换

（1）三维比例变换。

变换矩阵为

$$T = \begin{bmatrix} a & 0 & 0 & 0 \\ 0 & e & 0 & 0 \\ 0 & 0 & j & 0 \\ 0 & 0 & 0 & 1 \end{bmatrix}$$

变换后点的坐标为

$$[x' \quad y' \quad z' \quad 1] = [x \quad y \quad z \quad 1]T = [ax \quad ey \quad jz \quad 1]$$

其中，a、e、j 分别为沿 x、y、z 方向的比例因子。

（2）三维对称变换。

标准的三维空间对称变换是相对于坐标平面进行的。

相对于 xoy 平面、yoz 平面和 xoz 平面三个坐标平面的对称变换矩阵分别为

$$T_{xoy} = \begin{bmatrix} 1 & 0 & 0 & 0 \\ 0 & 1 & 0 & 0 \\ 0 & 0 & -1 & 0 \\ 0 & 0 & 0 & 1 \end{bmatrix} \quad T_{yoz} = \begin{bmatrix} -1 & 0 & 0 & 0 \\ 0 & 1 & 0 & 0 \\ 0 & 0 & 1 & 0 \\ 0 & 0 & 0 & 1 \end{bmatrix} \quad T_{xoz} = \begin{bmatrix} 1 & 0 & 0 & 0 \\ 0 & -1 & 0 & 0 \\ 0 & 0 & 1 & 0 \\ 0 & 0 & 0 & 1 \end{bmatrix}$$

（3）三维错切变换。

变换矩阵为

$$T = \begin{bmatrix} 1 & b & c & 0 \\ d & 1 & f & 0 \\ h & i & 1 & 0 \\ 0 & 0 & 0 & 1 \end{bmatrix}$$

$$[x' \quad y' \quad z' \quad 1] = [x \quad y \quad z \quad 1] \begin{bmatrix} 1 & b & c & 0 \\ d & 1 & f & 0 \\ h & i & 1 & 0 \\ 0 & 0 & 0 & 1 \end{bmatrix} = [x+dy+hz \quad bx+y+iz \quad cx+fy+z \quad 1]$$

其中，d、h 为沿 x 方向的错切系数；b、i 为沿 y 方向的错切系数；c、f 为沿 z 方向的错切系数。

从上式可以看出，变换后一个坐标的变换结果受另外两个坐标的影响。错切变换是绘制斜轴测图的基础。

（4）三维平移变换。

与二维平移变换类似，三维平移变换矩阵为

$$T = \begin{bmatrix} 1 & 0 & 0 & 0 \\ 0 & 1 & 0 & 0 \\ 0 & 0 & 1 & 0 \\ l & m & n & 1 \end{bmatrix}$$

其中 l、m、n 分别为 x、y、z 三个坐标方向的平移量。

（5）三维旋转变换

三维旋转变换是将空间立体绕坐标轴旋转角度 α 的变换。α 角的正负按右手定则确定：右手大拇指指向旋转轴的正向，其余四个手指的指向即为 α 角的正向。

① 绕 x 轴旋转 α 角的变换矩阵（平行于 yoz 平面）。

$$T_x = \begin{bmatrix} 1 & 0 & 0 & 0 \\ 0 & \cos\alpha & \sin\alpha & 0 \\ 0 & -\sin\alpha & \cos\alpha & 0 \\ 0 & 0 & 0 & 1 \end{bmatrix}$$

② 绕 y 轴旋转 α 角的变换矩阵（平行于 xoz 平面）。

$$T_y = \begin{bmatrix} \cos\alpha & 0 & -\sin\alpha & 0 \\ 0 & 1 & 0 & 0 \\ \sin\alpha & 0 & \cos\alpha & 0 \\ 0 & 0 & 0 & 1 \end{bmatrix}$$

③ 绕 z 轴旋转 α 角的变换矩阵（平行于 xoy 平面）。

$$T_z = \begin{bmatrix} \cos\alpha & \sin\alpha & 0 & 0 \\ -\sin\alpha & \cos\alpha & 0 & 0 \\ 0 & 0 & 1 & 0 \\ 0 & 0 & 0 & 1 \end{bmatrix}$$

3.1.5 三维图形组合变换

CAD/CAM 系统中所涉及的对象大多数是三维的。由于大多数输出设备都是二维设备，要将三维对象从二维设备中输出，就需要采用投影变换来实现。因此讨论三维图形的组合变换更具有工程意义。工程实践中应用比较普遍的组合变换是轴测变换。

1）正轴测投影变换

正轴测投影的形成过程如下：将物体绕某一坐标轴正向旋转 γ 角，然后再绕另一坐标轴反向旋转 α 角，最后向包含这两个坐标轴的平面正投影。

我们常用的正轴测投影是将物体绕 z 轴逆时针旋转 γ 角，再绕 x 轴顺时针旋转 α 角，然后向 xoz 平面投影而得到的。其变换矩阵为

$$T = \begin{bmatrix} \cos\gamma & \sin\gamma & 0 & 0 \\ -\sin\gamma & \cos\gamma & 0 & 0 \\ 0 & 0 & 1 & 0 \\ 0 & 0 & 0 & 1 \end{bmatrix} \begin{bmatrix} 1 & 0 & 0 & 0 \\ 0 & \cos\alpha & -\sin\alpha & 0 \\ 0 & \sin\alpha & \cos\alpha & 0 \\ 0 & 0 & 0 & 1 \end{bmatrix} \begin{bmatrix} 1 & 0 & 0 & 0 \\ 0 & 0 & 0 & 0 \\ 0 & 0 & 1 & 0 \\ 0 & 0 & 0 & 1 \end{bmatrix}$$

$$= \begin{bmatrix} \cos\gamma & 0 & -\sin\gamma\sin\alpha & 0 \\ -\sin\gamma & 0 & -\cos\gamma\sin\alpha & 0 \\ 0 & 0 & \cos\alpha & 0 \\ 0 & 0 & 0 & 1 \end{bmatrix}$$

当取 $\alpha = 35°16'$，$\gamma = 45°$ 时，得到工程上常用的正等轴测投影图；当取 $\alpha = 19°28'$，$\gamma = 20°42'$ 时，则得到正二轴测投影图。

2）斜轴测投影变换

在三维基本变换中曾提到，错切变换是绘制斜轴测图的基础。斜轴测投影变换是将三维物体先沿两个坐标方向作错切变换，然后再向包含这两个坐标轴的投影面作正投影变换，就可得到该物体的斜轴测投影图。例如，先将物体沿 x 轴含 y 轴错切，再沿 z 轴含 y 轴错切，最后向

xoz 面作正投影，其斜轴测投影变换矩阵为

$$T = \begin{bmatrix} 1 & 0 & 0 & 0 \\ d & 1 & 0 & 0 \\ 0 & 0 & 1 & 0 \\ 0 & 0 & 0 & 1 \end{bmatrix} \begin{bmatrix} 1 & 0 & 0 & 0 \\ 0 & 1 & f & 0 \\ 0 & 0 & 1 & 0 \\ 0 & 0 & 0 & 1 \end{bmatrix} \begin{bmatrix} 1 & 0 & 0 & 0 \\ 0 & 0 & 0 & 0 \\ 0 & 0 & 1 & 0 \\ 0 & 0 & 0 & 1 \end{bmatrix} = \begin{bmatrix} 1 & 0 & 0 & 0 \\ d & 0 & f & 0 \\ 0 & 0 & 1 & 0 \\ 0 & 0 & 0 & 1 \end{bmatrix}$$

3.1.6 工程图的生成

工程制图中常用到的三视图，是由三维物体模型向三个互相垂直的投影面作正平行投影得到的。

最简单的正平行投影是选择各坐标平面作为投影面，只需某个坐标值取零，其他坐标值不变，即可以实现投影变换。

图 3-8 表示物体与三个投影平面（V、H、W）的相对位置关系。

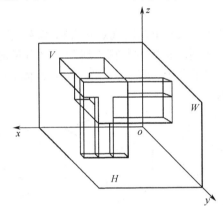

图 3-8 三面视图的定义

1）主视图变换矩阵

将物体向正面（V面）投影，只需将物体顶点坐标中的 $y=0$，而 x、z 坐标值不变，其变换矩阵为

$$T_v = \begin{bmatrix} 1 & 0 & 0 & 0 \\ 0 & 0 & 0 & 0 \\ 0 & 0 & 1 & 0 \\ 0 & 0 & 0 & 1 \end{bmatrix}$$

2）俯视图变换矩阵

将物体向水平面（H面）投影，即令 $z=0$，然后将得到的图形绕 x 轴顺时针旋转 $90°$，使其与 V 面共面，再沿负 z 方向平移一段距离 n，以使 H 面投影和 V 面投影之间保持一段距离，变换矩阵为

$$T_H = \begin{bmatrix} 1 & 0 & 0 & 0 \\ 0 & 1 & 0 & 0 \\ 0 & 0 & 0 & 0 \\ 0 & 0 & 0 & 1 \end{bmatrix} \begin{bmatrix} 1 & 0 & 0 & 0 \\ 0 & \cos(-90°) & \sin(-90°) & 0 \\ 0 & -\sin(-90°) & \cos(-90°) & 0 \\ 0 & 0 & 0 & 1 \end{bmatrix} \begin{bmatrix} 1 & 0 & 0 & 0 \\ 0 & 1 & 0 & 0 \\ 0 & 0 & 1 & 0 \\ 0 & 0 & -n & 1 \end{bmatrix} = \begin{bmatrix} 1 & 0 & 0 & 0 \\ 0 & 0 & -1 & 0 \\ 0 & 0 & 0 & 0 \\ 0 & 0 & -n & 1 \end{bmatrix}$$

3）左视图变换矩阵

将物体向侧面（W 面）投影，即令 $x=0$，然后绕 z 轴逆时针旋转 $90°$，使其与 V 面共面，为保证与 V 面投影有一段距离，再沿负 x 方向平移一段距离 l，这样可得到左视图。变换矩阵为

$$T_W = \begin{bmatrix} 0 & 0 & 0 & 0 \\ 0 & 1 & 0 & 0 \\ 0 & 0 & 1 & 0 \\ 0 & 0 & 0 & 1 \end{bmatrix} \begin{bmatrix} \cos 90° & \sin 90° & 0 & 0 \\ -\sin 90° & \cos 90° & 0 & 0 \\ 0 & 0 & 1 & 0 \\ 0 & 0 & 0 & 1 \end{bmatrix} \begin{bmatrix} 1 & 0 & 0 & 0 \\ 0 & 1 & 0 & 0 \\ 0 & 0 & 1 & 0 \\ -l & 0 & 0 & 1 \end{bmatrix} = \begin{bmatrix} 0 & 0 & 0 & 0 \\ -1 & 0 & 0 & 0 \\ 0 & 0 & 1 & 0 \\ -l & 0 & 0 & 1 \end{bmatrix}$$

3.2 图形的消隐技术

3.2.1 消隐的概念与作用

对于一个不透明的三维物体，选择不同的视点观看物体时，由于物体表面之间的遮挡关系，所以无法看到物体上所有的线和面。正确判断哪些线和面是可见的，哪些是不可见的，对于准确和真实地绘出三维物体是至关重要的。图 3-9 a 是一个立方体的轴测图，但我们无法从该线框图确定它是图 3-9b 还是图 3-9c。

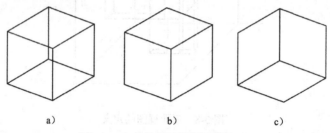

图 3-9　立方体的线框图和消隐图

再观察图 3-10a 所示的两个立方体，由于无法从该图确定这两个立方体的前后遮挡关系，所以我们很难判定它是图 3-10b 还是图 3-10c。

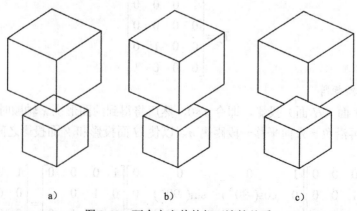

图 3-10　两个立方体的相互遮挡关系

以上两个例子说明，要使图形显示出较真实的立体感，避免因二义性而造成错觉，必须消除物体自身遮挡或物体之间相互遮挡而无法看见的线条。如果进一步考虑，被遮挡的部分还可

能是面,这部分因素也要消除,才能确保显示的图形无二义性。

当沿着投射线观察三维物体时,由于物体自身某些表面或者由其他物体的影响,造成某些线段或面被遮挡,这些被遮挡住的线称为隐藏线,被遮挡的面称为隐藏面。将这些隐藏线或隐藏面消除的过程就称为消隐。进行消隐工作,首先要解决的问题是确定显示对象的哪些部分是可见的,哪些部分为自身或其他物体所遮挡而不可见的,即找出隐藏线和隐藏面,然后再消除这些不可见部分,只显示可见的线和面,使所显示的图形没有多义性。查找、确定并消除隐藏线和隐藏面的技术就称为消隐技术。

3.2.2 消隐算法中的基本测试方法

消除隐藏线、隐藏面的算法是将一个或多个三维物体模型转换成二维可见图形,并在屏幕上显示。针对不同的显示对象和显示要求会有不同的消隐算法与之相适应。各种消隐算法的策略方法各有特点,但都是以一些基本测试方法为基础。一种算法中往往会包含一种甚至多种基本测试方法。下面介绍消隐算法中常用的几种基本测试方法。

1) 重叠测试

这种测试也叫极大极小测试或边界盒测试,用来检查两个多边形是否重叠。它提供了一个快速方法来判断两个多边形不重叠。为提高计算机的处理效率,重叠测试可分为两步完成。首先做一次粗筛选,将根本不可能重叠的多边形筛掉。其方法是分别定义参加判别的各个多边形的外接矩形,如图 3-11 所示。如果多边形 A 和多边形 B 的顶点坐标满足如下四个不等式之一,则两个多边形不可能重叠。

$$x_{A\min} \geq x_{B\max} \qquad x_{A\max} \leq x_{B\min}$$
$$y_{A\min} \geq y_{B\max} \qquad y_{A\max} \leq y_{B\min}$$

经过这一轮测试,排除掉了大量互不重叠的多边形,如图 3-12a,使参加进一步测试的多边形数量大大减少。

如果最小最大测试失败(两个矩形重叠),这两个多边形就有可能重叠。如图 3-12b 和 c 所示,此时,将一个多边形的每一条边与另一个多边形的边比较来测试它们是否相交。最小最大测试也可用于边的测试(见图 3-12d)以加快这个过程。

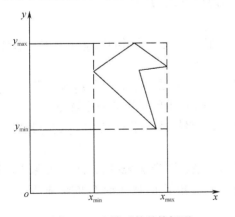

图 3-11 多边形的外接矩形

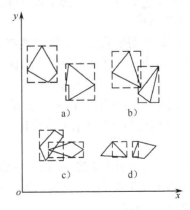

图 3-12 重叠测试的几种典型情况

2) 包含性测试

包含性测试是检查一个给定的点是否位于给定的多边形内。可以用两种方法来测试点与多边形的包含关系，即射线交点数算法和夹角求和算法。

（1）射线交点数算法。

我们在检验时从需要测试的点引出一条射线（见图 3-13a），该射线与多边形棱边相交。如果交点数为奇数，则该点在多边形内（见图3-13a 中的 P_1 点）。若交点数为偶数时，则说明测试点在多边形之外，即不被多边形包含（见图3-13a 中的 P_2 点）。如果多边形的一条边位于射线上或射线过多边形的顶点，对于这种奇异情况需要进行特殊的处理，以保证结论的一致性。如果射线通过多边形的顶点，且形成该顶点的两条边在射线两侧，记为相交一次（见图 3-13b 中的 P_4 点）；如果形成该顶点的两条边在射线的同侧，记为相交两次（见图 3-13b 中的 P_5 点），从而判断被测点 P_4 是在多边形内，P_5 是在多边形外。当然在遇到这些奇异情况时，也可通过改变射线方向，避免奇异情况的出现。如果多边形的一条边位于射线上（如由图 3-13 b 中的点 P_3 引出的射线），则必须通过改变射线的方向重新引出射线，按上述方法重新判断。

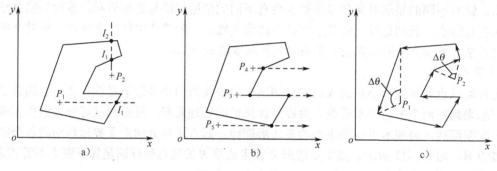

图 3-13　包含性测试

（2）夹角求和算法。

夹角求和算法如图 3-13c 所示。首先将多边形定义为有向边，逆时针为正，顺时针为负，然后由被测试点 P_1 或 P_2 与多边形的每条边的两端点构成三角形，求被测试点与多边形各个边对应的中心角 $\Delta\theta$，如果构成的三角形的边相对于被测点为逆时针方向，则 $\Delta\theta$ 为正值；若构成的三角形的边相对于被测点为顺时针方向，则 $\Delta\theta$ 为负值。然后，根据被测点与每条边构成的三角形中心角的总和 $\sum\Delta\theta$ 来判别测试点是否为多边形所包含。当 $\sum\Delta\theta=\pm2\pi$ 时，则被测试点在多边形内部（如点 P_1）；当 $\sum\Delta\theta=0$ 时，则被测试点在多边形的外部（如点 P_2）。

3）深度测试

深度测试是用来测定一个物体遮挡另外物体的基本方法。常用的深度测试方法有优先级测试和物体空间测试。这里仅简单介绍优先级测试法。

如图 3-14 所示，以坐标平面 xoy 为投影面建立投影关系，考察矩形 F_1 和三角形 F_2 的相互遮挡关系。图中 P_{12} 为矩形 F_1 和三角形 F_2 在投影平面 xoy 上的投影的一个重影点，而点 P_1 和点 P_2 的 x，y 坐标值为已知（求交点求出），将 P_{12} 的 x，y 坐标代入平面 F_1 和 F_2 的方程中，分别求出 z_1 和 z_2。

至此，可以判断出矩形 F_1 和三角形 F_2 的遮挡关系。即当 $z_1>z_2$ 时，P_1 为可见点，矩形 F_1 比三角形 F_2 的优先级高；当 $z_1<z_2$ 时，P_2 为可见点，三角形 F_2 比矩形 F_1 的优先级高。

4）可见性测试

可见性测试主要用来判别物体自身各部分中哪些地方是没有被其自身的其他部分遮挡即可见的，哪些部分是被其自身的其他部分遮挡即不可见的。

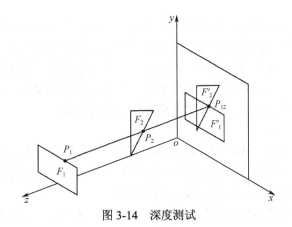

图 3-14 深度测试

如图 3.15 所示,无论是平面还是曲面,只要知道其表面的几何描述,便可给出或求出其外法矢 N,对于凸多面体,物体表面外法矢指向观察者方向的面是可见的(如 F_1),否则是不可见的(如 F_2)。

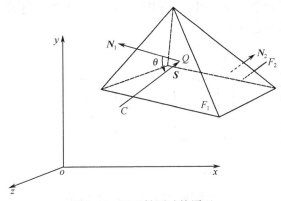

图 3-15 可见性测试的原理

定义由观察点 C 至物体方向的视线矢量为 S,通过计算物体表面某点的法矢 N 和视线矢量 S 的点积即可判别该点是否可见。

$$N \cdot S = |N||S|\cos\theta$$

法矢 N 指向物体的外部,θ 为 N 和 S 的夹角,则当 N 指向视点方向时其积为正,即是可见面。

3.2.3 常用消隐算法

经过上述测试方法,可以判断两个物体或物体自身各部分之间是否存在重叠或遮挡关系。如果不存在重叠或遮挡关系,则无须进行消隐处理,否则需要进行消隐处理,即在图形显示过程中,判别哪个物体被遮挡而不显示,哪个不被遮挡而要显示出来。

消隐的基本思想很简单,但要真正实现却要耗费很长的判别和运算时间。消隐算法的处理效率将是决定能否被有效采用的关键。到目前为止,已经提出了很多有效的消隐算法,这些算法可以依据算法实现时所在的坐标系或空间进行分类。

消隐算法可以分成两大类:物空间算法和像空间算法。物空间算法在对象定义时所处的坐标系中实现,注重考虑实际形体本身和形体之间的几何关系,以确定哪些部分是可见的,哪些部分是不可见的。该算法精度高,不受显示分辨率的影响,但对于复杂图形的消隐,运算量大,运算效率低。像空间算法在显示图形的屏幕坐标系中实现,针对形体的图形,确定光栅显示器哪些像素应该可见。该算法是以与显示器分辨率相适应的精度来进行的,尽管算法不够精确,但对于复杂图形的消隐,运算效率较高。因此,有许多方法是在图像空间中实现的。在众多的消隐技术中,到目前为止还没有哪一种算法能够适用于所有应用领域。而且随着其应用领域的不断扩展,还会有新的算法出现。本节将介绍几种常用的算法。

1) Warnock 算法

Warnock 算法属于一种常用的循环细分算法,是针对平面多面体图形进行消隐显示的算法,它属于像空间消隐算法。应用该算法需要两个前提条件:一是所显示的多面体已消除自隐藏面;二是多面体的顶点和边的坐标以及各顶点的深度已知。

Warnock 算法是一种基本的循环细分隐面消除算法,本质上,这个算法是通过将图像递归地细分为子图像来解决隐藏面问题。整个屏幕称为窗口,细分是一个递归地四等分过程,每一次把矩形的窗口等分成四个相等的小矩形,其中每个小矩形也称为窗口。每一次细分,都要判断要显示的多边形和窗口的关系,这种关系可以分为以下四种类型(见图3-16):(1)多边形包围了窗口(见图3-16a);(2)多边形与窗口相交(见图3-16b);(3)窗口包围了多边形(见图3-16c);(4)窗口与多边形分离(见图3-16d)。

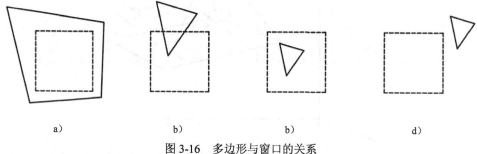

图 3-16 多边形与窗口的关系

当窗口与每个多边形的关系确定后,有些窗口内的图形便可显示输出,有些则还需进一步细分。参考图 3-17 所示,具体操作规则如下。

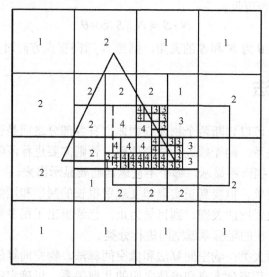

图 3-17 Warnock 细分算法

(1) 所有多边形都和窗口分离,如图 3-16d 所示,这时把窗口内所有的像素填上背景色,即图形不可见。

(2) 只有一个多边形和窗口相交,或这个多边形包含在窗口内,如图 3-16b、图 3-16c 所示,这时先对窗口内每一像素填上背景色,再对窗口内多边形部分用扫描线算法填充,即对可见图形进行着色。

(3) 存在一个或多个多边形,但其中离观察者最近的一个多边形包围了窗口,如图 3-16a 所示,此时将整个窗口填上该多边形的颜色,即图形可见。

(4) 其他情况,将窗口一分为四,分得的窗口重复上述的测试,出现下列情况之一时,它的某一子窗口不再细分,否则继续细分。

① 该子窗口属于上述前三种情况之一时,不再细分,并按相应规则显示。

② 窗口的边长与像素的宽度相等时,不能再细分,这个窗口对应的像素取最靠近观察者的多边形的颜色,或取和这个窗口相交的多边形颜色的平均值。

Warnock 算法的思想虽然简单,但具体实现时,细节处理的好才能提高效率。例如,为了减少计算量,可先去掉物体所有的背面;再如,为了避免不必要的细分,可以按多边形顶点为基准做不等面积细分,这样可以减少细分次数。

2) Catmull 曲面分割算法

Warnock 算法主要是针对平面多面体的,现实中有许多物体是用曲面表示的。对于物体的曲面消隐显示,Catmull 提出了一种 Warnock 型的分割算法。Catmull 曲面分割算法属于物空间算法。与 Warnock 算法不同的是,Catmull 算法不是对图像空间进行递归分割,而是对曲面本身进行递归分割。具体操作规则如下:将原先的曲面片递归地加以分割,直至分割的小曲面片在屏幕上的投影最多覆盖一个像素。然后确定在各个像素上使用哪个小曲面片的色彩或灰度,图 3-18a 给出的是一个曲面片及其分割成小曲面片的情形。只要曲面不是过分地弯曲,一般可用小曲面片的多边形逼近来判别它是否仅覆盖一个像素,如图 3-18 b 所示。

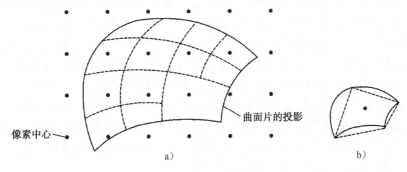

图 3-18 曲面分割

如果经过分割的子曲面片不覆盖任何一个像素,可按离它最近的像素显示。对于投影后落在显示窗口之外的小曲面片可以不加任何处理,但若投影后子曲面片与显示窗口相交,则需要进一步分割,直至可明确判定它位于窗口之内或之外。

3) z 向深度缓冲区算法

z 向深度缓冲区算法也称 z 缓冲区算法或深度缓冲区算法,如图 3-19 所示。在这种算法中需要两个缓冲器:帧缓冲器(颜色缓冲器)——存储各像素的颜色值;z 缓冲器(深度缓冲器)——存储各像素的深度值。此算法的基本思想是:屏幕上的每一像素均有 z 缓冲区中的一个单元与之对应,记录该像素所显示的空间点的 z 坐标(即深度值)。在 z 缓冲区中可对每一个像素

的 z 值排序，并用最小的 z 值初始化 z 缓冲区，而用背景像素值初始化帧缓冲区，帧缓冲区和 z 缓冲区用像素坐标 (x, y) 来进行索引。这些坐标实际上是屏幕坐标。z 缓冲区算法过程如下：对景物中的每个多边形找到当多边形投影到屏幕时位于多边形内或边界上的所有像素 (x, y)。对每一个像素，在 (x, y) 处计算多边形的深度 z，并与 z 缓冲区相应单元的当前值相比较，如果 z 大于 z 缓冲区中的当前值，则该多边形比其他早已存于像素中的多边形更靠近观察者。在这种情况下，用 z 值更新 z 缓冲区的对应单元。同时，将 (x, y) 处的多边形明暗值写入帧缓冲区中对应于该屏幕像素的单元之中。当所有的多边形被处理完之后，帧缓冲区中保留的是已消隐的最终结果。

图 3-19 z 缓冲区示意图

z 向深度缓冲区算法的优点是原理简单，也很容易实现，其缺点是需要一个额外的 z 缓冲器，占用的存储单元较多。但随着计算机硬件制造技术的高速发展，z 缓冲器算法已被固化在芯片中，已成为最常用的一种消隐方法。目前，许多显示加速卡都支持这一算法。

4）扫描线算法

扫描线算法是图形消隐处理中比较常见的一种方法，可以通过扫描将三维的消隐问题简化成二维问题。扫描线算法有几种，这里仅简单介绍 z 缓冲器扫描线算法。

z 缓冲器扫描线算法是对 z 向深度缓冲区算法进行改进而派生出来的消隐算法。为了克服 z 向深度缓冲区算法需要分配与屏幕上像素点个数一致的存储单元而需要消耗巨大内存这一缺点，可以将整个屏幕分成若干区域，再一个区一个区地进行处理，这样可以将 z 缓冲区的单元个数减少为屏幕上一个区域的像素点的个数。若将屏幕的某一行作为这样的区域，便得到了 z 缓冲器扫描线算法。此时，z 缓冲区的单元个数仅为屏幕上一行的像素点的数量。

z 缓冲器扫描线算法只记录当前扫描线所在行的各点深度数据，在计算出一条扫描线上的所有多边形的各点深度并填充其像素值之后，才刷新行深度缓存数组，以便计算下一行扫描线上对应的图形。这样循环处理之后，即一次性地逐行显示出整个画面上的图形，克服了深度缓存算法占用存储单元太多的不足，减少了占用的存储空间。z 缓冲器扫描线算法的一个主要优点是缩小了 z 向深度缓存数组，便于用软件实现该算法。

3.3 图形的光照处理技术

在计算机屏幕上显示的三维线框图形经过消隐处理以后，已经初步具有较强的立体感，消除了视觉上的二义性。为了使图形更为逼真，还要考虑物体表面由于光照而产生的明暗变化，需要对物体表面进行浓淡处理，也就是真实处理。要创造真实感图形需要光照处理技术，它模拟光线照射在物体上，物体反映出来的感观效应，通过必要的算法，实现实际物体在计算机上的虚拟。

真实感图形的绘制是计算机图形学的一个重要内容。它综合利用了数学、物理学、计算机科学和其他科学与技术，在计算机图形设备上生成像彩色照片那样的真实感图形。例如，在产品的计算机辅助设计中，设计者总希望看一下自己的初步设计究竟是什么样子，特别是产品外形设计，如汽车、建筑等，希望有一幅足够逼真的图像。过去往往用人工绘图或制作实物模型来检查设计效果，而且随着方案的修改，要反复绘图或反复制作模型，耗费大量人力和物力。而采用计算机真实感图形绘制技术，就可方便地在屏幕上显示产品各种角度的真实感图像，并在屏幕上直接对外形进行交互式修改。这种技术大大节约了人力和物力，并使设计周期缩短，设计质量提高。

3.3.1 光照处理的基本原理

由物理光学可以知道，当光照射到物体表面时，会出现以下三种情况：一是光通过物体的表面向空间进行发射，这部分光称为反射光；二是对于透明的物体会出现透射现像，这部分光被称为透射光；三是部分的光会被物体吸收而转化为物体的热能。而在这三种光中，只有透射光和反射光能够进入人眼而产生视觉效果。并且透射光和反射光决定了物体所呈现出来的颜色。

在现实世界中，光照射到物体表面产生的现象是很复杂的。它与光源的性质、形状、数量、位置有关，还与物体的几何形状、光学性质和表面纹理等许多因素有关，甚至与人眼对光的生理与心理视觉因素有关。我们不可能把这一切都准确计算出来，只需要找出主要因素，建立数学模型就可以。为了模拟光能在场景中的传播与分布，需要提出一种光照模型。现在已有多种光照模型，有简单的，但逼真度不很高；有的考虑全面逼真度很高，但计算复杂，计算量大得惊人。要求逼真到什么程度，决定于应用场合，因此，可根据应用场合来选择哪一种光照模型比较适合。

下面讨论不包含透射光的简单光照模型。对于简单光照模型而言，都是假定光源是点光源，物体不透明，那么物体表面呈现的颜色仅由其反射光决定。通常人们把反射光考虑成 3 个分量的组合，这 3 个分量分别是漫反射光、镜面反射光和环境反射光。

1）漫反射光

当光线照射到表面粗糙、无光泽的物体上，物体表面表现为漫反射形式，即光线沿各个不同的方向都做相同的散射。因此，从各个角度观察，物体都有相同的亮度。朗伯（Lambert）余弦定律揭示出漫反射规律，如图 3-20 所示，其数学表达式为

$$I = I_1 k_d \cos\theta \qquad 0 \leq \theta \leq \frac{\pi}{2}$$

式中，I 为反射光强度，I_1 为点光源发出的入射光光强，k_d 为漫反射系数（$0 \leq k_d \leq 1$），它与物体表面的材料有关，θ 为指向点光源的方向矢量 **L** 和该表面法矢量 **n** 之间的夹角。上式表明，一个表面的亮度在给定点光源光强的条件下，是随入射角余弦的变化而变化的。因而明暗度计算的实质乃是角度计算问题，而角度又是由平面的法向向量来确定的。

另外，物体某处光照的强度还与该点距点光源的距离有关，即物体距点光源越远，显得越暗，为考虑距离的影响可将上式改写为

$$I = \frac{I_1 k_d}{r+k} \cos\theta \qquad 0 \leq \theta \leq \frac{\pi}{2}$$

式中，k 为任一常数，由美学效果确定，r 为透视点到表面的距离。

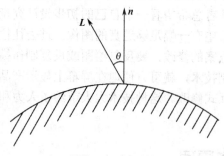

图 3-20 漫反射

2）镜面反射光

光照射到光滑表面会产生镜面反射。镜面反射的光强取决于入射光的角度、入射光的波长和反射表面的材料性质等。它遵循几何光学的菲涅耳（Fresnel A.J.）方程。反射光强的计算式为

$$I = \frac{I_1}{r+k}\omega(\theta,\lambda)\cos^n\alpha$$

式中：θ 为入射角或反射角，α 为视线方向 S 与反射方向 R 的夹角（见图 3-21），$\omega(\theta,\lambda)$ 为反射率函数，它取决于入射角 θ 和波长 λ。式中的 $\cos^n\alpha$ 用于模拟反射光的空间分布。大的 n 值对应于金属表面或其他光亮表面；小的 n 值对应于非金属表面。由于函数 $\omega(\theta,\lambda)$ 比较复杂，在实际应用中根据实验数据取一个常数 k_s 代替。于是上式可简化为

$$I = \frac{I_1 k_s}{r+k}\cos^n\alpha$$

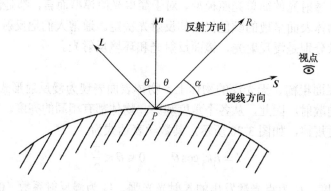

图 3-21 镜面反射

3）环境反射光

环境反射光是由于邻近物体所造成的光多次反射所产生的。光是来自四面八方的，如从墙壁、地板及天花板等反射回来的光，是一种分布光源。我们近似地认为同一环境下的环境光，其光强分布是均匀的，它在任何一个方向上的分布都相同。在简单光照模型中，我们用一个常数来模拟环境光。即

$$I = I_a k_a$$

式中，I_a 为环境光的光强，k_a 为物体对环境光的反射系数（$0 \leq k_a \leq 1$）。

在简单光照模型中，将漫反射、镜面反射和环境反射的光强这三个分量加起来，作为各种光照射到物体上的综合光强，其公式为

$$I = I_a k_a + \frac{I_1}{r+k}(k_d \cos\theta + k_s \cos^n a)$$

对于多点光源（如 m 个光源），可作线性叠加

$$I = I_a k_a + \sum_{j=1}^{m} \frac{I_{1j}}{r+k}(k_d \cos\theta_j + k_s \cos^n a_j)$$

利用该模型，只要知道物体表面某一点的法线，就可以算出该点反射光强度。而知道了可见面上所有点的法线，也就可以算出每一点的亮度，进而生成具有光照效果的真实感图形。

3.3.2 光照处理的基本算法

根据光照强度的计算，对于具有弯曲表面的物体，可以用其曲面方程算出每点的法线，然后按光照强度的计算模型计算每一点的亮度。但这种方法存在的问题是运算量相当大，另外很多曲面无法用合适的方程表示。为提高运算速度，通常用多面体来逼近的方法模拟曲面物体。这里只讨论平面多面体表面上各点的亮度计算。通常有两种基本算法，即恒定亮度法和 Gouraud 插值法。

1）恒定亮度法

恒定亮度法（Constant shading）的基本思想就是对于整个多边形只算出一个亮度值，用这个亮度显示物体上多边形所在的那个面。这种方法只适合于在某些特定条件下，如物体表面仅暴露于背景光下，没有表面图案、纹理或者阴影时，采用恒定亮度法处理会产生准确的效果。

用恒定亮度法对多边形逼近曲面的物体进行光照处理，效果不是很好，由于每一小平面有着与各邻面稍微不同的亮度，导致显示的图形看上去是由多边形组成的，而不是光滑的曲面效果。而且相邻面上亮度的差别由于马赫带效应而进一步得到加强。这个效应是奥地利物理学家 Ernst Mach 首先发现而得名的。当我们观察画面上具有恒定亮度的区域时，在区域边界处眼睛所感受到的明暗程度常常会超出实际值，似乎光强发生了变化，这一现象称之为马赫带效应。

2）Gouraud 插值法

Gouraud 插值法也称亮度插值法。与恒定亮度法相比，这种方法消除了亮度上的不连续性，它线性地改变每个多边形平面亮度值，使亮度值同多边形边界相匹配，解决了相邻平面之间亮度的不连续性。这种方法的实现步骤如下。

（1）计算各多边形平面的外法线。

（2）求各顶点的法线：取一个顶点各邻面的法线平均值作为该顶点的法线，即

$$N_V = (N_1 + N_2 + \cdots + N_n)/n$$

式中，N_V 为顶点的法线，$N_1, N_2, \cdots, N_n$ 为以点 V 为公共顶点的各个面的法线，n 为多边形平面数，如图 3-22 所示。

（3）按光照模型，求出所有可见顶点的亮度。

（4）求可见多边形面上各点的亮度。在此，需作两种线性插值。

① 求多边形各边上各点的亮度，这里是对两相关顶点的亮度值作线性插值，如图 3-23 所示。假设扫描线 $y=y_s$ 与多边形两条边的交点为 (x_a, y_s) 和 (x_b, y_s)，则边上点的亮度为

$$I_a = I_1 \frac{y_s - y_2}{y_1 - y_2} + I_2 \frac{y_1 - y_s}{y_1 - y_2}$$

$$I_b = I_1 \frac{y_s - y_3}{y_1 - y_3} + I_3 \frac{y_1 - y_s}{y_1 - y_3}$$

② 求多边形内扫描线上各点的亮度,这里是对两相关边点的亮度作线性插值,如图 3-23 所示。扫描线上多边形内部点 P 的亮度通过对 I_a 和 I_b 作线性插值得到,即

$$I_p = I_a \frac{x_b - x_p}{x_b - x_a} + I_b \frac{x_p - x_a}{x_b - x_a}$$

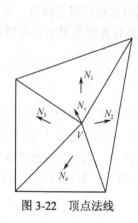 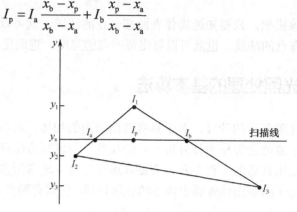

图 3-22　顶点法线　　　　　图 3-23　亮度线性插值

在进行多边形各边插值计算时,很容易将沿多边形各边的插值与消除隐藏面的有关扫描线算法结合起来。对于每一条边,将其起始亮度以及在 y 方向上单位长度所发生的亮度变化值都存储起来,于是当一条扫描线结束转到下一条扫描线与多边形边的交点时,不需要用线性插值来求边上各点的亮度,而用增量形式就可以计算亮度。此外,在求同一条扫描线上下一个像素的亮度时,也可用类似的增量法。

采用 Gouraud 双线性插值方法,思路简明,实施方便,解决了恒定亮度法中的亮度不连续问题,在一定程度上消除了马赫带效应,显示画面的效果得到大大改善。但亮度插值法仅保证在多边形两侧亮度的连续性,而不能保证亮度变化的连续性,故 Gouraud 插值法并不能完全消除马赫带效应。同时,由于采用了插值的方法,使得镜面反射所产生的特亮区域的形状与位置有很大的差异,甚至弄得模糊不清。因而 Gouraud 插值法对于只考虑漫反射的模型效果较好。

3.4　图形裁剪技术

在工程设计中,有时为了突出图形的某一部分,而把该部分单独画出来,即所谓的局部视图。在计算机图形学里,通过定义窗口和视区,即可把图形的某一部分显示在屏幕的指定位置。正确识别图形在窗口内部分(可见部分)和窗口外部分(不可见部分)以便把窗口内的图形信息输出,而窗口外的图形信息则不输出。我们把这种选择可见信息的方法称为图形的裁剪。

3.4.1　窗口与视区

1) 坐标系统

(1) 世界坐标系(World coordinate system,简称 WC)。

组成图形的最基本元素是点,而点的位置通常是在一个坐标系中来定义的,图形系统中使用的坐标系是人们广为熟悉的直角坐标系,它是用户在确定定义一个图形时用来描述图形中各元素的位置、形状和大小的坐标系。其坐标原点可由用户根据图形的实际情况任意选定,其度量单位可以是任意长度单位。理论上,世界坐标系是无限大且连续的,即它的定义域为实数域。此坐标系也称用户坐标系,用户坐标系的坐标符号注有下标 w。

(2) 设备坐标系(Device coordinate system,简称 DC)。

图形输出设备(如显示器、绘图机)自身都有一个坐标系,称之为设备坐标系。

设备坐标系是一个二维平面坐标系,它的度量单位是步长(绘图机)或像素(显示器),因此它的定义域是整数域同时又是有界的。例如:对显示器而言,分辨率就是其设备坐标的界限范围。在坐标原点问题上,一般都有固定的坐标原点。设备坐标系的坐标符号注有下标 v。

(3) 规格化设备坐标系(Normalized device coordinate system,简称 NDC)。

由于用户的图形是定义在用户坐标系里,而图形的输出是定义在设备坐标系里,它依赖于具体的图形设备。显然这使得应用程序与具体的图形输出设备有关,给图形处理及应用程序的移植带来不便。为了便与图形处理,有必要定义一个标准设备,引入与设备无关的规格化设备坐标系,采用一种无量纲的单位代替设备坐标,当输出图形时,再转换为具体的设备坐标。规格化设备坐标系的取值范围是左下角(0.0,0.0),右上角(1.0,1.0)。人为规定的假想设备坐标系,其坐标方向及原点与设备坐标系相同,但其最大工作范围的坐标值则规范化为 1。插入假想设备坐标系,其目的是使所编制的软件,可以较方便地应用于不同的具体设备上。对于既定的图形输出设备,其规格化坐标与实际坐标相差一个固定倍数,即相差该设备的分辨率。用户的图形数据经转换成规格化的设备坐标系中的值,使应用程序与图形设备隔离开,增强了应用程序的可移植性。

当开发准备应用于不同分辨率设备的图形软件时,首先将图形统一转换到规格化的设备坐标系,以控制图形在设备显示范围内的相对位置。当转换到具体的不同输出设备时,只须将图形的规格化坐标值乘以相应的设备分辨率即可。

2) 窗口与视区

(1) 窗口。

我们坐在房间里透过窗户向外看,尽管外面的世界是无限的,然而映入我们眼帘的仅仅是一小部分。其余的均被窗户周围的墙遮掉了。这里窗户就是一个窗口。为了方便把窗口定义成矩形,通过在整图中开"窗口"解决局部视图问题。

窗口是在用户坐标系中定义的确定显示内容的一个矩形区域,如图 3-24 所示,只有在这个区域内的图形才能在设备坐标系下输出,而窗口外的部分则被裁掉。窗口也可定义为圆形、多边形等异型窗口。

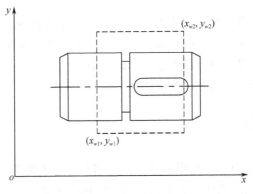

图 3-24 窗口的定义

(2) 视区。

视区是在设备坐标系（通常是屏幕）中定义的一个矩形区域，用于输出窗口中的图形。视区决定了窗口中的图形要显示于屏幕上的位置和大小。

视区是一个有限的整数域，它小于或等于屏幕区域。如果在同一屏幕上定义多个视区，则可同时显示不同的图形信息，如在绘图时常将图形屏幕分为四个视区，其中三个视区用于显示零件的三视图，另一个用于显示零件的轴测图。

窗口及视区均可以嵌套，例如，第 i 层窗口中再定义第（i+1）层窗口。使用窗口技术能反映用户最感兴趣的那部分图形，在有限尺寸的屏幕上显示复杂的大尺寸零部件。

(3) 窗口与视区变换。

由于用户窗口和视图区是在不同的坐标系中定义的，所以要把用户窗口内的图形信息拿到视图区去输出之前，必须进行坐标变换。这种把用户坐标系下的一个子域映射到屏幕坐标系下的一个子域的变换，就是窗视变换。如图 3-25 所示，窗口与视区的变换归结为坐标点的变换。

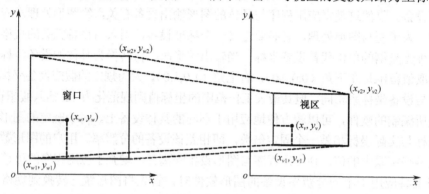

图 3-25　窗口与视区的变换

如图 3-25 所示，在用户坐标系下定义窗口左下角点的坐标为（x_{w1}, y_{w1}）和右上角点的坐标为（x_{w2}, y_{w2}），在设备坐标系下定义视图区左下角点的坐标为（x_{v1}, y_{v1}）和右上角点的坐标为（x_{v2}, y_{v2}）。设窗口内某点坐标为（x_w, y_w）映射到视区内坐标为（x_v, y_v），则它们之间的变换关系为

$$x_v = x_{v1} + \frac{x_{v2} - x_{v1}}{x_{w2} - x_{w1}}(x_w - x_{w1})$$

$$y_v = y_{v1} + \frac{y_{v2} - y_{v1}}{y_{w2} - y_{w1}}(y_w - y_{w1})$$

由此可见：

① 若视区大小不变，窗口缩小或放大，会使图形放大或缩小。
② 若窗口大小不变，视区缩小或放大，则图形会跟随缩小或放大。
③ 若窗口与视区大小相同时，则图形大小比例不变。
④ 若视区与窗口纵横比不同时，则图形会产生伸缩变形。

3.4.2　二维图形裁剪

设置窗口以后，将窗口内的图形保留下来，而将窗口外的部分舍弃，这就是裁剪所要做的工作。裁剪算法有二维和三维两种，这里只讨论二维裁剪算法。

1）点的裁剪

设矩形窗口的四条边界线是 $x = x_1$，$x = x_2$，$y = y_1$，$y = y_2$，对于点 $P(x,y)$，只要判别一组不等式

$$\begin{cases} x_1 \leq x \leq x_2 \\ y_1 \leq y \leq y_2 \end{cases}$$

若不等式成立，则点 $P(x,y)$ 在窗口内，否则在窗口外。

根据此式对图形进行逐点裁剪，不满足其中任何一个不等式的点就不在窗口内，应舍弃。从理论上讲，可以将图形离散成点，然后逐点判断各点是否满足上式，再利用逐点比较法裁剪任意复杂图形。裁剪算法的核心问题是速度，利用点的裁剪，裁剪速度太慢，没有实用价值。因此，我们有必要研究高效的裁剪算法。

2）直线段的裁剪

直线是图形系统中使用最多的一个基本元素。所以对于直线段的裁剪算法是被研究得最深入的一类算法，目前在矩形窗口的直线裁剪算法中，出现了许多有效的算法。其中比较著名的有：编码算法、中点分割算法等。

（1）直线裁剪的基本原理。

直线裁剪算法应首先确定哪些直线全部保留或全部裁剪，剩下的即为部分裁剪的直线。对于部分裁剪的直线则首先要求出这些直线与窗口边界的交点，把从交点开始在边界外的部分裁剪掉。一个复杂的画面中可能包含有几千条直线，为了提高算法效率，加快裁剪速度，应当采用计算量较小的算法求直线与窗口边界的交点。

如图 3-26 所示为直线与窗口边界之间可能出现的几种关系。可以通过检查直线的两个端点是否在窗口之内确定如何对此直线裁剪。如果一直线的两个端点均在窗口边界之内（如图 3-26 A 到 B 的直线），则此直线应保留。如果一条直线的一个端点在窗口外（如点 D）另一个端点在窗口内（如点 C），则应从直线与边界的交点处裁剪掉边界之外的线段。如果直线的两个端点均在边界外，则可分为两种情况：一种情况是该直线全部在窗口之外（图 3-26 从 E 到 F 的直线属于这种情况），应全部裁剪掉；另一种情况是直线穿过两个窗口边界（图 3-26 从 G 到 H 的直线属于这种情况），应保留窗口内的线段，其余部分均裁剪掉。

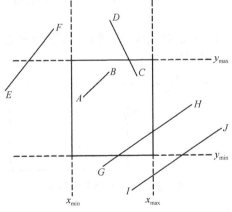

图 3-26 裁剪线段与窗口的关系

（2）编码裁剪算法。

编码裁剪算法是 1974 年由 Dan Cohen 和 Ivan Sutherland 提出来的，也称为科恩-萨塞兰德算法。

Cohen_Sutherland 裁剪算法的基本思想是：a）先确定一条直线是否整个位于窗口内，若不是，则确定该线段是否整个位于窗口外，若是则舍弃。b）如果第一步的判断均不成立，那么就通过窗口边界所在的直线将线段分成两部分，再对每一部分进行第一步的测试。计算机实现该算法时，将窗口边界延长，把平面分成 9 个区，每个区用四位二进制代码表示，如图 3-27 所示。

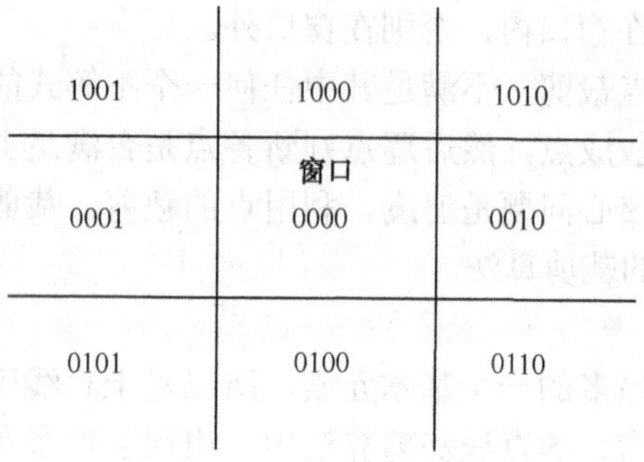

1001	1000	1010
0001	窗口 0000	0010
0101	0100	0110

图 3-27 编码裁剪算法的区域分割

四位编码中每位（按由右向左顺序）编码的意义如下：
第一位，点在窗口左边界线之左为 1，否则为 0；
第二位，点在窗口右边界线之右为 1，否则为 0；
第三位，点在窗口下边界线之下为 1，否则为 0；
第四位，点在窗口上边界线之上为 1，否则为 0。
由上述编码规则可知：
① 如果两个端点的编码均为"0000"，则线段全部位于窗口内。
② 如果二个端点编码按相同位置的位进行逻辑"与"运算，结果不为零（即两代码至少有一个相同位置的位的数字同时为 1）则此线段的两端点都在剪裁区域一个边界线的外侧，此线段是不可见线段，应当剪裁掉。
③ 如果两端点代码不全部由数字零组成，而按位进行逻辑"与"运算的结果为零，则必须再分割线段，计算出线段与窗口某一边界的交点，再利用上述两条件判别分割后的两条线段，从而舍弃位于窗口外的一段。
如图 3-28 所示，用编码裁剪算法对线段 AB 进行裁剪的步骤如下。

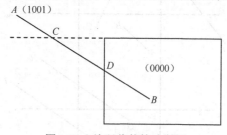

图 3-28 编码裁剪算法举例

第一步：确定代码 A(1001)，B(0000)。
第二步：AB 两端点代码不全部由数字零组成，而按位进行逻辑"与"运算的结果为零。
第三步：求被裁剪直线 AB 与裁剪区域边界线交点，可以在点 C 进行分割，对直线 AC、CB 进行判别，舍弃直线 AC。

第四步：再分割直线 CB 于 D 点，对直线 CD、DB 作判别，舍弃直线 CD，而直线 DB 全部位于窗口内，此时算法即结束。

应该指出的是，分割线段是先从 C 点还是 D 点开始是难以确定的，因此只能是随机的选择，但是最后处理的结果相同。

编码裁剪算法直观方便，速度较快，是一种较好的裁剪算法。但是由于全部舍弃的判断只适合于那些仅在窗口同侧的线段（如图 3-26 中的直线 EF），对于跨越三个区域的直线（如图 3-26 中的直线 IJ）就不能一次作出判别而舍弃它们。

（3）中点分割裁剪算法。

中点分割裁剪算法的基本思想：与前一种 Cohen-Sutherland 算法一样首先对线段端点进行编码，并把线段与窗口的关系分为三种情况，即全在、完全不在和线段和窗口有交。对于前两种情况，进行一样的处理，对于第三种情况，用中点分割的方法求出线段与窗口的交点，如图 3-29 所示。

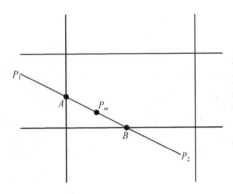

图 3-29 中点分割裁剪

从 P_1 点出发找最近可见点的方法：

① 先求出 P_1P_2 的中点 P_m。

② 若 P_1P_m 不是显然不可见的，并且 P_1P_m 在窗口中有可见部分，则距 P_1 点最近的可见点一定落在 P_1P_m 上，所以用 P_1P_m 代替 P_1P_2，否则取 P_mP_2 代替 P_1P_2。

③ 再对新的 P_1P_2 求中点 P_m。重复上述过程，直到 P_1P_m 长度小于给定的控制常数为止，此时 P_m 点收敛于交点。A、B 点分别为距 P_1、P_2 点最近的可见点，P_m 点为 P_1P_2 中点。从 P_2 点出发找最近可见点采用上面类似方法。

由于该算法的主要计算过程只用到加法和除 2 运算，而除 2 在计算机中可以很简单地用右移一位来完成。因此，该算法特别适合用硬件来实现。

3）多边形裁剪

多边形裁剪比线段裁剪要复杂许多。多边形裁剪需要解决两个问题：一是一个完整封闭的多边形经剪裁后不再是封闭的，需要用窗口边界的适当部分来封闭它；二是边界线段的连接，不适当的连接会产生错误，如图 3-30 所示。

另外假如对多边形相对于窗口的四条边同时进行裁剪，那么很难算出应该使用窗口的哪些边界线段来封闭图形。但相对于窗口的一条边界线来裁剪多边形就比较容易，并由此可提出多边形裁剪算法。下面介绍多边形裁剪算法（逐边裁剪法）。

伊凡·瑟萨兰德和格雷霍奇曼 1974 年对多边形裁剪提出了逐边裁剪算法。他们的思路是，把多边形裁剪这样一个整体问题分割成一系列简单问题，这些简单问题解决了，整体问题也解决了。具体算法是:把整个多边形先相对于窗口的第一条边界线进行裁剪,形成一个新的多边形;然后再把这个新的多边形相对于窗口的第二条边界线进行裁剪,再次形成一个新的多边形;接着用窗口的第三条边、第四条边依次进行如此剪裁,最后形成一个整个多边形经过窗口的四条边界线裁剪后的多边形。多边形裁剪过程如图 3-31 所示。

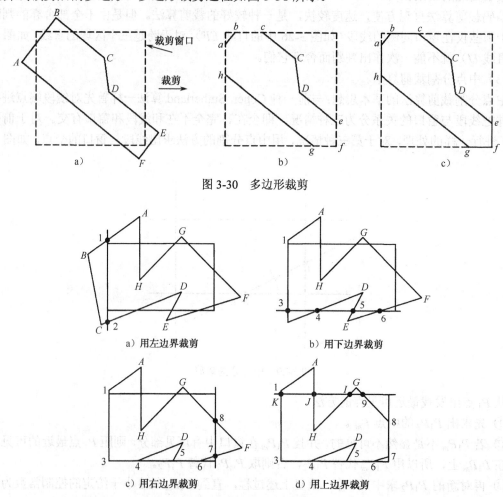

图 3-31 多边形裁剪过程

这个算法看起来似乎需要很大的内存保留中间数据,其实不然,它可以采用递归方式调用同一算法,整个裁剪过程由四级同样的算法组成。每一级相对于窗口的四条边界线之一来剪裁,第一级输出的顶点传送给第二级(即把多边形每个顶点相对于第一条边界线裁剪,所形成的多边形顶点作为下一步裁剪过程输入),第二级的顶点输出传送给第三级,依此类推,最后一级产生的顶点就构成经过裁剪的多边形。如图 3-31 所示,图 a 为用左边界裁剪,其输入为 ABCDEFGH;输出为 A12DEFGH。图 b 为用下边界裁剪,其输入为 A12DEFGH;输出为 A134D56FGH。图 c 为用右边界裁剪,其输入为 A134D56FGH;输出为 A134D5678GH。图 d 为用上边界裁剪,其输入为 A134D5678GH;输出为 K34D56789IHJ。

具体实现采用一个数组存放原始多边形的顶点坐标,再设置一个待裁剪多边形顶点坐标数组,用来存放经某条窗口边界线裁剪后所生成的顶点坐标,不妨把这个数组称为新多边形数组,最后新多边形数组存放的是经所有窗口边界裁剪完毕而得到的结果多边形的顶点坐标。

本节仅讨论了二维图形的直线段和多边形裁剪的几种算法，尚有更复杂的任意多边形和字符裁剪没有讨论。有兴趣的读者可参考有关计算机图形学方面的著作。

3.5 曲线设计

我们在工程中应用的拟合曲线，一般地说可以分为两种类型：一种是最终生成的曲线通过所有的给定型值点，比如抛物样条曲线和三次参数样条曲线等，这样的曲线适用于插值放样；另一种曲线是，它的最终结果并不一定通过给定的型值点，而只是比较好地接近这些点，这类曲线（或曲面）比较适合于外形设计。因为在外形设计中（比如汽车、船舶），初始给出的数据点往往并不精确，并且有的地方在外观上考虑是主要的，因为不是功能的要求，所以为了美观而宁可放弃个别数据点，因此不需要最终生成的曲线都通过这些数据点。另一方面，考虑到在进行外形设计时应易于实时局部修改，反映直观，以便于设计者交互操作。第一类曲线在这方面就不能适应。法国的 Bezier 为此提出了一种新的参数曲线表示方法，因此称为 Bezier 曲线。后来又经过 Gordon、Forrest 和 Riesenfeld 等人的拓展，提出了 B 样条曲线。这两种曲线都因能较好地适用于外形设计的特殊要求而获得了广泛的应用。本节着重介绍 Bezier 曲线和 B 样条曲线的构造描述方法。

3.5.1 Bezier 曲线

Bezier 曲线是通过特征多边形进行定义的，曲线的起点和终点与该多边形的起点和终点重合，曲线的形状由特征多边形其余顶点控制，改变特征多边形顶点位置，可直观地看到曲线形状的变化。

1）Bezier 曲线的定义

Bezier 构造曲线的基本思想是：由曲线的两个端点和若干个不在曲线上的点来唯一地确定曲线的形状。这两个端点和其他若干个点被称为 Bezier 特征多边形的顶点。

给定 $n+1$ 个控制顶点 $P_i(i=0,1,\cdots,n)$，可定义一条 n 次 Bezier 曲线：

$$P(t) = \sum_{i=0}^{n} P_i B_{i,n}(t) \qquad 0 \leq t \leq 1$$

上式表示 $n+1$ 阶（n 次）Bezier 曲线。其中，P_i 为控制多边形的顶点；$B_{i,n}(t)$ 为伯恩斯坦（Bernstein）基函数；其定义为

$$B_{i,n}(t) = \frac{n!}{i!(n-i)!} t^i (1-t)^{n-i} = C_n^i t^i (1-t)^{n-i}$$

由于低阶 Bezier 曲线存在拼接连续性的问题，而高阶 Bezier 曲线存在曲线摆动问题，所以工程上常用的是三次 Bezier 曲线。

三次 Bezier 曲线的基本形式为

$$P(t) = \sum_{i=0}^{3} P_i B_{i,3}(t) = (1-t)^3 p_0 + 3t(1-t)^2 p_1 + 3t^2(1-t) p_2 + t^3 p_3$$

其矩阵表示为

$$p(t) = [t^3 \ t^2 \ t \ 1] \begin{bmatrix} -1 & 3 & -3 & 1 \\ 3 & -6 & 3 & 0 \\ -3 & 3 & 0 & 0 \\ 1 & 0 & 0 & 0 \end{bmatrix} \begin{bmatrix} p_0 \\ p_1 \\ p_2 \\ p_3 \end{bmatrix} \quad 0 \leqslant t \leqslant 1$$

三次 Bezier 曲线实例如图 3-32 所示。

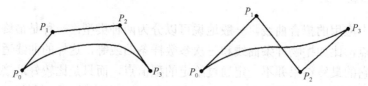

图 3-32　三次 Bezier 特征多边形及曲线

2）Bezier 曲线的性质

（1）端点性质。Bezier 曲线的起点、终点与相应的特征多边形的起点、终点重合。Bezier 曲线的起点和终点处的切线方向和特征多边形的第一条边及最后一条边的走向一致。

（2）对称性。假如保持 n 次 Bezier 曲线诸顶点的位置不变，而把次序颠倒过来，即下标为 i 的点改为下标为 $n-i$ 的点，则此时曲线仍不变，只不过是曲线的走向相反而已。

（3）凸包性。Bezier 曲线的形状由特征多边形确定，它均落在特征多边形的各控制点形成的凸包内。

（4）几何不变性。Bezier 曲线的位置与形状仅与其特征多边形顶点的位置有关，而与坐标系的选择无关。在几何变换中，只要直接对特征多边形的顶点变换即可，而无须对曲线上的每一点进行变换。

（5）全局控制性。当修改特征多边形中的任一顶点，均会对整体曲线产生影响，因此 Bezier 曲线缺乏局部修改能力。

3.5.2　B 样条曲线

Bezier 曲线有许多优越性，但有两点不足：一是控制多边形的顶点个数决定了 Bezier 曲线的阶次，并且在阶次较大时，控制多边形对曲线的控制将会减弱；二是 Bezier 曲线不能作局部修改，改变一个控制点的位置对整条曲线都有影响。

为了克服 Bezier 曲线存在的问题，1972 年，Gordon、Rie-feld 等人拓展了 Bezier 曲线。就外形设计的需求出发，希望新的曲线要易于进行局部修改，更逼近特征多边形，最好是低阶次曲线。于是，用 B 样条基函数代替了伯恩斯坦基函数，构造了称之为 B 样条曲线的新型曲线。该类曲线在汽车车身设计、飞机表面设计以及船壳设计中有着广泛的应用。

1）B 样条曲线的定义

已知 $n+1$ 个控制顶点 p_i（$i=0,1,2,\cdots,n$），可定义 k 次 B 样条曲线的表达式为

$$P(t) = \sum_{i=0}^{n} p_i N_{i,k}(t)$$

其中，$N_{i,k}(t)$ 为 k 次 B 样条基函数，可由以下的递推公式得到

$$N_{i,1}(t) = \begin{cases} 1 & t_i \leqslant t \leqslant t_{i+1} \\ 0 & \text{其他} \end{cases}$$

$$N_{i,k}(t) = \frac{t-t_i}{t_{i+k-1}-t_i} N_{i,k-1}(t) + \frac{t_{i+k}-t}{t_{i+k}-t_{i+1}} N_{i+1,k-1}(t)$$

B 样条曲线实例如图 3-33 所示。

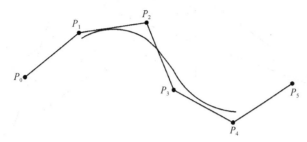

图 3-33　B 样条曲线及其控制多边形

2）B 样条曲线的性质

（1）局部性。

因为 $N_{i,k}(t)$ 只在区间 $[t_i,t_{i+1}]$ 中为正，在其他地方均取零值，使得 k 阶的 B 样条曲线在修改时只被相邻的 k 个顶点控制，而于其他顶点无关。当移动其中的一个顶点时，只对其中的一段曲线有影响，并不对整条曲线产生影响。局部性是 B 样条最具魅力的性质。

（2）连续可导性。

一般来讲，k 次 B 样条曲线具有 $k-1$ 阶连续性。

（3）凸包性。

B 样条曲线比 Bezier 曲线具有更强的凸包性，比 Bezier 曲线更贴近于特征多边形。

（4）几何不变性。

B 样条曲线的形状和位置与坐标系的选取无关。

（5）造型的灵活性。

B 样条曲线是一种非常灵活的曲线，曲线的局部形状受相应顶点的控制很直观。这些顶点控制技术如果运用得好，可以使整个 B 样条曲线在某些部位满足一些特殊的技术要求。例如：用 B 样条曲线可以构造直线段、尖点、切线等特殊情况。对于四阶（三次）B 样条曲线 $P(t)$ 若要在其中得到一条直线段，只要 P_i、P_{i+1}、P_{i+2} 和 P_{i+3} 四点位于同一直线上；要在 P 点形成尖点，只要使 P_i、P_{i+1}、P_{i+2} 重合；要使曲线和某一直线相切，只要取 P_i、P_{i+1}、P_{i+2} 位于同一直线上。

3）工程中常用的三次 B 样条曲线

B 样条曲线的阶次与控制点的数量无关，因此可任意增加控制点而不提高 B 样条曲线的阶次，这在工程应用中非常重要。就阶次而言，曲线阶次的提高会使曲线更难控制和准确计算。因此，三次 B 样条曲线（即 $k=4$）已能满足大多数场合的应用需要。

对于 $n+1$ 个特征多边形顶点 $P_0, P_1, \cdots, P_n$，每四个顺序点一组，其线性组合可以构成 $n-2$ 段三次 B 样条曲线，即有 4 个控制点的三次 B 样条曲线。

三次 B 样条曲线的 $n=3$，$k=0,1,2,3$ 表达式为

$$p(t) = \frac{1}{6}[(-P_0+3P_1-3P_2+P_3)t^3 + (3P_0-6P_1+3P_2)t^2 + (-3P_0+3P_2)t + (P_0+4P_1+P_2)]$$

$$= \frac{1}{6}[t^3 \quad t^2 \quad t \quad 1] \begin{bmatrix} -1 & 3 & -3 & 1 \\ 3 & -6 & 3 & 0 \\ -3 & 0 & 3 & 0 \\ 1 & 4 & 1 & 0 \end{bmatrix} \begin{bmatrix} P_0 \\ P_1 \\ P_2 \\ P_3 \end{bmatrix} \quad 0 \leq t \leq 1$$

如图 3-34 所示，三次 B 样条曲线段有如下的几何特征：

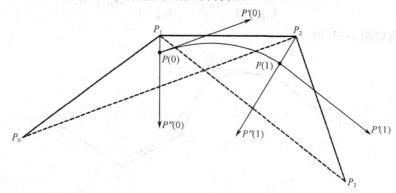

图 3-34　三次 B 样条曲线几何特征

（1）端点位置矢量。

$$P(0) = \frac{1}{6}(p_0 + 4p_1 + p_2) = \frac{1}{3}\left(\frac{p_0 + p_2}{2}\right) + \frac{2}{3}p_1$$

$$P(1) = \frac{1}{6}(p_1 + 4p_2 + p_3) = \frac{1}{3}\left(\frac{p_1 + p_3}{2}\right) + \frac{2}{3}p_2$$

可见，三次 B 样条曲线段的起点与终点分别位于 $\triangle P_0P_1P_2$、$\triangle P_1P_2P_3$ 中线三分之一处。

（2）端点切矢量。

$$P'(0) = \frac{1}{2}(P_2 - P_0) \quad P'(1) = \frac{1}{2}(P_3 - P_1)$$

可见，曲线段起点与终点切矢量分别平行于 P_0P_2，P_1P_3 边，其模长为该边长的一半。因此，对三次 B 样条曲线上相邻两段曲线，前一段曲线的终点就是后一段曲线的起点，并且对应共同的三角形，所以，两段曲线在连接点处具有相同的一阶导数矢量。

（3）端点的二阶导数矢量。

$$P''(0) = P_0 - 2P_1 + P_2 = (P_0 - P_1) + (P_2 - P_1)$$
$$P''(1) = P_1 - 2P_2 + P_3 = (P_1 - P_2) + (P_3 - P_2)$$

可见，曲线段起点和终点的二阶导数矢量等于特征多边形相邻两直线边所构成的平行四边形的对角线。由于三次 B 样条曲线上一段曲线终点处的平行四边形和下一段曲线在始点处的平行四边形相同，故三次 B 样条曲线在节点处有二阶导数连续。

3.6　曲面设计

曲面模型是计算机图形学的一项重要研究内容，主要研究在计算机图形系统环境下对曲面的表示、设计、显示和分析。它起源于汽车、飞机、船舶、叶轮等的外形放样工艺，由 Coons、Bezier 等大师于 20 世纪 60 年代奠定其理论基础。

工程设计中经常绘制各种曲面，曲面分为规则曲面与不规则曲面。规则曲面常见的有柱面、锥面、球面、环面、双曲面、抛物面等，这些曲面都可用函数或参数方程表示；常见的不规则曲面有 Bezier 曲面、B 样条曲面、孔斯（Coons）曲面等，这些曲面采取分片的参数方程来表示。

不规则曲面的基本生成原理是：先确定曲面上特定的离散点（型值点）的坐标位置，通过拟合使曲面通过或逼近给定的型值点，得到相应的曲面。一般情况下，曲面的参数方程不同，就可以得到不同类型及特性的曲面。本节将着重介绍 Bezier 曲面、B 样条曲面和孔斯曲面的构造描述方法。

3.6.1 Bezier 曲面

基于 Bezier 曲线的讨论，可以方便地给出 Bezier 曲面的定义和性质，Bezier 曲线的一些算法也可以很容易扩展到 Bezier 曲面的情况。

设有控制点 $P_{ij}(i=0,1,2,\cdots,m; j=0,1,2,\cdots,n)$ 为 $(m+1)\times(n+1)$ 个空间点列，则可定义一个 $m\times n$ 次 Bezier 曲面

$$p(u,v)=\sum_{i=0}^{m}\sum_{j=0}^{n}p_{i,j}B_{i,m}(u)B_{j,n}(v) \quad 0\leqslant u\leqslant 1 \quad 0\leqslant v\leqslant 1$$

其中

$$B_{i,m}(u)=C_m^i u^i(1-u)^{m-i}$$
$$B_{j,n}(v)=C_n^j v^j(1-v)^{n-j}$$

为伯恩斯坦（Bernstein）基函数。依次用线段连接点列 P_{ij}（$i=0,1,2,\cdots,m$；$j=0,1,2,\cdots,n$）中相邻两点所形成的空间网格，称为 Bezier 曲面的特征多边形网格。

当 $m=n=3$ 时，双三次 Bezier 曲面由 16 个控制网格点构造（见图 3-35）：

$$p(u,v)=\sum_{i=0}^{3}\sum_{j=0}^{3}p_{i,j}B_{i,3}(u)B_{j,3}(v)$$

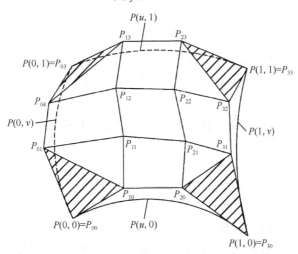

图 3-35 双三次 Bezier 曲面片及边界信息

从图 3-35 可以看出：
（1）曲面通过特征网格的四个角点。
（2）曲面中的曲线 u 和曲线 v 均为 Bezier 曲线。
（3）曲面落在特征网全体顶点的凸包之内。

另外 Bezier 曲线的性质都可以推广到 Bezier 曲面，如对称性、几何不变性、全局控制性等。

3.6.2 B 样条曲面

B 样条曲面也可视为由 B 样条曲线网格绘制而成的。通用 B 样条曲面方程为：
给定 $(m+1)\times(n+1)$ 个控制点 p_{ij}（$i=0,1,2,\cdots,m$；$j=0,1,2,\cdots,n$），则可定义 $k\times l$ 次 B 样条曲面

$$P(u,v)=\sum_{i=0}^{m}\sum_{j=0}^{n}p_{i,j}N_{i,k}(u)N_{j,l}(v)$$

其中，$N_{i,k}(u)$ 和 $N_{j,l}(v)$ 分别为 k 次和 l 次 B 样条基函数，由控制点 p_{ij} 组成的空间网格称为 B 样条曲面的特征网格。

如图 3-36 所示，对于 $k=l=3$ 双三次 B 样条曲面方程为：

$$P(u,v)=\sum_{i=0}^{3}\sum_{j=0}^{3}p_{i,j}N_{i,3}(u)N_{j,3}(v)$$

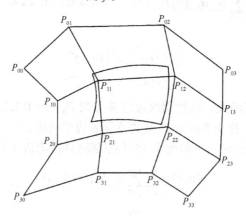

图 3-36 双三次 B 样条曲面片

B 样条曲面具有 B 样条曲线的多种性质。下面以双三次曲面为例来说明 B 样条曲面的性质。

（1）$k\times l$ 次 B 样条曲面片的四个角点不经过任何特征网格顶点，且仅与该角点对应的 $k\times l$ 个特征网格顶点有关。

（2）B 样条曲面的边界曲线仍为 B 样条曲线，该边界 B 样条曲线由对应的 k 条（或 l 条）边界特征网格顶点确定。

（3）几何不变性。

（4）对称性。

（5）凸包性。

（6）B 样条曲面边界的跨界导数只与定义该边界的顶点及相邻 $k-1$ 排（或 $l-1$ 排）顶点有关，具有 $(k-1)\times(l-1)$ 阶函数连续性。这一点是由三次 B 样条基函数族的连续性保证的。所以，双三次 B 样条曲面的突出特点就在于相当轻松地解决了曲面片之间的连接问题。

B 样条曲面主要适用于自由曲面设计，设计步骤为：首先给出特征网顶点，然后按上式进行计算，从而把 B 样条曲面显示出来。设计者可以不断修改顶点，直到获得满意的 B 样条曲面为止。

3.6.3 孔斯曲面

Bezier 曲面和 B 样条曲面的特点是曲面逼近控制网格。而 Coons 曲面是一种插值曲面，是

由美国麻省理工学院的孔斯（Coons）于 1964 年提出的。

Coons 曲面的基本思想是：将任意复杂的曲面分割成若干小块，而每小块用参数方程来描述，即用 4 条边界曲线来定义，再通过适当地选择块与块之间的连接条件，使边界上一阶导数和二阶导数连续，最后获得整个曲面。

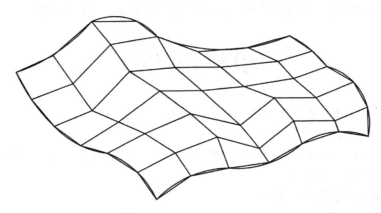

图 3-37 孔斯（Coons）曲面

构造孔斯曲面的方法有：（1）具有给定边界的孔斯曲面；（2）具有给定边界及跨界斜率的孔斯曲面；（3）具有给定边界及跨界斜率、跨界曲率的孔斯曲面。其中第三种方法是最有实用价值的一种，在几何造型计算中使用的 Coons 曲面，都是这种曲面，这种曲面称为双三次孔斯（Coons）曲面。

设 $Z(u, v)$ 是定义在区域 $[0, 1]\times[0, 1]$ 上给定的曲面，现要求作一曲面 $p(u, v)$，使得当 u，$v = 0$，1 时，下列条件成立

$$p(u, v) = Z(u, v) \quad p'_u(u, v) = Z'_u(u, v)$$
$$p'_v(u, v) = Z'_v(u, v) \quad p''_{uv}(u, v) = Z''_{uv}(u, v)$$

满足 16 个插值条件的双三次孔斯（Coons）曲面定义如下

$$p(u, v) = [F_0(u)\ F_1(u)\ G_0(u)\ G_1(u)]\ C \begin{bmatrix} F_0(v) \\ F_1(v) \\ G_0(v) \\ G_1(v) \end{bmatrix}$$

$u, v \in [0, 1]\times[0, 1]$

$$C = \begin{bmatrix} Z(0,0) & Z(0,1) & Z'_v(0,0) & Z'_v(0,1) \\ Z(1,0) & Z(1,1) & Z'_v(1,0) & Z'_v(1,1) \\ Z'_u(0,0) & Z'_u(0,1) & Z''_{uv}(0,0) & Z''_{uv}(0,1) \\ Z'_u(1,0) & Z'_u(1,1) & Z''_{uv}(1,0) & Z''_{uv}(1,1) \end{bmatrix}$$

其中

$$F_0(t) = 2t^3 - 3t^2 + 1 \quad F_1(t) = -2t^3 + 3t^2$$
$$G_0(t) = t^3 - 2t^2 + t \quad G_1(t) = t^3 - t^2 \quad (0 \leq t \leq 1)$$

式中，C 称为角点信息矩阵。这里 C 的元素可以分成 4 组，其左上方 2×2 矩阵代表 4 个角点的位置矢量，右上角和左下角 2×2 矩阵表示边界曲线在角点 v 方向和 u 方向的切矢量，右下角 2×2 矩阵是 4 个角点的混合偏导数，表示角点扭矢。整个曲面就是由 4 个角点的这 4 组 16 个信息来

控制的，其中前三组信息完全决定了 4 条边界曲线的位置和形状。第四组角点扭矢量则与边界形状没有关系，但它却影响边界曲线中间各点的切线向量，从而影响整个曲面片的形状。

双三次 Coons 曲面的主要缺点是必须给定矩阵 C 中的 16 个向量，才能唯一确定曲面片的位置和形状。而要给定扭矢量是相当困难的，因而使用起来不太方便。另外，两个曲面片之间的光滑连接也需要两个角点信息矩阵中相应偏导和混合偏导满足一定的条件。

习题与思考题

1. 简述二维图形变换的基本原理、方法、种类。
2. 何谓复合变换？如何实现复合变换？
3. 请写出三维图形几何变换矩阵的一般表达形式，并说明其中各个子矩阵的变换功能。
4. 消隐的意义是什么？
5. 简述常见的消隐算法及其特点。
6. 写出简单光反射模型近似公式，并说明其适用范围。
7. 用户坐标系、规格化坐标系和设备坐标系三者的区别和联系何在？
8. 说明窗口和视区的区别？
9. 什么叫图形的裁剪？
10. 阐述 Cohen_Sutherland 直线段的裁剪方法与处理步骤。
11. 描述多边形剪裁的基本思想。
12. B 样条曲线表达式与 Bezier 曲线表达式有何异同？B 样条曲线由哪些控制量决定？
13. 常见的不规则曲面有哪些？各有何特点？

第 4 章　计算机辅助概念设计

> **教学提示与要求**
>
> 概念设计阶段是新产品开发过程中最能体现人类创造性的阶段,是详细设计的前提,是产品开发创新的核心环节。本章介绍了计算机辅助概念设计的基本概念、设计模型、建模方法以及理论体系。通过本章的教学,使学生从整体上了解计算机辅助概念设计的内容、特点及主要方法,在宏观上对计算机辅助概念设计有一个全面深入的认识。

4.1　基本概念

4.1.1　概念设计的内涵

概念设计是 Palh 和 Beitzh 在 1984 年首先提出的,他们指出"在确定任务之后,通过抽象化,拟定功能结构,寻求适当的作用原理及其组合等,确定出基本求解途径,得出求解方案,这一部分设计工作叫做概念设计";另一个被认可的定义是 France 在其《Conceptual Design for Engineerings》中提出的,他指出:"概念设计首先是搞清设计要求和条件,然后生成框架式的广泛意义上的解。在此阶段中对设计师的要求较高,但却可以广泛地提高产品性能。它需要工程科学、专业知识、产品加工方法和商业运作知识等各方面知识相互融合在一起,以作出一个产品全生命周期内最为重要的决策。"

产品的开发是一个由概念设计(方案设计)、详细设计、制造、装配、运输、使用、回收等环节所组成的复杂过程,如图 4-1 所示。

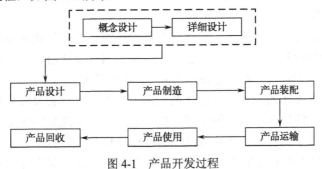

图 4-1　产品开发过程

新产品开发中的关键问题是信息的获取,即用户所需要的是何种产品,哪些产品特征是必须的,产品的价格如何,是否在市场中具有竞争力等。在产品开发过程中,必须理解设计问题,并确定设计任务与需求,在此基础上产生多个理想的设计概念,这些设计概念经过进一步的开发和分析以引导作出新颖的产品。

产品设计活动是产品开发过程中最重要的环节之一,而在产品设计过程中,概念设计又是最重要的阶段,是一个发散思维和创新设计的过程,对一个产品而言大部分的设计决策都是在概念设计阶段完成的。概念设计阶段具有明显的创造性、多解性、层次性、近似性、经验性和综合性特点,是一个复杂的决策过程,它已成为企业竞争的一个制高点。概念设计新内涵如图 4-2 所示。

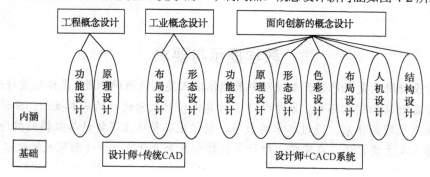

图 4-2 概念设计新内涵

(1) 功能设计:将需求分析转化为功能设计任务书,并针对市场需求进行功能上的改进或创新的过程。

(2) 原理设计:按照功能设计说明书,进行产品原理解的求取和创新的过程。

(3) 形态设计:包括各部件的形状、材料、工艺、表面造型、肌理在内的产品形态创新过程。

(4) 色彩设计:在功能、材料、加工手段、时尚、生理、人机工程学等条件的制约下,对设计的形体赋予色彩。

(5) 布局设计:根据排列方式、配置方式、尺寸比例等要素进行产品布局。

(6) 人机设计:考虑产品与人以及环境的全部联系,全面分析人在系统中的具体作用,明确人与产品的关系,确定人与产品关系中各部分的特性及人机工程学要求设计的内容。

(7) 结构设计:包括尺寸、结构、部件之间连接关系在内的产品结构创新过程。

概念设计的特点主要有如下几点。

(1) 创新性。创新是概念设计的灵魂。只有创新才有可能得到结构新颖、性能优良、价格低廉的富有竞争力的产品。这里的创新是多层次的,如从结构修改、结构替换的低层次创新工作到工作原理更换、功能修改和增加等高层次的创新活动都属于概念设计的范畴。在众多设计路径所产生的设计结果中,将产生一组可行的"新"方案。

(2) 多样性。概念设计的多样性主要体现在其设计路径的多样化和设计结果的多样化。不同的功能定义、功能分解和工作原理等,会产生完全不同的设计思路和设计方法,从而在功能载体的设计上产生不同的解决方案,导致产生完全不同的设计结果。

(3) 层次性。概念设计的层次性体现在两方面。一方面,概念设计分别作用于功能层和载体结构层,并完成由功能层向结构层的映射。如功能定义、功能分解作用于功能层上,而结构修改、结构变异则作用于结构层,由映射关系将两层连接起来。另一方面,在各层中也有自身的层次关系。例如功能分解就是将功能逐层推进和细分。功能的层次性也就决定了结构的层次性,不同层次的功能对应不同层次的结构。

(4) 信息不完备性。概念设计阶段区别于其他设计阶段的显著特点之一是在该阶段产品信息是残缺的,表现为:"产品信息是定性的(Qualitative)";"产品信息是不精确的(Imprecise)";"产品信息是不确定的(Uncertain)";"产品信息是不完全的(Incomplete)"。

概念设计过程主要包含功能求解、方案产生、方案评价等步骤，通过概念设计，可获得满足各种技术经济指标的、可能存在的各种方案，并最终确定综合最优方案。而概念创新主要来自产品设计阶段所涉及的功能、原理、形状、布局和结构等方面的创新。在概念设计期间，所涉及的设计需求和约束的种种知识，往往是不精确的、近似的或未知的，也就是说复杂性很高，这给计算机辅助概念设计技术带来了很大的难度。

4.1.2 计算机辅助概念设计的内涵

1）计算机辅助概念设计目的

计算机辅助概念设计（Computer-Aided Conceptual Design，CACD）能满足概念设计师的各类特殊需求，更为简捷地生成设计对象有效地提高概念设计的质量，可避免因设计失败而造成开发成本的浪费，并提供了一个进行信息交流和对象评价的更好的平台。目前以 CAD 为核心的计算机辅助工具主要应用在详细设计阶段，如 Pro/Engineer、SolidEdge 等，这些系统的着眼点主要是"设计表达"，虽能生成复杂、精确、全约束的三维造型，但由于其本身并不是为概念设计而开发的，存在许多约束限制，从而导致其基本上是一个在设计方案基本定型之后的概念化（草图化）绘图工具，而非辅助设计工具。

在设计初期应用 CACD 系统，能满足概念设计师的各类特殊需求；能有效地提高概念设计的质量；能更为简捷地生成设计对象；可以提供一个进行信息交流和对象评价的更好的平台；可以避免因设计失败而造成的开发成本的浪费。CACD 涉及了设计方法学、人机工程学、人工智能、CAD 以及认知与思维科学等多个领域的方法与技术。

2）计算机辅助概念设计原理

概念设计的本质是创新，而创新的源泉从本质上来自于人类的智慧，如灵感、顿悟、直觉等。但由于市场压力的日益加大，将创新研究与计算机技术紧密结合起来，进行产品开发已经成为社会发展的需要。当然，计算机所实现的人工智能只是人类智慧的一种物化形式，一种人类智能重复执行的实现手段。这种智能是人类智能中极具逻辑性和可计算性的一类智能，创新层次相对较低。但计算机系统可以通过人机协同的形式，帮助开发人员更快、更好地将任务完成。即计算机完成一切可以由计算机完成的工作，人则完成计算机所不能完成的工作。人和计算机分工协作，各司其职，共同创造出合理、相对完美的结果。

计算机辅助概念设计系统的设计一般都是基于各种各样的设计方法学的基本理论，这样的理论种类较多，各成体系。计算机辅助概念设计中，比较有代表性的实现原理是将设计过程视为在满足约束的条件下由功能确定出结构形式的过程，或称为由功能到结构形式的映射。所谓功能是单一的设计所必须达到的最重要的特性，所谓约束是一些设计要求。当然，功能与约束在不同的情况下是可以相互转化的，而且同一个物件在不同的情况下功能也是不同的，这和它的应用领域息息相关。系统实现一般过程是：设计人员首先以一定的方式获取客户需求，把用户需求表示为功能，然后对功能反复分解为一些可以解决的子功能，最终这些功能和子功能形成了设计的功能树。然后设计人员通过设计目录搜索或其他方式对各个功能进行求解。通过对多个解进行优选、综合和评估，得到最终的功能原理解。整个过程中对于同一个设计任务可以通过采用不同的功能分解路径，或者是采用不同的物理原理，或者是采用不同的零部件就可以产生出不同的结果。除此之外，随着专家系统更多引入概念设计之中，基于实例推理的概念设计也被经常采用。它的基本原理是：根据用户设计要求，基于实例模型，把实例的特征和设计要求进行相似匹配，从实例库中提取相似的实例。基于设计和制造知识对相似实例进行评价与决策，提供修改设计意见，最终获得优化解。同时优化解作为新的实例被存储到实例库中，供以后设计使用。

3）计算机辅助概念设计关键技术

实现计算机辅助概念设计，其关键技术是产品信息建模、推理技术和设计全过程集成。

（1）产品信息建模。

产品信息建模技术是关于设计对象的计算机抽象描述和表达。在概念设计阶段，按描述产品的信息种类划分，产品信息建模主要分为功能信息建模、几何信息建模甚至设计意图建模等。与传统 CAD 系统不同，概念设计中功能信息超越几何信息占据主导地位。实现功能信息建模的重点是：功能的表达和功能的分解与组合。

功能表达是把市场需求和用户要求通过机算机分析，进行功能抽象和描述，突出任务核心。对功能的表示方式主要有三种：动名词组（诸如"传递转矩"等）、输入/输出流转换（如物质流、信息流或能量流）和输入/输出状态转换。

功能分解与组合是在功能表达的基础上，依据一定的作用原理，将总功能进行逐级分解，使其得到合适的若干子功能。然后，确定各子功能的相互关系，实施功能的重组，进行功能结构的构思和设计。

对于概念设计中的几何信息，由于其不完备性，如何描述、表达及操作"残缺"的几何信息，是概念设计阶段几何信息建模的关键。此外，从功能信息模型到几何信息模型之间的映射关系、映射方式和映射机理等。

另外，为了方便设计中知识的重用，在概念设计阶段的产品信息建模中还要考虑到设计意图建模，设计意图记录了工作人员的思维过程，包含了开发过程中的经验、理念和方法。

（2）推理技术。

在概念设计阶段，所谓推理技术是基于上述产品信息模型，依据相关知识，根据一个或一些前提、判断，按一定的推理策略得出另一个或一些判断，并最终求得结果（即方案）的思维过程。推理技术的高效与否，很大程度上决定着整个系统的性能。现行的知识系统一般采用符号匹配方式，为了避免"死角"，必须尽可能多地考虑各种组合，这极易产生组合爆炸。另外，由于需要总结大量领域知识，知识获取能力已经成为系统推理能力和使用性的瓶颈。目前常用于概念设计阶段的推理技术主要有：定性推理、基于实例的推理、神经网络、基于知识的推理和基于约束的推理等。

（3）设计全过程的集成。

产品开发是一个渐进和反复的过程。概念设计作为开发工作的前期过程，不应该也不能割裂于其他过程而单独存在。概念设计系统应该与其他阶段支持系统进行集成，构建一个支持开发全过程的系统。从而保证产品从概念设计直至制造、销售的整个过程的顺利、高效运行。

4）CACD 系统

由计算机辅助概念设计的原理，可知 CACD 系统遵循如图 4-3 所示的工作过程。由此可以给出 CACD 系统的原理性框架结构，如图 4-4 所示。

（1）用户需求获取与处理。

用户需求是概念设计的起点，用户需求获取与处理模块将其转化为对被设计对象的功能总需求，形成方案设计的输入。首先，提取用户的需求，并完善他们的需求。以此为基础，产品开发人员对所获取的用户信息进行分析、综合。最终生成一个能有效地指导产品开发与设计的用户需求报告。其次，将其中的技术型需求转化为产品的技术特征，这个过程一般使用质量功能配置方法。

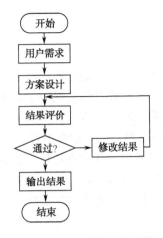
图 4-3 CACD 系统工作过程

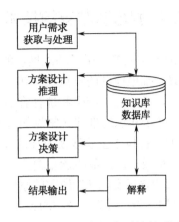
图 4-4 CACD 系统原理性框架结构

（2）方案设计推理。

方案设计推理模块实现功能向载体的映射过程。通常的过程是这样的：首先，系统进行功能分解，结果形成由一定"粒度"的子功能所构成的功能方法树。这个分解过程是多解的，不同的分解思路以及不同的分解"粒度"，都会形成不同的树，从而最终产生不同的设计结果。系统实现中，基于实例的推理方法常被用于辅助功能分解过程。其次，对分解后的功能进行求解。目前最普遍使用的是基于设计目录的求解过程。设计目录是按功能进行分类组织的，功能是设计目录的索引和标识。约束部分用于对设计目录的筛选。结构部分是设计目录的载体，提供了设计的解决方案，包括方案的主要参数。物理部分描述了相关原理。设计目录求解就是以功能作为入口，搜寻满足约束的载体结构的过程。最后，对解空间进行组合，形成整个系统的解。这个过程中一个重要问题就是结构组合时的结构边界问题。因为各个功能的求解往往也是多解问题，为了避免产生组合爆炸问题，往往先对子功能的解进行优选，从而减少可能产生的组合数量。

（3）方案评价决策。

对于概念设计这种多解问题，通常的逻辑解决步骤是"分析—综合—评价—决策"的过程。通过获取尽量多的方案，然后评价，从中选取合理方案（决策）。计算机辅助概念设计只是帮助这个过程更好地实现。方案决策评价模块的功能可以被分为三部分：第一，评价指标的确定。其中最普遍的有技术指标、经济指标和社会指标。技术指标用以评价结果在技术层面上的可行性；经济指标用以评价结果的经济效益；而社会指标用来评价结果的社会效益（比如对环境的影响）。第二，评价方法。评价方法很多，主要有定性评价法、定量评价法和试验评价法。其中定性评价法只是对结果进行定性的分析和比较，是一种较为粗略的评价方法，并且受评价者主观意识影响严重。而试验评价法则存在操作性差的缺点。所以 CACD 系统中最常使用的还是定量评价方法。第三，评价决策。这是方案决策评价模块的最终目的。以评价指标为约束，采用一定的评价方法，对概念设计中产生的各种备选方案进行筛选、比较，从中选取最优解。

（4）解释。

解释模块提供对推理的基本解释，即通过一些描述性信息来说明设计任务中所使用的规则。和上述模块相比，该模块不是必须的，但它的存在有利于设计人员对设计过程的理解。

目前成熟的 CACD 系统还不多，大部分都是具有一定研究目的的原型系统。CACD 被普遍用于产品开发中，还有待于相关理论和技术的进一步发展。

4.1.3 CACD 的方法与支撑技术

CACD 的方法大多采用了功能推理的方法，最终方案的确定就是在所生成的诸多方案中选择出最优方案。推理问题的重点是在转换过程，即把用户需求映射到实现所给需求集合的一些实际的结构上，难点在于产生和选择合适的映射方法。常见的推理方法有：基于实例推理、人工神经网络、基于知识的推理（常见的有类比推理和规则推理）以及定性推理。

CACD 的支持技术主要涉及设计的表达问题，对实现概念设计的支持技术研究集中在设计信息的表达、集成上。产品概念信息主要包括功能、行为、结构及其关系。功能主要描述产品完成的任务，行为描述实现功能所需的原理或执行的动作，结构则描述产品组成要素及其相互关系。一些研究者采用功能、行为、结构的集成表达支持概念设计。CACD 信息表达的手段如下：

1）语言

用语言来表达产品模型，是一种形式化的设计，能清楚设计的意图，能无歧义地表达人们对设计的理解。语言表达简洁，缺点是难以进行复杂的推理。

2）几何模型

几何模型是对产品结构特性的表达，目的是在计算机上表示二维或三维的几何形状。其优点是易于与后续的设计相集成；缺点是不能处理功能，缺乏对概念设计的有效支持。

3）图形

在概念设计阶段，图形常常用于构建产品的功能、行为和结构、设计部件及其布局的物理描述，还可构建需求和约束。使用图形对设计的不同方面进行建模的主要优点是：图论是一个比较成熟的理论，已存在许多关于图的算法，通过使用图形来建模，可以方便地使用这些算法。

4）对象

对象已成为越来越流行的模型描述方法，对象是将数据结构和行为结合在一起的实体。面向对象的描述方法具有抽象性、封装性、多态性、继承性等特点，为概念设计提供了灵活的建模手段。设计对象的基本结构及其性能、参数等可以描述成为对象，几个对象结合起来可以形成装配对象。

5）知识

概念设计非常复杂，它不仅需要来自诸如成本、性能、环境等不同方面的知识，而且需要诸如物理、数学、经验等不同类型的知识。知识表达的优点是易于实现推理，缺点是知识获得困难。

4.2 CACD 的流程与模型

4.2.1 设计流程

一般认为产品概念设计流程是从识别顾客需要开始，到生成概念产品结束，如图 4-5 所示。

产品的概念设计过程是产品设计过程中最重要、最复杂，同时也是最活跃、最富有创造性的设计阶段。一般情况下，设计人员在进行创造性思维的过程中，总是在已有经验知识的基础上，根据用户的产品需求，按照一定的、有规律的设计步骤和流程，再结合贯穿始终的想象力与灵感,从而设计出符合用户需要的概念产品方案。产品概念设计阶段通常包含以下活动,如图 4-6 所示。

(1) 识别顾客需要。该活动的目标是理解顾客的需求并有效地把它们传达给设计团队。这一步骤可构建顾客需求的描述,它以一种等级表的形式组织起来,每一种需求都分配有相应的权重。

(2) 建立目标说明。这是一个关于产品的必要功能的精确陈述。它把顾客需求转变为技术术语。

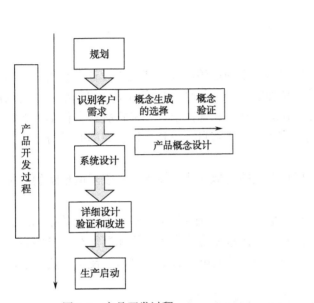

图 4-5　产品开发过程

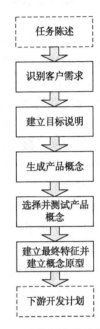

图 4-6　产品概念设计主要活动

(3) 生成产品概念。生成产品概念的目标是全面地探索可用于满足顾客需求的产品概念空间。生成产品概念包括许多产品外部研究、产生的创造性的问题解决方案,以及产生的各种解决问题方法的系统探索。

(4) 选择并测试产品概念。这一过程主要是验证能够使顾客需求得到满足的概念,评价概念产品的市场潜力,并确定进一步开发的目标。

(5) 确立最终特征并建立概念原型。

另外,产品本身的技术含量高低也决定了概念设计的发挥空间。可以把产品分为技术驱动型产品和顾客驱动型产品。技术含量高的技术驱动型产品的核心获利能力是基于其技术性能或实现特定技术性能的能力,这类产品的概念设计可供发挥的空间往往较小。反之,技术含量低的顾客驱动型产品,核心获利能力来自于它的用户界面的质量和外观的美学性等特性。这类产品的概念设计可供发挥的空间就比较大。另外,技术含量的高低还影响概念设计对项目或产品考虑的整体性。项目或产品的技术含量越低,则概念设计要考虑的整体性越强,比如茶杯设计,几乎可以考虑其全部材料、性能以及生产工艺;反之,技术越新且技术含量越高,则概念设计能考虑的整体性就越弱,比如手机设计,目前只能考虑其外观和按键、液晶窗等视觉和触觉元素的特征。

4.2.2 设计概念的产生、定位与决策

1) 识别顾客

识别顾客需要本身就是一个流程,主要可以分为以下五步。

(1) 从顾客处收集原始数据;

(2) 依照顾客要求解释原始数据;

(3) 将要求组织成一个由起始层、第二层、第三层等构成的等级;

(4) 建立要求的相关重要度;

(5) 对结果和流程作出反馈。

2) 建立目标说明

顾客需要通常是以"顾客语言"的形式来描述的,并不能提供设计产品所需的明确指导。正因为如此,要建立目标说明,对产品功能的详细信息进行简洁明了的总结,说明从满足顾客需要出发,代表产品概念设计所要达到的目标。比如,设计一辆折叠式自行车,顾客需要表达为"要易于折叠",相应的目标说明则应表达为"将自行车整体折叠完毕的平均时间少于120s"。

3) 概念产生

产品概念是产品技术、工作原型和形式的近似描述。概念通常表示成粗略的三维模型,并用简洁的书面文字加以描述。

如图 4-7 所示为五步概念生成法。它将一个复杂问题分解成多个简单的小问题,随后通过外部和内部研究为这些问题寻找解决方法,接着使用分类树结构和概念组合表格为解决办法开发系统空间,并将子问题解决方法整合成一个总的解决方法。最后,反馈有效和经过使用的结果和流程。

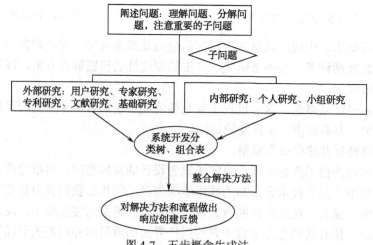

图 4-7 五步概念生成法

在产品概念设计中,从分析用户需求到生成概念产品,是一个从抽象到具体,逐步精华、进化与展开的推理与决策过程。在宏观上,它表现为逐级映射,在微观上又可以把它划分成更详细的设计推理决策步骤。

4) 选择与测试产品概念

概念选择是这样一个过程:使用相应的顾客需要和其他标准来评估概念,比较概念的相对优缺点以及为进一步研究或开发选择一个或多个概念。用于概念选择的决策技术范畴涵盖了从

原始方法到结构化方法，采用结构化方法选择概念有助于设计的成功。概念选择也应是一个团队性过程。 概念测试验证征集目标市场的潜在顾客对于产品概念描述直接反馈的数据，可以检验产品概念是否充分满足了顾客的需要，并收集改进产品概念的顾客信息。

5）产品系统设计与评价

产品的概念得到确定后，需进行以设计师为中心的产品系统设计，包括工程设计和工业设计两个方面。这个阶段的实际任务就是通过产品造型构思，完成预想图和概念模型，逐步将产品形象具体化。在工业设计师的造型设计阶段，同时要对造型的各个侧面进行设计，如功能、原理、形态、结构、布局和人机工程等。产品造型是工业设计师创作的主体，同时也要在创造符合既定的产品概念和设计概念的同时，对市场信息、流行信息进行分析。如何使工程设计人员和工业设计人员能够协同工作，也是产品概念设计研究的重要课题之一。

产品概念设计的结果必须接受企划、开发和用户代表等有关方面人员的评价：第一是设计是否完成了最初的企划和概念，设计是否确实反映了设计概念，对此，有必要予以核准；第二是从营销和技术方面进行全面的评估。

（1）营销方面的评价。

营销方面的评价将从以下视点展开，而且从此建立起营销计划，作为以后批量销售的起点。

① 是否符合市场需求；
② 对市场和消费者的诉求是否有效；
③ 与竞争对手的产品是否形成差别，是否具有企业的特色；
④ 是否强化了企业的形象。

（2）技术方面的评价。

概念设计直接影响生产和成本，所以，必须有技术方面的评价，其要点如下：

① 设计方案对产品功能和构造产生了多大程度的影响；
② 设计上所提出的功能和构造在技术上是否能够解决；
③ 设计是否符合人机工程学的要求；
④ 在制造上是否会遇到困难；
⑤ 制造成本。

在工艺技术上对概念设计进行评价，有利于发现问题点。但如果仅将功能、构造、成本看作是商业操作性要素，往往就会产生负面结果。

6）举例

以手机的设计为例，分析产品概念设计的流程。

针对将要设计的产品进行全面了解，通过信息收集与市场调查的方法，探寻市场上同类产品的竞争态势、销售状况以及消费者使用的情况（包括操作习惯、使用后的抱怨点以及对新功能潜在的需求），以及市面上的其他流行事物。分析评估后加上公司的发展策略，从而产生新产品的整体概念。结果包括：

（1）产品企划书（开发新款手机的厂商要求、产品原始数据、开发日程时间表）；
（2）产品技术发展趋势与产品的功能特性（现有手机技术、功能、前景展望）；
（3）竞争分析（市场上同类产品主要有哪些，各具有什么样的特点、竞争焦点）；
（4）流行趋势的分析（市场上其他流行事物的介绍）；
（5）用户界面的探讨与人机因素（消费人群情况，相关人机因素分析）；
（6）定性分析与归纳市场调研收集的信息（归纳上述信息）。

4.2.3 计算机辅助概念设计体系结构

计算机辅助概念设计是一个基于知识的设计过程，在此过程中涉及大量的知识，包括功能知识、工作机理的知识、行为知识、机构知识、系统评价知识等内容。因此，概念设计模型中需建立功能及功能分解知识库、工作机理知识库、行为知识库、机构知识库等内容，这些知识库是概念设计的基础。计算机辅助概念设计模型框架如图 4-8 所示。

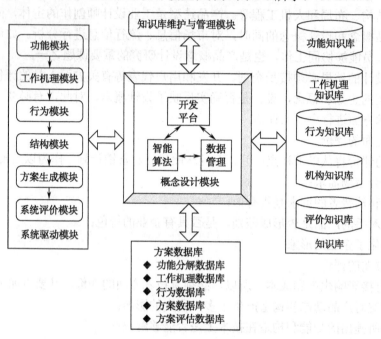

图 4-8 概念设计结构组成框架

系统由三个大部分组成：系统模块部分、知识库部分以及方案数据部分。系统模块分为两类，一类是系统驱动模块，主要包括功能模块、工作机理模块、行为模块、结构模块、方案模块、系统评价模块；另一类是知识库维护与管理模块，主要涉及知识库数据的添加、修改、删除等工作以及知识库其他相关的工作。知识库部分涉及五类知识，都以数据库的形式加以存储。方案数据部分主要存储概念设计过程的各种数据，储存到数据库中，便于管理，也可用类似概念设计过程的模板。计算机辅助概念设计模型的最终是通过"软件+算法+数据管理"三者有机结合实现的，缺一不可。

4.2.4 功能建模

1）功能的概念

早在 20 世纪 40 年代末就有人提出，用户购买的不是机器本身而是它的功能。人们逐渐意识到，只有从功能的观点来观察和认识机器，人们的思维才能从旧的结构和形式中解放出来，才能有不断探索新原理、新结构的广阔视野。

功能在设计过程中起到举足轻重的作用，它向上体现设计者的设计意图，向下映射为设计对象。因此，功能是设计中至关重要的一个方面。功能可以看作是系统输入和输出之间的关系，可由系统的流变量来表达功能。任何技术系统都需要以一个清晰的、可重现的方式对输入和期望输出之间的关系进行描述，输入和输出的这种关系，称为功能。当一个系统实现了输入到输出的转换后，就表达了一个特定的功能。

功能是物理行为的抽象。产品的物理结构可实现给定的功能、结构之间或结构与环境之间相互作用，表现出相应的行为，这些行为抽象描述了所要表达的功能。功能视为设计意图的描述（即产品的设计目标）。功能是对所设计对象的一种抽象的、明确而简洁的表达，独立于任何特殊的、用来达到所期望输出的物理系统之外。

2）功能的分类

功能存在多种多样的分类方式，常使用的分类方法主要有如下两种。

（1）依据功能的使用场合进行分类。

规范的产品功能说明是联系设计人员和其他人员的纽带。设计人员可以为同一产品指定不同的功能，来转换功能信息为不同的使用场合。在概念设计阶段，功能是设计需求的抽象，一般称为设计功能。再详细设计阶段，产品的功能有装配功能、制造功能、市场功能、维护功能等类型。

（2）依据功能在功能分解模型中的特性进行分类。

依据功能所处层次不同，可分为总功能、分功能（子功能）、功能元。功能具有层次性，一个装置所能完成的功能，常称为该装置的总功能。例如，车床的总功能就是利用移动刀具对旋转工件进行切削的功能。为了实现其总功能，至少要有两个主要分功能（工件旋转功能，刀具进给功能）的相互配合动作，才能完成。分功能（子功能）由更低层次的子功能集成功能元集来实现。

依据功能抽象性进行分类，功能分为抽象功能和具体功能。抽象功能是设计者设计意图或设计目的的描述。抽象功能一般具有抽象性、主观性的特点，和设计者密切相关，具有较大的随意性。而具体功能则是产品具体行为的抽象表达。因此抽象功能和具体功能与不同的设计层次相关联。一般来说，总需求功能和其相关联的子功能处于功能分解模型的上层，大多是抽象地表达了设计意图。总功能和上层次的子功能需要较低层次的子功能及其相应的行为完成。低层次的子功能称为具体功能。

3）功能的表达

功能的表达必须满足功能本质上的要求，即功能是输入、输出流的转换或状态转换，其内涵的数学模型可用流、转换以及功能来描述。

功能之间的运动对象称为流，用符号 w 表示，$w=(\text{name},\text{type})$，用二元组来具体描述，name 表示流的名称，type 表示流的类型。

转换说明了流之间变换的实现方式，用符号 t 表示。设 w_i 表示输入流，w_o 表示输出流，则转换表示为 $w_o=t(w_i)$。所有各种可能的转换方式的集合称为转换域，用符号 T 表示。

转换 t 为输入和输出流之间建立特定的关系。因此，功能 f 可定义为三元组：(w_i,t,w_o)，f 主要由三个基本元素组成，两个基本元素 w 是流对象，一个基本元素 t 是变换对象。全部可能的功能集称为功能域，用符号 F 表示。根据功能定义输入流、输出流、变换及其之间的关系，功能可分为流域，转换域，流域三个集合的卡迪尔积，即 $F=W\times T\times W$。

4）功能的表达手段

功能常见的表达手段有自然语言、数学表达式等。功能可以使用自然语言来表达。自然语言具有柔性、易表达性，是一种广泛使用的表达方法，在设计文档、设计文献中均可见到。用自然语言表达功能是一种定性的表达方式。功能也可用物理量的关系或数学表达式来定量地表达。

在功能建模阶段，功能可分为抽象功能和具体功能。因为抽象功能的抽象性和主观性只能使用自然语言来表达。对具体功能而言，其表达的内容可能是定性的，也可能是定量的。因此，具体功能根据使用场合，采用自然语言作为表达手段。

自然语言表达特性在设计综合过程中也有一定的有利之处。在设计过程中，功能结构具有不同的层次，从抽象功能到具体功能都需要产生。设计人员不必完全、精确地了解各层次上的功能。在这种场合下，自然语言提供了一种很好的工具。自然语言这种表达方法也有其缺陷。首先，在功能的定义上缺乏严格性。其次，缺乏唯一性。

4.2.5 形态学建模

1) 基本概念

形态学一词来源于古希腊语，主要表示对象的形状和结构。形态学分析法是一种让思维更有条理的方法。该方法是把研究对象或问题分为一些基本组成部分，称为因素，然后对每个因素单独进行处理，为其提供尽可能多的各种解决问题的办法或方案，称为形态，最后通过形态的组合关系构造出包含若干个总方案的方案空间，从方案空间中搜索出若干个解决整个问题的总方案。本质上，一般的形态学分析方法是确定所给定复杂问题中的所有各种可能的关系或配置的集合。在这种意义上，和拓扑的构造有点类似，只是形式和概念更加一般而已。形态分析法可划分为如下五个步骤。

(1) 明确地提出问题，并加以解释。

(2) 把问题分解成若干个基本组成部分，每个部分都有明确的定义，并且有其特性。

(3) 建立一个包含所有基本组成部分的多维矩阵（形态模型），在这个矩阵中应包含所有可能的总体解决方案。

(4) 检查这个矩阵中所有的总方案是否可行，并加以分析和评价。

(5) 对各个可行的总方案进行比较，从中选出一个最佳的总方案。

构造好形态学矩阵后，在分析与综合过程中，可采用矛盾简化原理，即通过分析不同因素下的形态之间的关系，缩小可能总方案集到相对比较小的集合，所得到的集合称为解空间，解空间中的每个方案满足一致性要求。为了实现形态学矩阵的约减，不同因素之间的形态需要做二元比较，形成相容关系矩阵或冲突关系矩阵。通过对不同形态对的研究，作出相应的形态对是否共存的判断，即表达一致性关系。通过形态之间相容性的二元比较，就可去除那些不相容的方案，使得解空间的维数降低，有利于方案的获得。形态学分析法中形态学方案的数目和因素的数量是指数增长关系，而形态之间的二元关系数目和因素的数量则是二次多项式的关系。若形态学矩阵涉及 10000 个（$10 \times 10 \times 10 \times 10$）形式上的方案，而为了获得可行的解空间，只需要做 600 个形态的二元评价。

形态学可能的方案数目是不同因素下所具有形态数目的乘积。对人来说，可以很容易地人工确定或标出一系列可行的配置方案。然而，研究所有可能的配置方案则可能是困难的，因为这会花费大量的时间和精力。例如，包含 10 维的形态学矩阵可能会包含 30000 个配置方案，配置方案的增多，使得无法用人工处理来完成。

2) 形态组合方法

形态学分析法的基本思想，是给出形态组合方案的多目标评价向量，采用多目标优化的方法和遗传算法搜索出符合要求的形态组合方案解集。基本过程如下：

(1) 绘出要组合的因素及其各自对应的形态。
(2) 针对每个因素下的形态集，采用定性评价的方法，给出形态集内形态的优先级排序。
(3) 通过不同因素下形态的相容性分析，给出连接关系的评价级别。
(4) 构造组合方案的多目标评价向量。
(5) 通过遗传算法或多目标优化的方法，给出相应的方案解集。

通过多属性评价得到形态集内形态的评价等级。通常，有两种表达属性值信息的方式，一种是需要决策者提供属性值的基数信息。另一种则要求决策者给出属性值的序数信息。实际上，由于问题的复杂性和信息的有限性，对任意一个属性 $C_K = (k = 1, 2, \cdots, n)$，决策者很难准确估计方案的属性值，决策者相对比较容易给出每个方案的序数信息，也就是可给出方案的每一个属性的偏序关系。通过评价分析，最后得到方案是部分有序的集合，称为半序集。

4.3 CACD 方案的评价

4.3.1 方案评价的指标体系与原理

1）指标体系

为了使评价结果尽量准确、有效，必须建立一个评价指标体系，这是所设计的方案要达到的目标群。概念设计是一个设计过程，评价贯穿于整个过程。在这个过程中信息是逐步增加和明晰的，因而评价的指标体系随着概念设计的过程应该有所变化。评价指标体系的结构应满足两方面的要求：一是评价的指标体系应尽可能地全面，但又必须抓住重点；二是体系随着设计活动的发展能不断提取和完善相应的指标体系。所以，可用递阶层次结构模型来建立系统评价指标体系。最高层次的指标是对整体性能的抽象描述，最低层次的指标是对系统基本性能各方面的描述，指标体系结构如图 4-9 所示。

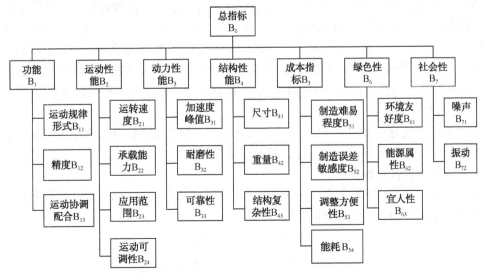

图 4-9 指标体系图

2）方案评价的基本原理

概念设计中方案的评价与选择问题，可以看成半结构性系统选优的问题，对半结构性选优的问题可以转换为一系列单元系统半结构性模糊优选问题的求解。指标分为两个层次，相邻指标层次之间存在相互隶属关系，每个指标层次中划分为若干个单元系统。这样评价系统就可以分解为一系列相互独立又相互联系的单元系统，如图 4-10 所示。单元系统的基本特点是：以对于优的隶属度作为它的输入和输出，通常输入为一模糊矩阵，输出为一模糊行矩阵。第一层单元系统有一个，随着层次的增加，单元系统的数量也在增加。单元系统分为两类：综合单元系统和基本单元系统。综合单元系统的输入是若干个单元系统输出，即综合单元系统和单元系统之间的联系是通过指标之间隶属关系来实现的。基本单元系统位于底层，与待评价方案集相关联。求解的基本思路是，从低层开始求解，分别对每个基本单元系统求解，每个基本单元系统的输入是相对优属度矩阵和该单元系统中指标的权重，输出的是相对优属度向量，即各方案对应的优的相对隶属度。这里输入的相对优属度矩阵是和基本单元系统中的指标相对应的，也就是输入的相对优属度矩阵的行数要等于基本单元系统的指标数，输出的相对优属度向量是针对基本单元系统的上级指标而言。当低层基本单元系统都已求解完毕，开始逐个求解高层次中的综合单元系统，直至最高层。

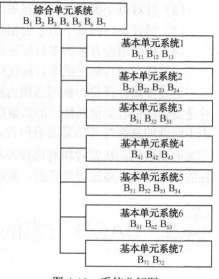

图 4-10　系统分解图

当最高层的综合单元系统求解完成之后，可以得到该目标的各方案的相对优属度向量，即可得到各方案的优越性排序。

4.3.2　方案评价识别模型

概念设计方案评价过程中，不存在绝对的优劣之分，是一个模糊概念，设待评价设计方案有 n 个，即给定一组可能的方案 $x_1, x_2, \cdots, x_n$，形成了方案集 $X = \{x_1, x_2, \cdots, x_n\}$，待求的基本单元系统有 m 个指标，形成了指标集 $D = \{d_1, d_2, \cdots, d_m\}$，参加方案评定的专家有 t 位，$Z = \{z_1, z_2, \cdots, z_t\}$。决策的本质就是优选，模糊综合评价的最终目的就是在论域 n 个方案之间在基本单元系统框架之内做相对优劣性比较，给出方案的优劣顺序。方案评价识别主要包括如下过程。

1）评价指标权重的确定

权重的确定方法有很多，如 AHP 法、专家评定法、模糊集分析单元理论等。这里采取了模糊集分析单元理论作为确定权重的方法，具体步骤如下。

（1）对指标重要性定性排序。

给出二元比较矩阵，将要排序的基本单元系统的指标集 $D = \{d_1, d_2, \cdots, d_m\}$ 经第 h 位专家二元比较之后给出重要性的二元比较矩阵，即

$$_hF = \begin{bmatrix} f_{11} & f_{12} & \cdots & f_{1m} \\ f_{21} & f_{22} & \cdots & f_{2m} \\ \vdots & \vdots & & \vdots \\ f_{m1} & f_{m2} & \cdots & f_{mm} \end{bmatrix}_h = {}_h(f_{kl}) \quad (4\text{-}1)$$

其中，$k=1, 2, \cdots, m$，$l=1, 2, \cdots, m$。

给出指标集的重要性定性排序。若有 t 位专家参加重要性定性排序，可得到重要性排序一致性标度矩阵 $_hF$ ($h=1, 2, \cdots, t$)，由于专家的学术水平和经验不尽相同，利用排序矩阵得到的结果一般不会相同，为此需要对 t 位专家的结果进行处理。令

$$_hf_k = \sum_{l=1}^{m} f_{kl} \tag{4-2}$$

则有

$$_hf_k = (_hf_1, {_hf_2}, \cdots, {_hf_m}) \tag{4-3}$$

由上式，得到 t 位专家对指标集 D 进行重要性排序的综合标度矩阵 $hF = (_hf_k)$。

设 t 位专家根据自己在此领域熟悉程度，给出指标集重要性排序一致性标度矩阵的可信度为

$$w^z = (w_1^z, w_2^z, \cdots, w_t^z) \tag{4-4}$$

由此得到总的重要性排序一致性矩阵为

$$F = (w_1^z, w_2^z, \cdots, w_t^z) \begin{bmatrix} {_1f_1} & {_1f_2} & \cdots & {_1f_m} \\ {_2f_1} & {_2f_2} & \cdots & {_2f_m} \\ \vdots & \vdots & \vdots & \vdots \\ {_tf_1} & {_tf_2} & \cdots & {_tf_m} \end{bmatrix} \tag{4-5}$$

$$= [f_1, f_2, \cdots, f_m]$$

其中行向量 $[f_1, f_2, \cdots, f_m]$ 是对指标集重要性排序的综合标度，是 t 位专家的知识经验的综合反映。根据行向量中由大到小排序，就给出了指标集的重要性一致排序。

（2）指标重要性定量排序，确定相对隶属度。

相对隶属度概念突破了之前隶属度的唯一性概念与定义，建立了适合工程实际需要的隶属度概念，在工程应用中常常只需要确定相对隶属度，计算相对隶属度比确定绝对隶属度容易。

权重的计算公式如式（4-6）所示。

$$w_i = \frac{\dfrac{1-g_{1i}}{g_{1i}}}{\sum_{i=1}^{m} \dfrac{1-g_{1i}}{g_{1i}}}, \qquad 0.5 \leqslant g_{1i} \leqslant 1, i=1,2,\cdots,m \tag{4-6}$$

为了在二元定量比较中更符合我们的语言习惯，可以根据给出的语气算子与定量标度、相对隶属度之间的关系，通过语气算子判断给出 g_{1i}，可得到指标集对重要性的相对隶属度向量

$$w' = (w_1', w_2', \cdots, w_m') \tag{4-7}$$

2）评价指标相对优属度矩阵的建立

根据相对隶属度的定义规定某个指标对优的相对隶属度称为相对优属度。指标确定相对优属度的步骤是：对 d_i 而言先通过二元比较矩阵对方案进行定性排序，确定相对最优的方案 k；若 $r_{ik}=1$，则以该方案为标准，与其他序号的方案之间比较由模糊语气算子得到的相对隶属度，因此可以得到定性指标的相对优属度矩阵

$$R_{m \times n} = (r_{ij})_{m \times n} \tag{4-8}$$

若有多位专家参加评价，具体处理方法和指标权重的确定方法一样，在此不再赘述。

习题与思考题

1. 概念设计方法主要有哪几种？特点是什么？
2. 概念设计信息表达的手段有哪些？
3. 功能分解模型的表达形式有哪几种？
4. 功能建模与形态建模各自的特点是什么？

第 5 章　CAD/CAM 建模技术

> **教学提示与要求**
>
> 本章介绍了几何建模、实体建模、特征建模的基本原理、数据结构及表示方法；通过本章的学习，应掌握 CAD/CAM 建模技术的基础知识；理解参数化建模的基本概念及建模原理；了解行为特征建模技术、同步建模技术的概念与原理；学习使用商业软件 SolidWorks 几何建模功能，学会根据物体的结构形状分析建模过程。要求重点掌握各种建模方式基本原理与特点。

5.1　基本概念

5.1.1　概述

建模技术是将现实世界中的物体及其属性转化为计算机内部数字化表示、可分析、控制和输出几何形体的方法。在 CAD/CAM 中，建模技术是产品信息化的源头，是定义产品在计算机内部表示的数字模型、数字信息及图形信息的工具，它为产品设计分析、工程图生成、数控编程、数字化加工与装配中的碰撞干涉检查、加工仿真、生产过程管理等提供有关产品的信息描述与表达方法，是实现计算机辅助设计与制造的前提条件，也是实现 CAD/CAM 一体化的核心内容。

CAD/CAM 系统中的几何模型就是把三维实体的几何形状及其属性用合适的数据结构进行描述和存储，供计算机进行信息转换与处理的数据模型。这种模型包含了三维形体的几何信息、拓扑信息以及其他的属性数据。而所谓的几何建模就是以计算机能够理解的方式，对几何实体进行确切的定义，赋予一定的数学描述，再以一定的数据结构形式对所定义的几何实体加以描述，从而在计算机内部构造一个实体的几何模型。通过这种方法定义、描述的几何实体必须是完整的、唯一的，而且能够从计算机内部的模型上提取该实体生成过程中的全部信息，或者能够通过系统的计算分析自动生成某些信息。计算机集成制造系统的水平在很大程度上取决于三维几何建模系统的功能，因此，几何建模技术是 CAD/CAM 系统中的关键技术。

5.1.2　建模基础知识

建模是以计算机能够理解的方式，对实体进行确切定义，赋予一定的数学描述，并以一定的数据结构形式对所定义的几何实体加以描述，在计算机内部构造实体的模型。

形体的表达和描述是建立在几何信息和拓扑信息的处理基础上的，几何信息一般是指形体在欧氏空间中的形状、位置和大小，拓扑信息是表达形体各分量间的连接关系。几何建模的基础知识主要包括几何信息、拓扑信息、非几何信息、形体的表示、正则集合运算、欧拉检验公式等。

1）几何信息

几何信息是指物体在空间的形状、尺寸及位置的描述。几何信息包括点、线、面、体的信息。

（1）点。点是几何建模中最基本的元素。在计算机中对曲线、曲面、形体的描述、存储、输入、输出，实质上都是针对点集及其连接关系进行处理。根据点在实际形体中存在的位置，可以分为端点、交点和切点等。对形体进行集合运算，还可能形成孤立点，孤立点在对形体的定义中一般是不允许存在的。

（2）边。边是一维几何元素。它是形体相邻面的交界，对于正则形体而言，边只能是两个面的交界，对于非正则体而言，边可以是多个面的交界。

（3）环。环是由有序、有向边组成的封闭边界。环中的边不能相交，相邻两条边共享一个端点。环的概念是和面的概念密切相关的，环有内环与外环之分，外环用于确定面的最大外边界，而内环则用于确定面内孔的边界。

（4）面。面是二维几何元素。它是形体上的一个有限、非零的单连通区域。它可以是平面，也可以是曲面。面由一个外环和若干内环包围而成，外环须有一个且只能有一个，而内环可有也可没有，可有一个也可有若干。

（5）体。体是三维几何元素。它是由若干个面而包围成的封闭空间，也就是说体的边界是有限个面的集合。几何造型的最终结果就是各种形式的体。

（6）体素。体素是指可由有限个参数描述的基本形体或由定义的轮廓曲线沿指定的轨迹曲线扫描生成的形体。体素可按照定义分为两种形式：

① 基本形体体素。它包括长方体、球体、圆柱体、圆锥体、圆环体、棱锥体等。

② 由定义的轮廓曲线沿指定的轨迹曲线扫描生成的体素，称为轮廓扫描体素。

只用几何信息表示物体并不充分，常会出现物体表示的二义性，如图 5-1 所示，五个顶点用两种不同方式

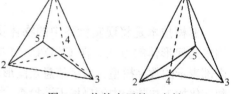

图 5-1 物体表示的二义性

连接，表达两种不同的理解。因此，想要正确得到一个零件的模型，几何信息必须与拓扑信息同时给出。

2）拓扑信息

拓扑信息反映三维形体中各几何元素的数量及其相互之间连接关系。任一形体是由点、边、环、面、体等各种不同的几何元素构成的，这些几何元素间的连接关系是指一个形体由哪些面组成，每个面上有几个环，每个环有几条边组成，每条边由几个顶点定义等。各种几何元素相互间的关系构成了形体的拓扑信息。拓扑信息不同，即使几何信息相同，最终构造的实体可能完全不同，拓扑关系允许三维实体随意地伸张扭曲，两个形状和大小不一样的实体的拓扑关系可能是等价的，图 5-2 的立方体与图 5-3 的圆柱体拓扑特性是等价的。

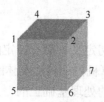

图 5-2 立方体拓扑特性

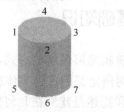

图 5-3 圆柱体拓扑特性

在几何建模中最基本的几何元素是点（V）、边（E）、面（F），这3种几何元素之间的连接关系可用以下9种拓扑关系表示。

(1) 面与面的连接关系，即面与面相邻性（见图5-4a）。
(2) 面与边棱线的组成关系，即面与边棱线包含性（见图5-4b）。
(3) 顶点与面的隶属关系，即顶点与面相邻性（见图5-4c）。
(4) 面与顶点的组成关系，即面与顶点包含性（见图5-4d）。
(5) 顶点与顶点间的连接关系，即顶点与顶点相邻性（见图5-4e）。
(6) 边棱线与顶点的组成关系，即边棱线与顶点包含性（见图5-4f）。
(7) 边棱线与面的隶属关系，即边棱线与面相邻性（见图5-4g）。
(8) 顶点与边棱线的隶属关系，即顶点与边棱线相邻性（见图5-4h）。
(9) 边棱线与边棱线的连接关系，即边棱线与边棱线相邻性（见图5-4i）。

a) 面相邻性　b) 面—边包含性　c) 顶点—面相邻性　d) 面—顶点包含性

e) 顶点相邻性　f) 边—顶点包含性　g) 边—面相邻性　h) 顶点—边相邻性　i) 边相邻性

图5-4　点、边、面几何元素间的拓扑关系

3) 非几何信息

非几何信息是指产品除描述实体几何、拓扑信息以外的信息，包括零件的物理属性和工艺属性等，如零件的质量、性能参数、公差、加工粗糙度和技术要求等信息。为了满足CAD/CAPP/CAM集成的要求。非几何信息的描述和表示显得越来越重要，是目前特征建模中特征分类的基础。

4) 形体的表示

形体在计算机内通常采用如图5-5所示的六层拓扑结构进行定义，各层结构的含义如下：

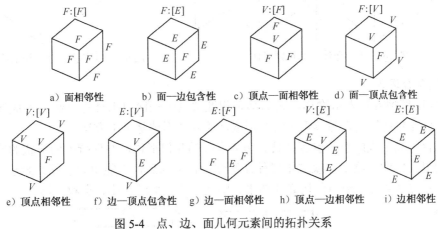

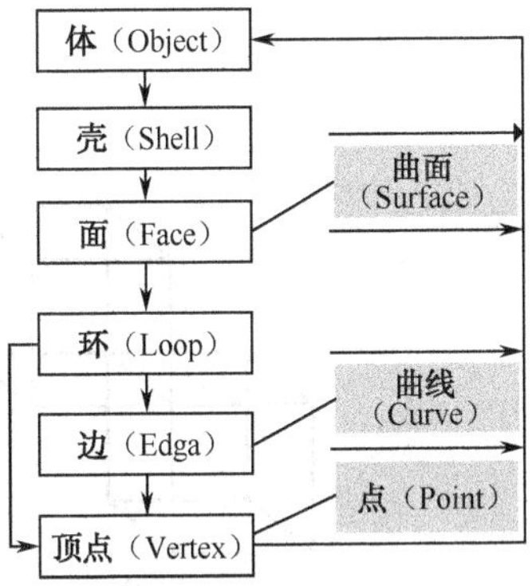

图5-5　形体的表示

(1) 体。体是由封闭表面围成的有效空间，如图5-6所示的立方体是由$F_1 \sim F_6$六个平面围成的空间。具有良好边界的形体定义称为正则形体。正则形体没有悬边、悬面或一条边有两个以上的邻面，反之为非正则形体。

(2) 壳。壳是构成一个完整实体的封闭边界，是形成封闭的单一连通空间的一组面的结合。一个连通的物体由一个外壳和若干个内壳构成。

(3) 面。面由一个外环和若干个内环界定的有界、不连通的表面。面有方向性，一般用外法矢方向作为该面的正方向。如图5-7所示，F面的外环由e_1、e_2、e_3、e_4四条边沿逆时针方向构成，内环由e_5、e_6、e_7、e_8四条边沿顺时针方向构成。

(4) 环。环是面的封闭边界，为有序、有向边的组合。环不能自交，且有内外之分。确定

面的最大边界的环叫做外环,确定面中孔或凸台周界的环叫做内环。外环的边按逆时针走向,内环的边按顺时针走向。故沿任一环的正向前进时左侧总是在面内,右侧总是在面外。

(5)边。边是实体两个邻面的交界,对正则形体而言一条边具有且仅有两个相邻面,在正则多面体中不允许有悬空的边。一条边有两个顶点,分别称为该边的起点和终点,边不能自交。

(6)顶点。顶点是边的端点,为两条或两条以上边的交点。顶点不能孤立存在于实体内、实体外或面和边的内部。

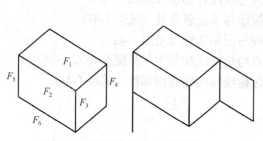

图 5-6 正则形体与非正则形体

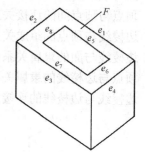

图 5-7 实体面、环、边的构造示意图

5)正则集合运算

无论采用哪种方法表示物体,人们都希望能通过一些简单形体经过组合形成新的复杂形体。通过形体布尔运算实现简单形体组合形成新的复杂形体是常用方法。

经过集合运算生成的形体也应是具有边界良好的几何形体,并保持初始形状的维数,不能产生维数的退化,即三维形体或二维形体在经过集合运算后,不能出现悬面或悬边。如图 5-8 所示的两个立方体间求普通布尔运算的结果分别是实体、平面、线、点和空集。

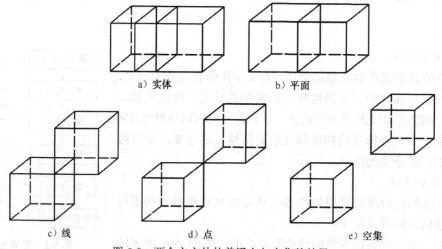

图 5-8 两个立方体的普通布尔交集的结果

有时两个三维形体经过交运算后,产生了一个退化的结果,在形体中多了一个悬面。悬面是一个二维形体,在实际的三维形体中是不可能存在悬面的,也就是集合运算在数学上是正确的,但有时在几何上是不恰当的。为解决上述问题,则需要采用正则集合运算来实现。正则形体具有如下性质:

(1)刚性。一个正则形体的形状与其位置和方向无关,始终保持不变。

(2)维数的均匀性。正则形体的各部分均是三维的,不可有悬点、悬边和悬面。

(3)有界性。一个正则形体必须占有一个有效空间。

(4)边界的确定性。根据一个正则形体的边界可区别出实体的内部和外部。

(5)可运算性。一个正则形体经过任意序列的正则运算后,仍为正则形体。

正则集合运算与普通集合运算的关系如下:

$$\left.\begin{array}{l} A\cap^{*}B=K_i(A\cap B) \\ A\cup^{*}B=K_i(A\cup B) \\ A-^{*}B=K_i(A-B) \end{array}\right\} \tag{5-1}$$

式中,$\cap^{*}$、$\cup^{*}$、$-^{*}$分别为正则交、正则并和正则差,K表示封闭,i表示内部。

6)欧拉检验公式

为了在几何建模中保证建模过程的每一步所产生的中间形体的拓扑关系都是正确的,即检验物体描述的合法性和一致性,欧拉提出了一条描述形体的集合分量和拓扑关系的检验公式如式5-2所示。

$$V-E+F=2S-2H+R \tag{5-2}$$

式中,F表示面的数目;V表示顶点数;E表示边数;S表示独立的、不连续的形体数目;R表示所有面上未连通的内环数(实体面上的环数目);H表示贯通多面体的孔的个数(穿过形体的孔洞数目)。

如图5-9所示,如果立方体上没有孔,则$V=8$,$E=12$,$F=6$,$S=1$,$H=0$,$R=0$,经欧公式检验8-12+6=2(1-0)+0,形体为有效形体;若立方体上有一个孔,则在孔的上下边分别设有两个节点,$V=12$,$E=18$,$F=8$,$S=1$,$H=1$,$R=2$,经检验该形体也为合法形体。

欧拉检验公式是正确生成几何物体边界表示数据结构的有效工具,也是检验物体描述正确与否的重要依据。

图 5-9 符合欧拉公式的形体

5.1.3 常用建模方法

建模方法是将对实体的描述和表达建立在对几何信息、拓扑信息和特征信息处理的基础上,几何信息是实体在空间的形状、尺寸及位置的描述;拓扑信息是描述实体各分量的数目及相互之间的关系;特征信息包括实体的精度信息、材料信息等与加工有关的信息。

产品的设计与制造涉及许多有关产品几何形状的描述、结构分析、工艺设计、加工、仿真等方面的技术,在产品设计中,经常采用投影视图来表达一个零件的形状及尺寸大小,早期的CAD系统基本上是显示二维图形,这恰好能够满足单纯输出产品设计结果的需要,但是,它将从二维图样到三维实体的转换工作留给用户。在系统内部的数据文件中,只记录了图样的二维信息,当阅读图样时,人们必须将其翻译成三维物体。从产品设计的角度看,通常在设计人员思维中首先建立起来的是产品真实的几何形状或实体模型,依据这个模型进行设计、分析、计算,最后通过投影以图样的形式表达设计的结果。因此,仅有二维的CAD系统是远远不够的,人们迫切需要能够处理三维实体的CAD系统。

由于客观事物大多是三维的、连续的,而在计算机内部的数据均为一维的、离散的、有限的,因此,在表达与描述三维实体时,怎样对几何实体进行定义,保证其准确、完整和唯一;怎样选择数据结构描述有关数据,使其存取方便等,都是几何建模系统必须解决的问题。几何建模的方法,是将对实体的描述和表达建立在几何信息和拓扑信息处理的基础上。按照对这两方面信息的描述及存储方法的不同,三维几何建模系统可划分为线框建模、表面建模和实体建模三种主要类型。

通常，把能够定义、描述、生成几何实体，并能交互编辑的系统称为几何建模系统。显然，它是集基础理论、应用技术和系统环境于一体的。计算机集成制造系统的水平很大程度上取决于三维几何建模系统的功能，因此，几何建模技术是 CAD/CAM 系统中的关键技术。

几何建模是把物体的几何形状转换为适合于计算机的数学描述。设计人员必须输入以下三种命令，几何建模才能得到使用。

（1）输入命令产生基本的几何元素。例如点、线、面、体等元素。
（2）命令对这些元素进行放大、缩小、旋转等其他变换。
（3）命令把各个元素连接成所要求的物体形状。

在几何建模中，表示物体的形态可以有几种不同的方法。最基本的方法为用线框来表示物体，即用彼此相互联系的线来表示物体的具体形状。线框几何模型有三种形式，其分别为：二维表示法，用于平面物体；简单形式的三维表示法，由二维轮廓线延伸成简单形式的三维模型；三维表示法，它可以描述完整的复杂形状的三维模型。

由于线框建模不能完整地描述产品的全部几何信息，因此后来发展了实体建模和表面建模等较完整的几何建模方法。实体建模主要目的是表示产品所占据的空间，可用于机械结构设计、有限元分析、运动仿真等。而表面建模则主要关心的是产品的表面特征，可用于飞机外形、汽车车身、船舶外壳，以及模具型腔的设计。

随着 CAD/CAM 集成技术的发展，CAD/CAM 系统在描述产品时，不仅要描述其几何信息，而且还要描述与几何信息有关的非几何信息。基于这种要求，特征建模技术应运而生。特征建模的应用，一方面，使设计人员可以按工程习惯更加直观地描述产品；另一方面，使 CAD 与 CAM、CAPP、CAE 有可能更紧密地结合起来。它是目前被认为最适合于 CAD/CAM 集成系统的产品表达方法。

现有 CAD 建模的根本弱点是以图形设计为主体，不能准确说明产品、零件的形状、结构的选择依据，也不能准确说明材料的选择依据以及工艺手段的选择依据。而现代产品设计不仅要求进行结构的静态设计，还要求对结构进行动应力、疲劳及动力学特性的分析和研究。为了获得高质量的产品，面向质量的设计在一体化产品的开发中越来越重要，行为建模技术应运而生。行为建模技术是在设计产品时，综合考虑产品所要求的功能行为、设计背景和几何图形，采用知识捕捉和迭代求解的一种智能化设计方法。通过这种方法，设计者可以面对不断变化的要求，追求高度创新的、能满足行为和完善性要求的设计。

同步建模技术是交互式三维实体建模中的一个巨大的、成熟的飞跃，是三维 CAD 设计历史中的一个里程碑，这种新技术在参数化、基于历史记录建模的基础上前进了一大步，同时与先前技术共存。同步建模技术可以实时检查产品模型当前的几何条件，并且将它们与设计人员添加的参数和几何约束合并在一起，以便评估、构建新的几何模型并且编辑模型，无须重复全部历史记录。近几年来，人们又提出了非流形建模和偏微分建模方法，但这些都处于理论研究阶段，离实际应用尚有距离。

5.2 线框建模

5.2.1 线框建模的概念

线框建模是利用基本线素来定义工程目标的棱线部分，从而构成立体框架图的过程。这种方法在计算机图形学和 CAD 领域中最早用来表示形体的建模方法，虽然存在着很多不足而且有逐步被表面模型和实体模型取代的趋势，但它是表面模型和实体模型的基础，并具有数据结构简单的优点，故仍有一定的应用。

线框模型的数据结构采用表结构。在计算机内部，存储的是该物体的顶点和棱线信息，将实体的几何信息和拓扑信息层次清楚地记录在顶点表及棱边表中，其中顶点表描述每个顶点的编号和坐标，棱边表记录每一棱边起点和终点的编号，它们构成了形体线框模型的全部信息。图 5-10 所示为一立方体的线框模型，表 5-1 与表 5-2 分别为立方体的顶点表与边表。

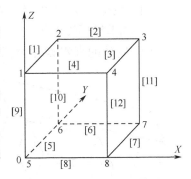

图 5-10 立方体线框模型

表 5-1 立方体的顶点表

点 号	X	Y	Z	点 号	X	Y	Z
1	0	0	1	5	0	0	0
2	0	1	1	6	0	1	0
3	1	1	1	7	1	1	0
4	1	0	1	8	1	0	0

表 5-2 立方体的边表

线 号	线上端点号		线 号	线上端点号		线 号	线上端点号	
[1]	1	2	[5]	5	6	[9]	1	5
[2]	2	3	[6]	6	7	[10]	2	6
[3]	3	4	[7]	7	8	[11]	3	7
[4]	4	1	[8]	8	5	[12]	4	8

这种方法实现起来简单，且存储量小、速度快。但实际使用起来问题很多，如所表示的形状可能不是唯一的；允许无意义的几何体存在；无法描述曲面；不能提供三维物体完整且严密的几何模型；无法计算形体的重心、体积等。目前线框建模一般只作为其他建模方法输入数据的辅助手段，也可用于一些特定的 CAD 系统，如管道设计、线路布置等，采用线框建模最有代表性的系统是 CADKEY。

5.2.2 线框建模的特点

1）线框建模的优点

（1）利用物体的三维数据，可产生任意方向的视图，视图间能保持正确的投影关系，这为生成多视图的工程图提供了方便。除此之外，还能生成任意视点或视向的透视图及轴测图，这在只能表示二维平面的绘图系统中是做不到的。

（2）在构造模型时，操作非常简便。它只有离散的空间线段，没有实在的面，处理起来比较容易。

（3）数据结构简单、存储量小，顶点和边的数据容易找到，计算机能精确地显示线框模型的顶点和边的具体位置。

(4)系统的使用如同人工绘图的自然延伸,故对用户的使用水平要求低,用户容易掌握。
2)线框建模的缺点
(1)物体的真实形状需对所有棱线进行解释与理解,有时出现二义性或多义性理解。如图 5-11 所示,从不同的角度观测,将会得到不同的形体。

(2)该结构包含的信息有限,无法进行图形的自动消隐。

(3)这种数据结构无法处理曲面物体的侧轮廓线,曲面物体的轮廓线与视线方向有关,它不包含在物体的数据结构中,而它是构成一幅完整图形不可缺少的一部分,所以曲面轮廓线不能被表达。

(4)在生成复杂物体的图形时,这种线框模型的数据要求输入大量的初始数据,不仅加重输入负担,更为不利的是难以保证这些数据的统一性和有效性。

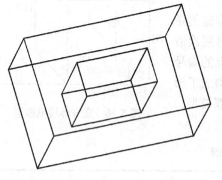

图 5-11 线框模型描述形体时的不确定性

(5)由于在数据结构中缺少边与面、面与体之间关系的信息,故不能构成实体,无法识别面与体,更谈不上区别体内与体外。从原理上讲,此种模型不能消除隐藏线,不能作任意剖切,不能计算物理特性,不能进行两个面的求交,无法生成数控加工刀具轨迹,不能自动划分有限元网格,不能检查物体间碰撞、干涉等,但目前有些系统从内部建立了边与面的拓扑关系,具有消隐功能。

5.3 表面建模

5.3.1 表面建模的基本概念

表面建模是将物体分解为组成物体的表面、边线和顶点,用顶点、边线和表面的有限集合来表示和建立物体的计算机内部模型,其建模原理是先将组成物体的复杂外表面分解为若干组成面,然后定义出一块块的基本面素,基本面素可以是平面或二次曲面,例如,圆柱面、圆锥面、圆环面、回转面等,各组成面的拼接就是所构造的模型,面进一步分解为组成该面的棱线,棱线分解为顶点,得到表面建模的逻辑结构,如图 5-12 所示为曲面的拼接过程。

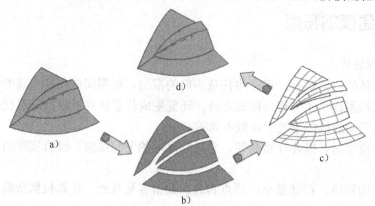

图 5-12 表面建模过程

在计算机内部,表面建模的数据结构仍然是表结构,是在线框模型的基础上增加了面的有关信息和连接指针,即除了给出边线及顶点信息外,还提供了构成三维立体各组成面素的信息。如图 5-10 所示的立方体,除了顶点表和棱边表之外,还增加了面表结构(见表 5-3)。面表包含构成面边界的按边序列、面方程系数以及表面是否可见等信息。

表 5-3 面表

表面号	组成棱线	表面方程系数	可见性
1	e_1, e_2, e_3, e_4	a_1, b_1, c_1, d_1	Y。(可见)
2	e_5, e_6, e_7, e_8	a_2, b_2, c_2, d_2	N(不可见)
3	e_1, e_{10}, e_5, e_9	a_3, b_3, c_3, d_3	N(不可见)
4	e_2, e_{11}, e_6, e_{10}	a_4, b_4, c_4, d_4	Y。(可见)
5	e_3, e_{12}, e_7, e_{11}	a_5, b_5, c_5, d_5	Y。(可见)
6	e_4, e_9, e_8, e_{12}	a_6, b_6, c_6, d_6	N(不可见)

5.3.2 表面描述方法的种类

根据形体表面不同,可将表面模型分为平面建模和曲面建模。

1) 平面建模

平面建模是将形体表面划分成一系列多边形网格,每一个网格构成一个小的平面,用这一系列的小平面来逼近形体的实际表面,如图 5-13 所示。

平面建模可用最少的数据来精确地表示多面体,所以平面建模特别适合于用来表示多面体。但对于一般的曲面物体来说,曲面物体所需表示的精度越高,网格就应分得越小,数量也就越多,且精度的小量提高,会造成网格数的大量增加,这就使平面模型具有存储量大、精度低、不便于控制和修改等缺点,因而平面模型也就逐渐被日益成熟的曲面模型所替代。平面建模可在线框建模的基础上增加一个面表而形成。

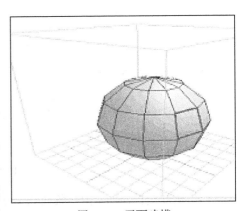

图 5-13 平面建模

2) 曲面建模

曲面建模是计算机图形学和 CAD 领域最活跃、应用最为广泛的几何建模技术之一,已广泛应用于飞机、轮船、汽车的外形设计,以及地形、地貌、矿藏、石油分布的地理资源描述等。参数曲面建模应用最多,该方法在拓扑矩形的边界网格上利用混合函数在纵向和横向两对边界曲线间构造光滑过渡的曲线。换言之,把需要建模的曲面划分为一系列曲面片,用连接条件对其进行拼接来生成整个曲面,如图 5-14 所示。曲面建模技术主要研究曲面的表示、分析和控制,以及由多个曲面块组合成一个完整曲面的问题。CAD

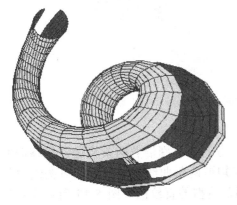

图 5-14 曲面建模

系统中对于曲线的描述一般不用多元函数方程直接描述,而用参数方程的形式来表示。在曲面建模中常见的参数曲面有孔斯(Coons)曲面、B 样条曲面、Bezier 曲面和非均匀有理 B 样条(Non uniform rational B-spline,NURBS)曲面等。

5.3.3 曲面造型方法

根据曲面特征的不同,曲面主要包括两种基本类型,几何图形曲面和自由型曲面。几何图形曲面是指那些具有固定几何形状的曲面,如球面、圆锥面、牵引面以及旋转曲面等;自由型曲面主要包括各种二维和三维扫描曲面、孔斯曲面、贝赛尔曲面、B 样条曲面和 NURBS 曲面等。

根据曲面造型方法的不同,曲面可以分为以下三种。

1)扫描曲面

根据扫描方法的不同,扫描曲面(Sweep Surface)又可分为旋转扫描曲面和轨迹扫描曲面两类。

(1)旋转扫描曲面是由一条曲线(母线)绕某一轴线旋转而成,如图 5-15 所示。

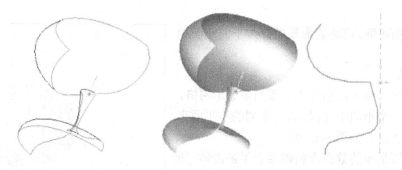

图 5-15 旋转扫描曲面

(2)轨迹扫描曲面:由一条曲线(母线)沿另一条驱动轨迹曲线运动形成的曲面,如图 5-16 所示。

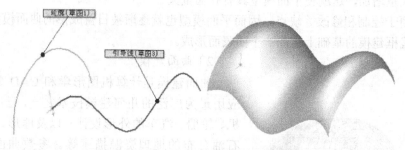

图 5-16 轨迹扫描曲面

2)直纹曲面

直纹曲面是以直线为母线,直线的两个端点在同一方向上分别沿着两条轨迹曲线移动所生成的曲面。该类型曲面的应用场合较为普遍,即在知道两条曲线的情况下,可构造直纹曲面,如圆柱面、圆锥面、上下异形、飞机机翼等都是典型的直纹面。图 5-17 所示为直纹曲面。

3)复杂曲面

复杂曲面(Complex Surface),即自由曲面或雕塑曲面。基本方法是给定曲面上的离散点(型值点),运用曲面拟合原理使曲面通过或逼近给定的点而形成的。常见的复杂曲面有:贝塞尔曲面(Bezier)(见图 5-18)、孔斯曲面(Coons)(见图 5-19)、B 样条曲面(B-Spline)(见图 5-20)等。

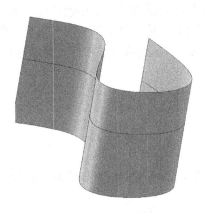

图 5-17 直纹曲面

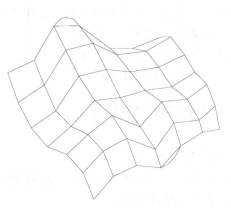

图 5-18 贝塞尔曲面

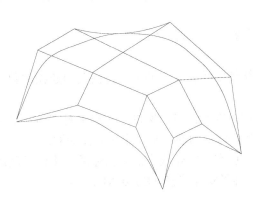

图 5-19 孔斯曲面

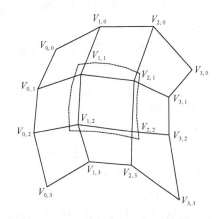

图 5-20 B 样条曲面

对于一个实体而言,可以用不同的曲面造型方法来构成相同的曲面。用哪一种方法产生的模型更好,一般用两个标准来衡量:一是要看哪种方法更能准确体现设计者的设计思想、设计原则;二是要看用哪种方法产生的模型能够准确、快速、方便地产生数控刀具轨迹,即更好地为 CAM、CAE 服务。在曲面建模时,经常会遇到以下问题。

(1)曲面光顺。曲面光顺是指曲面光滑,除了从数学意义上要求曲线和曲面具有二阶连续性、无多余拐点和曲率变化均匀外,还有行业上的特殊要求。在 CAD 系统中的曲面光顺模块既要能自动完成一系列数学处理,又要同时提供交互检查和修改曲面形状的方便工具。

用数学的方法对曲面光顺进行处理,通常用最小二乘法、能量法、回弹法、基样条法、磨光法等。各种光顺方法的主要区别在于使用不同的目标函数以及每次调整型值点的数量。整体光顺是每次调整所有的型值点,局部光顺则是每次只调整个别点。

(2)曲面求交。曲面求交是曲面操作中最基本的一种算法,要求准确、可靠、迅速,并保留两张相交曲面的已知拓扑关系，以便实现几何建模的布尔运算和数控加工的自动编程等。

根据曲面的表示形式不同，曲面求交有隐式方程—隐式方程、参数方程—参数方程、隐式方程—参数方程等几种不同的情况。常用的求交算法有解析法、分割法、跟踪法、隐函数法等。

（3）曲面裁剪。两曲面相贯后，交线通常构成原有曲面的新边界，这样就产生了怎样合理表示经过裁剪的曲面问题。以上讨论的曲面求交方法实际上都是求出交线上的一系列离散点，在裁剪曲面的边界线表示中可将这些离散点连成折线，也可以拟合成样条曲线。对于参数曲面，一般以参数平面上的交线表示为主。

5.3.4　曲面建模的特点

1）曲面建模的优点

（1）在描述三维实体信息方面较线框建模严密、完整，能够构造出复杂的曲面。如汽车车身、飞机表面、模具外型等。

（2）可以对实体表面进行消隐、着色显示，也能够计算表面积。

（3）可以利用建模中的基本数据，进行有限元划分，以便进行有限元分析或利用有限元网格划分的数据进行表面造型。

（4）可以利用表面造型生成的实体数据产生数控加工刀具轨迹。

2）曲面建模的缺点

（1）曲面建模理论严谨复杂，所以建模系统使用较复杂，并需一定的曲面建模的数学理论及应用方面的知识。

（2）此种建模虽然有了面的信息，但缺乏实体内部信息，所以有时产生对实体二义性的理解。例如对一个圆柱曲面，就无法区别它是一个实体轴的面或是一个空心孔的面。

由于表面建模方法存在的不足，需要发展更加完善的建模方法来描述现实物体及其属性。因此，20世纪80年代前后提出并逐步发展、完善了实体建模（Solid Modeling）技术，目前实体建模技术已成为CAD/CAM中的主流建模方法。

5.4　实体建模

5.4.1　实体建模的基本原理

实体建模是用基本体素的组合并通过集合运算和基本变形操作来建立三维立体的过程，是实现三维几何实体完整信息表示的理论、技术和系统的总称。20世纪70年代后期，三维建模技术在理论、算法和应用方面逐渐成熟，并推出实用的实体造型系统，从此，三维实体模型在CAD设计、物性计算、有限元分析、运动学分析、空间布置、计算机辅助NC程序的生成和检验、部件装配、机器人等方面得到广泛的应用。与线框造型相比，实体造型能准确地定义一个物体的几何形状，不会产生二义性。利用实体造型也可以对十分复杂的零件进行造型，提供物体完整的几何信息和拓扑信息，因此目前实体建模技术已成为CAD/CAM几何建模的主流技术。

实体建模可以表示形体的"体特征",形体的几何特征,如体积、表面积、惯性矩等均可由实体模型自动计算出来。实体建模是以基本体素(球、圆柱、立方体等)为单元体,通过集合运算(并、交、差等)生成所需几何形体。换言之,实体模型的特点是由具有一定拓扑关系的形体表面定义形体,表面之间通过环、边、点来建立联系,表面的方向由围绕表面的环的绕向决定,表面法向矢量总是指向形体之外;其另一特点在于覆盖一个三维立体的表面与实体可同时实现。

实体建模技术是利用实体生成方法产生实体的初始模型,通过几何的逻辑运算(布尔运算),形成复杂实体模型的一种建模技术。实体建模包括两部分内容:一是体素定义和描述;另一个是体素之间的布尔运算(并、交、差)。

1)基本实体构造的方法

基本实体构造是定义和描述基本的实体模型,它包括体素法和扫描法。

(1)体素法。应用在 CAD 系统内部构造的基本体素的实体信息,如长方体、球、圆柱、圆环等,直接产生相应实体模型的方法。这种基本体素的实体信息包括基本体素的几何参数(如长、宽、高、半径等)及体素的基准点,如图 5-21 所示。

图 5-21 基本体素的定义

(2)扫描法。将平面内的封闭曲线进行"扫描"(平移、旋转、放样等)形成实体模型的方法。用这种方法可形成较为复杂的实体模型。扫描变换有两个分量:一个是基体,即运动形体;另一个是形体运动的路径,如图 5-22 所示。

2)布尔运算

将由以上方法产生的两个或两个以上的初始实体模型,经过集合运算得到新实体的表示称为布尔模型,这种集合运算称为布尔运算。几何建模的集合运算理论依据集合论中的交(Intersection)、并(Union)、差(Difference)等运算,把简单形体(体素)组合成复杂形体的工具,如图 5-23 所示。

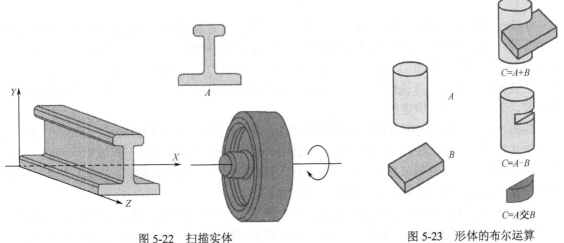

图 5-22 扫描实体　　　　　　图 5-23 形体的布尔运算

5.4.2 实体建模的表示方法

实体建模的本质是要解决如何在计算机内部表示一个实体模型，实体建模的信息与线框建模、表面建模的信息不同，其在计算机内部不再只是点、线、面的信息，还要记录实体的体信息。实体建模系统是一种交互式计算机图形系统，通常保存着两种描述实体模型的主要数据，即几何数据和拓扑数据。几何数据包含形体的定义参数，拓扑数据则包括几何元素间的相互连接关系。

计算机内部定义实体的方法很多，常用的有边界表示法（B-Rep）、结构实体表示法（CSG）、单元分解法、扫描变换法等。几种方法各有特点，且正向着多重模式发展。以下介绍几种常用的表示方法。

1. 边界表示法

边界表示法（Boundary Representation），简称 B-Rep 法，是通过对于集合中某个面的平移和旋转以及指示点、线、面相互间的连接操作来表示空间的三维实体。由于它是通过描述形体的边界来描述形体，而形体的边界就是其内部点与外部点的分界面，所以称之为边界表示法。这种方法的基本思想是将物体定义成由封闭的边界表面围成的有限空间，实体的边界是面，即由"面"或"片"的子集表示；表面的边界是边，可用"边"的子集表示；边的边界是顶点，即由顶点的子集表示，如图 5-24 所示。

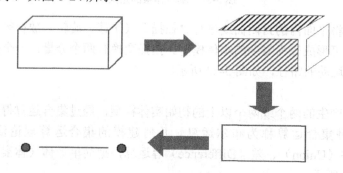

图 5-24 边界表示法示意图

B-Rep 中要表达的信息分为两类。一类是几何数据，它反映物体的大小及位置，例如顶点的坐标值，面的数学表达式中的具体系数等；另一类是拓扑信息，拓扑是研究图形在形变与伸缩下保持不变的空间性质的一个数学分支，它只关心图形内的相对位置关系而不问它的大小与形状。拓扑信息是指用来说明体、面、边及顶点之间连接关系的一类信息。例如某个面与哪些面相邻，它又由哪些边组成等。

B-Rep 法在计算机内部的数据结构呈现网状结构，以体现实体模型的实体、面、边（线）、点的描述格式，B-Rep 法的一层表示如图 5-25 所示。B-Rep 法详细记录了构成形体的面、边的方程及顶点坐标值等几何信息，同时描述了这些几何元素之间的连接关系，其信息量大，有利于生成模型的线框图、投影图与工程图，但有信息冗余。

边界表示法的主要优点是可以对形状进行唯一性定义，从模型中提取有关边界处理以及形体显示方面的信息，具有速度快、效率高的特点，面（如表面粗糙度或公差）和边（如倒斜角）信息可直接在模型中存取，便于与面、线框模型相连接。如图 5-26 与图 5-27 所示的边界表示法的树形结构示意图，图中把形体拆成一些互不覆盖的三角形，并将它视为含有体、面、边及顶点的树形结构。

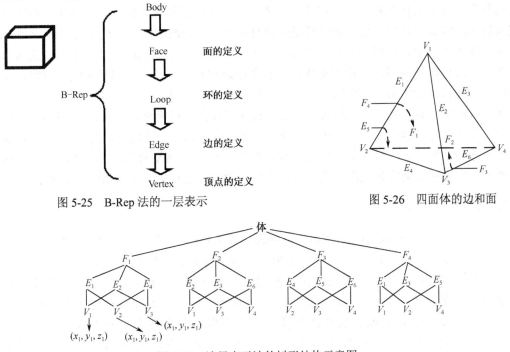

图 5-25　B-Rep 法的一层表示　　　　　图 5-26　四面体的边和面

图 5-27　边界表示法的树形结构示意图

运用解析几何知识，B-Rep 表示中的面、边和顶点的几何定义能被互相推导出来，如图 5-28 所示的数据结构中只需存储某一类几何数据就足够了。一般来说若输出为线框图，则存储顶点几何数据；若输出为着色图，则存储面的几何数据。其他几何数据在需要时才被推导计算出来。

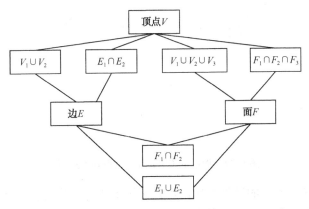

图 5-28　几何表示间的推导

如前所述，多面体的面、边和顶点间一共有九种拓扑关系。在这九种不同类型的拓扑关系中，至少必须选择两种才能构成一个实体完全的拓扑信息。当然可以存储更多的拓扑关系，而此时存储量增加，但查找时间缩短了，故这种冗余换来的是计算工作量的节省和某些算法的易于实现。边界表示法中允许绝大多数有关几何体结构的运算直接用面、边、点定义的数据来实现，这有利于生成和绘制线框图、投影图以及有限元网格的划分和几何特性计算，容易与二维绘图软件衔接。但是，边界表示法模型的内部结构及关系与实体的生成描述无关，因而无法提供实体的生成信息。

实体建模的边界表示法与表面模型的区别在于边界表示法的表面必须封闭、有向，各个表面之间具有严格的拓扑关系，从而构成一个整体；而表面模型的表面可以不封闭，不能通过面来判别物体的内部与外部；此外，表面模型也没有提供各个表面之间相互连接信息。早期的 B-Rep 法只支持多面体模型。现在由于参数曲面和二次面均可统一用 NURBS 曲面表示，面可以是平面和曲面，边可以是曲线，这样使实体造型和曲面造型相统一，不仅丰富了造型内容，也使得边界可精确地描述形体边界，所以这种表示也称精确 B-Rep 法。

在 CAD/CAM 的环境下，采用边界表示法建立实体的三维模型，有利于生成和绘制线框图、投影图，有利于与二维绘图功能衔接，生成工程图。但它也有一些缺点，由于在大多数系统中，面的边线存储是按照逆时针存储，因此边在计算机内部存储都是两次，这样边的数据存储有冗余。此外，它没有记录实体是由哪些基本体素构成的，无法记录基本体素的原始数据。

2. 构造立体几何法

构造立体几何法（Constructive Solid Geometry，CSG），是一种利用一些简单形状的体素（如长方体、圆柱体、球体、锥体等），经变换和布尔运算构成复杂形体的表示模式。

在计算机内部存储的主要是物体的生成过程。在这种表示模式中，采用二叉树结构来描述体素构成复杂形体的关系。CSG 模型是有序的二叉树，树的叶节点是体素和几何变换参数，中间节点是集合运算操作或几何变换操作，树根表示最终生成的几何实体。布尔运算子可以是并、交、差等集合运算（分别用 ∩*、∪*、−* 表示）。扳手的 CSG 构造过程及 CSG 树如图 5-29 所示。

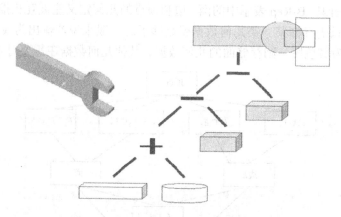

图 5-29 扳手的 CSG 构造过程与 CSG 树

CSG 树代表了 CSG 方法的数据结构，可以采用遍历算法进行拼合运算。CSG 法清晰地表示了形体构造的方式和过程，描述物体非常紧凑，这种方法不显示三维点集与所表示物体在三维空间的一一对应关系，并不反映面、边、点等具体信息，是一种隐式模型，这种方法的缺点是当真正进行拼合操作及最终显示物体时，还需将 CSG 树这种数据结构转变为边界表示法的数据结构，这种转变靠"边界计算程序"来实现，为此在计算机内除了存储 CSG 树外，还应有一个数据结构存放体素的体、面、边信息，且表示方法不唯一，形体有效性要通过体素有效性和正则化运算来保证。

3. 混合表示法

由于 CSG 与 B-Rep 表示法各有所长，因此，许多系统采用两者综合的方法来表示实体。混合表示法是在建立 B-Rep 和 CSG 法基础上，在同一 CAD 系统中将两者结合起来形成的实体定义描述，即在 CSG 二叉树的基础上，在每个节点上加入边界法的数据结构。

CSG 法为系统外部模型，做用户窗口，便于用户输入数据、定义实体体素；B-Rep 法为内部模型，将用户输入的模型数据转化为 B-Rep 的数据模型，以便在计算机内部存储实体模型更为详细的信息。用混合表示法表示实体的数据模型，可以利用 CSG 信息和 B-Rep 信息的相互补充，确保几何模型信息的完整和精确。混合模式是在 CSG 基础上的逻辑扩展，起主导作用的是 CSG 结构，B-Rep 可减少中间环节的数学计算量，以完整地表达物体的几何、拓扑信息，便于构造产品模型。

混合表示法由两种不同的数据结构组成，当前应用最多的是在原有的 CSG 树的节点上再扩充一级边界数据结构，如图 5-30 所示。因此，混合模式可理解为是在 CSG 模式基础上的一种逻辑扩展，其中，起主导作用的是 CSG 结构，再结合 B-Rep 的优点，可以完整地表达实体的几何、拓扑信息。

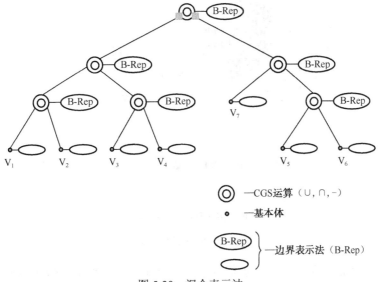

图 5-30　混合表示法

4．空间单元表示法

空间单元表示法也叫分割法，是通过一系列空间单元构成的图形来表示物体的一种表示方法。这些单元是具有一定大小的空间立方体，计算机内部通过定义各单元的位置是否被实体占有来表达物体。这种表示方法的算法比较简单，便于进行几何运算及作出局部修改，常用来描述比较复杂，尤其是内部有孔，或具有凸凹等不规则表面的实体，缺点是要求有大量的存储空间，没有关于点、线、面的概念，不能表达一个物体两部分之间的关系。

在计算机内部通过定义各个单元的位置是否填充来建立整个实体的数据结构。这种数据结构通常是四叉树或八叉树。四叉树常用做二维物体描述，基本思想是将平面划分为四个子平面（这些子平面仍可以继续划分），通过定义这些子平面的"有图形"和"无图形"来描述不同形状物体；对三维实体需采用八叉树，设空间通过三坐标平面 XOY, YOZ, ZOX 划分为八个子空间。八叉树中的每一个节点对应描述每一个子空间。八叉树的最大优点是便于作出局部修改及进行集合运算。空间单元表示法如图 5-31 所示。

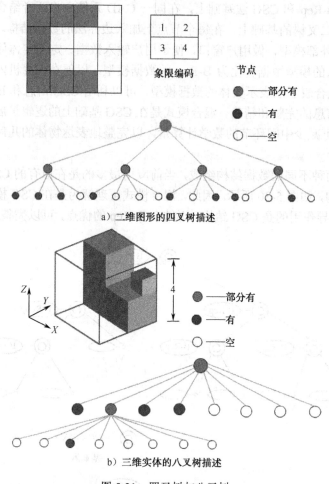

图 5-31 四叉树与八叉树

空间单元表示法是一种数字化的近似表示法,单元的大小直接影响到模型的分辨率,特别是对于曲线或曲面,精度越高,单元数目就越大。因此,空间单元表示法要求有大量的存储空间。此外,它不能表达一个物体任意两部分之间的关系,也没有关于点、线、面的概念,仅仅是一种空间的近似,但只从一方面讲,它的算法比较简单,同时也是物性计算和有限元网格划分的基础。

空间单元表示法的最大优点是便于作出局部修改及进行集合运算。在集合运算时,只要同时遍历两个拼合体的四叉树或八叉树,对相应的小立方体进行布尔组合运算即可。另外,八叉树数据结构可大大简化消隐算法,因为各类消隐算法的核心是排序,采用八叉树法最大的缺点是占用存储空间大。由于八叉树结构能表示现实世界物体的复杂性,所以近年来它日益受到人们的重视。

实体建模的表示方法还有很多种,如半空间法,以及实体参数表示法等。

半空间法是利用 TIPS(Technical Information Processing System)系统形成 CAD/CAM 多功能的实体造型试验系统。TIPS 的几何定义语句格式与 APT 语言相似,用于绘制立体图、剖视图、计算形体的质量、惯性矩,自动生成有限元网格,产生数控加工的粗铣和精铣走刀轨迹,用明暗图显示切削过程的仿真视景等。

实体参数表示法是在建立标准件或常用件图形库时经常用到的方法。成组技术的发展使零件可按族分类，这些族类零件可由几个关键参数来表示，其他形状尺寸都按一定的比例由这些参数来确定。这种方法仅适用于较简单的零件，应用领域较窄，但其表达方法简练，使用起来比较方便。

5.5 特征建模

5.5.1 特征建模的概念

从设计角度看，特征分为设计特征、分析特征、管理特征等；从形体造型角度看，特征是一组具有特定关系的几何或拓扑元素；从加工角度看，特征被定义为与加工、操作和工具有关的零部件形式及技术特征。总之，特征反映了设计者和制造者的意图，是一种综合概念，是实体信息的载体，特征信息是与设计、制造过程有关的，并具有工程意义的信息。在实际应用中，从不同的应用角度可以形成具体的特征意义。特征建模是建立在实体建模的基础上，加入了包含实体的精度信息、材料信息、技术要求和其他有关信息，另外还包含一些动态信息，如零件加工过程中工序图的生成、工序尺寸的确定等信息，以完整地表达实体信息。特征建模技术近几年发展很快，ISO 颁布的 PDES / STEP 标准已将部分特征信息（形状特征、公差特征等）引入产品信息模型。目前也有一些 CAD / CAM 系统（如 Pro/Engineer 等）开始采用了特征建模技术。

特征建模的方法涉及交互式特征定义、特征识别和基于特征识别的设计几个方面。

1）交互式特征定义

这种方法是利用现有的实体建模系统建立产品的几何模型，由用户进入特征定义系统，在图形交互界面下，在已有的实体模型上定义特征几何所需要的几何要素，并将特征参数或精度、技术要求、材料热处理等信息作为属性添加到特征模型中。这种方法简单，但效率低，难以提高自动化程度，实体的几何信息与特征信息间没有必然的联系，难以实现产品数据的共享，在信息处理中易发生人为的错误。

2）特征自动识别

将设计的实体几何模型与系统内部预先定义的特征库中的特征进行自动比较，确定特征的具体类型及其他信息，形成实体的特征建模。特征自动识别实现了实体建模中特征信息与几何信息的统一，从而实现了真正的特征建模。具体实现步骤为：搜索并找出与之特征匹配的具体类型→选择并确定已识别的特征信息→确定特征参数→完成特征几何模型→组合简单特征以获得高级特征。

特征自动识别一般只对简单形状有效，且仍缺乏 CAPP 所需的公差、材料等属性。特征自动识别存在的问题是不能伴随实体的形成过程实现特征体现，只能事后定义实体特征，再对已存在的实体建模进行特征识别与提取。

3）基于特征识别的设计

利用系统内已预定义的特征库对产品进行特征造型或特征建模，也就是设计者直接从特征库中提取特征的布尔运算（即基本特征单元的不断"堆积"），最后形成零件模型的设计与定义。目前应用最广的 CAD 系统就是基于特征的设计系统，它为用户提供了符合实际工程的设计概念和方法。

5.5.2 特征建模的形成体系

1) 形成体系

以实体造型为基础建立各种特征库,构成具有特征造型的 CAD 系统,从产品设计到形成产品实体,经历了从各种特征库提取特征来描述产品并构造产品的信息数据库的过程。特征建模包括形状特征模型、精度特征模型、材料特征模型、装配特征模型、管理特征模型等。

(1) 形状特征模型。主要包括几何信息、拓扑信息,如描述零件的几何形状及与尺寸相关的信息的集合,包括功能形状、加工工艺形状等。

(2) 精度特征模型。用来表达零件的精度信息,包括尺寸公差、形位公差、表面粗糙度等。

(3) 材料特征模型。用来表达与零件材料有关的信息,包括材料的种类、性能、热处理方式、硬度值等。

(4) 装配特征模型。描述有关零部件装配的信息,如零件的配合关系、装配关系等。

(5) 管理特征模型。描述与零件管理有关的信息,如标题栏和各种技术要求等。

在所有的特征模型中,形状模型是描述零件或产品的最主要的特征模型,它是其他特征模型的基础,主要包括几何信息、拓扑信息。根据形状特征在构造零件中所发挥的作用不同,可分为主形状特征和辅助形状特征。除以上特征外,针对箱体类零件还要提出方位特征,即零件各表面的方位信息的集合,如方位标识、方位面外法线与各坐标平面的夹角等。另外,工艺特征模型中还要提出尺寸链特征,即反映尺寸链信息的集合。

2) 形状特征的分类

图 5-32 所示为零件形状特征的分类。

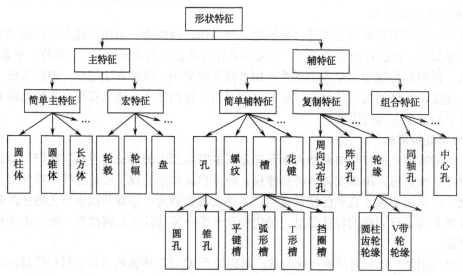

图 5-32 形状特征分类

(1) 主特征。主特征用来构造零件的基本几何形体。程度又可分为简单主特征和宏特征两类。简单主特征主要指圆柱体、圆锥体、长方体、圆球、球缺等简单的基本几何形体;宏特征指具有相对固定的结构形状和加工方法的形状特征,其几何形状比较复杂,而又不便于进一步细分为其他形式特征的组合。如盘类零件、轮类零件的轮辐和轮毂等,基本上都是由宏特征及附加在其上的辅助特征(如孔,槽等)构成的。定义宏特征可以简化建模过程,避免各个表面特征的分别描述，并且能反映出零件的整体结构、设计功能和制造工艺等。

（2）辅特征。辅特征是依附于主特征之上的几何形状特征，是对主特征的局部修饰，反映了零件几何形状的细微结构。辅特征依附于主特征，也可依附于另一辅特征。螺纹、花键、V形槽、T形槽、U形槽等简单辅特征，可以附加在主特征之上，也可以附加在辅特征之上，从而形成不同的几何形体。例如，若将螺纹特征附加在主特征外圆柱体上，则可形成外圆柱螺纹；若将其附加在内圆柱面上，则形成内圆柱螺纹。同理，花键也相应可形成外花键和内花键。这样，无须逐一描述内螺纹、外螺纹、内花键和外花键等形状特征，从而避免了由特征的重复定义而造成特征库数据的冗余现象。组合特征是指由一些简单辅特征组合而成的特征，如中心孔、同轴孔等。复制特征是指由一些同类型辅特征按一定的规律在空间的不同位置上复制而成的形状特征，如周向均布孔、矩形阵列孔、轮缘（如V带轮槽等）。

3）特征建模的特点与功能

特征建模着眼于表达产品完整的技术和生产管理信息，且这种信息涵盖了与产品有关的设计、制造等各个方面，为建立产品模型统一的数据库提供了技术基础。特征建模是利用计算机进行分析和处理统一的产品模型，替代了过去传统的产品设计方法，它可使产品的设计与生产准备同时进行，从而加强了产品的设计、分析、工艺准备、加工与检验等各部间的联系，更好地将产品的设计意图贯彻到后续环节，并及时得到后续环节的意见反馈，为基于统一产品信息模型的新产品进行 CAD/CAPP/CAM 的集成创造了条件。特征建模使产品设计工作得到了改进。设计人员面对的不再是点、线、面、实体，而是产品的功能要素，如定位孔、螺纹孔、键槽等，因而能使设计者能用特征的引用直接去体现设计意图，进行创造性的设计。

特征建模具有五大功能：预定义特征并建立特征库功能；利用特征库实现基于特征的零件设计功能；支持用户去自定义特征，并完成特征库的管理操作的功能；对已有的特征进行删除和移动操作的功能；在零件设计中能实现提取和跟踪有关几何属性等功能。

5.5.3　特征间的关系

为了方便描述特征之间的关系，提出了特征类、特征实例的概念。特征类是关于特征类型的描述，是具有相同信息性质或属性的特征概括。特征实例是对特征属性赋值后的一个特定特征，是特征类的成员。特征类之间、特征实例之间、特征类与特征实例之间有如下的关系：

（1）继承关系。继承关系构成特征之间的层次联系，位于层次上级的叫超类特征，位于层次下级的叫亚类特征。亚类特征可继承超类特征的属性和方法，这种继承关系称为 AKO（a-kind-of）关系，如特征与形状特征之间的关系等。另一种继承关系是特征类与特征实例之间的关系，这种关系称为 INS（instance）关系，如某一具体的圆柱体是圆柱体特征类的一个实例，它们之间反映了 INS 关系。

（2）邻接关系。反映形状特征之间的相互位置关系，用 CONT（connect-to）表示。构成邻接联系的形状特征之间的邻接状态可共享，例如一根阶梯轴，每相邻两个轴段之间的关系就是邻接关系，其中每个邻接面的状态可共享。

（3）从属关系。描述形状特征之间的依从或附属关系，用 IST（is-subo-rdinate-to）表示。从属的形状特征依赖于被从属的形状特征而存在，如倒角附属于圆柱体等。

（4）引用关系。描述形状特征之间作为关联属性而相互引用的联系，用 REF（reference）表示。引用联系主要存在于形状特征对精度特征、材料特征的引用中。

5.5.4 特征的表达方法

特征的表达主要有两方面的内容：一是表达几何形状的信息，二是表达属性或非几何信息。根据几何形状信息和在数据结构中的关系，特征表达可分为集成表达模式与分离模式。前者将属性信息与几何形状信息集成地表达在同一内部数据结构中，而后者是将属性信息表达在外部的、与几何形状模型分离的外部结构中。

集成表达模式的优点表现在以下几方面。

（1）可避免分离模式中内部实体模型数据和外部数据的不一致和冗余。

（2）可同时对几何模型与非几何模型进行多种操作，因而用户界面友好。

（3）可方便地对多种抽象层次的数据进行存取和通信，从而满足不同应用的需要。集成表达模式的点是，现有的实体模型不能很好地满足特征表达的要求，需要从头开始设计和实施全新的基于特征的表达方案，因此工作量较大。因此，也有些研究者采用分离模式。

几何形状信息的表达有隐式表达和显式表达之分。隐式表达是特征生成过程的描述。例如对于圆柱体，显式表达将含有圆柱面、两个底面及边界细节，而隐式表达则用圆柱的中心线、圆柱的高度和直径来描述。隐式表达的特点如下：

（1）用少量的信息定义几何形状，因此简单明了，并可为后续的应用（如 CAPP 等系统）提供丰富的信息；

（2）便于将基于特征的产品模型与实体模型集成；

（3）能够自动地表达在显式表达中不便或不能表达的信息，能为后续应用（如 NC 仿真与检验等）提供准确的低级信息；

（4）能表达几何形状复杂（如自由曲面）而又不便采用显式表达的几何形状与拓扑结构。

无论是显式表达还是隐式表达，单一的表达方式都不能很好地适应 CAD/CAM 集成对产品特征从低级信息到高级信息的需求。显式与隐式混合表达模式是一种能结合这两种表达方式优点的形状表达模式。

5.5.5 特征库的建立

建立特征模型，进行基于特征的设计、工艺设计及工序图绘制等，必须有特征库的支持。调用特征库中的特征，可以对零件进行产品定义、拼装零件图和 CAPP 中的工序图等，因此特征库是基于特征的各系统得以实现的基础。

为满足基于特征的各系统对产品信息的要求，特征库应有下列功能：

（1）包含足够的形状特征，以适应众多的零件；

（2）包含完备的产品信息，既有几何和拓扑信息又具有各类的特征信息，还包含零件的总体信息；

（3）特征库的组织方式应便于操作和管理，方便用户对特征库中的特征进行修改、增加和删除等。

要满足特征库的上述要求，特征库中应包含完备的产品定义数据，并能实现对管理特征、技术特征、形状特征、精度特征和材料特征等的完整描述。因此特征库应包括上述五类特征的全部信息。为使特征的表达能方便地实现特征库的功能，特征库主要采用两种不同的组织方式，即图谱方式与 EXPRESS 语言。

图谱方式画出各类特征图，附以特征属性，并建成表格形式，方法简单、直观，但只能查看而无法实现计算机操作。而用对特征进行描述，建成特征的概念库的组织方式可使基于特征的计算机辅助系统根据系统本身的软件和硬件的需要，映射为适合于自身的实现语言（如将 EXPRESS 语言映射为 C 或 C++等）来描述特征。进行产品设计和工艺设计时，可直接调用特征库程序文件，进行绘图和建立产品信息模型等。

5.5.6 特征建模技术的实现和发展

特征概念包含丰富的工程语义，所以利用特征的概念进行设计是实现设计与制造集成的一种行之有效的方法。利用特征的概念进行设计的方法经历了特征识别及基于特征的设计两个阶段。特征识别是首先进行几何设计，然后在建立的几何模型上，通过人工交互或自动识别算法进行特征的搜索、匹配。由于特征信息的提取和识别算法相当困难，所以只适用一些简单的加工特征识别，并且形状特征之间的关系无法表达。为此，Wilson 等人提出了直接采用特征建立产品模型，而不是事后再识别的想法，这就是基于特征设计的思想，即特征建模。

目前国内外大多数特征建模系统的研究都是建立在原有二维实体建模系统的基础上。这是因为三维实体建模的 CAD 软件已比较完善，具有较强的几何拓扑处理、图形显示及自动网格划分等多项功能，在此基础上可方便地增加一些特征的描述信息，建立特征库，并将几何信息与非几何信息描述在一个统一的模型中，设计时将特征库中预定义的特征实例化，并作为建模的基本单元，实现产品建模。

这种基于特征的设计，从设计的角度，扩大了建模体素的集合，给用户带来了很大的方便性，同时也为产品设计实现高效率、标准化、系列化提供了条件。从加工角度看，由于特征对应着一定的加工方法，所以工艺规程制定也比较容易进行，简化了 CAPP 决策逻辑，尤其是面向对象技术的应用，将特征与加工方法封装实现了程序的结构化、模块化、柔性化。最近几年在基于特征的 CAPP、NC 编程方面进行了很多研究，由于设计特征与制造特征的对应关系，在 CAD 设计完成后，CAPP、CAM 可直接将特征设计的结果作为输入，自动生成工艺过程和 NC 加工程序，实现了具有统一数据库、统一界面的集成 CAD/CAPP/CAM 系统。

特征建模技术是正在研究发展中的技术，至今还有很多难题有待进一步研究。例如，特征的严格数学定义，特征所能胜任的零件复杂度，特征如何体现零件的功能要求以及功能特征与制造特征的映射等。

5.6 参数化特征建模

5.6.1 参数化特征建模的概念

早期的 CAD 绘图软件都用固定的尺寸值定义几何元件，输入的每一条线都有确定的位置，想要修改图面内容，只有删除原有的线条后再重画。一个机械产品，从设计到定型，不可避免地要反复多次地修改，进行零件形状和尺寸的综合协调、优化。定型之后，还要根据用户提出的不同规格要求进行系列产品。这都需要产品的设计图形可以随着某些结构尺寸的修改或规格系列的变化而自动生成。参数化设计和变量化设计正是为了适应这种需要而出现的。

1）参数化设计基本概念

应用 CAD 技术，可以通过人机交互方式完成图形绘制和尺寸标注。但是传统 CAD 系统用固定的尺寸值定义几何元素，输入的所有几何元素都有确定的位置。由于设计只存储了最后的结果，如将设计的过程信息丢失，就会存在如下的问题。

（1）无法支持初步设计过程。在实际设计初期，设计人员关心的往往是零部件的大小、形状以及标注要求，对精度和尺寸并不十分关心，设计过程往往是先定义一个结构草图作为原型，然后通过对原型的不断定义和调整，逐步细化以达到最佳设计结果。而传统的设计绘图系统始终是以精确形状和尺寸为基础的，这使设计人员过多地局限于某些设计细节。

（2）在实际设计过程中，大量的设计是通过修改已有图形而产生的。由于传统的设计绘图系统缺乏变参数设计功能，因而不能有效地处理因图形尺寸变化而引起图形相关变化的自动处理。

（3）对于各种不同的产品模型，只要稍有变化都必须重新设计和造型，从而无法较好地支持系列产品的设计工作。

为解决上述问题，加快新产品开发周期，提高设计效率，减少重复劳动，20 世纪 80 年代初诞生了参数化设计（Parametric Design）方法。参数化设计采用约束来表达产品几何模型，定义一组参数来控制设计结果，从而能够通过调整参数来修改设计模型。这样，设计人员在设计时，无须再为保持约束条件而费心，可以真正按照自己的意愿动态地、创造性地进行新产品设计。参数化设计方法与传统方法相比，最大的不同在于它存储了设计的整个过程，设计人员的任何修改都能快速地反映到几何模型上，并且能设计出一组相似而不单一的产品模型。

参数化设计能够使工程设计人员不需考虑细节而能尽快地草拟零件图，并可以通过变动某些约束参数而不必对产品设计的全过程进行更新设计。它成为进行初始设计、产品模型的编辑修改，多种方案的设计和比较的有效手段，深受工程设计人员的欢迎。

参数化设计系统的功能主要包括以下两种情况。

（1）从参数化模型自动导出准确的几何模型。它不要求输入精确图形，只需插入一个草图，标注一些几何元素的约束，然后通过改变约束条件来自动地导出精确的几何模型。

（2）通过修改局部参数来达到自动修改几何模型的目的。对于大致形状相似的一系列零件，只需修改一下参数，即可生成新的零件，这在成组技术中将是非常有益的手段之一。

2）约束种类

参数化设计中的约束分为尺寸约束和几何约束。

（1）尺寸约束，又称为显式约束，指规定线性尺寸和角度尺寸的约束。

（2）几何约束，又称为隐式约束，指规定几何对象之间的相互位置关系的约束，有水平、铅垂、垂直、相切、同心、共线、平行、中心、重合、对称、固定、全等、融合、穿透等约束形式。

5.6.2 参数化特征建模的表示及其数据结构

在参数化设计系统中，必须首先建立参数化模型。参数化模型有很多种，如几何参数模型、力学参数模型等，这里主要介绍几何参数模型。

几何参数模型描述的是具有几何特性的实体,因而适合用图形来表示。根据几何关系和拓扑关系信息的模型构造的先后次序(即它们之间的依存关系),几何参数模型可分为两类,即具有固定拓扑结构和变化拓扑结构的几何参数模型。

(1) 具有固定拓扑结构的几何参数模型。这种模型是几何约束值的变化不会改变几何模型的拓扑结构,而只是改变几何模型的公称尺寸大小。这类参数化造型系统以 B-rep 为其内部表达的主模型,必须首先确定几何形体的拓扑结构,才能说明几何关系的约束模式。

(2) 具有变化拓扑结构的几何参数模型。这种模型是先说明其几何构成要素与它们之间的约束关系以及拓扑关系,而模型的拓扑结构是由约束关系决定的。这类系统以 CSG 表达形式为其内部的主模型,可以方便地改变实体模型的拓扑结构,并且便于以过程化的形式记录构造的整个过程。

一般情况下,不同型号的产品往往只是尺寸不同而结构相同,映射到几何模型中,就是几何信息不同而拓扑信息相同。因此,参数化模型要体现零件的拓扑结构,以保证设计过程中拓扑关系的一致。实际上,用户输入的草图中就隐含了拓扑元素间的关系。

几何信息的修改需要根据用户输入的约束参数来确定,因此,还需要在参数化模型中建立几何信息和参数的对应机制,该机制是通过尺寸标注线来实现的。尺寸标注线可以看成一个有向线段,上面标注的内容就是参数名,其方向反映了几何数据的变动趋势,长短反映了参数值,这样就建立了几何实体和参数间的联系。由用户输入的参数(或间接计算得到的参数)名找到对应的实体,进而根据参数值对该实体进行修改,实现参数化设计。产品零部件的参数化模型是带有参数名的草图,由用户输入。

图 5-33a 为一图形的参数化模型,它所定义的各部分尺寸为参数变量名。现要改变图中 H 的值,若 C 值不随着变动,两圆就会偏离对称中心线。H 值发生变化,C 值也必须随着变化,且要满足条件 $C=H/2$,这个条件关系就称为约束。约束就是对几何元素的大小、位置和方向的限制。

对于拓扑关系改变的产品零部件,也可以用它的尺寸参数变量来建立起参数化模型。如图 5-33b 所示,假设 N 为小矩形单元数,T 为边厚,A、B 为单元尺寸,L、H 为总的长和宽。单元数的变化,会引起尺寸的变化,但它们之间必须满足如下约束条件,即

$$L=NA+(N+1)T$$
$$H=B+2T$$

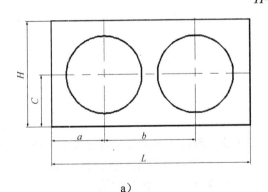
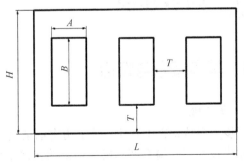

图 5-33 图形的参数化模型

约束可以解释为若干对象之间所希望的关系,也就是限制一个或多个对象满足一定约束条件的关系。对约束的求解就是要找出约束为真的对象的值。由于所有的几何元素都能根据几何特征和参数化定义相联系,从而所有的几何约束都能看成代数约束。因此,在通常情况下,所

有的约束问题都可以从几何元素级（公理性）归纳到代数约束级（分析性）。实际上，参数化设计的过程可以认为是改变参数值后，对约束进行求解的过程。

参数化的本质是添加约束条件并满足一定的关系。在几何参数化模型中，除了有尺寸约束参数外，还应有几何约束参数。在参数变化过程中，约束的满足必须是尺寸和几何约束都同时满足，才能获得准确的几何形状。

5.6.3 参数化特征建模技术应用范围

1) 参数化设计的基本要求

参数化设计的主要思想是用几何约束、数学方程与关系式来描述产品模型的形状特征，并通过约束的求解来描述产品的设计过程。从而达到设计一组在形状上具有相似性的设计方案。因此，参数化设计的关键是约束关系的提取与表达、约束求解及产品参数化模型的构造。为了能够实现产品的参数化设计，参数化设计系统应当至少满足下列基本要求。

（1）能够检查出约束条件不一致，即是否有过约束和欠约束情况出现。
（2）算法可靠，即当给定一组约束后能自动求解出存在的解。
（3）求解效率高，即交互操作的求解速度要快，使得每一步设计操作都能得到及时的响应。
（4）在形体构造过程中允许逐步修改和完善约束，以便反映实际产品的设计过程。
（5）参数化模型的构造。如前所述，产品的参数化模型应当由尺寸信息和拓扑信息组成。根据尺寸约束和拓扑约束的模型构造先后次序，也就是它们之间的依存关系。

2) 参数化建模的应用范围

参数化建模与传统设计方法的最大区别在于：参数化建模通过基于约束的产品描述方法存储了产品的设计过程，因而它能设计出一组而不是一个产品；另外，参数化设计能够使工程设计人员在产品设计初期无须考虑具体细节，从而可以尽快草拟出零件形状和轮廓草图，并可以通过局部修改和变动某些约束参数来完善设计，而不必对产品进行重新设计。因此，参数化设计成为进行产品的初步设计、系列化产品设计、产品模型的编辑与修改及多种方案设计的有效手段。

5.7 同步建模

5.7.1 基本概念与特点

1) 基本概念

同步建模技术在参数化、基于历史记录建模的基础上前进了一大步，同时与先前技术共存。同步建模技术实时检查产品模型当前的几何条件，并且将它们与设计人员添加的参数和几何约束合并在一起，以便评估、构建以及编辑几何模型，无须重复全部历史记录。

同步建模技术是第一个能够借助新的决策推理引擎，同时进行几何图形与规则同步设计建模的解决方案，利用这种技术可以快速地在用户思考创意的时候就将其捕捉下来，使设计速度大大提高，可以在几秒钟内自动完成预先设定好的或未作设定设计变更，不管设计源自何处，也不管是否存在历史树；允许用户重用来自其他 CAD 系统的数据，无须重新建模；而且这种技术提供了一种新的用户互操作体验，它可以简化 CAD，使三维变得与二维一样易用，对于不常使用的用户而言，这些设计工具非常易学易用。

2）同步建模的特点

（1）全新的交互设计环境加快创新速度。

采用同步建模技术的建模软件可将显示建模的速度和灵活与基于历史记录的建模系统的控制能力和参数化设计完美结合。无论是初次用户还是设计专家，都允许直接在几何体上操作，更快、更流畅地创建设计和进行编辑，并且无须扩大当前的设计团队就能以比竞争对手更快的速度进行创新。

（2）快速编辑其他 CAD 数据。

大部分主流的 CAD 系统都可以通过中间交换格式交换数据，最常用的是"*.step"、"*.iges"。同步建模技术也可以处理无特征的导入数据，因此采用同步建模技术的建模系统处理导入数据的效率是其他系统所无法比拟的。导入的模型可以获得与原有系统同等水平的编辑能力。可以对各个面进行复制、移动、旋转和删除。为了实现精确控制，可以使用尺寸驱动。尽管导入的几何体不够"智能"，即没有已存储的关系或特征，但实时规则会自动识别几何体的几何关系（如相切、同心、平行等），以确保编辑的可预测性。可以随意添加过程特征，并运用相同的同步解析技术来管理对任何几何元素的更改。同步建模技术突破了传统系统的障碍，能使用户编辑供应商提供的 CAD 数据的速度比供应商还快。

（3）用 2D 的简单性驾驭 3D 的强大功能。

用户在 2D 中使用的那些熟悉的命令（如伸展、筛选等）也出现在 3D 环境中，可以利用对 2D 系统中各项常见技术的深刻理解进行设计和编辑，如果需要移动一组特征或面，只需要筛选它们，然后拖动到新的位置。

（4）用单个系统管理整个设计过程。

这种新技术建模软件可以确保用户在正确的时间获得正确的数据，这是一套可扩展的解决方案，这些扩展不会导致任何数据丢失，对其中一个产品的完善也会对整套软件中的其他解决方案带来好处，新的统一架构提高了分布式安装、车间查看和版本管理控制的性能。

5.7.2 同步建模软件的结构层次

同步建模软件综合参数化特征建模技术和显示建模技术的优点，并不是简单地将二者相加，而是需要将二者有效合理有机的整合在一起，因此必须重新设计软件的架构。从某种意义上来说，同步建模技术是一个能够在新的决策推理引擎的帮助下，进行几何图形与逻辑规则同步设计的解决方案。这样就排除了原有参数化特征建模固有的架构上的障碍，打破了原来参数化建模中从逻辑到特征，再到图形的模型架构，重新架起 CAD 的底层和应用层的桥梁，这就带来了可能的设计效率的提升。

从模块层次上看，同步建模技术处于应用层（InteModel）和算法层（ACIS 和 LGS 3D）的中间部分，如图 5-34 所示。从模块上来说，它介于几何模型内核和应用程序中创建、编辑命令的操作逻辑，以及其他应用程序的基本几何模型支持

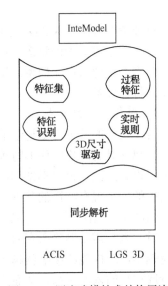

图 5-34 同步建模技术结构层次

服务功能之间。

5.7.3 同步解析引擎

同步解析引擎是同步建模技术的核心，是其突破性技术的基础。这种无与伦比的解析技术实时地解算几何规则（垂直，同心，共面等）特征、三维驱动尺寸和几何体，从而赋予了同步建模系统强大的模型创建和编辑能力。当对模型进行变更时，无论是拖动一个面或者是编辑尺寸，同步解析技术在新的决策推理技术的帮助下，会实时地自动地查找和保持新的几何规则，查找受影响的特征，更改受影响的尺寸，更新受影响的几何体，这样就实现了无约束条件下的受控编辑，达到了几何图形与规则同步设计建模的目的，为设计工作带来了无限可能。

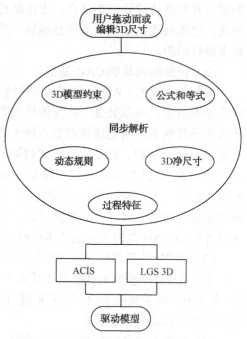

同步解析引擎实时查找产品模型当前几何条件，并且将这些强几何条件与设计人员主动添加的几何约束和尺寸参数综合起来，以便构建新的几何模型，无须重复全部历史记录，其工作过程如图 5-35 所示。借助于同步建模技术实时查找、定位和解析依赖关系的技术手段，我们可以无须重新生成整个模型就可以进行自由地编辑，这样就极大地提升了软件系统的性能和设计的灵活性。

图 5-35 同步解析引擎的工作过程

5.7.4 同步建模中的特征技术

特征造型方法是 CAD 技术的一个重大进步，它使得产品的设计工作在更高的层次上进行，很好地体现了设计者的意图。特征技术涉及特征的定义、分类、表达和组织管理。特征技术对产品模型的构建、产品模型的编辑和 CAD 数据交换有很大的影响，因此同步建模技术必须采用新的特征技术。

1) 特征树变特征集

目前主流的基于历史记录的 CAD 软件系统都有一个用于捕捉设计者构建产品模型的逐步操作，包含具有严格顺序的特征树形结构。该有序树形机构记录了几何模型构建的历史过程，体现了设计意图，该树形结构的每个项目都表示一个模型构建中的特征操作。当设计者在树形结构中的一个现有特征的基础上创建新的特征的时候，特征树便嵌套到更深的层级，这就是两者之间的父/子结构关系，子特征严格地依赖于父特征而存在。当设计人员需要对某一特征进行变更时，系统需要删除所有后续特征命令来重新建立模型，并且目标特征在顺序历史结构中的构建越早，对性能的影响就越大。基于历史记录的建模系统不能确定模型的其他部分是否存在与所选特征的依赖关系，从而必须盲目地遵循历史记录顺序。改变历史记录树形结构的顺序可能导致重大的变化或者导致模型失效。这就要求设计人员知道并且了解嵌入特征的依存顺序，但是也给设计工作增加了不小的负担。在同步建模系统中，特征以一种"扁平化特征集"的方式进行管理，因此特征能进行双向解析，而不会受到创建顺序的影响。这就消除了所有特征间的父/子依赖关系的影响，不用按照特定的顺序编辑特征。例如，尽管添加到设计中的时间较晚，但新添加的孔可以驱动之前创建的面。利用该特征集，设计人员能够快速地选择和操作其模型的零件。在需要设计变更的时候，同步建模技术实时扫描模型，定位依赖关系并且只解算那些必要的依赖关系，以形成正确的解决方案。特征树结构变为特征集是实现同步建模的重要手段，这样就打破了参数化建模中从逻辑到特征，再到图形的模型架构，使三者成为无先后历史次序的并列关系了。特征树变特征集如图5-36所示。

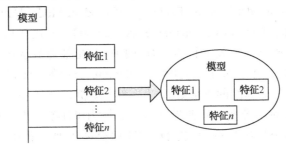

图5-36 特征树变特征集

2）特征识别

为了使工程师能够快速地进行三维实体造型，特征模块提供了拉伸、旋转、倒圆、倒角、切角、抽壳、扫掠和放样等特征类型，将之前创建的草图生成相应的实体。那么如何实现特征的无历史管理呢？我们采取的措施是"瞬时特征"的方法。所谓"瞬时特征"就是指在利用特征创建实体的时候存在特征，创建完成后特征就被销毁了，没有被记录下来，但实体还存在。

特征识别技术可以从实体模型中提取特征及其参数，有自动和手动这两种特征识别的方式。自动特征识别方式可以在没有任何用户干预的情况下识别诸如凸台、凹陷、拔模、孔、倒角、倒圆和阵列等特征；手动交互特征识别方式除了可以识别上述特征类型外，还可以利用用户输入的边或面等几何元素识别出旋转特征。手动交互方式作为自动方式的重要补充，使得用户可以识别出那些不能自动识别的特征。

3）过程特征

产品设计是一个迭代式的过程，可能只需做一次产品建模，但是可能需要在产品的生命周期中对其进行无数次的修改。使用原来的基于历史的参数化特征技术，即便是简单的修改，也需要仔细研究模型结构才能了解如何进行更改。很多修改会付出代价，包括特征失效、结果变得不可预测以及模型重新生成时间过长等。

某些特征，比如孔特征、薄壁和倒角、倒圆等非常适合由创建时的主要参数驱动。但是，在基于历史记录的参数化特征建模系统中，即便是要对这些特征进行细微的修改，都会导致模型的重新生成。就算是一些无关紧要的编辑（如将孔的直径变大）也将重新生成所有的后续特征，即便是这些特征与原始编辑没有关系，同步建模技术通过"过程特征"很好地解决了这个问题。这些独特的特征可以进行基于参数的编辑，而且不会带来重新生成无关几何体的问题。例如，通过编辑孔的设计参数对其进行更改时，可以立即看到结果。通过强大的阵列功能，用户可以方便地让更改立即生效，而不用重新生成整个模型。由于阵列是过程特征，因此可以对阵列的任一实例进行编辑，而不仅限于用来创建阵列的原始特征。

5.7.5 应用同步建模技术的 CAD 数据交换

在开发产业链中涉及各种各样的 CAD 系统和文件格式，这使得产品数据交换和共享已经成为今天制造业面临的一个很大的问题。CAD 的数据交换一般是通过以下三种常用的数据接口来实现的：标准接口、专用接口和行业接口。标准接口是那些已经被某些国际标准化组织或者某些国家的标准化组织采用，具有规范性、开放性和权威性的标准，比如由 ISO 发布的产品模型数据转换标准 STEP（Standard for the Exchange of Product Model Data）和由美国国家标准局主持开发的 IGES（Initial Graphics Exchange Specificaton）。专用接口是为了导入导出某种特定的 CAD 系统的数据模型而开发的接口。行业接口是指被业界认可的通用接口规范，比如 AutoCAD 的 DXF，EDS 公司的 Parasolid 和 Spatial 公司的 ACIS。由于各种 CAD 软件数据的内部架构不同和当前标准的不成熟，以及商业动机、法律和工业状况方面的原因，目前主流的 3D CAD 软件对标准接口和业界接口的支持力度不够，不可避免地存在数据丢失和错误等问题。而采用专用接口来进行 CAD 的数据交换需要得到该 CAD 软件供应商的许可，以了解其内核架构、技术问题和权限问题，这涉及各个 CAD 软件的商业利益，最终是很难调和的。

目前市场上的大部分 CAD 都是采用基于历史记录的参数化特征建模技术，而 CAD 数据交换技术只能交换最终产品模型中的纯几何信息，即"哑"模型。产品开发者在创建过程中的设计意图在转换的过程中全部丢失了。这些至关重要的信息包括：模型构建历史、与模型相关的各种参数、使几何元素或者拓扑元素保持相对关系的各种约束条件以及特征信息等。经过转换过的模型往往是不可编辑的，一旦需要对其编辑，就只有返回到原来的 CAD 系统对其进行修改，然后再重新转换和导入，这将花费大量的时间和精力。而同步建模技术可以从根本上解决这些问题。

首先，同步建模系统软件提供了一个基于几何的选择工具，利用它可以找出一组看起来像筋板、凸台、凹陷等特征的一组面，还可以找出与选定元素具有平行、垂直、共面、相切关系的元素，甚至是具有相同直径的圆柱面等。这些选出的几何元素被保存在用户自定义的特征或者加入到一个特征库里面，以备后续的编辑和重用。特征就像文档里的字符一样可以进行复制、剪切和粘贴，这就使得它可以抓取任何 CAD 软件建模中的特征。由于是直接操作几何体，用户就不会被数据是本地数据还是导入数据的问题所困扰，对导入的数据一样可以方便快捷地执行辅助选择功能。

其次，同步建模技术的一系列的编辑修改功能对导入的数据同样适用，这就解决了导入数据成为"哑"模型不能对其进行编辑的问题。例如，可以利用操作手柄对导入的数据模型的面进行拖动或者转动操作，或者是添加 3D 尺寸驱动。在数据导入的过程中，施加在原来模型上的约束信息全部丢失了，为了确保对导入的模型数据进行可控编辑和修改，实时规则会实时地查找和维护"强"几何条件，如共面、相切、同心、水平、垂直、对称等。

同步建模技术直接操作三维几何模型，借助于其高效的自动智能辅助选择工具，拖动和转动操作，3D 驱动尺寸和实施规则，可以对导入的数据模型进行高效的编辑和修改，实现了真正意义上的 CAD 数据交换和互操作。这样就省去了开发环节中因不能数据交换而需要将数据模型返还到供应商那里进行修改的流程，显著地缩短了开发时间和降低了开发费用。

5.8 行为建模

5.8.1 基本概念与特点

1) 基本概念

产品的性能是指产品的功能和质量两个方面。功能是竞争力的首要要素，是指能够实现所需要的某种行为的能力；质量是指产品能够以最低的成本最大限度地满足用户的社会需求的程度，是指实现其功能的程度和在使用期内功能的保持性。工程分析可以通过计算获得零件、部件等多方面的性能，视觉感受测试则通过布置、色彩、光线、动感追求视觉上的美。CAD 建模技术的发展，在于提供一种环境，使用户方便地创建几何模型；特征建模技术的发展，在于根据产品的形状、工艺、装配等特点归纳为若干几何特征，为产品的构型提供工具。

行为建模特征技术（Behavioral Modeling）是一种全新的概念，它将 CAE 技术和 CAD 建模融为一体，理性地确定产品形状、结构、材料等各种细节。产品设计过程就是寻求如何从行为特征到几何特征、材料特征和工艺特征的映射，它采用工程分析评价方法将参数化技术和特征技术相关联，从而进行驱动设计。行为建模的一般过程如图 5-37 所示。

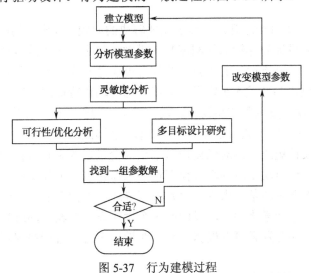

图 5-37 行为建模过程

2) 行为建模技术的特点

行为建模技术的特点有如下几个方面。

（1）在建模技术方面，不仅提供了创建几何模型的环境，更重要的是提供了性能分析、评价、再设计的功能，不是从几何到几何的纯形体设计，而是通过设计分析导出几何模型。

（2）在特征技术方面，不仅保留了构建几何建模的工具，为用户进行参数化、模块化、系列化设计创造条件，而且关联的智能模型使设计者把精力集中在智能化设计上。

（3）在设计意图的表达方面，不仅具备表示设计参数及其关系的形式，同时具有目标驱动式的建模能力，可以用分析评价结果驱动几何参数。

5.8.2 行为建模技术的核心

要为产品开发者提供理想的设计环境，使之能够设计、制造出最理想的产品，CAD 系统的建模必须具备以下条件：

（1）智能模型。提供分析特征的方法，帮助设计者确定设计参数和目标，包括以下几方面：

① 装配连接特征。用以反映各零件的连接关系、运动条件、运动规律。

② 运动范围特征。标志可运动的空间。

③ 辅助特征。如零件的表面要求或属性、材料属性等。

④ 加工特征。如平面加工、孔或孔系加工、槽加工、型腔加工、外圆柱加工等。

⑤ 边界特征。如载荷、约束等。

⑥ 布线系统特征。如缆线、绕线轴等。

从设计角度看，可将影响产品质量的因素分为可控因素和不可控因素。可控因素是指在设计中可以控制的参数，即设计参数，如几何尺寸、间隙等；不可控因素是指在设计中不易控制的参数，如材质、制造精度、工作环境等，一般这类因素具有随机性。因此，在目前的具有行为特征建模技术的 CAD 系统中，采取由产品开发者定义测量方式来确定描述模型的方式，例如，以常规测量方式、构造测量方式、衍生测量方式来描述产品性能。

（2）目标驱动式的设计机制。产品的形状、参数方程要求驱动，并满足工程要求，包括如下方面：

① 技术指标定义。提供产品开发人员定义要解决的问题、要设计的产品或零部件性能指标的环境（例如，定义所设计的主轴部件刚度数学模型，使之与各轴颈直径、长度、安装轴承点的位置等参数相联系；定义所设计的齿轮箱箱体温度表达模型，使之与箱体壁厚、箱体内的热源功率等相联系）；提供产品开发人员定义产品或零部件动作特征的环境（产生相对运动的类型、规律等）；提供产品开发人员按照产品设计阶段分别定义用于分析、评价的指标和方法。

② 产品技术指标评价以及更改设计对技术指标的影响预测。产品性能分析的目的是为更改设计方案提供依据。设计更改包括对优化模型中任何变量、约束和目标的更改，通过将优化数学模型分离为由规划平台自动生成的基本模型程序和原始模型描述文件。基本模型程序只提供变量、约束和目标三大要素的基本内容。原始模型描述文件向产品开发者提供用交互手段任意构筑优化模型的结构体系和量化关系，以此产生个性化设计方案。同时基于行为特征建模技术提供图形建模环境，产品开发者可以根据经验，在设计工程中直接在屏幕上对产品造型进行交互修改。

产品技术指标的确定是行为特征建模技术的关键之一，它往往综合了许多学科的内容，例如，机械结构全寿命评价就涉及随机数学、疲劳力学、断裂力学、工程力学、仿生学、智能工程学、优化设计理论和计算机仿真技术等，从产品的经济性和可维修性要求出发，在预定的使用寿命期限内，在规定的工况载荷和设计的功能行为条件下，将产品因疲劳断裂失效的可能性（失效概率）降至最低程度。

③ 多目标设计的综合。多目标设计是根据近年来广义优化设计方法的概念引申的，这主要表现在：把对象由简单零部件扩展到复杂零部件、整机、系列产品和组合产品的整体优化；把优化的重点由偏重于某种或某一方面性能的优化、处理不同类性能时分先后排序进行的传统方式变为把优化准则扩展到各方面性能，实现技术性、经济性和社会性的综合评估和优化设计（例如，在技术性能方面，寻求目标性能和约束性能、使用性能及结构性能的最佳解；在结构优化

方面,寻求静态性能与动态性能的最优组合);把寻优的过程从产品的设计阶段扩展到包含功能、原理方案和原理参数、结构方案、结构参数、结构形状和公差优化的全设计过程,进而面向制造、销售、使用和用后处置的全寿命周期的各个阶段。

(3)灵活的评估手段。

构成产品竞争力的因素是多方面的,这些因素主要有以下几个方面:功能、质量、价格、交货期、售后服务(维修、升级、培训)、环境(含人、机)相容性、营销活动。可以这么说,行为特征技术是基于产品性能设计的 CAD 系统与基于几何造型的 CAD 系统的分水岭。众所周知,用户对产品的需求是从产品的性能出发的,这是产品开发者的立足点和设计工作完成的标志。产品的行为特征是控制整个设计过程的重要特征,是驱动几何造型的动力。重视产品的性能评价,使企业的 CAD 应用再上新台阶,这不仅是新技术发展的潮流所致,更是企业自身的需求。但是在实际操作中,对某一设计方案的分析计算往往只有一个确定的结论,而设计则可能产生多个解,并需要从中选择一个加以实施。对于产品某个行为上的需求,可以由多个结构、多种形状、多种材料、多种工艺来实现。所以灵活的评估手段必须建立在具有知识获取、组织、传递和运用能力的系统之上,应能很好地表达设计意图和设计思想,并达到规范化。特别是有利于在分布式知识资源中搜索设计方案中的可能解和联想可能解,并利用分布式知识资源对解进行测试和评估。

5.9 SolidWorks 的参数化特征建模技术

5.9.1 SolidWorks 工作界面及特征管理树

在传统的设计中,设计师必须具有较强的三维空间想象能力和二维表达能力。当接到一个新的零件设计任务时,首先要构造出该零件的三维空间形状,然后按照三视图的投影规律用二维图形将零件的三维形状表达出来。为了统一、规范技术图纸,还须做一些硬性的规定,如一些标准件规定画法、视图表达等。这就像正常人必须用哑语交流一样,花费了大量的时间和精力用于图面表达上,从而限制了设计师的创造性思维。

CAD/CAM 软件的开发应用,为产品的设计和制造过程提供了一个强大的手段,极大地促进了制造业的进步。自 20 世纪 90 年代起,国际 CAD 设计领域已逐渐转向三维技术。近年来 CAD 的开发方向都是基于特征的三维参数化设计软件。三维设计软件的出现使得产品的开发、设计工作出现了质的飞跃。国际市场上流行的 CAD 设计软件分为高端、高中端、中端和低端产品。从国内三维 CAD 推广应用的情况看,部分大型重点企业、科研院所选择了主要运行于工作站的高端三维 CAD 软件,主要看重的是其强大而完善的功能;中小型企业大多还正在使用低端的二维 CAD 系统,功能仅限于计算机辅助绘图。许多中小型企业迫切希望采用三维设计软件,在短期内改善产品设计手段,提高产品开发能力,提升产品质量档次。而中端的三维 CAD/CAE/CAM 集成系统正处于飞速发展的阶段,尤其是运行在个人微型计算机上,就能保证必要的三维模型显示速度,是中小型制造企业的首选。

SolidWorks 三维设计软件是世界上第一个基于 Windows 平台的优秀三维设计软件,由于其出色的技术和市场表现,成为 CAD 行业的一颗耀眼的明星。SolidWorks 虽然功能不及高端 CAD 系统强大,但除极个别的领域外,应用在大多数场合已是绰绰有余,完全能够很好地解决大多数企业产品设计工作中的实际问题,极易在企业中得到推广和普及,有望做到技术人员人手一套,使企业中每个人都能感受到三维软件的强大力量。在美国,每 500 家招聘机械工程师的公司中,要求应聘人员必须掌握 SolidWorks 软件技能的公司就占 464 家,包括麻省理工学院(MIT)、斯坦福大学等著名大学已经把 SolidWorks 列为制造专业学生的必修课。国内的一些大学如清华大学、北京航空航天大学、北京理工大学、山东大学、上海多数工科院校都开设了 SolidWorks 课程,相信在未来的几年内,SolidWorks 将会与当年的 AutoCAD 一样,成为 3D 普及型主流软件乃至于 CAD 的行业标准。

1) SolidWorks 功能和特点

SolidWorks 采用了参数化和特征造型技术,能方便地创建任何复杂的实体,快捷地组成装配体,灵活地生成工程图,并可以进行装配体干涉检查、碰撞检查、钣金设计、生成爆炸图;利用 SolidWorks 插件还可以进行管道设计、工程分析、高级渲染、数控加工等。可见,SolidWorks 不只是一个简单的三维建模工具,而是一套高度集成的 CAD/CAE/CAM 一体化软件,是一个产品级的设计和制造系统,为工程师提供了一个功能强大的模拟工作平台。三维 SolidWorks 的功能和特点主要有以下几个方面。

(1) 参数化尺寸驱动。在二维 CAD 绘图过程中,绘制的图形形状决定了图形的尺寸,即图形控制尺寸。当尺寸需要变动时,必须返回去对图形进行修改,往往要将所有已画好的图形按照原来的绘图过程从头来画,严重影响了新产品的开发速度。SolidWorks 采用的是参数化尺寸驱动建模技术,即尺寸控制图形。当改变尺寸时,相应的模型、装配体、工程图的形状和尺寸将随之变化而变化,非常有利于新产品在设计阶段的反复修改。

(2) 三维实体造型。SolidWorks 进行设计工作时直接从三维空间开始,设计师可以马上知道自己的操作会导致的零件形状。由于大量烦琐的投影工作由计算机来完成,设计师可以专注于零件的功能和结构,工作过程轻松了许多,也增加了工作中的趣味性。实体造型模型中包含精确的几何、质量等特性信息,可以方便准确地计算零件或装配体的体积和重量,轻松地进行零件模型之间的干涉检查。

(3) 三个基本模块联动。SolidWorks 具有三个功能强大的基本模块,即零件模块、装配体模块和工程图模块,分别用于完成零件设计、装配体设计和工程图设计。虽然这三个模块处于不同的工作环境中,但依然保持了二维与三维几何数据的全相关性。在任意一个模块中对设计所做的任何修改,都会自动地反映到其他模块中,从而避免了对各模块的分别修改,大大提高了设计效率。

(4) 特征管理器(设计树)

设计师完成的二维 CAD 图纸,表现不出线条绘制的顺序,文字标注的先后,不能反映设计师的操作过程。与之不同的是,SolidWorks 采用了特征管理器(设计树)技术,可以详细地记录零件、装配体和工程图环境下的每一个操作步骤,非常有利于设计师在设计过程中的修改与编辑。

(5) 支持国标(GB)的智能化标准件库 Toolbox。Toolbox 是同三维软件 SolidWorks 完全集成的三维标准零件库。SolidWorks 中的 Toolbox 支持中国国家标准(GB),如角钢、槽钢、紧固件、连接件、密封件、轴承等。在 Toolbox 中,还有符合国际标准(ISO)的三维零件库,充分利用了 SolidWorks 的智能零件技术而开发的三维标准零件库,与 SolidWorks 的智能装配技术相配合,可以快捷地进行大量标准件的装配工作。

(6) 源于黄金伙伴的高效插件。SolidWorks 为用户提供了高效而又具有特色的 COSMOS 系列插件:有限元分析软件 COSMOSWorks、运动与动力学动态仿真软件 COSMOSMotion、流体分析软件 COSMOSFloWorks、动画模拟软件 MotionManager、高级渲染软件 PhotoWorks、数控加工控制软件 CAMWorks 等，让设计师在不脱离 SolidWorks 的环境下就可以进行三维设计、工程分析、数控加工、产品数据管理等与产品整个生命周期有关的活动，满足用户在整个产品设计和制造过程中的需求。

（7）eDrawings——网上设计交流工具。SolidWorks 免费为用户提供 eDrawings，专门用于设计师在网上进行交流，当然也可以用于设计师与客户、业务员、主管领导之间进行沟通，共享设计信息。eDrawings 可以使所传输的文件尽可能地小，极大地提高了在网上的传输速度。

（8）API 开发工具接口

SolidWorks 为用户提供了自由、开放、功能完整的 API 开发工具接口，用户可以选择 Visual C++、Visual Basic、VBA 等开发程序进行二次开发。通过数据转换接口，可以很容易地将目前市场几乎所有的机械 CAD 软件集成到现在的设计环境中来。支持的数据标准有：IGES、STEP、SAT、STL、DWG、DXF、VDAFS、VRML、Parasolid 等，可直接与 Pro/E、UG 等软件的文件交换数据。

2）SolidWorks 工作界面

安装完成后，桌面上会自动出现 SolidWorks 的图标。双击该图标，启动 SolidWorks，经过欢迎界面，进入 SolidWorks 的初始界面。单击【新建】按钮，可以新建一个 SolidWorks 文件，或者单击【打开】按钮，可以打开一个已有的文件。

与 Windows 风格类似，SolidWorks 工作界面由菜单栏、标准工具栏、常用工具栏、前导视图工具栏、显示窗格、任务窗格、图形区（绘图区）、状态栏等组成，如图 5-38 所示。在操作的过程中还会及时弹出关联工具栏和快捷菜单。在一定的状态按下快捷键也可显示关联工具栏。

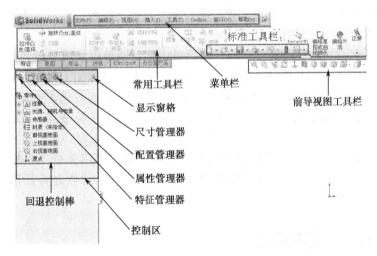

图 5-38　SolidWorks 工作界面

常用工具栏又称 CommandManager 工具栏。常用的有【草图】、【特征】、【钣金】、【装配体】工具栏等，在不同的工作环境中显示不同的种类。还可由用户自己定义，只要将光标置于某一常用工具栏名称上右击鼠标，在弹出的快捷菜单中选择相应的工具栏即可，将光标置于常用工具栏上拨动鼠标，还可以在显示的各常用工具栏之间切换。在菜单栏、常用工具栏和自定义工具栏中选中命令执行的结果是完全一样的，用户可按照自己的习惯进行操作。

3）SolidWorks 特征管理树

Featuremanager（特征管理器）设计树是 SolidWorks 中一个独特的部分，它可显示出零件或装配体中的所有特征。当一个特征创建好后，就加入到 Featuremanager 设计树中，因此 Featuremanager 设计树代表建模操作的时间序列，通过 Featuremanager 设计树，可以编辑特征。

许多 SolidWorks 命令是通过 PropertyManager 执行的，它的色彩搭配和外观可以通过下拉菜单中的工具、选项、颜色对话框进行修改。在 PropertyManager（属性管理器）的顶部排列有确认、取消和帮助按钮。在顶部按钮的下面是一些对话框，可以根据需要将它们打开（展开）或关闭（折叠）。

使用二维 CAD 进行设计时，所绘制的线条不分先后次序，没有设计树的概念。而在三维 CAD 设计时，用户所做的任何操作都记录在设计树中。因此，特征管理器设计树的操作是应用 SolidWorks 的重点，对初学者来说也是难点，需要在工作中不断地总结，进而熟练掌握。通过特征管理器设计树的操作可以实现如下功能。

（1）选择特征。特征管理树按照时间次序记录各种特征的建模过程，设计树中每个节点代表一个特征，单击该节点前的⊞，特征节点就会展开，显示特征构建的要素。在设计树中单击特征节点，图形区中与该节点对应的特征就会高亮显示。同样，在工作区中选择某一特征，特征树中对应的节点也会高亮显示。因此，在设计树中选择特征名称与在工作区模型上选择对应的特征是同步联动的关系。当处理复杂零件时，利用设计树可以方便地选择欲操作的特征对象。在选择时若按住 Ctrl 键，可以逐一选择多个特征；当选择两个间隔的特征时，可按住 Shift 键，其间的特征都将被选取。

（2）改变特征的生成顺序。通过拖曳设计树中特征节点名称，从而改变特征的构建次序。由于模型特征构建次序与模型的几何拓扑结构密切相关，因此改变特征的生成顺序直接影响到最终零件的几何形状。建议初学者不要轻易改变特征的生成顺序。

（3）显示特征的尺寸。当双击设计树中的特征节点或者特征节点目录下的草图时，图形区中相应的特征或者草图的尺寸就会显示出来。

（4）更改特征名称。选中该特征节点，再次单击它，就可以编辑节点名称。SolidWorks 会自动为建立的特征赋予名称，但这些名称一般采用特征类型名称加上建立序号的方式，如"拉伸 1"、"拉伸 2"、"切除—拉伸 1"、"切除—拉伸 2"等，不能直观地表达特征的形状和功能，尤其当零件中的特征数目庞大的情况下，特征的名称就会显得十分杂乱，此时可为特征取一个有实际意义的名称。

（5）压缩、隐藏特征。单击或右击特征节点名称，系统弹出关联工具栏和快捷菜单，在其中选择【压缩】命令按钮 或【隐藏】命令按钮 ，可以对特征进行压缩、隐藏等操作。

5.9.2　SolidWorks 实体建模

SolidWorks 三维实体建模的方法有多种形式，常用的有拉伸法、旋转法、扫描法、放样法、增加厚度法等，下面对各种方法做介绍。

（1）拉伸法。

"拉伸"是形成三维实体最基本最简单的方式之一。首先绘制出零件的截面草图，其次用基体拉伸功能，定义实体的拉伸深度值，即可形成实体零件。

绘制如图 5-39 所示的零件图，具体步骤：选择上视面作为基准面→绘制草图→设置拉伸参数→实体形成。

（2）旋转法。

"旋转"是使草图以一个中心轴为中心，回转指定的角度，得到实体。

用旋转法生成如图 5-40 所示的零件步骤：选择前视面作为基准面→单击绘制草图工具→绘制一条过原点的垂直中心线→以中心线为旋转轴画旋转草图→设置旋转凸台/基体参数→实体形成。

（3）扫描法。

"扫描"是用一个截面草图沿着一条轨迹草图生成一个实体零件。

用扫描法生成如图 5-41 所示零件的步骤：选择前视面为基准面→单击绘制草图工具→在前视面绘制扫描轨迹→在与轨迹草图垂直的基准面绘圆形截面→设置基体-扫描参数→实体形成。

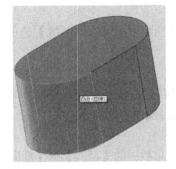  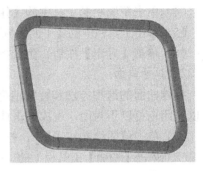

图 5-39　拉伸法　　　　　图 5-40　旋转法　　　　　图 5-41　扫描法

（4）放样法。

"放样"是利用多个不在一个平面内的不同的截面形成一个实体零件。

生成如图 5-42 所示零件的步骤如下：选择前视面作为第一个基准面→设置基准面参数→在不同基准面绘制草图→设置放样凸台/基体参数→实体形成。

（5）增加厚度。

"增加厚度"是给曲面增加一定的厚度值。当拉伸物体为曲面时，可以用该功能加厚这个曲面。先用各种方法绘制曲面，然后给曲面增加厚度。

用增加厚度的方法建立如图 5-43 的图形，具体步骤：选择前视面作为基准面绘制矩形→插入拉伸曲面→设置基体—加厚参数→实体形成。

图 5-42　放样形成的物体　　　　　图 5-43　用增加厚度法创建实体

5.9.3 SolidWorks 曲面建模

1．曲面建模

1）平面区域

"平面区域"是以一个封闭的平面曲线生成一个平面。如生成一个矩形平面，平面的长度是 100mm，宽度是 80mm。绘制过程如下：

（1）单击工具栏中的【新建】按钮，或单击【文件】→【新建】选项，弹出新建文件对话框。

（2）单击新建文件对话框中的【零件】图标，单击【确定】按钮，弹出零件文件窗口。

（3）单击左窗格中的【前视】，单击【草图绘制】按钮。

（4）单击草图绘制工具中的【矩形】按钮。

（5）单击工具栏中的【平面区域】按钮，或选择【插入】→【曲面】→【平面区域】选项。

（6）单击【确定】按钮，生成如图 5-44 所示的平面。

2）拉伸曲面

拉伸曲面的造型方法和特征造型中的对应方法相似，不同点在于曲线拉伸操作的草图对象可以封闭也可以不封闭，生成的是曲面而不是实体。要拉伸曲面，操作步骤如下：

（1）单击草图绘制按钮 ，打开一个草图并绘制曲面轮廓。

（2）单击【曲面】工具栏上的 （拉伸曲面）按钮，或选择菜单栏中的【插入】→【曲面】/【拉伸曲面】命令。

（3）在【方向1】栏中的终止条件下拉列表框选择拉伸终止条件。

（4）在图形区域中检查预览。单击反向按钮 ，可以向另一个方向拉伸。

（5）在 微调框中设置拉伸的深度。

（6）如果有必要，可以选择【方向2】复选框，将拉伸应用到第二个方向，方向2的设置方法同方向1。

（7）单击【确定】按钮，完成拉伸曲面的生成，如图 5-45 所示。

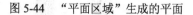

图 5-44　"平面区域"生成的平面

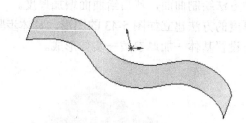

图 5-45　拉伸曲面

3）旋转曲面

从交叉或者非交叉的草图中选择不同的草图并用所选轮廓生成旋转曲面，即为旋转曲面。生成旋转曲面如图 5-46 所示，具体过程如下。

（1）命令启动。单击【曲面】工具栏中的【旋转曲面】按钮，或选择【插入】→【曲面】→【旋转曲面】菜单命令。

（2）设置【曲面—旋转】属性。

4）扫描曲面

利用轮廓和路径生成的曲面称为扫描曲面。生成扫描曲面如图 5-47 所示，过程如下。

（1）命令启动。单击【曲面】工具栏中的【扫描曲面】按钮，或选择【插入】→【曲面】→【扫描曲面】菜单命令。

（2）设置【曲面—扫描】属性。

5）放样曲面

通过曲线之间的平滑过渡生成的曲面称为放样曲面。生成放样曲面过程如下。

（1）命令启动。单击【曲面】工具栏中的【放样曲面】按钮，或选择【插入】→【曲面】→【放样曲面】菜单命令。

（2）设置【曲面—放样】属性。

放样曲面如图 5-48 所示。

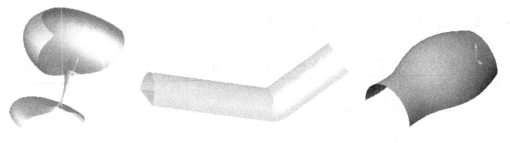

图 5-46　旋转曲面　　　　图 5-47　扫描曲面　　　　图 5-48　放样曲面

6）等距曲面

将已经存在的曲面以指定距离生成的另一个曲面被称为等距曲面。生成等距曲面过程如下。

（1）命令启动。单击【曲面】工具栏中的【等距曲面】按钮或选择【插入】→【曲面】→【等距曲面】菜单命令。

（2）设置【等距曲面】属性。选择【要等距的曲面或面】选项，在图形区域中选择要等距的曲面或者平面；在【等距距离】中输入等距离数值；在【反转等距方向】中改变等距的方向。形成的等距曲面如图 5-49 所示。

7）延展曲面

通过沿所选平面方向延展实体或者曲面的边线而生成的曲面被称为延展曲面。生成延展曲面过程如下。

（1）命令启动。选择【插入】→【曲面】→【延展曲面】菜单命令。

（2）设置【延展曲面】属性。延展后的曲面如图 5-50 所示。

图 5-49　形成的等距曲面　　　　图 5-50　延展后的曲面

2. 编辑曲面

1）圆角曲面

在 SolidWorks 中，既可以生成曲面，也可以对生成的曲面进行编辑。编辑曲面的命令可以通过菜单命令进行选择，也可以通过工具栏进行调用。使用圆角将曲面实体中以一定角度相交的两个相邻面之间的边线进行平滑过渡，生成的圆角被称为圆角曲面。生成圆角曲面过程如下。

（1）命令启动。单击【曲面】工具栏中的【圆角】按钮或选择【插入】→【曲面】→【圆角】菜单命令。

（2）【圆角】属性设置。圆角曲面命令与圆角特征命令基本相同，在此不做详述。生成的圆角曲面如图 5-51 所示。

2）填充曲面

在现有模型边线、草图或者曲线定义的边界内生成带任何边数的曲面修补，被称为填充曲面。生成填充曲面过程如下。

（1）命令启动。单击【曲面】工具栏中的【填充曲面】按钮或选择【插入】→【曲面】→【填充】菜单命令。

（2）进行【填充曲面】属性设置。

3）延伸曲面

将现有曲面的边缘沿着切线方向进行延伸所形成的曲面被称为延伸曲面。生成延伸曲面过程如下所示：

（1）命令启动。单击【曲面】工具栏中的【延伸曲面】按钮或选择【插入】→【曲面】→【延伸曲面】菜单命令。

（2）进行【延伸曲面】属性设置。

延伸后的曲面如图 5-52 所示。

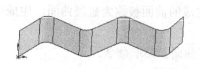

图 5-51　圆角曲面　　　　　　图 5-52　延伸后的曲面

4）剪裁曲面

可以使用曲面、基准面或者草图作为剪裁工具剪裁相交曲面，也可以将曲面和其他曲面配合使用，相互作为剪裁工具。剪裁曲面生成过程如下：

（1）命令启动。单击【曲面】工具栏中的【剪裁曲面】按钮，或选择【插入】→【曲面】→【剪裁曲面】菜单命令。

（2）进行【剪裁曲面】属性设置。

曲面剪裁前后如图 5-53 与 5-54 所示。

图 5-53 要剪裁的曲面　　　　　　　　图 5-54 剪裁后的曲面

5）删除面

删除面是将存在的面删除并进行编辑。操作过程如下。

（1）命令启动。单击【曲面】工具栏中的 ⊗ 【删除面】按钮，或选择【插入】→【面】→【删除】菜单命令。

（2）进行【删除面】的属性设置。

5.9.4 SolidWorks 的参数化特征建模实例

以凸轮零件为例，详细介绍建模 SolidWorks 参数化特征造型过程。凸轮零件如图 5-55 所示。沟槽凸轮内外轮廓及 ϕ20mm 和 ϕ12mm 的孔的表面粗糙度要求为 $Ra3.2\mu m$，其余为 $Ra6.3\mu m$，全部倒角为 1.5mm×1.5mm，材料为 40Cr。

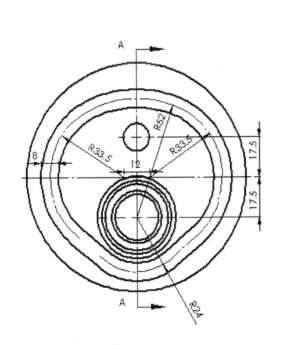 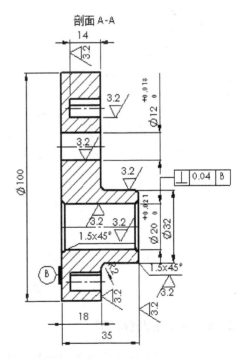

图 5-55 凸轮零件图

本例用三维设计平台 SolidWorks 对凸轮进行建模，该平台能够基于特征建模，并能进行参数化修改。因此建模前首先要对凸轮的零件图进行特征分析，根据图纸可知，此凸轮包含一个

φ100mm 的底圆特征，φ32mm 的凸台特征，一个凸轮槽特征和两个孔特征。其建模顺序为φ100mm 底圆→φ32mm 的凸台→打孔→切凸轮槽。

1．建立底圆实体模型

（1）打开 SolidWorks2010 软件，单击文件新建 按钮，选择零件 ，单击确定 按钮，打开画图界面。

（2）选择上视基准面 上视基准面 ，单击右键选择草图绘制 命令。

（3）单击直线 命令，选择中心线 中心线 命令，绘制两条中心线，使其经过原点 ，并保证相互垂直，如图 5-56 所示。

（4）选择圆 命令，画一个 φ100mm 的圆，使其圆心与原点重合，单击智能尺寸 命令，标注圆的尺寸，单击确定 按钮，选择退出草图按钮 ，草图 1 如图 5-57 所示。

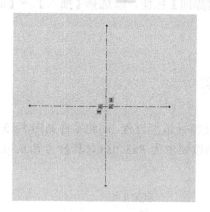
图 5-56 绘制中心线

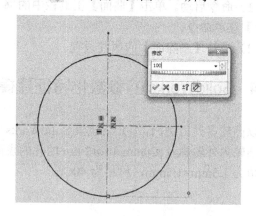
图 5-57 绘制圆形

（5）单击特征的拉伸凸台 命令，选择给定深度，输入底圆高度 18mm，其三维圆柱实体如图 5-58 所示。

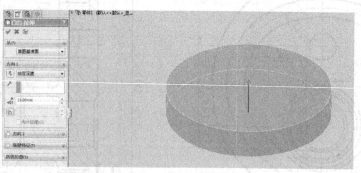
图 5-58 底圆实体模型

2．建立φ32 的凸台模型

（1）选择圆柱上表面作为新的草图绘制平面，如图 5-59 所示，选择视图定向 命令下拉按钮正视于 命令，使绘制平面正对设计者，选择草图绘制 命令进行草图绘制。

（2）绘制中心线，使中心线经过原点，绘制一个 φ32mm 的圆，使其圆心在中心线上，通过智能尺寸按钮标注圆的定位尺寸，如图 5-60 所示。

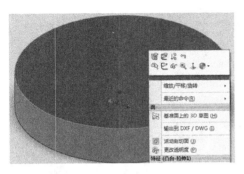

图 5-59 选择凸台草图绘制平面

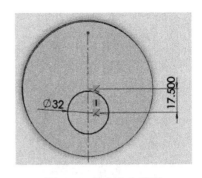

图 5-60 绘制凸台外圆

（3）单击特征的拉伸凸台 命令，选择给定深度，输入凸台高度为 17mm，其三维圆柱实体如图 5-61 所示。

3．孔

（1）选择凸台上表面作为新的草图绘制平面，如图 5-62 所示，选择视图定向 命令下拉按钮正视于 命令，使绘制平面正对设计者，选择草图绘制 命令进行草图绘制。

（2）选择 中心线 命令绘制中心线，中心线竖直并与原点重合。选择 命令，在中心线上任意绘制两圆，选择添加

图 5-61 凸台三维实体

智能尺寸命令，分别标注直径为 $\phi 20mm$，$\phi 12mm$，标注小圆圆心到原点的距离为 17.5mm。选择添加几何关系 命令，选择 $\phi 20mm$ 与 $\phi 32mm$ 的两圆，添加 同心(N) ，两孔的草图如图 5-63 所示。

图 5-62 选择孔的草图绘制平面图

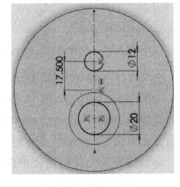

图 5-63 绘制两孔

（3）单击退出草图命令按钮，选择特征的拉伸切除 命令，切除方向默认，孔深选择完全贯穿，如图 5-64 所示。

（4）选择 倒角 命令，设置倒角方式为角度距离，距离输入值 1.5，角度设置为 45°，选择要倒角的边，单击确定 按钮，生成倒角，如图 5-65 所示。

4．凸轮槽的实体建模

（1）选择大圆柱上表面为草图平面，选择草图绘制 命令，选择 中心线 命令绘制两条互相垂直的中心线，选择 圆心/起/终点画弧 命令，选择圆心—起点/终点方式，捕捉 $\phi 20mm$ 的圆孔中心，分别绘制 $R24mm$、$R52mm$ 圆弧以及 $R35.5mm$ 的两段圆弧，使它们的圆心在中心线上，选

图 5-64 两孔特征建模

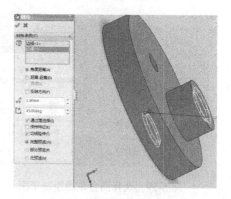
图 5-65 建立倒角特征

择 命令标注好两圆弧的位置,如图 5-66 所示。

(2)选择 下拉按钮的 延伸实体 命令,选择要延伸的圆弧,使几段圆弧相交,如图 5-67 所示。

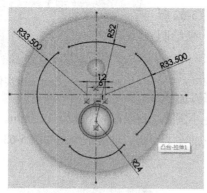
图 5-66 凸轮槽的四段圆弧

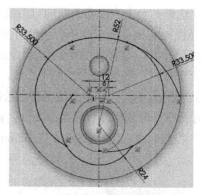
图 5-67 圆弧延伸相交

(3)选择 下拉按钮的 剪裁实体 命令,单击 剪裁到最近端 按钮,剪掉多余的圆弧段,单击 按钮,得到封闭的轮廓如图 5-68 所示。

(4)选择 直线 命令,画两条直线,选择 下拉工具条中的 添加几何关系 命令,选择直线与圆弧,单击 相切(A) 命令使它们相切,如图 5-69 所示。选择 剪裁实体 命令,剪掉多余的线段,得到完整的凸轮槽封闭曲线。

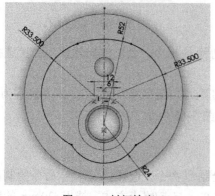
图 5-68 封闭轮廓

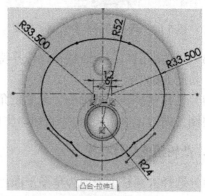
图 5-69 完整的凸轮槽封闭曲线

（5）选择 等距工具 命令，输入值 4，选择圆弧，勾选 ☑选择链(S)，同样选择 等距工具 命令，输入值 4，选择圆弧，勾选 ☑选择链(S) 和 ☑反向(R)，单击 ✔ 按钮，如图 5-70 所示。

（6）选择中间圆弧段，按 Ctrl 键依次选中，勾选选项中的 ☑作为构造线(C)，单击 ✔ 按钮。

（7）退出草图绘制，单击特征按钮，选择拉伸切除命令，输入切槽深度值 14mm，生成凸轮槽实体如图 5-71 所示。

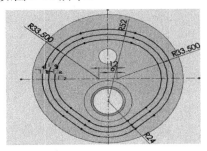

图 5-70　等距生成凸轮槽内外轮廓

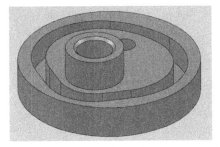

图 5-71　凸轮槽实体建模

（8）选择 倒角 命令，选中 ●角度距离(A)，输入距离值 1.5mm，角度 45°，选择凸台的外圆边线，生成倒角。选择倒圆命令，选中 ●等半径(C) 命令，输入半径值 2mm，选择要凸台与大圆柱的相贯线，生成圆角。至此，凸轮的整个全部建模完成，最终三维实体模型如图 5-72 所示。

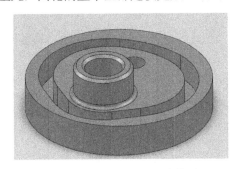

图 5-72　凸轮的三维实体模型

习题与思考题

1．举例说明 CAD/CAM 中建模的概念及其过程。
2．什么是几何建模技术？几何建模技术为什么必须同时给出几何信息和拓扑信息？
3．试分析线框建模、表面建模和实体建模的基本原理、特点及其应用范围。
4．实体建模的方法有哪些？
5．实体建模中是如何表示实体的？
6．什么是体素？体素的交、并、差运算是什么含义？
7．简述边界表示法的基本原理和建模过程。
8．简述 CSG 表示法的基本原理和建模过程。
9．分析比较 B-Rep 与 CSG 的特点。
10．在产品设计中，除了应考虑几何信息和拓扑信息外，还有哪些信息需要描述？

11. 试述特征建模的定义、方法及特点。特征建模中有哪些形状特征？
12. 简述特征建模系统的构成与功能。
13. 建立特征库时应使其具有哪些基本功能？
14. 什么是参数化设计？
15. 什么是行为建模技术？什么是同步建模技术？

第 6 章　CAD/CAM 装配建模技术

> **教学提示与要求**
>
> 产品的设计过程是一个复杂的创造性活动,产品设计不仅要求设计零件的几何形状和结构,而且还要求设计零件之间的相互连接和装配关系。因此,新一代的 CAD/CAM 系统要求必须具备装配层次上的产品建模功能,即装配建模。装配建模和装配模型的研究是 CAD/CAM 建模技术发展的趋势。本章从装配建模的基本概念出发,介绍了装配模型、装配建模中的约束技术以及装配建模的两种方法。通过本章学习,使学生掌握 CAD/CAM 系统中装配建模的基本原理,初步掌握装配建模的基本方法和过程。

6.1　装配建模概述

前面介绍的线框建模、曲面建模、实体建模和特征建模等造型技术,它们实质上是面向零件的建模技术,这些几何建模得到的信息模型中并没有包含产品完整结构的信息。任何一个产品的功能都不是由哪一个零件独立实现的,而是通过众多零部件间的相对运动、相互制约来实现的,即产品的功能是由装配体实现的。装配是将多个机械零件按技术要求连接或固定起来,以保持正确的相对位置和相互关系,成为具有特定功能和一定性能指标的产品或机构装置。

产品装配问题一般可以分解成四个子问题,即产品设计、装配设计(装配建模)、装配分析、装配规划,如图 6-1 所示。产品设计实现产品功能到结构的映射,装配设计的目的是确定零部件的连接关系,装配分析是对产品可装配性进行定量和定性评价,装配规划的目的是生成装配工艺规程以指导装配。根据装配分析结果,可以进行产品结构设计修改,实现装配性产品的结构优化。前三个问题属于产品设计分析问题,而装配规划属于工艺设计问题。

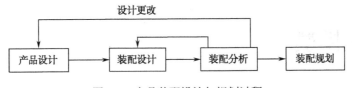

图 6-1　产品装配设计与规划过程

由图 6-1 可知,装配建模既是产品设计内容,又是工艺设计内容,装配建模的主要工作就是建立产品装配结构信息模型——装配模型。装配模型是产品模型的重要组成部分。完善的装配模型应该是一个支持产品设计(从概念设计、初步设计到详细设计)、制造(包括装配过程规划、装配线平衡等)、维护(零部件更换等)和回收(产品拆卸)等过程中与装配有关的所有活动,并能在产品全生命周期内完整、准确地传递不同零部件装配设计参数、装配层次和装配信息的产品模型,是产品全生命周期数据管理的核心。装配建模的目的是正确有效地表达装配体外在和内在的关系,主要考虑两个问题:①装配模型必须囊括哪些有关信息;②如何恰当地组织所有信息,以支持装配规划。显然,装配模型包含的信息越完备,装配规划的效率就越高,而建模的难度也就相应越大。

下面先介绍装配建模技术的几个术语。

(1) 部件(见图 6-2a)。

一个部件可以包含一个零件或一个子装配体,甚至可以什么都不包含,也就是空部件。组成装配的单元为部件,一个装配是由一系列部件按照一定的约束关系组合在一起的。

(2) 子装配体(见图 6-2b)。

当某一装配体是另一个装配体的部件时,称它为子装配体。即子装配体用于更高一层的装配造型中作为一个部件被装配。以多层嵌套子装配体,以反映设计的层次关系。

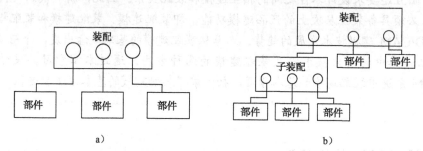

图 6-2 部件、子装配体和装配之间的关系

(3) 基部件。

基部件是放到装配中的第一个部件,它和部件造型中的基特征非常相似。基部件不能被删除或禁止,不能被阵列,也不能变成附加部件。

(4) 主模型。

装配过程的实质是建立部件之间的连接关系。这种连接关系是通过关联条件在零部件之间建立的,用于确定零部件在产品中的位置和自由度,形成各种机构。在装配过程时,零部件几何体在装配模型中被引用,而不是复制一个新的几何体到装配模型中。因此,无论在何处编辑和如何编辑零部件,在装配中各部件始终保持关联性。如果某部件做了修改,则引用它的装配模型也会自动更新,其工程图样、数控编程、工程分析也会更新,即装配、工程图样、数控编程、工程分析等都需共同引用部件模型,这个模型称为主模型。对于 CAD/CAM 集成系统,主模型的数据结构保证了产品设计信息一致性,避免了由于过多的产品数据冗余而造成的设计信息矛盾与冲突。

6.2 装配模型

6.2.1 装配模型分类

装配模型根据不同的角度,包含的信息不尽相同,存在多种装配模型。本书将装配模型分为产品功能装配模型、产品结构装配模型和产品工艺装配模型三种。

(1) 产品功能装配模型。

产品设计过程是产品信息从抽象到具体,逐步细化、反复迭代的过程,它从需求分析开始,经过功能定义、原理求解、结构设计和详细设计,最终得到满足客户需求的产品定义。在这一过程中，首先要保证产品的功能，产品功能必须贯穿设计过程的始终，任何阶段、任何部分的设计活动都应该围绕这个主题进行。因此，产品设计过程是一个基于功能的设计过程，或者称为由功能驱动的设计过程。而产品的总功能是通过零部件组装后形成的装配体来实现的，从这种意义上说，产品的设计过程实质上就是装配体的设计过程。通过设计者对原方案草图的分析和理解，产品的功能信息传递并贯彻到产品的装配结构和后续的详细设计中，形成了产品装配结构模型基于功能的渐进细化和逐步充实的过程。

对于复杂产品，在确定了系统总功能后，不可能立即找到单一的实体结构满足用户的功能要求，需要对总功能进行分层递阶分解，形成具有一定层次的功能模型。通常，功能层次模型中有总功能、子功能和功能元三个层次，处于最底层的不可再分的子功能一般称为功能元。子功能的分解一般以能否求得技术原理解作为分解依据，如果一个子功能的实现可以找到确定的物理作用原理和相应的物理结构，那么，这个子功能就可以作为功能元，否则就需要继续分解。从功能角度对产品的分解形成了具有明显层次关系的产品功能视图，而产品功能需要通过物理结构实现，因此必须通过实现功能到结构的映射来得到功能装配模型。

所谓产品功能装配模型是指以产品功能视图为基础，从具体功能的角度来考虑实现功能元的载体，并对功能载体进行适当的组合、调整后形成的具有层次关系的产品物理视图，该视图不是唯一的。产品功能装配模型描述的是功能载体及其相互关系。功能载体之间的关系用功能结构表示。

产品物理视图中的功能载体通常称为原理构件或功能构件。作为一个功能载体，它一方面承载了产品的功能信息，另一方面又可以看成是零部件几何形状的抽象，同时还包含产品的几何信息，将功能属性、工作原理属性和几何结构属性融为一体，形成产品构成中零部件在概念设计阶段的初始形态。然而，功能层次结构并不能表达产品零部件间的装配关系，无法得知如何由输入产生输出的产品功能实现过程。为了得到从装配角度实现的整个产品原理结构，原理构件之间需要进行相互连接或装配。连接是产品构成中广泛存在的事实，是原理构件实现其功能的必要条件。

总之，产品功能装配模型表达的是一种完成产品功能的物理结构，在设计前期阶段产生的面向功能的设计信息描述了产品功能的递归分解，体现了产品功能的实现途径。

（2）产品结构装配模型。

产品功能装配模型是抽象层次上的产品装配模型。功能的实现依赖于功能载体（原理构件）的具现物——零部件相互之间建立正确的物理关系，包括空间位置关系、相互运动关系等。产品结构装配模型主要描述零部件之间的物理意义上的相互关系，是与产品功能装配模型相对应的产品结构分解结果，体现子结构/子装配体、零件和特征组成的产品物理结构，通常也称为装配体模型。

在设计阶段，设计人员根据功能要求和经验进行零部件组合得到的产品子结构称为部件。在装配规划阶段，为提高装配效率，工艺人员对零部件进行组合后作为一个装配整体得到的产品子结构称为子装配体。由设计结构形成的层次模型通常表现为 CAD 系统中装配模型的树结构，而由装配结构组成的层次模型一般是装配工艺规划中的装配物料清单（BOM）。显然，设计阶段是从功能角度而非装配角度来考虑子结构的，装配子结构要求将该结构所属零件在装配后作为一个整体对待，不能再被拆分，因此，设计子结构不一定是合法的装配子结构。例如，减速器起防尘保护功能的箱体（上箱盖、下箱盖及连接螺栓等）、曲柄传动机构的曲柄组件等是设计子结构，但不是可行的子装配体。

产品结构装配模型是研究最为成熟的装配模型，现有的商用 CAD 系统均能提供该类型的装配建模功能。

（3）产品工艺装配模型。

产品装配建模的最终目的是为装配规划提供装配体及零部件的相关信息。装配信息的完整准确表达是装配规划顺利实施的先决条件，它主要对组成产品的装配拓扑关系、零部件几何形状、物理信息、相互之间的接触关系和装配工艺等信息进行描述。

产品工艺装配模型是面向产品装配规划的装配模型，可以通过为产品结构装配模型添加装配操作工艺信息而得到，能够直接或者间接地用于推导或生成产品装配序列或装配过程。这就要求产品工艺装配模型必须直接包含或隐含与产品装配工艺相关的信息，例如零部件装配优先关系、干涉关系、装配操作、装配资源等，不仅要描述最终装配设计结果的数据信息，还应包括产品装配设计过程中产生的各类非几何设计信息和相关的工艺信息，支持装配规划决策。

6.2.2　装配模型的结构

产品中零部件的装配设计往往是通过相互之间的装配关系表现出来的，因此装配模型的结构应能有效地描述产品零部件之间的装配关系。主要的装配关系有以下几种。

（1）层次关系。

机械产品是由具有层次关系的零部件组成的系统，表现在装配次序上，就是先由零件组装成装配体（部件），再参与整机的装配。产品零部件之间的层次关系可以表示成如图 6-3 所示的树结构。在图中，边表示父节点与子节点之间的所属关系，节点表示装配件的具体描述。

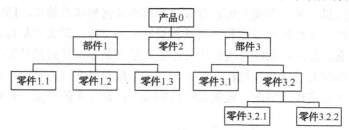

图 6-3　产品结构的装配层次关系

（2）装配关系。

装配关系是零件之间的相对位置和配合关系的描述，它反映零件之间的相互约束关系。装配关系的描述是建立产品装配模型的基础和关键。根据机械产品的特点，可以将产品的装配关系分为 3 类：几何关系、连接关系和运动关系，如图 6-4 所示。

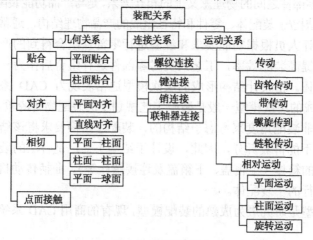

图 6-4　装配关系

几何关系是几何元素（点、线、面）之间的相互位置和约束关系。几何关系分为 4 类：贴合、对齐、相切和接触。连接关系是描述零部件之间的位置和约束的关系，主要包括螺纹连接、键连接、销连接、联轴器连接、焊接、黏接和铆接等。运动关系是描述零件之间相对运动的一种关系，分为传动关系和相对运动关系。

(3) 参数约束关系。

在设计过程中，其中一类参数是由上层传递下来的，本层设计部门无权直接修改，将这类参数称之为继承参数。另一类参数既可以是从继承参数中导出的，也可以是根据当前的设计需要确定的，将这类参数统称为生成参数。当继承参数有所改变时，相关的生成参数也要随之调整。产品的装配信息模型中需要记录参数之间的这种约束关系和参数的确定依据。根据这些信息，当参数变化时，其传播过程能够显示给出或由特定的推理机制完成。

6.2.3　装配模型的管理

复杂机电产品可以看作由多个零部件组成，每个部件根据复杂程度的不同，可以继续划分为下一级子部件，如此类推，直至零件。这就是对产品的一种层次的描述，采用这种描述可以为产品的设计、制造和装配带来很大的方便。与此类似，产品在计算机上建立装配模型时也可以表示为这种层次关系，这种层次关系可以用装配树的概念清晰地加以表达。整个装配造型的过程可以看成是这棵装配树的生长过程，即从树根开始，生长出一个一个的子树枝（部件），每个子树枝又生长出子树枝（子部件）。直至最后长出叶子（零件）。这样，在一棵装配树中就记录了零部件之间的全部装配结构关系及零部件之间的装配约束关系。装配造型就是通过装配树技术来管理所有部件及其配合约束关系。图 6-5 为在 SolidWorks 装配环境下某型号铸造起重机小车架的装配模型及装配特征管理设计树，在装配管理树中显示了各零部件的装配关系。

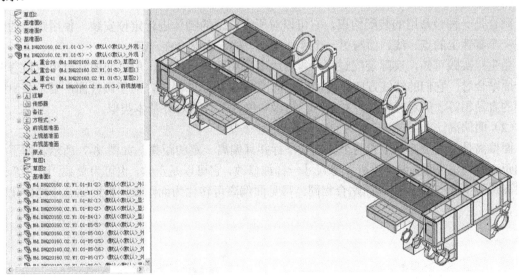

图 6-5　小车架装配模型及其装配树

6.3 装配约束技术

6.3.1 装配约束分析

1）装配体的自由度

部件（实体）在空间有六个自由度，即沿 X、Y、Z 三个坐标轴方向的移动自由度和绕 X、Y、Z 三个坐标轴旋转的转动自由度。装配建模的过程就是对部件自由度进行限制的过程，限制部件自由度的主要手段是对部件施加各种约束。通过约束来确定两个或多个部件之间的相对位置关系、相对几何关系及它们之间的运动关系。部件的自由度描述了部件运动的灵活性，自由度越大，部件运动越灵活。在无约束的情况下部件具有最大的自由度，随着对部件添加约束，自由度降低。

根据部件在装配模型中的被约束自由度的数量，装配约束分为全约束和部分约束。当部件的 6 个自由度完全被约束时，称该部件在装配模型中满约束或全约束；对于产品中的运动部件，如机床的导轨副等，某个方向的自由度在装配模型中不允许被约束，这类装配称为部分约束，如果在装配模型中的一个部件需要被约束的自由度而装配时没有被约束，这类情况称为欠约束。

2）装配约束类型

零件的装配建模是通过定义零件模型之间的装配约束实现的。装配约束是实际环境中零件之间的装配设计关系在虚拟设计环境的映射，不同虚拟设计环境定义的装配约束类型不尽相同，但总的思想是一致的，都能达到对零部件完全约束形成装配模型的效果。

（1）贴合。

贴合是一种最常用的装配约束，它可以对所有类型的物体进行定位安装。使用贴合约束可以使一个零件上的点、线、面与另一个零件的点、线、面贴合在一起。

由生产实践可知，实际装配过程中零件大多采用面进行约束，所以面的贴合用得最普遍。两个面贴合时，它们的法线方向相反，贴合如图 6-6 所示。另外，对于圆柱面，要求相配的圆柱面的直径相等才能对齐轴线。对于点、边缘和线，贴合与对齐基本类似。

（2）面偏离。

面偏离是指两个部件上的两个面相互平行并且偏离一定的距离，如图 6-7 所示。两平行面间的距离称为偏离量，偏离量可以像尺寸一样被修改，它可以是正数，也可为负数，还可等于 0，当偏离量为 0 时，面偏离与面贴合相同。可见面偏离可转化为面贴合，但面贴合不能转化为面偏离。

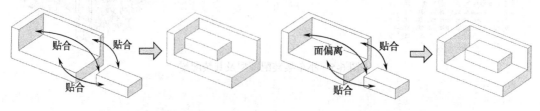

图 6-6　贴合装配约束　　　　　　　　图 6-7　面偏离装配约束

（3）对齐。

使用对齐约束可以使两个零件产生共面位置关系。对齐约束使一个零件上的某个面与另一个零件上的某个面实现同向共面对齐，它和面贴合的区别是两个面"同向"，也就是两个面的法线方向相同，如图 6-8 所示。有的 CAD 系统把圆柱面中心线的对齐作为专门的约束单独规定一种约束类型，称为同心或中心对齐，其原理是一样的。

（4）同轴心。

同轴心装配约束表示相互配合的几何元素共有同一个圆心，其中包括点与圆柱面、线与圆柱面、圆柱面与圆柱面三种情况。图 6-9 所示为两圆柱面的同轴心装配约束。

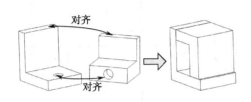

图 6-8 对齐装配约束

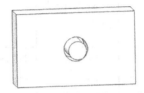

图 6-9 同轴心装配约束

（5）相切。

相切是指两个曲面以相切的方式相接触，将所选的项目放置到相切配合中（至少有一选择项目必须为圆柱面、圆锥面或球面）。平面与圆柱面相切的相切装配约束，如图 6-10 所示。

（6）角度。

角度在两个零件的相应对象之间定义角度约束，使相配合零件具有一个正确的方位。角度是两个对象的方向矢量的夹角，如图 6-11 所示。两个对象的类型可以不同，如可以在面和边缘之间指定一个角度约束。

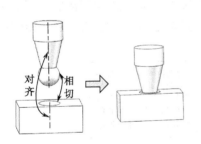

图 6-10 相切装配约束

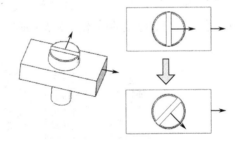

图 6-11 角度装配约束

（7）平行。

平行也称为同向，该约束可以使两个零件上的指定的平面生成同向平行联系，它规定了两个面平行且朝着同一方向。平行规定了平面的方向，但并不规定平面在其垂直方向上的位置，如图 6-12 所示。

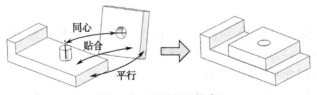

图 6-12 平行装配约束

由上述可知，每种装配约束关系都对应于特定的几何元素，在表 6-1 中列出了不同类型的几何元素所支持的装配约束关系。

表 6-1 相互配合的几何元素之间的装配约束关系

配合元素 配合元素	平面（包括基准面）	圆柱面	圆锥面	点（包括草图端点及草图）	直线（包括基准轴）	球面	坐标架
平面（包括基准面）	重合 距离 垂直 平行 角度	相切	相切	重合 距离			
直线（包括基准轴）	重合 平行 垂直 距离			重合 距离	重合 距离 平行 垂直 角度		
圆柱面	相切 垂直	相切 同圆心	同圆心 相切	重合 同圆心		同圆心	
圆锥面	相切	同圆心 相切	同圆心	同圆心		同圆心	
点（包括草图端点及草图）	重合 距离	重合 同圆心	同圆心	重合 距离	重合 距离		
球面		同圆心	同圆心			同圆心	
坐标架							重合

6.3.2 装配约束规划

一般而言，装配信息的描述应分层次进行，逐渐细化。在描述清楚各零件基本几何数据的前提下，重点描述各零件、固定组件及部件之间的相互装配关系，包括连接关系、连接位置、连接方法、连接方向、连接的技术要求等。通常，装配信息描述的主要内容及描述顺序如图 6-13 所示。

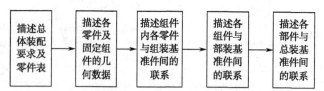

图 6-13 装配信息描述的内容及描述顺序

1）总体装配要求及零件明细表

总体装配要求应描述两类信息：一类是产品号、产品名、部件号、部件名等管理信息；另一类是装配技术要求，在装配图上以文字说明的技术要求中，常对某些装配操作提出要达到的技术要求和应使用的工具。由此在信息描述中应表达"装配操作类型—技术要求"和"装配操作类型—使用工具"的对应关系。

装配图中的零件明细表内一般列有很多项内容，而生成装配工艺文件所需的主要是零件号与零件名之间的联系，信息描述中应能表达这种对应关系。

2）各零件及固定组件的主要几何数据

所谓固定组件，是针对装配操作的特点而言的。对于某些典型装配关系，如带轮与传动轴之间的装配，在具体应用企业常可归纳为若干种典型情况，完全可以固定为少数几种特殊组件，组件内部的零件组成及装配工艺事先存储在系统内。描述装配信息时，可以将这些典型装配关系作为一个整体来处理，只需描述此整体与外界的装配关系，而不需详细描述整体内部各部分之间的关系,如此处理简化了信息描述的任务且有利于装配工艺的生成。虽然零件的几何形状及尺寸直接影响装配顺序,但并不需要描述零件的所有几何数据。对于标准件,由零件代号即可从标准库中查得所有几何信息,不必另外输入。而对于非标准件,需输入零件的几何信息,但不必输入所有信息,只需输入影响装配关系、装配顺序的几何信息即可。以主轴箱与传动箱等箱体部件为例,零件的几何形状对装配顺序的影响主要表现在以下方面。

(1) 箱体上孔的空间位置影响孔中轴组件的装配顺序。如位于箱体下部孔中的轴组件应先装入箱体,然后才能装入箱体上部孔中的轴组件。

(2) 箱体孔的最小直径与对应轴上零件最大直径会影响该零件是在组装时安装还是在部装时安装。如图 6-14 所示,轴上所有零件的最大直径均小于对应箱孔直径,故轴上所有零件可预先装在轴上,构成组件,然后穿过箱孔一起装上箱体。

(3) 箱孔的长度与箱孔之间的距离和轴的长度会影响轴上零件的装配,根据箱孔的长度与箱孔之间的距离和轴的长度,可以计算轴能否连同其上的零件倾斜装入箱体,而不必从箱孔穿入。

(4) 轴的两个端部的直径影响轴上零件的装配顺序。如轴上两端的轴承一般组装时先装大直径处的轴承,部装时再套上小直径处的轴承。

(5) 轴的最大直径及最大直径所在位置影响轴上零件装配顺序。如图 6-15 所示,对轴最大直径处左边的零件,坐标值大的应先装;对轴最大直径处右边的零件,坐标值小的应先装。

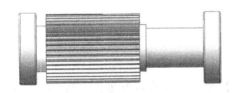

图 6-14 箱孔直径对装配顺序影响示意

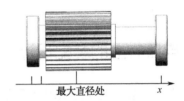

图 6-15 轴的最大直径对装配顺序的影响

(6) 轴的最大直径处表面形状影响最大直径处零件的装配顺序。如图 6-16 所示,轴的最大直径处有带盲端的花键,花键开口向右,故对花键盲端以右的零件,坐标值小的应该先装。

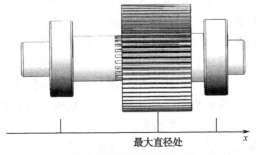

图 6-16 轴的表面特征对装配顺序的影响

综上所述,对于主轴箱与传动箱等箱体部件,各零件的几何数据主要需描述清楚以下内容:箱体中各孔的空间位置、最小直径及孔长;各轴的总长、两端直径、最大直径、最大直径开始与结束的位移量及主要轴段的表面特征等;轴上各零件的关键尺寸,如标准件的公称尺寸、标准件的直径与长度等。

上面以箱体部件为例，分析了为满足装配工艺设计的要求而需描述的零件主要几何数据，对于其他产品或部件，可通过类似分析确定。

3）组件内各零件与组装基准件间的联系

这主要指连接关系、连接位置、连接方法、连接方式。

4）各组件与部装基准件间的联系

描述内容同上，但此时是将组件作为一个整体来对待。以箱体部件为例，此时主要指主轴与传动轴等组件在箱体上的定位方式。

5）各部件与总装基准件间的联系

将各部件作为整体来描述清楚其与总装基准件的连接关系。

6.4 装配建模方法

产品的装配设计过程产生和使用了不同力度、不同类型的产品装配表达模型，图和层次树两种装配表达模型交替转换并不断细化，互为补充，完整地表达了产品装配设计的原理、结构和组成，同时，零件及装配信息也由抽象到具体，并最终形成了产品的详细装配模型。

产品装配建模本质上存在两种不同方法，即自底向上的装配建模和自顶向下的装配建模。

6.4.1 自底向上的装配设计

自底向上的装配建模方法的基本思路如图 6-17 所示：先设计好零件，然后将零件聚合到一起组成装配体；如果在装配过程中发现零件不满足要求，例如零件之间发生装配干涉或零件根本无法安装等现象，就要对零件进行重新设计，重新装配，如此反复，直到产品设计满足装配要求为止。自底向上的装配建模方法的优点是思路简单，操作便捷，容易被大多数设计人员理解和接受。

基于自底向上的装配建模方法，多数装配模型仅仅停留在几何信息表达的层次上，装配建模则是通过坐标变换将零件拼凑到一起，缺乏表达零部件之间的内在设计意图、功能要求，以及诸多装配语义信息。这种从零件设计到总体装配设计的方法割裂了产品开发各阶段之间的有机联系，既不支持产品从概念设计到详细设计的过程集成，也不支持零件设计过程中的信息传递。由于装配建模事先没有全局概念，在装配过程中常发现零件不符合要求，需要重新设计和装配的现象，所以造成设计阶段的重复工作较多，同时造成人力资源的较大浪费。可见，基于自底向上的装配建模方法的产品开发效率较低。

装配顺序的确定是装配工艺设计中最重要而又最困难的问题，又缺乏相应的理论支持，目前在很大程度上取决于人的经验。

通常，决策方法可分为两类：基于配合关系进行推理和基于知识的推理。大多数系统采用前者，并在推理时使用逆向推理（拆卸法）：从图的所有零件集中选择几何上可拆的零件，拆卸完一个零件后对剩余的零件继续拆卸。利用回溯算法生成所有拆卸顺序与拆卸方案。有关的研究主要集中在如何启发式地解决组合爆炸，提高推理速度上。拆卸法推理过程较简单，但仅利用配合关系难以划分组件,而且当零件数目较多时,难以解决组合爆炸问题。虽然有的系统采用启发式搜索来解决此问题,但启发函数的构造非常困难,且太粗糙。基于知识的推理可以充分利用装配任务的特点,有效地解决基于配合关系推理的瓶颈。它收集人工编制装配工艺的知识规则,推理时以一定的规则选取装配基准件,然后根据规则将其余零件以一定顺序加到装配基准件上,形成装配顺序。

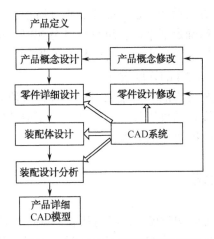

图 6-17 自底向上的装配设计流程

6.4.2 自顶向下的装配设计

随着计算机技术的发展,计算机集成制造(CIMS)、并行工程(CE)等技术相继出现,分别从信息传递方式和产品开发时空观上对传统产品的建模方法及流程造成了极大的冲击。为适应产品开发的基本流程和产品开发活动的并行规律,提出了自顶向下的装配建模方法。自顶向下的装配建模(设计)流程如图 6-18 所示。

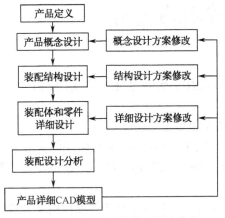

图 6-18 自顶向下的装配设计流程

自顶向下的装配建模要求设计者从产品功能出发,首先设计出实现产品功能的初步方案及其装配结构草图,得到产品的功能概念模型;然后对功能概念模型进行分析,建立约束驱动的装配模型,进行约束求解,确定产品的装配结构;最后进行零件和装配体的参数设计,并通过装配体模型传递设计信息。在上述设计任务递进过程中,不断地对各设计方案进行分析,并及时返回修改建议,直到得到满足功能和其他装配要求的装配体模型。与自底向上的建模方法相比,自顶向下的装配建模方法具有以下优点。

(1) 符合产品的设计过程。产品的设计过程是实现产品功能的装配模型从抽象到具体的渐进过程。最初装配模型以概念模型的形式表达产品功能,逐渐过渡到具有几何形状的装配体模型上,最终才成为产品详细设计模型。

(2) 便于实现并行设计和协同设计。在产品概念设计阶段就将产品设计意图、主要功能、关键约束、配合关系等重要信息确定下来,在进行任务分配时,这些重要信息也同时分配给各子系统,负责子系统设计和规划的设计小组在统一模型的控制下并行开展设计工作,通过协商完成实现总体功能要求的各子装配体的详细设计。

(3) 实现了装配设计和装配过程的有机集成。前期设计阶段确定的产品信息自顶向下地传递,后续开发阶段可根据前期设计结果进行可装配性、可制造性评价,向产品设计阶段提供反馈建议,实现装配设计和装配过程的有机集成。

6.4.3 混合装配建模方法

自底向上和自顶向下的两种装配建模方法各有所长,不同的应用场合使用不同的建模方法,对于某些应用情况,例如对一些系列化产品的局部做较大的升级性设计改造,而且大多数的设计都是在参考一些已有设计或结构的基础上进行的,设计中既有旧结构的应用和改进,也有完全的创新结构设计,这时可能需要采用上述两种建模方法的组合,为此可以用混合装配建模方法。混合装配建模方法是将自底向上和自顶向下的两种装配建模方法有机地结合在产品的建模过程中。对产品结构相对固定,零件模型相对完备的部分,可以采用自底向上的建模方法;对结构改进较大,零部件模型不够完善,或完全创新的产品结构,则采用自顶向下的建模方法。

6.5 装配建模技术的应用

6.5.1 基于 SolidWorks 的自底向上的装配设计

(1) 装配体设计环境下轴承座各零件的插入。

下面以某一轴承套的装配为例,介绍如何通过装配约束关系实现零部件自底向上的装配设计。新建一个装配体文件,在新建的装配体文件中,选择【插入】→【零部件】→【现有零部件/装配体】命令。

新弹出的对话框如图 6-19 所示,双击需要插入零件的文件图标,移动鼠标到新建装配体文件的原点,单击原点定位该零件。此时,插入零件的坐标原点与装配体文件的原点相重合。本例插入轴承座的零件轴承衬套,如图 6-20 所示。

(2) 装配约束关系的编辑操作。

使用配合关系,可相对于其他零部件精确地定位零部件,还可定义零部件如何相对于其他的零部件移动和旋转。通过继续添加配合关系,可以将零部件移动到所需的位置。配合能在零部件之间建立几何关系,例如,同轴心、平行、垂直、重合、相切等。根据所选配合参考的不同，在特征管理中显示可以使用的配合是不同的，即每种配合关系对于特定的几何实体组合有效。以下列举了几种几何体类型有效的配合关系，可以根据不同的配合参考来选择不同的配合关系。

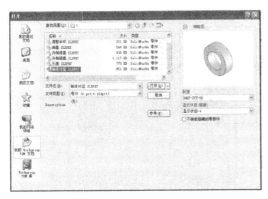

图 6-19 插入零部件的对话框

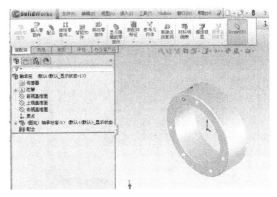

图 6-20 将轴承衬套插入装配体环境

按轴承座的实际装配顺序来对轴承座进行装配设计步骤如下。

① 先将调心滚子轴承与轴承衬套进行装配，如图 6-21 所示。选择轴承的外圆柱面与轴承衬套的内圆柱面作为配合参考，此时，两面为蓝色显示，单击装配体配合按钮，可以显示重合、平行、垂直、相切、同轴心、距离、角度等几种配合关系，选择同轴心按钮，完成本次配合操作。

② 如图 6-22 所示，选择轴承的左端面和轴承衬套的左端面作为配合参考，单击装配体配合按钮，可以显示平行、重合、距离等配合关系，单击距离按钮，输入 10，完成本次配合操作。

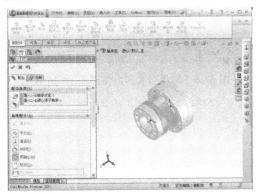

图 6-21 外圆柱面与内圆柱面的配合

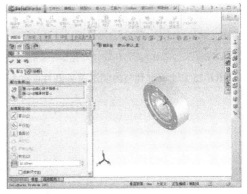

图 6-22 轴承的左端面与轴承衬套的左端面的配合

③ 如图 6-23 所示，最后选择轴承的上视面和轴承衬套的上视面作为配合参考，单击重合按钮，完成配合操作。至此，经过轴承与轴承衬套的三组配合参考的配合操作，轴承在轴承衬套内部已被完全定位，如图 6-24 所示。

④ 再将轴承衬套与内侧透盖进行装配，如图 6-25 所示，选择轴承衬套的外圆柱面和内侧透盖的外圆柱面作为配合参考，此时，两面为蓝色显示，单击装配体配合按钮，选择同轴心配合关系，完成本次配合操作。同理，将轴承衬套的右端面和内侧透盖的左端面添加重合约束关系，完成本次配合操作。

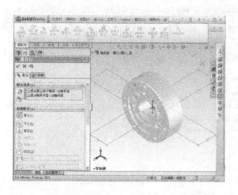　　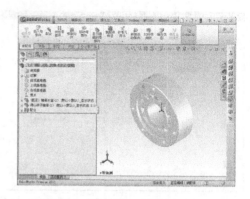

图 6-23　轴承上视面与轴承衬套上视面的配合　　　图 6-24　轴承与轴承衬套的完全配合

⑤ 选择轴承衬套小圆孔的内圆柱面和内侧透盖小圆孔的内圆柱面作为配合参考，选择同轴心约束关系完成配合操作，最终模型如图 6-26 所示。

对于外侧透盖、端盖、调整半环、压盖的装配只需参照前两个零件的装配的方法，选择合适的配合关系即可，在此不再赘述。完成所有零件装配得到的轴承座模型如图 6-27 所示。

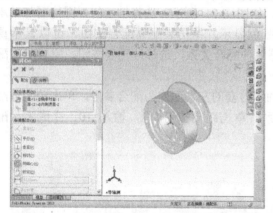　　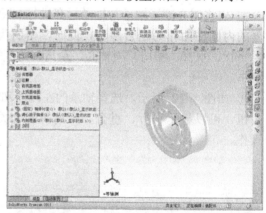

图 6-25　轴承衬套与内侧透盖外圆柱面的配合　　　图 6-26　轴承衬套和内侧透盖的完全配合

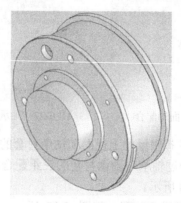

图 6-27　完成所有零件装配后的轴承座模型

6.5.2　基于 SolidWorks 的自顶向下的装配设计

自顶向下模式是从功能建模开始，根据产品功能要求和设计约束，在确定产品的初步设计模型的基础上,确定各组成零部件之间的装配关系和相互约束关系,即按照该产品的基本功能和要求,在设计顶层构建一个基本骨架,即顶层基本骨架 TBS(Top Basic Skeleton),随后在该基本骨架的基础上进行复制、修改、细化、完善,形成若干零部件,最终完成整个设计。顶层骨架包含产品设计最初概念的主要信息,在设计过程中通过对这类信息的复制,把信息传递到级别较低的产品结构中,如果改变这些信息,将自动更新整个系统。下面即以某型号桥式起重机小车架端梁的设计为实例,论述自顶向下设计方法在机械产品设计中的应用。

1)建立顶层骨架模型

使用骨架模型进行产品设计有两种方式:第一种方式是先将顶层骨架模型建好后保存为零件文件,再在新建立的总装配文件中将骨架模型加入新的装配文件中;第二种方式是打开新的装配文件后,在菜单管理器上选择组件到创建,建立新的顶层骨架模型。在端梁的设计中用的是第二种方式建立的骨架模型。

依据所选定的设计方案,在装配环境下建立端梁的约束驱动顶层基本骨架。首先在装配环境下绘制端梁装配骨架如图 6-28 所示,确定核心零件的外形尺寸,表示出零部件之间的装配位置、相互关联特性。在骨架模型绘制过程中要充分使用约束关系,减少不必要的草图尺寸,从而使骨架模型构思更加清晰。

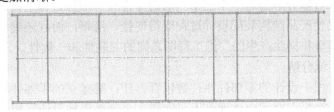

图 6-28 端梁装配骨架模型

2)设计和装配过程

首先要确定设计参数,进行端梁的装配设计,然后通过几何约束求解将零件装配成产品。装配过程如下:

对于与端梁的骨架模型相互关联较多的零件,在装配体文件中建立。在装配环境中单击插入零部件按钮 的下拉三角标志,选择新零件按钮 新零件,输入新零件名称并保存,新零件名称会出现在特征管理(Feature Manager)设计树中,同时选择一个平面或已建零部件模型中的平面(所选平面决定了创建新零件的参考平面,此例中选择前视基准面);系统会自动进入编辑零件模式,在零件基准面和骨架模型平面之间添加 InPlace(重合)配合,对零件完全定位;然后可以通过拉伸、切除、旋转、扫描等常规建模方法建立零件(此例只需通过拉伸命令即可完成端梁上盖板的生成)。如图 6-29 所示为端梁上盖板的建立。

对于与端梁骨架模型关联较少的零件,按一般方式创建,然后在装配体文件中导入。在装配环境中,将已创建的零部件导入装配体中,根据零部件之间的形位尺寸、配合关系,利用零部件的几何要素(内外表面、已创建的基准面、轴线、素线)和骨架模型的点、线、平面,建立零部件和骨架模型的约束配合关系,并完全定位。在端梁顶层基本骨架的基础上进行复制、修改、细化、完善并最终完成满足功能要求的整个端梁装配体的设计。端梁的一些辅助零件,如支撑板、隔板、螺栓、螺母等连接附件,可在装配环境下通过插入零部件阵列特征快速建立。完成的装配图如图 6-30 所示。

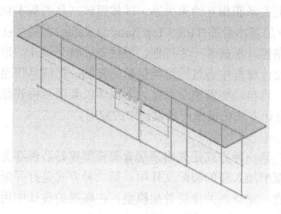
图6-29 端梁上盖板的建立

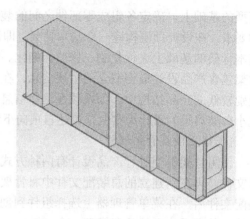
图6-30 装配完成的端梁三维模型

3）自顶向下装配过程中应注意的几个问题

（1）装配体层次的划分。

对具有多种层次关系的零部件组成的复杂装配体，一个部件可以分解为若干个零件和子部件，每一个子部件又可以分解为若干个更下一层的零件和子部件。自上而下的装配设计和"装配树"的应用，不仅使产品结构装配设计过程变得便捷、清晰，而且还确保了零部件装配模型之间以及三维实体模型和据此产生的二维工程图之间的关联性和一致性。

（2）装配空间区域分解。

复杂产品开发过程中设计的零部件往往数以百万计，需建立的零部件模型数量庞大，要将整机零部件模型在一个模型空间中体现是不可能的，必须采用按设计区域划分装配单元的方法来解决。

（3）干涉检查。

装配设计完成后，需要进行初步的干涉检查，实现的方法分别是：①使用 SolidWorks 软件自带的干涉检查工具进行装配体干涉检查，这种方法操作简单，检查过程快速直观；②对装配设计中零部件的模型进行布尔求交运算，若有交集出现，则说明零部件间存在干涉。如果干涉现象存在，则说明所设计零部件不能保证可靠装配，必须根据零部件干涉的部位和程度修改原设计，然后再次进行干涉检查，直到满足设计要求。

习题与思考题

1. 简述装配建模的定义及意义。
2. 装配模型可分哪几类？各自特点是什么？
3. 简述装配顺序决策的主要过程。
4. 什么是装配约束，常见的约束类型有哪些？
5. 零件的自由度与装配约束之间的关系如何？
6. 简述自底向上与自顶向下的装配建模两者的区别。
7. 运用 CAD/CAM 软件，举例说明机械产品装配设计的过程。

第 7 章 计算机辅助工程分析

> **教学提示与要求**
>
> 本章重点介绍了计算机辅助工程分析最主要的有限元分析技术,以及优化设计方法与仿真技术。工程分析是产品设计过程中的一个重要环节,计算机辅助工程(CAE)在产品开发过程中扮演的角色越来越重要。要求学生了解计算机辅助工程的概念及地位,了解计算机辅助工程的主要分析技术,了解有限元法的理论基础和解题过程,基本掌握计算机辅助工程分析的有限元分析技术。

7.1 概述

工程分析是产品设计过程中的一个重要环节,主要包括在实际工程问题中,依据科学理论建立并反映参数及影响因素之间的相互影响和相互作用关系以及求解过程。其主要目的是在产品的设计阶段,在产品三维实体模型的基础上,从产品的方案设计阶段开始,按照产品的实际使用条件对产品结构和性能的静态、动态特性进行计算和仿真分析;按照产品性能要求和分析结果来评价设计方案的可行性或几个设计方案的优劣,试图找出满足给定约束条件的最佳设计方案。

在计算机引入工程分析领域之前,产品设计过程中的分析、计算工作由人工完成,即采用传统的分析方法和手工计算方式来完成工程分析。传统的分析方法一般比较粗略,只能用来定性比较不同方案的优劣。实际工程问题计算工作量大,手工计算往往无法完成,只能对产品的关键零件、部件进行计算分析,其余则依靠设计者的经验,采用类比法进行结构设计。由于分析不够精确,往往采用较大的安全系数来保证产品的安全可靠性,造成生产成本过高,达不到经济的目的,且人工效率低下,不利于现代化工业大生产。随着计算机的发展,人们将计算机技术引入到工程分析领域与工程分析技术相结合,形成了一门新兴技术——计算机辅助工程(Computer Aided Engineering,CAE)。计算机辅助工程的概念很广,可以包括工程和制造业信息化的几乎所有方面。广义上来说,计算机辅助工程包括产品设计、工程分析、数据管理、试验、仿真和制造在内的计算机辅助设计、分析和生产的综合系统;而从狭义上来说,仅仅是指用计算机对工程和产品进行性能与安全可靠性分析,模拟其未来的工作状态和运动行为,及早发现设计缺损,验证工程产品功能和性能的可用性与可靠性等。计算机辅助工程技术在产品开发研制中显示出无与伦比的优越性,成为现代企业在日趋激烈的竞争中取胜的一个重要条件,因而越来越受到科技界和工程界的重视。据统计,发达国家的产品研究开发过程要花费产品成本的80%,同时这一过程要占整个产品从研究到投入市场所需时间的70%。CAE技术的应用使实物模型的实验次数和规模大大下降,既加快了研究速度,又大幅度降低了成本,还极大地提高了产品的可靠性。

1）计算机辅助工程（CAE）的重要性

CAE 作为一种集应用计算力学、计算数学、信息科学等相关科学和技术的综合工程技术，是支持设计人员进行创新研究和创新设计的重要工具和手段，它对教学、科研、设计、生产、管理、决策等部门都有很大的应用价值，为此世界各国均投入相当多的资金和人力进行研究。其重要性具体体现在以下几个方面。

（1）从广义上讲，CAE 本身就可以看作是一种基本试验。计算机计算弹性体间的接触，以及各种非线性波的相互作用等问题，实际上是求解含有很多线性与非线性的偏微分方程、积分方程及代数方程的耦合方程组。比如利用解析方法求解爆炸力学问题是非常困难的，一般只能考虑一些很简单的因素，而利用试验方法则费用昂贵，还只能表征初始状态和最终状态，中间过程无法得知，因此也无法帮助研究人员了解问题的实质。而数值模拟在某种意义上比理论和试验对问题的认识更为深刻、更为细致，不仅可以了解问题的结果，而且可随时连续地、动态地、重复地显示事物的发展，了解其整体与局部的细致过程。

（2）CAE 更可以直观显示目前还不易观测到的、说不清楚的一些现象，容易使人理解和分析，它还可以显示任何试验都无法看到的发生在结构内部的一些物理现象。例如，弹性体在接触过程中的受力和偏转，爆炸波在介质中的传播过程和地下结构的破坏过程。同时，数值模拟可以替代一些危险、昂贵的，甚至是难以实施的试验，如核反应堆的爆炸、核爆炸的过程与效应等。

（3）CAE 促进了试验的发展，对试验方案的科学指导、试验过程中测量的最佳位置、仪表量程等的确定提供了更可靠的理论指导。

（4）一次投资，长期受益。虽然数值模拟大型软件系统的研制需要花费相当多的经费和人力资源。但与试验相比，数值模拟软件是可以进行复制移植、重复利用，并且可以进行修改而满足不同情况的需求。据相关统计数据显示，应用 CAE 技术后，开发期的费用占开发成本的比例从 80%～90%下降到 8%～12%。

总之，CAE 已经与理论分析、试验研究成为科学技术探索研究的三个相互依存、不可或缺的手段。正如美国著名数学家拉克斯所说："科学计算是关系到国家安全、经济发展和科学进步的关键性环节，是事关国家命脉的大事。"

2）计算机辅助工程（CAE）的主要特征

（1）涉及内容多，跨学科性明显。CAE 与产品和信息技术相结合，在各项先进技术中，包括生物技术、微电子技术、复合材料技术等都可以找到 CAE 应用的领域。

（2）不同于基础科学，CAE 面向的对象是工程产品；不同于 CAD 对产品表象的认知，CAE 是对产品本质属性的表征。

（3）CAE 与新产品机理、先进可靠性和功能密切相关。CAE 创造的价值越来越高，在研发中的地位日益提高。

3）计算机辅助工程（CAE）的具体工作

计算机辅助工程的具体工作表现在以下几个方面。

（1）运用工程数值分析中的有限元等技术分析计算产品结构的应力、应变等物理场量，给出整个物理场量在空间与时间上的分布，实现产品结构从线性、静力计算分析到非线性、动力的计算分析。

（2）运用过程优化设计的方法在满足工艺、设计的约束条件下，对产品的结构、工艺参数、结构形状参数进行优化设计，使产品结构性能、工艺过程达到最优。

（3）运用结构强度与寿命评估的理论、方法、规范，对结构的安全性、可靠性以及使用寿命作出评价与估计。

（4）运用运动学或动力学的理论与方法，对由 CAD 实体造型设计出的机构、整机进行运动学或动力学仿真。

在计算机辅助工程分析工作中，最主要的技术包括有限元分析、优化设计和仿真技术。

7.2 有限元分析技术

许多工程分析问题，如固体力学中的位移场和应力场分析、电磁学中的电磁场分析、振动特性分析、传热学中的温度场分析、流体力学中的流场分析等，都可归结为在给定边界条件下求解其控制方程（常微分方程或偏微分方程）的问题，但能用解析方法求出精确解的只有方程性质比较简单，且几何边界相当规则的少数问题。对于大多数的工程技术问题，由于物体的几何形状较复杂或者问题具有某些非线性特征，很少能得到解析解。这类问题的解决通常有两种途径：一是引入简化假设，将方程和边界条件简化为能够处理的问题，从而得到它在简化状态的解。这种方法只在有限的情况下是可行的，因为过多的简化可能导致不正确甚至错误的解。因此，人们在广泛吸收现代数学、力学理论成果的基础上，借助计算机来获得满足工程要求的数值解，这就是数值模拟技术。数值模拟技术是现代工程学形成和发展的重要推动力之一。

目前在工程技术领域内常用的数值模拟方法有有限单元法、边界元法、离散单元法和有限差分法等，但就其实用性和应用的广泛性而言，主要还是以有限单元法为主。作为一种离散化的数值解法，有限单元法首先应用在结构分析中，然后又在其他领域中得到广泛应用。凡是计算零部件的应力、变形，进行动态响应计算及稳定性分析，进行齿轮、轴、滚动轴承、活塞、压力容器及箱体中的应力、变形计算和动态响应计算，分析滑动轴承中的润滑问题，进行焊接中残余应力及复合材料和金属塑性成形中的变形分析等都可用有限元法。

有限元法在机械设计中的应用主要表现在以下两个方面：（1）实现机械零部件的优化设计。有限元法作为结构分析的工具，对可能的结构方案进行计算，根据计算结果的分析和比较，按强度、刚度和稳定性等要求对原方案进行修改、补充，得到应力、变形分布合理及经济性好的结构设计方案。（2）用于分析结构损坏的原因，寻找改进途径。当结构件在工作中发生故障（如断裂、出现裂纹和磨损等）时，可通过有限元法计算研究结构损坏的原因，找出危险区域和部位，提出改进设计的方案，并进行相应的计算分析直到找到合理的结构为止。

有限单元法发展迅速，其应用范围迅速扩展到各个工程领域，成为连续介质问题数值解法中最活跃的分支。有限单元法目前已由变分法有限元扩展到加权残数法与能量平衡法有限元，它解决的问题已由弹性力学平面问题扩展到空间问题、板壳问题；由静力平衡问题扩展到稳定性问题、动力问题和波动问题；由线性问题扩展到非线性问题。其分析对象已从弹性材料扩展到塑性、黏弹性、黏塑性和复合材料等。有限单元法的应用范围也已由结构分析扩展到结构优化乃至于设计自动化，从固体力学扩展到流体力学、传热学、电磁学等领域。有限单元法的工程应用见表 7-1。

表 7-1 有限元法的工程应用

研究领域	平衡问题	特征值问题	动态问题
结构工程学 结构力学 宇航工程	梁、板、壳结构的分析；复杂或混杂结构的分析；二维与三维应力分析	结构的稳定性；结构的固有频率和振型；线性黏弹性阻尼	应力波的传播；结构对于非周期载荷的动态响应；耦合热弹性力学与热黏弹性力学

续表

研究领域	平衡问题	特征值问题	动态问题
土木力学 基础工程学 岩石力学	二维与三维应力分析；填筑和开挖问题；边坡稳定性问题；土壤与结构的相互作用；坝、隧洞、钻孔、船闸等的分析；流体在土壤和岩石中的稳态渗流	土壤—结构组合物的固有频率和振型	土壤与岩石中的非定常渗流；在可变形多孔介质中的流动—固结应力波在土壤和岩石中的传播；土壤与结构的动态相互作用
热传导	固体和流体中的稳态温度分布		固体和流体中的瞬态热流
流体动力学 水利工程学 水源学	流体的势流；流体的黏性流动；蓄水层和多孔介质中的定常渗流；水工结构和大坝分析	湖泊和港湾的波动（固有频率和振型）；刚性或柔性容器中流体的晃动	河口的盐度和污染研究（扩展问题）；沉积物的推移；流体的非定常流动；波的传播；多孔介质和蓄水层中的非定常渗流
反应堆安全壳结构的分析，反应堆和反应堆安全壳结构中的稳态温度分布			反应堆安全壳结构的动态分析；反应堆结构的热黏弹性分析；反应堆和反应堆安全壳结构中的非稳态温度分布
电磁学	二维和三维静态电磁场分析		二维和三维时变、高频电磁场分析

7.2.1 有限元分析基本原理

有限元法的基本思想是：首先假想将连续的结构分割（离散）成数目有限的小块，称为有限单元，各单元之间仅在有限个指定结合点处相连接，用组成单元的集合体近似代替原来的结构，在节点之间引入有效节点力以代替实际作用在单元上的载荷。对每个单元，选择一个简单的函数来近似地表达单元位移分量的分布规律，并按弹性力学中的变分原理建立单元节点力与节点位移（速度、加速度）的关系（质量、阻尼和刚度矩阵），最后把所有单元的这种关系集合起来，就可以得到以节点位移为基本未知量的力学方程，给定初始条件和边界条件就可以求解力学方程。由于单元的个数是有限的，节点数目也是有限的，所以这种方法也称为有限元法。

有限元方法按照所选用的基本未知量和分析方法的不同，可分为两种基本方法。一种是以应力分析计算为例，以节点位移为基本未知量，在选择适当的位移函数的基础上，进行单元的力学特征分析，在节点处建立平衡方程（即单元的刚度方程），合并组成整体刚度方程，求解出节点位移，可再由节点位移求解应力，这种方法称为位移法；另一种是以节点力为基本未知量，在节点上建立位移连续方程，解出节点力后，再计算节点位移和应力，这种方法称为力法。一般来说，用力法求得的应力较位移法求得的精度高，但位移法比较简单，计算规律性强，且便于编写计算机通用程序，因此，在用有限元法进行结构分析时，大多采用位移法。

7.2.2 有限元法的分析步骤

有限元法基于固体流动变分原理，把一个原来连续的物体剖分成有限个数的单元体，单元体相互在有限个节点上连接，承受等效的节点载荷。计算求解时先按照平衡条件进行分析，然后根据变形协调条件把这些单元重新组合起来，使其成为一个组合体，再进行综合求解。

用有限元方法解决问题时采用的是物理模型的近似法。这种方法概念清晰，通用性与灵活性兼备能妥善处理各种复杂情况，只要改变单元的数目就可以使解的精确度改变，得到与真实情况无限接近的解。对于具有不同物理性质和数学模型的问题，有限元求解法的基本步骤是相同的，只是具体的公式推导和运算求解不同，基本步骤如下。

1）连续体的离散化

连续体是指所分析的物体或求解区域，离散化是指将给定的物体或求解区域分割成有限个单元。对二维平面问题，简单的单元形状是三角形（Triangular）、四边形（Quadrilateral）等，对于具体问题，有各种不同形式的单元可供采用，在同一问题中也可以应用不同类型的单元。至于如何划分单元，则需要根据具体情况进行具体分析的问题，对所考虑的问题必须决定单元的数目、大小和排列，以便能更好地表示所给定的对象。

对平面问题而言，最简单的离散化模型是由许多 3 节点三角形单元在节点处铰接相连而成，其实例可见图 7-1 所示的梁的离散化模型和图 7-2 所示的水坝的离散化模型。这些离散化模型与原结构之间是存在差异的，按位移求解时，两者自由度就不同。对原结构而言，这是个无限自由度体系，而对其离散化模型而言，则是个有限自由度体系。当然，这种差异可以缩小，最简单的方法是增加离散化模型的总自由度数。因此，加密离散网格，增加节点个数或增加单个节点的自由度数都可促使离散化模型进一步逼近原结构。

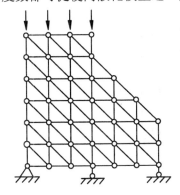

图 7-1　梁的离散化模型

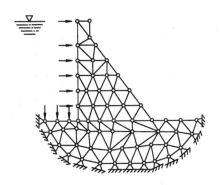

图 7-2　水坝的离散化模型

2）选择插值函数

给定每个单元上的节点，然后选择插值函数（Interpolating Function）的类型来近似表示每个单元上场变量的真实分布或变化。通常用多项式来作为场变量的插值函数，因为它们易于积分与微分。多项式次数的选择取决于每个单元上指定的节点数目、每个节点上未知量的性质和数目，以及加在节点上和单元边界上的某些连续性的要求。

有限元刚度法是按位移求解的一种数值方法，其基本未知量是离散化模型上节点的位移，可表示为 $\delta = [u_1\ v_1\ u_2\ v_2\ \Lambda]^T$。

利用位移函数，通过几何微分方程可直接求出应变函数，再利用物理方程便可求出应力函数。那么利用有限个节点位移去确定结构的位移场是非常重要的。插值基函数决定了所构造的位移场的精度。二维问题中构造函数宜用分片插值。最简单的是三角形单元，为了构造求解单元内任一点位移的函数 $u(x, y)$，可取该函数在三角形 3 个节点（i, j, m）上的位移值（u_i, v_i），（u_j, v_j），（u_m, v_m）为参数，引入插值多项式去构成，常可以表示为

$$u(x,y) = N_i(x,y)(u_i, v_i) + N_j(x,y)(u_j, v_j) + N_m(x,y)(u_m, v_m) \tag{7-1}$$

其中，$N_i(x,y)$、$N_j(x,y)$、$N_m(x,y)$ 是插值多项式，又称为形函数（Shape Function）。式（7-1）称为三角形单元的位移模式，若用矩阵表示，则可改写为

$$f = N\delta^e \tag{7-2}$$

式中，

$$f = \begin{bmatrix} u \\ v \end{bmatrix}$$

$$N = \begin{bmatrix} N_i & 0 & N_j & 0 & N_m & 0 \\ 0 & N_i & 0 & N_j & 0 & N_m \end{bmatrix}$$

$$\delta^e = [u_i \ v_i \ u_j \ v_j \ u_m \ v_m]^T$$

由式（7-2）可知，有了单元节点位移列阵 δ^e，单元内任一点的位移可以完全确定。由平面应力问题的几何方程：

$$\begin{cases} \varepsilon_x = \dfrac{\partial u}{\partial x} \\ \varepsilon_y = \dfrac{\partial v}{\partial y} \\ \gamma_{xy} = \dfrac{\partial v}{\partial x} + \dfrac{\partial u}{\partial y} \end{cases} \tag{7-3}$$

可得

$$\varepsilon = \begin{bmatrix} \varepsilon_x \\ \varepsilon_y \\ \gamma_{xy} \end{bmatrix} = \begin{bmatrix} \dfrac{\partial u}{\partial x} \\ \dfrac{\partial v}{\partial y} \\ \dfrac{\partial u}{\partial y} + \dfrac{\partial v}{\partial x} \end{bmatrix} = \begin{bmatrix} \dfrac{\partial}{\partial x} & 0 \\ 0 & \dfrac{\partial}{\partial y} \\ \dfrac{\partial}{\partial y} & \dfrac{\partial}{\partial x} \end{bmatrix} \begin{bmatrix} u \\ v \end{bmatrix} \tag{7-4}$$

$$= Lf = LN\delta^e = B\delta^e$$

式中，

$$L = \begin{bmatrix} \dfrac{\partial}{\partial x} & 0 \\ 0 & \dfrac{\partial}{\partial y} \\ \dfrac{\partial}{\partial y} & \dfrac{\partial}{\partial x} \end{bmatrix} \tag{7-5}$$

$$B = LN$$

B 表示单元位移向量与应变向量的转化关系，称为单元应变矩阵；L 为微分算子。根据平面应力状态的本构方程（各向同性材料），有

$$\begin{cases} \sigma_x = \dfrac{E}{1-\mu^2}(\varepsilon_x + \mu\varepsilon_y) \\ \sigma_y = \dfrac{E}{1-\mu^2}(\varepsilon_y + \mu\varepsilon_x) \\ \tau_{xy} = \dfrac{E}{2(1+\mu)}\gamma_{xy} \end{cases} \tag{7-6}$$

式中，E、μ 分别为弹性模量、泊松比。根据式（7-6），单元上的应力可以表示为

$$\sigma = \begin{bmatrix} \sigma_x \\ \sigma_y \\ \tau_{xy} \end{bmatrix} = \frac{E}{1-\mu^2} \begin{bmatrix} 1 & \mu & 0 \\ \mu & 1 & 0 \\ 0 & 0 & \frac{1-\mu}{2} \end{bmatrix} \begin{bmatrix} \varepsilon_x \\ \varepsilon_y \\ \gamma_{xy} \end{bmatrix} = D\varepsilon = DB\varepsilon = s\delta^e \quad (7\text{-}7)$$

式中，

$$D = \frac{E}{1-\mu^2} \begin{bmatrix} 1 & \mu & 0 \\ \mu & 1 & 0 \\ 0 & 0 & \frac{1-\mu}{2} \end{bmatrix} \quad (7\text{-}8)$$

$$s = DB$$

s 表示单元位移向量与应力向量的转化关系，称为单元应力矩阵。

由式（7-5）和式（7-7）可知，有了单元节点矩阵 δ^e，单元内任一点的应力和应变便可完全确定。我们可以得出如下结论：有了离散化结构所有节点的位移矩阵 δ，便可求出任一单元任一点上的任意未知量。

3）建立单元的特征式

有限元法的问题是如何求解节点位移。从力学观点出发，求解位移基本方程的实质是平衡方程，因此，有限元法求解节点位移的方程必定是对应的节点平衡方程。

有限元法的基本思想是将无限自由度体系问题转换为有限自由度体系问题来研究，所以除了把结构离散外，还须将实际载荷转化为作用在节点上的等效集中荷载 R，这种转化是在保证两种荷载（实际荷载与节点等效集中荷载）在虚位移过程中做了相同虚功的条件下进行的，从能量的观点看，这种转化本身不会带来新的误差。

现在来考察图 7-2 所示水坝上节点 i 的平衡，为了清楚起见，其局部放大图如图 7-3 所示。节点 i 承受由实际外荷载转化过来的节点集中荷载 R，其分量为 x_i 和 y_i，同时节点 i 还承受相连单元施加给它的作用力（称为节点力），用 $\sum_e F_i$ 表示，$F_i = [U_i\ V_i]^T$ 表示某一个单元的节点力，$\sum_e$ 表示对那些环绕节点 i 的所有单元求和，由节点 i 的平衡条件，可得

$$\begin{cases} x_i = \sum_e U_i \\ y_i = \sum_e V_i \end{cases}$$

或

$$R_i = \sum_e F_i \quad (7\text{-}9)$$

其中，R_i 可由实际荷载求得，问题的关键是确定 F_i，考察绕节点 i 的任一单元（如单元 2）的受力情况，如图 7-3（c）所示，该单元节点 i、j、m 上分别作用着对应节点施给单元 2 的作用力，这些节点力表示为

$$F^e = [U_i V_i U_j V_j U_m V_m]^T$$

单元内有应力，用 σ 表示。单元节点位移可用列阵 $\delta^e = [u_i v_i u_j v_j u_m v_m]^T$ 表示，单元厚度为 t。假设单元节点 i、j、m 发生了虚位移，相应的节点虚位移为 δ^{*e}，引起单元内的虚应变为 ε^*，则由虚功原理可得

$$(\delta^{*e})^T F^e \iint_\Omega \varepsilon^{*T} \sigma \mathrm{d}x \mathrm{d}y t$$

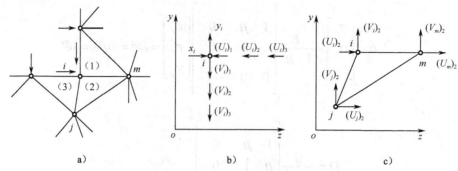

图 7-3 三角形单元的受力分析

根据式（7-5）和式（7-7），有

$$\varepsilon^* = B\delta^{*e}$$
$$\sigma = DB\delta^e$$

将其代入上式，有

$$(\delta^{*e})^T F^e = (\delta^{*e})^T \left(\iint_\Omega B^T DB \mathrm{d}x\mathrm{d}y t \right) \delta^e$$

由 δ^{*e} 的任意性，可得

$$F^e = k\delta^e \tag{7-10}$$

$$k = \iint_\Omega B^T DB \mathrm{d}x\mathrm{d}y t \tag{7-11}$$

式（7-10）反映了节点单元力和节点单元位移之间的关系，其中的转换矩阵 k 称为单元刚度矩阵（Element Stiffness Matrix）。

4）集合整个单元特征式求得系统的有限元方程

要求出单元集合体所表示的整个系统的特性，必须将表示单元性质的特征式加以合并，形成表示整个求解区域或系统的线性方程组（有限元方程）。

鉴于单元节点力 F_i 依赖于单元的节点位移，则式（7-10）所表示的节点 i 的平衡方程将是以节点位移为未知量的方程，对每一个节点列出平衡方程，集合后便得到一组求解整体节点位移的代数方程式，其矩阵形式为

$$K\delta = R \tag{7-12}$$

式中，K 为整体刚度矩阵，它可由各个单元的刚度矩阵 k 通过集合后而得到；$R=[X_1\ Y_1\ X_2\ Y_2\ \theta]^T$：是整体的等效节点外荷载列阵；$\delta=[u_1\ v_1\ u_2\ v_2\ \theta]^T$：是所要求的整体节点位移列阵，其元素顺序是按整体节点编号排列的。

5）求解有限元方程

所求得的有限元方程是一组联立代数方程，在准备求解方程组之前，必须考虑问题的边界条件，适当修改这些方程，然后采用一种算法解出节点的未知场变量，并由此即可算出单元内任一点的场变量值。

6）结果整理

利用有限元方程求得节点场变量之后，可以通过这些场变量值来计算其他重要参数。例如求出整体节点位移列阵 δ 后，便可求出每个单元任意点的应力和应变。

7.2.3 有限元法的前置处理与后置处理

用有限元法进行结构分析时,需要输入大量的数据,如单元数、单元的几何特性、节点数、节点编号、节点的位置坐标等。这些数据如果采用人工输入,工作量大且易出错。当结构经过有限元分析后,也会输出大量数据,如静态受力分析计算后各节点的位移量、固有频率计算之后的振型等。对这些输出数据的观察和分析也是一项细致而难度较大的工作。因此,要求有限元计算程序应具备前置处理和后置处理的功能。

1. 前置处理

有限元法的前置处理包括选择所采用的单元类型、划分单元、确定各节点和单元的编号及坐标,确定载荷类型、边界条件、材料性质等。其中最重要的步骤是网格划分,有限元分析的精度取决于网格划分的密度,但太密又会大大增加计算时间,计算精度却不会成比例地提高。图 7-4 所示为 AdvantEdge 切削有限元仿真图,可见在刀具和工件上靠近切削工作区的部分网格局部加密。

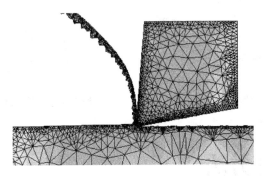

图 7-4 网络局部加密

采用有限元法进行分析计算时,依据分析对象的不同所采用的单元类型也不同。分析对象应该划分成什么样单元,这要根据结构本身的形状特点、综合载荷、约束等情况进行全面考虑而定,所选的单元类型应能逼近实际受力状态,单元形状应能接近实际边界轮廓。

前置处理程序通常具有如下基本功能。

(1) 生成节点坐标。可手工或交互输入节点坐标;绕任意轴旋转生成或沿任意矢量方向平移生成一系列节点坐标;在一系列节点之间生成有序节点坐标;生成典型面、体的节点坐标;合并坐标值相同的节点,并按顺序重新编号。

(2) 生成网络单元。可手工输入单元描述及其特性;可重复进行平移、旋转、对称平面复制已有的网格单元体。

(3) 修改和控制网格单元。对已剖分的单元体进行局部网格密度调整,如重心平移、预置节点、平移、插入或删除网格单元;通过定位网格方向及指定节点编号来优化处理时间;合并剖分后的单元体以及单元体拼合。

(4) 引进边界条件。引入边界条件,约束一系列节点的总体位移和转角。

(5) 单元物理几何属性编辑。定义材料特性,对泊松比、惯性矩、质量密度以及厚度等物理几何参数进行修改、插入或删除。

(6) 单元分布载荷编辑。可定义、修改、插入或删除节点的载荷、约束、质量、温度等信息。

2. 后置处理

在有限元分析结束后，由于节点数目较多，输出的数据量非常庞大，如静态受力分析后节点的位移量、固有频率计算后的振型等。如果靠人工来分析这些数据，工作量巨大且易出错，不能迅速得出结果。

后置处理，即将有限元计算分析结果进行加工处理并形象化为变形图、应力等值线图、应力应变彩色浓淡图、应力应变曲线以及振型图等，以便对变形、应力等进行直观分析和研究。为了实现这些目的而编制的程序，称为后置处理程序。

图7-5与图7-6为悬臂梁网格划分图与受力图，图7-7、图7-8分别为矩形悬臂梁的有限元一阶、二阶振型叠加网格图。

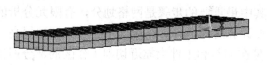

图7-5 悬臂梁网格划分图

图7-6 悬臂梁受力应力图

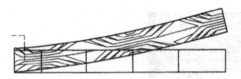

图7-7 矩形悬臂梁一阶振型叠加网格图

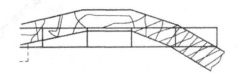

图7-8 矩形悬臂梁二阶振型叠加网格图

7.3 优化设计方法

优化设计是现代设计方法的重要内容之一，它以数学规划为理论基础，以计算机和应用软件为工具，在充分考虑多种设计约束的前提下寻求满足预定目标的最佳设计。如飞行器和宇航结构的设计应在满足性能的要求下使其质量最轻，空间运载工具的设计应使其轨迹最优；连杆、凸轮、齿轮、机床等机械零部件的设计应在实现功能的基础上，使结构最优；机械加工工艺过程设计应在限定的设备条件下使生产率最高等。目前，优化设计在宇航、汽车、造船、机械、冶金、建筑、化工、石油、轻工等领域都得到了广泛的应用。

7.3.1 优化设计数学模型

优化设计要解决的关键问题有两个，一是建立工程问题优化设计的数学模型，即确定优化设计的三要素：目标函数、约束条件和设计变量；二是选择适用的优化方法。

1）设计变量

设计中可以用一组对设计性能指标有影响的基本参数来表示某个设计方案。有些基本参数可以根据工艺、安装和使用要求预先确定，而另一些则需要在设计过程中进行选择。需要在设计过程中进行选择的基本参数称为设计变量。一项设计若有 n 个设计变量 x_1, x_2, $\cdots$, x_n，则这 n 个设计变量可以按一定次序排列，用 n 维列向量来表示。以 n 个设计量为坐标轴组成的实空间称为设计空间,用"R"表示。设计空间是所有设计方案的集合。

机械设计常用的设计变量有几何尺寸材料性质、速度、加速度、效率、温度等。

2) 目标函数

根据特定目标建立起来的、以设计变量为自变量的可计算函数称为目标函数,它是设计方案评价的标准,因此也称评价函数。优化设计的过程实际上是寻求目标函数最小值或最大值的过程,如使目标达到质量最轻、体积最小等。

目标函数作为评价方案的标准有时不一定有明显的物理意义和量纲,它只是设计指标的一个代表值。正确建立目标函数是优化设计中很重要的一步工作,它既要反映用户的要求,又要直接、敏感地反映设计变量的变化,对优化设计的质量和计算的难易程度都有一定影响。

3) 约束条件

在实际设计中设计变量不能任意选择,必须满足某些规定功能和其他要求。为实现一个可接受的设计而对设计变量取值施加的种种限制称为约束条件。约束条件必须是对设计变量的一个有定义的函数,并且各个约束条件之间不能彼此矛盾。

约束条件一般分为边界约束和性能约束两种:

(1) 边界约束又称区域约束,表示设计变量的物理限制和取值范围,如齿轮的齿宽系数应在某一范围内取值,标准齿轮的齿数应大于等于17等。

(2) 性能约束是由某种设计性能或指标推导出来的一种约束条件。这类约束条件一般总可以根据设计规范中的设计公式,或通过物理学和力学的基本分析推导出的约束函数来表示,如对零件的工作应力、变形、振动频率、输出扭矩波动最大值的限制等。

4) 数值迭代计算方法

数值迭代是计算机常用的计算方法,也是优化设计的基本数值分析方法。它用某个固定公式代入初值后反复进行计算,每次计算后将计算结果代回公式,使之逐步逼近理论上的精确解,当满足精度要求时即得出与理论解近似的计算结果。

建立数学模型是进行优化设计的关键,其前提是对实际问题的特征或本质加以抽象,再将其表现为数学形态。数学模型可描述为:

$$X = (x_1, x_2, \cdots, x_n),\ 使\ \min F(X)\ 满足约束条件\ \begin{cases} g_i(X) \geq 0 & (i=1,2,\cdots,m) \\ h_j(X) = 0 & (j=m+1, m+2, \cdots, p) \end{cases}$$

当式中的目标函数 $F(X)$、约束条件 $g_i(X)$ 与 $h_j(X)$ 是设计变量的线性函数时,称该优化问题是线性规划问题;如 $F(X)$、$g_i(X)$ 与 $h_j(X)$ 中有一个或多个是设计变量的非线性函数,则称为非线性规划问题。在机械设计中,由于像强度、刚度、运动学和动力学性能等这样一些指标均表现为设计变量的复杂函数关系,所以,绝大多数机械优化设计问题的数学模型都属于非线性规划问题。

建立数学模型的一般过程如下。

(1) 分析设计问题,初步建立数学模型。即使是同一设计对象,如果设计目标和设计条件不同,数学模型也会不同。因此,要首先弄清问题的本质,明确要达到的目标和可能有的条件,选用或建立适当的数学、物理、力学模型来描述问题。

(2) 抓住主要矛盾,确定设计变量。设计变量越多,设计自由度就越大,越容易得到理想的结果。但随着设计变量的增多,问题也随之复杂,因此应抓住主要矛盾,适当忽略次要因素,对问题进行合理简化。

(3) 根据工程实际提出约束条件。约束条件的数目多,则可行的设计方案数目就减少,优化设计的难度增加。从理论上讲,利用一个等式约束可以消去一个设计变量,从而降低问题的阶次，但工程上往往很难做到设计变量是一个定值常量，为了达到设计效果，总是千方百计使其接近一个常量，这样反而使问题过于复杂化。另外，某些优化方法不支持等式约束，因此需慎重利用等式约束，尤其是结构优化设计，应尽量少采用等式约束。

（4）对照设计实例修正数学模型。初步建立模型之后，应将其与设计问题相对照，并对函数值域、数学精确度和设计性质等方面进行分析，若模型不能正确、精确地描述设计问题，则需用逐步逼近的方法对模型加以修正。

（5）正确求解计算，估计方法的误差。如果数学模型的数学表达式比较复杂而无法求出精确解，则需采用近似的数值计算方法，此时应对该方法的误差情况有清醒的估计和评价。

（6）进行结果分析，审查模型的灵敏性。数学模型求解后还应进行灵敏度分析，即在优化结果的最优点处稍稍改变某些条件，检查目标函数和约束条件的变化程度。若变化较大则说明模型的灵敏性高，需要重新修正数学模型。因为工程实际中设计变量的取值不可能与理论计算结果完全一致，模型的灵敏性高可能对最优值产生很大影响。

7.3.2 优化设计过程

从设计方法来看，机械优化设计和传统的机械设计方法有本质的差别。一般将优化设计过程分为以下几个阶段。

（1）根据机械产品的设计要求确定优化范围。

针对不同的机械产品归纳设计经验，参照已积累的资料和数据分析产品的性能和要求，确定优化设计的范围和规模。产品的局部优化（如零部件）与整机优化（如整个产品）无论在数学模型还是优化方法上都相差甚远。

（2）分析优化对象，准备各种技术资料。

进一步分析优化范围内的具体设计对象，重新审核传统的设计方法和计算公式能否准确描述设计对象的客观性质与规律，是否需进一步改进完善。必要时应研究手工计算时忽略的各种因素和简化过的数学模型，分析它们对设计对象的影响程度，重新决定取舍，并为建立优化数学模型准备好各种所需的数表、曲线等技术资料，进行相关的数学处理（如统计分析、曲线拟合等），为下一步工作打下基础。

（3）建立合理而实用的优化设计数学模型。

数学模型描述了工程问题的本质，反映了所要求的设计内容。它是一种完全舍弃事物的外在形象和物理内容，包含该事物的性能、参数关系、破坏形式、结构几何要求等本质内容的抽象模型。建立合理、有效、实用的数学模型是实现优化设计的根本保证。

（4）选择合适的优化方法。

各种优化方法都有其特点和适用范围，所选取的优化方法应适合设计对象的数学模型，解题成功率要高，要易于达到规定的精度要求，要能在占用机时少、人工准备工作量小的情况下能满足可靠性和有效性好的选取条件。

（5）选用或编制优化设计程序。

根据所选择的优化方法选用现成的优化程序或用算法语言自行编制程序。准备好程序运行时需要输入的数据，并在输入时严格遵守格式要求，认真进行检查核对。

（6）计算机求解，优选设计方案。

（7）分析评价优化结果。

采用优化设计方法的目的就是要提高设计质量，使设计达到最优，若不认真分析评价优化结果,则使得整个工作失去意义,前功尽弃。在分析评价优化结果之后,或许需要重新选择设计方案,甚至需要重新修正数学模型,以便产生最终有效的优化结果。优化设计过程如图 7-9 所示。

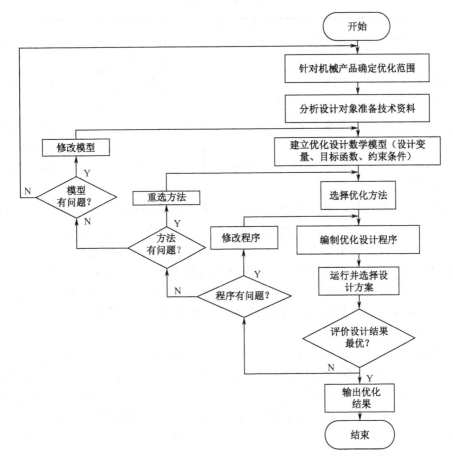

图 7-9 优化设计过程示意图

7.3.3 机械设计中常用优化设计方法

优化方法有不同的分类方法。根据是否存在约束条件可将其分为有约束优化和无约束优化,根据目标函数和约束条件的性质可将其分为线性规划和非线性规划,根据优化目标的多少,可将其分为单目标优化和多目标优化等。常用优化方法见表 7-2。

1) 一维搜索法

由于多维问题都可以转化为一维问题处理,所以一维搜索法是优化设计方法中最基本、最常用的方法。所谓搜索就是一步一步地查寻,直至函数的近似极值点处为止。其基本原理是区间消去法原则,即把搜索区间 $[a, b]$ 分成 3 段或 2 段,通过判断弃除非极小段,从而使区间逐步缩小,直至达到要求精度为止,取最后区间中的某点作为近似极小点。对于已知极小点搜索区间的实际问题可直接调用 0.618 法、分数法或二次插值法求解。其中 0.618 法步骤简单,可不用导数,适用于低维优化或函数不可求导数及求导数有困难的情况,对于连续或非连续函数均能获得较好效果,因此它的实际应用范围较广,但效率偏低。二次插值法易于计算极小点,搜索效率较高,适用于高维优化或函数连续可求导数的情况,但其程序复杂,有时它的可靠性比 0.618 法略差。

表 7-2 常用优化方法

优化方法												
无约束优化方法									约束优化方法			
一维搜索法			直接法			间接法			网格法	约束随机法	复合形法	罚函数法	
0.618法	分数法	二次插值法	坐标轮换法	单纯形法	鲍威尔法	梯度法	牛顿法	变尺度法				外点罚函数法	内点罚函数法	混合罚函数法

2）坐标轮换法

坐标轮换法又称降维法,其基本思想是将多维的无约束问题转化为一系列一维优化问题来解决。它的基本步骤是从一个初始点出发,选择其中一个变量沿相应的坐标轴方向进行一维搜索,而将其他变量固定。当沿该方向找到极小点之后,再从这个新的点出发对第二个变量采用相同的办法进行一维搜索。如此轮换,直到满足精度要求为止。若首次迭代即出现目标函数值不下降,则应取相反方向进行搜索。该方法不用求导数,编程较简单,适用于维数小于 10 或目标函数无导数、不易求导数的情况。但这种方法的搜索效率低,可靠性较差。

3）单纯形法

其基本思想是在 n 维设计空间中取 $n+1$ 个点,构成初始单纯形,求出各顶点所对应的函数值,并按大小顺序排列。去除函数值最大点 X_{max},求出其余各点的中心 X_{cen},并在 X_{max} 与 X_{cen} 的连线上求出反射点及其对应的函数值,再利用"压缩"或"扩张"等方式寻求函数值较小的新点,用于取代函数值最大的点而构成新单纯形。如此反复直到满足精度要求为止。由于单纯形法考虑到设计变量的交互作用,故它是求解非线性多维无约束优化问题的有效方法之一,但所得结果为相对优化解。

4）鲍威尔法

这种方法是直接利用函数值来构造共轭方向的一种共轭方向法。其基本思想是不对目标函数做求导数计算,仅利用迭代点的目标函数值构造共轭方向。该方法收敛速度快,是直接搜索法中比坐标轮换法使用效果更好的一种算法,适用于维数较高的目标函数,但它的编程较复杂。

5）梯度法

梯度法又称一阶导数法,其基本思想是以目标函数值下降最快的负梯度方向作为寻优方向来求极小值。虽然这种算法比较古老,但可靠性好,能稳定地使函数值不断下降,适用于目标函数存在一阶偏导数、精度要求不是很高的情况。该方法的缺点是收敛速度缓慢。

6）牛顿法

这种方法的基本思想是,首先把目标函数近似表示为泰勒展开式,并只取到二次项；然后不断地用二次函数的极值点近似逼近原函数的极值点,直到满足精度要求为止。该方法在一定条件下收敛速度快,尤其适用于目标函数为二次函数的情况。但计算量大,可靠性较差。

7）变尺度法

又称拟牛顿法。它的基本思想是,设法构造一个对称矩阵来代替目标函数的二阶偏导数矩阵的逆矩阵,并在迭代过程中使矩阵逐渐逼近逆矩阵,从而减少了计算量,又仍保持牛顿法收敛快的优点，是求解高维数无约束问题的最有效算法。

8）网格法

这种方法的基本思想是在设计变量的界限区内划分网格，逐一计算网格点上的约束函数和目标函数值，舍去不满足约束条件的网格点，而对满足约束条件的网格点比较目标函数值的大小，从中求出目标函数值为最小的网格点，这个点就是所要求最优解的近似解。该方法算法简单，对目标函数无特殊要求，但对于多维问题计算量较大，通常适用于具有离散变量（变量个数≤8）的小型约束优化问题。

9）复合形法

这种方法是一种直接在约束优化问题的可行域内寻求约束最优解的直接求解法。它的基本思想是先在可行域内产生一个具有大于 $n+1$ 个顶点的初始复合形，然后对其各顶点函数值进行比较，判断目标函数值的下降方向，不断地舍弃最差点而代之以满足约束条件且使目标函数下降的新点。如此重复，使其不断向最优点移动和收缩，直到满足精度要求为止。该法不需计算目标函数的梯度及二阶导数矩阵，计算量少，简明易行，因此在工程设计中较为实用。但这种方法不适用于变量个数较多（>15）和有等式约束的问题。

10）罚函数法

罚函数法又称序列无约束极小化方法。它是一种将约束优化问题转化为一系列无约束优化问题的间接求解法。它的基本思想是将约束优化问题中的目标函数加上反映全部约束函数的对应项（惩罚项），构成一个无约束的新目标函数，即罚函数。根据新函数构造方法的不同又可分为以下几种。

（1）外点罚函数法。罚函数可以定义在可行域的外部，逐渐逼近原约束优化问题的最优解。该方法允许初始点不在可行域内，也可用于等式约束。但迭代过程中的点是不可行的，只有迭代过程完成才收敛于最优解。

（2）内点罚函数法。罚函数定义在可行域内，逐渐逼近原问题的最优解。该方法要求初始点在可行域内，且迭代过程中的任一解总是可行解，但这种方法不适用于等式约束。

（3）混合罚函数法。它是一种综合外点罚函数法、内点罚函数法优点的方法。它的基本思想是不等式约束中满足约束条件的部分用内点罚函数处理，不满足约束条件的部分用外点罚函数处理，从而构造出混合函数。该方法可任选初始点，并可处理多个变量及多个函数，适用于具有等式和不等式约束的优化问题，但它在一维搜索上耗时较多。

选择适用而有效的优化方法一般应考虑以下因素：①优化设计问题的规模，即设计变量数目和约束条件数目的多少；②目标函数和约束函数的非线性程度、函数的连续性、等式约束和不等式约束以及函数值计算的复杂程度；③优化方法的收敛速度、计算效率，稳定性、可靠性以及解的精确性；④是否有现成程序，程序使用的环境要求，程序的通用性、简便性、执行效率、可靠程度等。目前国内外已出现许多较成熟的优化软件，如国内开发的"常用优化方法程序库 OPB"等。

7.4 工程分析中的动态仿真

伴随科技的快速发展，机械产品和设备也日益向高速、高效、精密、轻量化和自动化方向发展，产品结构也日益复杂，对产品工作性能的要求也越来越高。为了使产品能够安全、可靠地工作，产品的结构必须具有良好的动静态特性。因此，必须对产品和设备进行动态分析和动态设计,以满足机械结构的动态、静态特性要求。

对于复杂机械系统,人们关心的问题大致有三类:一是在不考虑运动起因的情况下,研究各部件的位置和状态以及它们的变化速度与加速度的关系,即系统的运动学分析;二是当系统受到静荷载时,确定在运动副制约下的系统平衡位置以及运动副的静反力,称为系统的静力学分析;三是讨论荷载与系统运动的关系,即动力学问题。

动力学分析是确定惯性(质量效应)和阻尼起重要作用时结构或构件动力学特性的技术,它的应用领域非常广泛。最经常遇到的是结构动力学问题,它有两类研究对象。一类是在运动状态下工作的机械或结构,例如高速旋转的电动机、汽轮机、离心压缩机,往复运动的内燃机、冲压机床以及高速运行的车辆、飞行器等,它们承受着本身惯性及与周围介质或结构相互作用的动力载荷,如何保证它们运行的平稳性及结构的安全性是极为重要的研究课题;另一类是承受动力载荷作用的工程结构,例如建于地面的高层建筑和厂房、石化厂的反应塔和管道、核电站的安全壳和热交换器、近海工程的海洋石油平台等,它们可能承受强风、水流、地震以及波浪等各种动力载荷的作用。这些结构的破裂、垮塌等破坏事故的发生,将给人们的生命财产造成巨大的损失。正确分析和设计这类结构,在理论上和实际中都具有重要意义。

动态设计(Dynamic Design)是对设备的动力学特性进行分析,通过对设计进行修改和优化,最终得到具有良好的动态特性和静态特性,振动小、噪声低的产品。结构动态设计要求根据结构的动态工况,按照对结构提出的功能要求及设计准则,遵循结构动力学的分析方法和试验方法进行反复分析和计算。结构模态分析是结构动态设计的核心。实验模态分析方法与计算模态分析方法一起成为解决现代复杂结构动态特性设计的相辅相成的重要手段。具体的机械结构可以看成是多自由度的振动系统,具有多个固定频率,在阻抗试验中表现为多个共振区,这种在自由振动时结构所具有的基本振动特性称为结构的模态。结构模态是由结构本身的特性与材料特性所决定的,与外载等条件无关。

机械动态设计是正在发展的一项新技术,它涉及现代动态分析技术、计算机技术、优化设计技术、设计方法学、测试理论、产品结构动力学理论等众多的学科和技术,目前尚未形成完整的动态设计理论、方法和体系。

7.4.1 仿真的基本概念

1)基本概念

随着科学技术的进步,尤其是信息技术和计算机技术的发展,"仿真"的概念不断发展和完善。通俗的仿真基本含义是指:模仿真实的系统或过程,通过使用模型来模拟和分析现实世界中系统的行为,以寻求真实系统或过程的的认识。它所遵循的基本原则是相似性原理。

模型是对现实系统有关结构信息和行为的某种形式的描述,是对系统的特征与变化规律的一种定量抽象,是人们认识事物的一种手段或工具。仿真的过程是基于从实际系统或过程中抽象出来的仿真模型,设计一个实际系统的模型,对它进行实验,以便理解和评价系统的各种运行策略。

这里的模型是指广义的模型,包含物理模型(物理实体或视图等)、概念模型(框图、特殊规定的因)、分析模型(数学模型、模拟模型等)、知识模型、信息模型等。显然,根据模型的不同,有不同方式的仿真方法。从仿真实现的角度来看,模型特性可以分为连续系统和离散事件系统两大类。由于这两类系统的运动规律差异很大,描述其运动规律的模型也有很多不同,因此相应的仿真方法不同,分别对应为连续系统仿真和离散事件系统仿真。

2）仿真的分类

除了可按模型的特性分为连续系统仿真和离散事件系统仿真类型外，还可以从不同的角度对系统仿真进行分类。典型的分类方法如下。

（1）按计算机类型分类。

① 模拟仿真。它是指采用数学模型，在模拟计算机上进行的实验研究。描述连续物理系统的动态过程比较自然、逼真，具有仿真速度快、失真小、结果可靠的优点，但受元器件性能影响，仿真精度较低，对计算机控制系统的仿真较困难，自动化程度低。模拟计算机的核心是运算部分，它由我们熟知的"模拟运算放大器"为主要部件构成。

② 数字仿真。它是指采用数学模型，在数字计算机上借助于数值计算方法所进行的仿真实验。计算与仿真的精度较高。理论上计算机的字长可以根据精度要求"随意"设计，因此其仿真精度可以是无限的，但是由于受到误差积累、仿真时间等因素影响，其精度也不宜定得太高。对计算机控制系统的仿真比较方便。仿真实验的自动化程度较高，可方便实现显示、打印等功能。计算速度比较低，在一定程度上影响到仿真结果的可信度。但随着计算机技术的发展，"速度问题"会在不同程度上有所改进。数字仿真没有专用的仿真软件支持，需要设计人员用高级程序语言编写求解系统模型及结果输出的程序。

③ 混合仿真。它结合了模拟仿真与数字仿真。

④ 现代计算机仿真。它采用先进的微型计算机，基于专用的仿真软件、仿真语言来实现，其数值计算功能强大，使用方便、易学。

（2）根据模型的种类分类。

① 物理仿真。它是指运用几何相似、环境相似的条件，构成物理模型进行仿真。其主要原因可能是由于原物理系统昂贵，或者是无法实现的物理场，或者是原物理系统的复杂性难以用数学模型描述的，如电力系统仿真、风洞试验等。

② 数字仿真。它运用性能相似原则，即将物理系统全部用数学模型来描述，并把数学模型变换为仿真模型，在计算机上进行实验研究。

③ 半实物仿真。在该仿真系统中，一部分是实际物理系统或与实际等价的物理场，另一部分是安装在计算机里的数学模型。将数学模型、实体模型、相似物理场组合在一起进行仿真。这类仿真技术又称为硬件在回路中的仿真。

（3）根据仿真时钟与实际时钟的比例关系分类。

① 实时仿真。仿真时钟（仿真时模型采用的时钟）与实际时钟（实际动态系统的时间基准）完全一致，常用于训练仿真器，称为在线仿真。

② 欠时仿真。仿真时钟慢于实际时钟，即模型仿真的速度慢于时间系统运行的速度，常用于离线分析，称为离线仿真。

③ 超实时仿真。仿真时钟快于实际时钟。

（4）根据模型的特性分类。

① 连续系统仿真。它是指对物理系统状态随时间连续变化的系统进行的仿真，一般可以使用常微分方程或偏微分方程组描述，如对飞机在运行中状态变化进行的仿真。

② 离散事件系统仿真。它是指对物理系统的状态在某些随机时间点上发生离散变化的系统进行的仿真等。如对订票系统、库存系统、交通控制系统进行的仿真等。

7.4.2 计算机仿真的工作流程

仿真的过程是基于从实际系统或过程中抽象出来的仿真模型，仿真及对应的模型种类有很多种分类，但仿真的基本思想还是相同的，即通过模型来模仿真实的系统或过程。下面以广泛使用的计算机仿真为例来介绍仿真的基本要素和基本流程。

1) 计算机仿真的三要素

计算机仿真的三要素分别为系统、模型及计算机，系统即为所要研究的对象，模型是对系统的抽象，而计算机是其工具与手段。三要素之间的关系如图 7-10 所示。

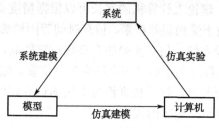

图 7-10 仿真三要素之间的关系

联系三者的三个基本活动描述如下。

（1）系统建模。即建立系统的数学模型。通常根据系统实验知识、仿真目的和试验资料来确定系统数学模型的框架、结构和参数。

（2）仿真建模。根据数学模型的形式，计算机的类型和仿真的目的，将数学模型转变成仿真模型，建立仿真试验框架，应进行模型变化正确性校核。

（3）仿真试验。根据仿真目的，选择并输入仿真过程所需要的全部数据，在计算机上运行仿真程序，进行仿真试验以获得试验数据，并动态显示仿真结果。

2) 仿真的工作流程

计算机仿真的一般流程如图 7-11 所示。

步骤 1　系统定义。求解问题前，先要提出明确的用来描述系统的目标及其是否达到衡量标准，其次必须描述系统的约束条件，再确定研究范围。

步骤 2　建立模型。抽象真实系统并规范化，确定模型要素、变量、参数及其关系，表达约束条件；要求以研究目标为出发点，模型性质尽量接近原系统，尽可能简化，易于理解、操作和控制。

步骤 3　数据准备。收集数据，决定使用方式，对数据进行完整性、有效性检验，用来确定模型参数。

步骤 4　模型转换。用计算机语言（高级语言或专用仿真语言）描述数学模型。

步骤 5　模型运行。获取被研究系统的信息，预测系统运行情况。这个过程一般是动态过程，常需要反复运行，以获得足够的实验数据。

步骤 6　分析并评价仿真结果。仿真技术包括了某些主观的方法，如抽象化、直观感觉和设想等，在提交仿真报告前，应全面分析和论证仿真结果，并根据模型的有效性来决定是否需要修改模型策略或参数，以及是否需要修改模型，直至得到合适的结果为止。结构动态设计的主要内容包括两个方面：首先建立一个切合实际的动力学模型，其次是选择有效的结构动态设计方法。

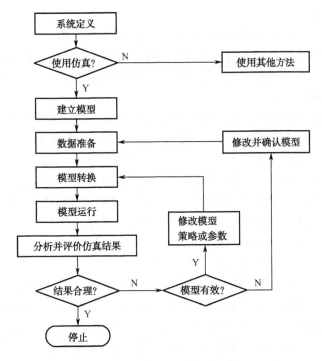

图 7-11 计算机仿真的一般流程

3）机械系统动态分析软件

结构动态设计建模的一种常见方法是有限元法。由于计算机技术的发展，建立在有限元原理上的结构分析软件已经相当成熟（如 ANSYS、ADINA、IDEAS、SAP、NASTRAN），它们已有效地应用在航天、航空、船舶、汽车和机床等工程结构的动态分析中。

动态分析软件由三部分组成：前处理、分析、后处理。

（1）前处理。对实际机械系统的子结构所建立的动力学分析模型进行输入，整理和存储建模所需的各类数据。单纯的运动学分析模型是一个系统结构简图，包括零件组成、连接与约束关系、空间大小、形状、位置以及运动学关系等几何特征。如对系统作动力学分析，模型中还需在结构简图中附加质量、转动惯量等质量特性，刚体或可变形体的物理特性以及作用力函数等特性。

一般软件都为建立分析模型提供了丰富、完备的元素库，包括各类连接、约束，各种力函数以及可由用户定义的特殊元素等。

为了让用户便于掌握，程序往往还为用户建模提供了专用语言，这种语言只包含与结构有关的简单词汇。一般有三种语言：定义语句、数据语句及请求语句。定义语句用来规定结构的件数、作用力、机架、运动副类型、规定它们之间的关系等；数据语句用来将各种数据输入计算机；请求语句用来指示计算机按什么形式解决问题及输出怎样的信息。

前处理程序还具有输入数据出错诊断、隐含赋值等功能。

（2）分析。建立了机械系统的分析模型后即可由模型定义数据，并转入分析程序进行分析处理。分析程序根据模型定义的构件、约束及其几何、力学特征进行自动识别，并选择机构回路，自动建立位移方程或约束方程、动力学的运动微分方程，自动调用数学程序求解机构的位移、速度、加速度，或求解运动微分方程，计算运动副的反作用力。一般的动力学和运动学分析程序都具有运动学、动力学、静力平衡、运动动力学、装配等各种分析方法，用户可根据问题的实际情况进行选择。

① 运动学分析。它不考虑构件的质量及作用力，只根据机构系统的运动学关系建立运动方程。这类问题在于求解机构系统各构件的瞬时位移、速度、加速度。为使机构获得确定的运动，输入运动参数（模型中的原动件）的个数应等于机构的自由度数。目前国际上常用的运动学分析方法有矢量法、回路法等。

② 动态分析。分析的目的是根据机械系统模型各构件的质量及其作用力来确定机构的运动。如何建立运动微分方程组是动态分析程序的核心问题。一般机构动力学分析程序采用的方法有拉格朗日方程法、牛顿定律（向量方法）、凯恩方法等。

③ 静力平衡分析。分析的目的是求解构件在有质量及作用力的情况下，机构系统的平衡位置状态。准静力平衡分析是根据递增的输入运动参数，分析出相应的一系列静力平衡状态。

④ 装配分析。它是根据用户所定义的单个构件及其连接、约束关系，将系统模型装配成一体。装配分析的输出结果是模型中所有构件的位置。装配分析允许模型定义数据存在微小的误差。装配分析在其他各类分析之前进行或独立运行。

（3）后处理。与有限元分析相似，运动学和动力学分析结果数据繁杂，不容易进行分析和评价，因此将其结果转换为各种时域或领域响应曲线对于工程分析和评价是很必要的。有时还需对模拟的结果进行数据的概率统计分析，给出综合评价指标值，并与试验数据进行对比分析。为了清晰地反映运动学和动力学模拟结果，要求动态显示机械系统运动和受力状态的线框或阴影图形，这是运动学、动力学模拟和计算机图形显示技术的主要发展趋势之一；而运动机械的动态干涉检查，则要求运动学、动力学分析与实体模型软件集成化。整个结果显示和评价过程在运动学、动力学分析后处理程序中完成。

7.4.3 仿真技术的应用

仿真技术是分析、综合各类系统的一种有力工具和手段。它目前已应用于几乎所有的科学技术领域，其中在发展较快的几个方面的应用如下。

1) 仿真技术在系统分析、综合方面的应用

在工程系统方面，包括航空航天、电力、石油、化工、冶金等行业，仿真技术都得到广泛应用。例如，在设计开始阶段，利用仿真技术论证方案，进行经济指标比较，优选合理方案；在设计阶段，系统仿真技术可帮助设计人员优选系统合理结构，优化系统参数，以期获得系统最优品质和性能；在调试阶段，利用仿真技术分析系统响应与参数关系，指导调试工作，可以迅速完成调试任务；对已经运行的系统，利用仿真技术可以在不影响生产的条件下分析系统的工作状态，预防事故发生，寻求可改进的薄弱环节，以提高系统性能和运行效率。

在非工程系统方面，对经济、金融、交通、能源、生态、环境等方面的大系统分析也都可应用仿真技术。例如，用仿真技术可以建立商品生产和公司经营与市场预测模型，可以辅助公司作出决策；对人口方面的分析也可应用仿真预估今后人口发展的合理结构，制定人口政策；仿真技术对城市的工业化速度、环境污染、发展模式等问题的研究也日益发挥其显著作用。

2) 仿真技术在仿真器方面的应用

系统仿真器是模仿真实系统的实验研究装置，它包括计算机硬件、软件及模仿对象的某些类似实物所组成的一个仿真系统。例如，飞行员培训仿真器可以训练飞行员在事故状态飞行排故的技能，这样可以提高飞行员飞行技术。仿真技术在仿真器方面的应用将会带来明显的技术和经济效益。

3）仿真技术在技术咨询和预测方面的应用

根据系统的数学模型，利用仿真技术输入相应数据，经过运算后即可输出结果，这种技术目前用在很多方面。例如，专家系统、技术咨询和预演、预报方面。我国目前研究比较多的是中医诊断系统，它将医疗经验丰富、诊脉医术准确的医生的知识和经验进行总结，加以规律化后编出程序，存入计算机，在临床诊断时起到专家的作用；农业育种专家系统自动计算选择杂交的亲本，预测杂交后代的性状，给出生产杂交第二代、第三代的配种方案，起到咨询的作用；地震监测仿真系统根据监测数据预报地震灾害；森林火警预报仿真系统能根据当地气温、风向、湿度等条件预报火警。

4）仿真技术在 CAD/CAM 系统中的应用

仿真技术已经成为 CAD/CAM 的重要工具之一，仿真在 CAD/CAM 系统中的应用主要表现在以下几个方面。

（1）产品形态仿真。如产品的结构形状、外观等属性的构建，如图 7-12 所示。

（2）装配关系仿真。如零部件之间装配关系与干涉检查等。

（3）运动学仿真。如模拟机构的运动过程，包括运动轨迹、速度和加速变化等。

（4）动力学仿真。分析计算系统在质量特性和力学特性作用下运动和力的动态特性。

（5）工艺过程仿真。如模拟零件从毛坯到成品的金属去除过程，以检验工艺路线的合理性、可行性、正确性。

（6）加工过程仿真。如模拟数控加工自动编程后的刀具运动轨迹，工件被加工表面的形成等（见图 7-13）。

如应用 Pro/E、MasterCAM 等软件对设计模型进行仿真和分析，能够模拟真实环境中的工作状况，并对其进行分析和判断，以尽早发现设计缺陷和潜在的失败可能，提前进行改善和修正，从而减少后期修改而付出的昂贵代价。运动仿真的结果不但可以用动画的形式表现出来，还可以以参数的形式输出，从而可以获知零件之间是否产生干涉，若有干涉，干涉的体积有多大等，然后根据仿真结果对所设计的零件进行修改，对制造出高质量的产品大有裨益。

图 7-12　产品形态仿真

图 7-13　加工过程仿真

随着各领域技术尤其是计算机技术的不断发展，仿真技术将会得到进一步的广泛应用，在缩短产品研发周期、改进生产过程、降低成本、辅助决策及安全预测等方面发挥越来越大的作用。

习题与思考题

1. 计算机辅助工程分析具体工作包括哪些方面？
2. 有限元法的基本原理是什么？前置处理与后置处理包括哪些步骤？
3. 何谓优化设计？它的关键工作是什么？
4. 机械设计中常用优化设计方法有哪些？
5. 仿真的概念是什么？仿真的工作流程包括哪些步骤？

第 8 章 计算机辅助工艺过程设计

> **教学提示与要求**
>
> 本章介绍了计算机辅助工艺设计（CAPP）的概念，零件信息描述与输入，派生式 CAPP 系统，创成式 CAPP 系统，CAPP 专家系统，计算机辅助工装设计，CAPP 的工艺数据库技术，CAPP 系统开发与应用，KMCAPP 系统简介。通过本章学习，使学生重点掌握不同类型 CAPP 系统的设计原理和实现的关键技术。

8.1 概述

8.1.1 CAPP 的定义及作用

计算机辅助工艺过程设计（Computer Aided Process Planning，CAPP）是指利用计算机技术辅助工艺人员设计零件从毛坯到成品的制造工艺过程。主要包括毛坯的选择、加工方法的选择、加工顺序的安排以及工序内容的详细设计等。

计算机辅助工艺过程设计是连接产品设计和产品制造的中间环节，是连接 CAD 到 CAM 之间的桥梁，CAD 数据库的信息只有经过 CAPP 系统才能变成 CAM 的加工信息。生产管理和计划调度等部门，也必须依靠 CAPP 系统的输出数据。

8.1.2 CAPP 的应用意义

传统的工艺过程设计通常由有丰富生产经验的工程师负责。进行工艺设计时，设计人员不但要具有丰富的生产实践经验和工艺设计理论知识，而且还必须熟悉企业内的各种设备使用情况和各种与生产加工有关的规范。而成为一个具有丰富生产经验的工艺工程师至少需要 10～15 年的工作时间。传统工艺规程设计存在的缺点之一是一致性差，而且质量不稳定，难以达到优化的目标。同样的产品零件由不同的工艺工程师设计工艺规程，得到的结果不相同，我们称之为一致性差。相似的零件，应具有相似的工艺过程，却人为地为它们确定了不同的工艺过程，这样对组织生产和提高生产效率都很不利。传统工艺规程设计的另一个缺点是设计速度慢，费时，不能适应当前机械制造业中产品更新换代快的要求。

CAPP 技术的出现，彻底改变了传统手工工艺设计的方式和对人的依赖，大大提高了编制效率，缩短了生产周期，保证了工艺设计的一致性和精确性，为实现工艺过程的优化和集成制造奠定了基础，其应用意义如下。

（1）将工艺设计人员从烦琐和重复性的劳动中解放出来，可以从事新产品和新工艺的开发等创造性工作。

（2）提高了工艺过程设计的效率，使零件生产准备时间减少，产品开发周期缩短，产品生产成本降低，提高了企业的市场竞争能力。

（3）降低了对工艺设计人员知识和经验水平的要求，提高相似或相同零件工艺规程的一致性，有利于实现工艺过程的标准化，为提高工艺管理水平和实现企业信息化建设奠定了基础。

（4）可以将工艺设计专家的知识和经验应用到工艺过程设计中，使得这些宝贵经验得以总结和传承，提高了工艺设计的合理化程度，从而实现工艺设计的优化和智能化。

（5）CAPP 是实现 CAD/CAM 系统集成的纽带，是实现企业信息化工程的基础，同时也是 CAD 深化应用的主要内容之一。

8.1.3　CAPP 的分类及基本原理

计算机辅助工艺过程设计系统根据其工作原理分为检索式、派生式、创成式和综合式四类系统，其中综合式 CAPP 系统是派生式、创成式与人工智能技术的结合，目的是充分发挥派生式和创成式两者的优势，避免派生式系统的局限性和创成式系统的复杂性。

（1）检索式 CAPP 系统。

检索式工艺过程设计系统是针对标准工艺的，是将企业中现有各类零件的标准工艺进行编号，存储在计算机中；当制定零件的工艺规程时，可以根据输入的零件信息进行搜索，查找合适的标准工艺。

检索式工艺过程设计系统的零件信息描述只要做到能够判断是否有相应的标准工艺就可以了。零件信息描述方法可以采用关键字、编码描述等。标准工艺库中的零件标准工艺应根据企业的实际情况，由有经验的工程技术人员来制定，并进行编号，最后建立标准工艺库。标准工艺应该是比较成熟的，固定不变的。在根据输入的零件信息进行搜索时，可以分为两步：第一步搜索是否属于标准工艺；第二步搜索具体的标准工艺编号。

检索式 CAPP 系统实际上类似于一个工艺文件数据库管理系统，功能较弱，自动决策能力差；其开发比较简单，易于实现，操作简单，具有较高的实用价值。由于标准工艺为数不多，主要针对企业内部零件而制定，大量的零件不能覆盖，因此应用范围有限。

（2）派生式 CAPP 系统。

派生式工艺设计系统的基本原理是利用零件的相似性。相似的零件有相似的工艺过程，一个新零件的工艺规程是通过检索相似典型零件（主样件）的工艺规程并加以增减或编辑而成，由此得出"派生"这个名称。派生式工艺过程设计也称为修订式、变异式或样件法。

相似零件的集合称为零件族。派生式 CAPP 系统是在成组技术的基础上，将同一零件族中所有零件的主要形面特征合成主样件，再按主样件制定出适合本企业条件的典型工艺规程，并以文件形式存储在计算机中。当需要编制一个新零件的工艺规程时，计算机会根据该零件的成组编码识别它所属的零件族，并调出该零件族主样件的典型工艺文件。根据新零件的型面编码、尺寸和加工精度等参数，用户可以通过人机对话方式对已筛选出的工艺规程进行编辑，增加、删除或修改，最后输出该零件的工艺规程。

派生式工艺过程设计原理简单，易于实现，有较好的实用价值，目前大多数投入应用的系统是派生式系统。由于其主要针对企业产品零件特点进行开发，因此柔性和可移植性差，不能用于全新结构零件的工艺规程设计。

（3）创成式 CAPP 系统。

创成式工艺设计系统的基本原理不同于派生式系统，它不是利用相似零件的工艺规程修订出来的，而是根据输入的零件信息（图形和工艺信息），依靠系统中的制造工程数据和决策逻辑自动生成零件的工艺规程，因此称为创成式或生成式系统。

由于组成复杂零件的几何要素很多，每一种要素可用不同的加工方法实现，它们之间的顺序又可以有多种组合方案，因此，工艺过程设计历来是一项经验性强而制约条件多的工作，往往依靠工艺人员多年积累的丰富经验和知识作出决策，而不仅仅依靠计算。为此，人们将人工智能的原理和方法引入到计算机辅助工艺过程设计中来，产生 CAPP 专家系统。它不仅弥补了派生式 CAPP 的不足，而且更符合实际，具有更大的灵活性和适应性。

创成式工艺过程设计系统通过数学模型决策、逻辑推理决策和智能思维决策等方式和制造资源库自动生成零件的工艺规程，运行时一般不需要人的技术干涉，是一种比较理想而有前途的方法。但是，到目前为止，还没有一种创成式 CAPP 系统能包括所有的工艺决策，也没有一种系统能完全自动化，这是因为大多数工艺过程问题无法建立实用的数学模型和通用算法，工艺规程的知识难以形成程序代码，因此只能处理简单的、特定环境下的某类特定零件。

8.1.4　CAPP 的发展趋势

随着计算机集成制造（CIM）、并行工程（CE）、智能制造（IM）等新技术、新概念的不断出现和发展，以及制造业信息化的迅速发展，无论从广度上还是深度上，都对 CAPP 技术的发展提出了更新更高的要求，在这样的形势下，CAPP 将朝着以下几个方向发展。

（1）集成化、网络化。

近年来，随着集成制造和网络制造技术的不断发展，CAPP 已从单一系统向信息集成化、网络化的方向发展。不仅实现 CAD/CAPP/CAM 系统的集成化，而且还要实现基于企业信息的集成化，如基于 ERP 的 CAPP，基于 PDM 的 CAPP 等。在集成化制造大系统中，CAPP 发挥着信息中枢和调节作用，如与上游的 CAD 实现产品信息的双向交流和传送，与生产调度系统实现有效集成，与质量控制系统建立内在联系等。为了实现 CAD/CAPP/CAM 之间的无缝集成，需要建立以特征为基础的通用产品模型，从根本上解决零件信息的描述和输入问题。

网络化是现代系统集成应用的必然要求，CAPP 不论是与 CAD 的信息双向交流，还是与 CAQ、CAM、PDM 等系统的集成应用，都需要网络技术的支持，才能实现企业级乃至更大范围的信息化。

（2）工具化、通用化。

由于各企业的工艺环境和管理模式千差万别，因此必须加强 CAPP 系统的工具化和通用化，这样 CAPP 才能在企业获得生命力。要解决上述问题，必须要将工艺设计中的共性信息和个性信息分开处理。共性信息包括：推理控制策略和一些公共算法以及通用的、标准化的工艺数据和工艺决策知识等；个性信息主要包括：与特定制造环境相关的工艺数据和工艺决策等。通过建立通用的 CAPP 应用系统的基本结构、基本工作流程和标准的用户界面，来满足各种不同产品类型和生产规模的企业、企业的不同部门对计算机辅助工艺设计和管理的基本需求。将 CAPP 系统的功能分解成一个个独立的工具模块，开发人员可根据企业的具体情况输入数据和知识，形成面向特定制造和管理环境的 CAPP 系统。向企业用户提供功能丰富的建模工具集、二次开发工具集和开发库，使得用户在软件实施人员的指导下，能够开发出适用于本企业应用的 CAPP 系统。

(3) 智能化。

依靠传统的过程性软件设计技术，如利用决策树或决策表来进行工艺决策等，已不能满足 CAPP 系统的工程应用需求。当前随着人工智能技术在计算机应用领域的不断渗透和发展，CAPP 系统的智能化程度也在不断提高。专家系统以及其他人工智能技术在获取、表达和处理各种知识的灵活性和有效性给 CAPP 系统的发展带来了生机。典型的具有智能性的 CAPP 系统有：CAPP 专家系统、基于实例和知识 CAPP 系统以及基于人工神经元网络的 CAPP 系统等。开发基于人工神经元网络的 CAPP 系统使系统具有自适应、自组织、自学习和记忆联想功能，而且能够避免推理过程中的组合爆炸问题；基于实例和知识 CAPP 系统使系统能够从已设计过的实例中自动总结、归纳和记忆有关经验和知识，并以此为基础进行工艺设计，从而提高系统的设计效率。

8.2 零件信息描述与输入

工艺过程设计的目标是制订一个零件的制造过程。工艺过程设计所需要的最原始信息是产品零件的结构形状和技术要求。产品的结构形状、尺寸、公差、表面粗糙度、热处理及其他技术要求都表示在工程图纸上。传统上，工程图就是工艺过程设计工作的基本输入，当进行人工工艺过程设计时，工艺工程师用眼睛看图，并在头脑中还原重建图纸上所表达的产品设计要求。而当采用计算机进行辅助工艺设计时，计算机同样要"读懂"零件图上的信息，然而，按照目前已达到的技术水平，计算机还不能直接"读懂"零件图，这样就产生了 CAPP 所面临的第一个问题，也是最重要的问题，即 CAPP 系统的零件信息输入与计算机内部如何对产品或零件进行表达的问题，其实质就是如何组织和描述零件信息，让计算机也能够"读懂"零件图。为此，需要确定合理的数据结构或零件模型来对零件信息进行描述。

8.2.1 图纸信息描述与人机交互式输入

(1) 零件分类编码描述法。

零件分类编码描述法是开发得最早，也是比较成熟的方法。其基本思路是按照预先制定或选用的分类编码系统对零件图上的信息进行编码，并将编码输入计算机。这种编码所表达的信息是计算机能够识别的，它简单易行，用其开发一般的派生式 CAPP 系统较方便，所以，现在仍有许多 CAPP 系统采用此法。但这种方法也存在一些弊端，如无法完整地描述零件信息，当码位太长时，编码效率很低，容易出错，不便于 CAPP 系统与 CAD 的直接连接（集成）等，故不适用于集成化的 CAPP 系统以及要求生成工序图及 NC 程序的 CAPP 系统使用。

(2) 知识表示描述法。

在人工智能技术（Artificial Intelligence，AI）领域，零件信息实际上就是一种知识或对象，所以原则上讲，可用人工智能中的知识描述方法来描述零件信息甚至整个产品的信息。一些 CAPP 系统尝试了用框架表示法、产生式规则表示法和谓词逻辑表示法等来描述零件信息，这些方法为整个系统的智能化提供了良好的前提和基础。在实际应用中，这种方法常与特征技术相结合，而且知识的产生应是自动的或半自动的，即应能直接将 CAD 系统输出的基于特征的零件信息自动转化为知识的表达形式，这种知识表达方法才更有意义。

(3) 零件表面元素描述法。

任何机器零件都由一个或若干个形状特征（或表面元素）组成，这些形状特征可以是圆柱面、圆锥面、螺纹面、孔、凸台、槽等。例如，光滑钻套由一个外圆柱面、一个内圆柱面、两个端面和四个倒角组成。一个箱体零件可以分解成若干个面，每一个面又由若干个尺寸与加工要求不同的内圆表面和辅助孔（如螺纹孔、螺栓孔、销孔等）及槽、凸台等组成。零件表面元素描述法就是将组成零件的各表面元素信息逐个并按一定顺序输入到计算机中，并将这些信息按事先确定的数据结构进行组织，在计算机内构成零件的原形。这种方法的优点在于：①机械零件上的表面元素与其加工方法是相对应的，计算机可以以此为基础推出零件由哪些表面元素组成，就能很方便地从工艺知识库中搜索出与这些表面相对应的加工方法，从而可以以此为基础推出整个零件的加工方法。②这些表面为尺寸、公差、粗糙度乃至热处理等的标注提供了方便，从而为工序设计、尺寸链计算以及工艺路线的合理安排提供了必要的信息。目前，这种方法在很多 CAPP 系统中得到了应用。

8.2.2　从 CAD 系统获取零件信息

前面介绍的几种零件信息输入方法都很不理想。采用零件分类编码的方法表示零件特征，只能是大致描述，而一个复杂机械零件包含的信息很多，单靠成组技术编码无论如何也不能把它描述清楚。采用表面元素法和知识表述法虽然能够把零件信息描述完整，但是花费的时间太长。即首先需要人对零件图纸进行识别和分析，然后对零件图上的信息进行二次输入。因为输入过程烦琐、费时、易出错，有时甚至还不如手工编制工艺文件来得快，所以对计算机辅助工艺过程设计系统来说，最理想的方法是在 CAD/CAPP/CAM 集成系统中，直接从 CAD 数据库中提取 CAPP 所需要的数据。

1）从一般 CAD 系统中获取零件信息

设计者在用传统的 CAD 系统画好产品或零件图之后，CAD 系统会用一定格式的文件记录设计结果，最常见的文件有".dwg"文件和".dxf"等文件。这些文件所包含的一般是点、线、面以及它们之间的拓扑关系等底层的信息，这些信息能够满足 CAD 系统进行产品或零件图的绘制，但不能满足 CAPP 系统对零件信息的需求。CAPP 所关心的是零件由哪些几何表面或形状特征组成，以及这些特征的尺寸、公差、粗糙度等工艺信息。因此，CAPP 系统想要得到零件的完整信息，就必须要对 CAD 系统输出的结果进行分析，按一定的算法识别并抽取出零件的几何形状及加工工艺信息。这显然是一种非常理想的方法，它无疑可以克服上述手工输入零件信息的种种弊端，实现零件信息向 CAPP、CAM 等系统的自动传输。但实践证明，这种方法有局限性、不通用，而且实现很困难，被认为是一个世界性难题。这主要因为存在以下几个难点：

（1）一般的 CAD 系统都是以解析几何作为其绘图基础的，其绘图的基本单元是点、线、面等要素，其输出的结果一般是点、线、面以及它们之间的拓扑关系等底层的信息，要从这些底层信息中抽取并识别出加工表面特征这样一些高层次的信息非常困难。

（2）在一般 CAD 系统输出的图形文件中，没有诸如公差、粗糙度、表面热处理等工艺信息，即使对这些信息进行了标注，也很难抽取出这些信息，更谈不上把它们和它们所依附的加工表面联系在一起。

（3）目前 CAD 系统种类繁多，即使 CAPP 系统能接收一种 CAD 的系统输出的零件信息，也不一定能接收其他 CAD 系统输出的零件信息。

2）从基于特征设计的 CAD 系统中获取零件信息

这种方法一般是以基于特征设计的 CAD 系统为基础的。这种 CAD 系统的绘图基本单元是参数化的几何形状特征（或表面要素），如圆柱面、圆锥面、倒角、键槽等，而不是通常所用的点、线、面等要素。设计者采用这种系统绘图时，不是一条线一条线地绘制，而是一个特征一个特征地绘制，类似于用积木拼装形状各异的物体，所以也叫特征拼装。设计者在拼装各个特征的同时，即赋予了各个形状特征（或几何表面）的尺寸、公差、粗糙度等工艺信息，其输出的信息也是以这些形状特征为基础来组织的，所以 CAPP 系统能够接收。这种方法的关键是要建立基于特征的、统一的 CAD/CAPP/CAM 零件信息模型，并对特征进行总结分类，建立便于用户扩充与维护的特征类库。其次就是要解决特征编辑与图形编辑之间的关系，以及消隐等技术问题。目前这种方法已用于许多实用化 CAPP 系统之中，被认为是一种比较有前途的方法。

3）基于产品数据交换标准的建模与信息描述

要想从根本上实现 CAD/CAPP/CAM 的集成，最理想的方法是为产品建立一个完整的、语义一致的产品信息模型，以满足产品生命期各阶段（产品需求分析、工程设计、产品设计、加工、装配、测试、销售和售后服务）对产品信息的不同需求和保证对产品信息理解的一致性，使得各应用领域（如 CAD、CAPP、CAM、CNC、MIS 等）可以直接从该模型抽取所需信息。这个模型是用通用的数据结构规范来实现的。显然，只要各 CAD 系统对产品或零件的描述符合这个数据规范，其输出的信息既包含了点、线、面以及它们之间的拓扑关系等底层的信息，又包含了几何形状特征以及加工和管理等方面信息，那么 CAD 系统的输出结果就能被其下游工程，如 CAPP、CAM 等系统接收。近年来流行较广的是美国的 PDES 以及 ISO 的 STEP 产品定义数据交换标准，另外还有法国的 SET、美国的 IGES、德国的 VDAFS、英国的 MEDVSA 和日本的 TIPS 等，其中最有应用前景的当属 STEP，STEP 支持完整的产品模型数据，不仅包括曲线、曲面、实体、形状特征等内在的几何信息，还包括许多非几何信息，如公差、材料、表面粗糙度、热处理信息等，它包括产品整个生命周期所需的全部信息。目前 STEP 还在不断发展与完善之中。

8.3 派生式 CAPP 系统

派生式 CAPP 是利用零件的相似性来检索现有的工艺规程的一种软件系统，该系统是建立在成组技术（Group Technology，GT）的基础之上，按照零件几何形状或工艺的相似性归类成族，建立该零件族零件的典型工艺规程，即该零件族中零件加工所需要的加工方法、加工设备、工具、夹具、量具及其加工顺序等，其具体内容可根据系统的开发程度而定。派生式 CAPP 系统的特点：以成组技术为理论基础，理论上比较成熟；应用范围比较广泛，有较好的适用性；在回转类零件中应用普遍；继承和应用了企业较成熟的传统工艺，但柔性较差；对于复杂零件和相似性较差的零件难以形成零件族。

根据零件信息的描述和输入方法不同，可以分为基于 GT 的派生式 CAPP 系统和基于特征（实例）推理的派生式 CAPP 系统。

8.3.1 成组技术

1）成组技术的定义

成组技术是一门工程技术科学，用来研究如何识别和发掘生产活动中有关事物的相似性，利用它，即把相似的问题归类成组，寻求解决这一组问题的相对统一的最优方案，以取得最佳效果。在机械制造领域，成组技术定义为：将多种零件（部件或产品）按其相似性分类成组，并以这些零件组（部件组或产品组）为基础组织生产，实现多品种、中小批量生产的产品设计、制造工艺和生产管理的合理化。成组技术被公认为是提高多品种、中小批量生产企业经济效益的有效途径，是发展柔性制造技术和计算机集成制造系统的重要基础。

成组技术的思想是 20 世纪 20~30 年代开始产生的，但直到 50 年代由苏联学者斯·帕·米特洛凡诺夫进行系统的研究，才形成专门的学科，并在苏联推广应用，随后又推广到欧洲、美国和日本。联邦德国的零件分类编码系统和英国的成组生产单元进一步推动了成组技术的发展。中国于 20 世纪 60 年代初引进成组技术，至 2010 年，各国成组技术分类系统已有近百种。目前，成组技术已发展到可以利用计算机自动进行零件分类、分组，不仅应用到产品设计标准化、通用化、系列化及工艺规程的编制过程，而且在生产作业计划和生产组织等方面也得到了广泛的应用。

2）成组技术产生的背景

随着市场需求的多样化和个性化，多品种、中小批量的生产已成为现代企业主要的生产方式，其生产的产品数量占机械产品总量的 70%左右。在传统的制造过程中，生产组织是以孤立的一种产品为基础，生产技术准备也是孤立地以一种产品为对象，因此，传统的中小批量生产方式存在着加工效率低、生产周期长、产品成本高、市场竞争能力差以及生产组织很复杂等缺点。成组技术正是在这种背景下，专为改变多品种、中小批生产企业的落后生产状况而发展起来的一种卓有成效的新技术。

在制造业中，每年生产的产品种类成千上万，组成产品的每种零件都有不同的形状、尺寸和功能。但是，大量统计资料表明，机械产品中零件的相似性占到 70%。所谓零件的相似性是指零件所具有的各种特征的相似。一种零件一般具有包括结构形状、材料、精度、工艺等许多方面的特征，这些特征决定着零件之间在结构形状、材料、精度、工艺上的相似性。零件的结构形状相似性包括形状相似和尺寸相似，其中形状相似的内容又包括零件的基本形状相似、零件上具有的形状要素（如外圆、孔、平面、螺纹、键槽、齿形等）及其在零件上的布置形式相似；尺寸相似是指零件之间相对应的尺寸（尤其是最大外廓尺寸）相似。精度相似则是指零件对应的表面之间精度要求相似。零件的工艺相似则包括零件加工所采用的加工方法、加工设备、工艺装备以及工艺路线等相似。一般将零件形状结构、材料、精度的相似性称为基本相似性，而把工艺相似性称为二次相似性。零件的相似性是实施成组技术的客观基础。

3）零件分类的方法

成组技术的基本原理既然是要求充分认识和利用客观存在的有关事物的相似性，所以按一定的相似性标准将有关事物归类成组是实施成组技术的基础。目前，将零件分类成组常用的方法有：视检法、生产流程分析法、编码分类法。

（1）视检法。

视检法是由有生产经验的人员通过对零件图样进行仔细阅读和判断，把具有某些特征属性的一些零件归为一类。它的效果主要取决于个人的生产经验，带有一定的主观性和片面性。

（2）生产流程分析法。

生产流程分析法（Production Flow Analysis，PFA）是以零件的生产流程为依据。为此，需要有较为完整的工艺规程和生产设备明细表等技术文件。通过对零件生产流程的分析，可以把工艺过程相近的，即使用同一组机床进行加工的零件归为一类。采用此法分类的正确性是与分析方法以及所依据的工厂技术资料有关。显然，采用此方法可以将工艺规程相似的零件进行分类，以形成加工族。

(3) 编码分类法。

按编码分类,首先需要将待分类的零件依次进行编码,即将零件的有关设计、制造等方面的信息转译为代码(代码可以是数字,或数字和字母的组合)。为此,需要选用或制定零件分类编码系统。采用零件分类编码的系统使零件有关生产信息编码化,这样有助于应用计算机辅助成组技术的实施。

8.3.2 零件分类编码系统

零件分类编码系统是用各种符号对零件的有关特征如零件类型、尺寸、材料、精度等,按照一定的规律进行描述与识别的一套规则和依据。这些符号可以是字母、数字或者两者都有,一般情况下,大多数编码系统只使用数字。

1) 分类编码系统的结构

在成组技术中,分类编码系统结构有三种形式:树式结构、链式结构和混合结构。

(1) 树式结构

在树式结构中,码位之间是隶属关系,即除了第一码位内的特征码外,其他各码位的含义均取决于前一位码位的值。树式结构的分类编码系统所包含的特征信息量较多,能对零件特征进行详细的描述,但结构复杂,编码和识别代码不太方便。

(2) 链式结构

此结构也称为并列结构或矩阵结构,每个码位内的各特征码具有独立含义,与前后码无关。链式结构所包含的特征信息量比树式结构少,结构简单,编码和识别也比较方便。OPITZ 系统的辅助码就属于链式结构。

(3) 混合结构

混合结构由上述两种编码系统组合而成。工业上大多数分类编码系统都采用混合式结构。混合结构具有树式结构和链式结构的共同优点,能很好满足设计和制造的需求,是常见的编码结构。

每个分类编码系统都有一定的信息容量,即一个分类编码系统所容纳的零件特征信息总数量,它是评定分类编码系统功能的重要参数。信息容量越大,零件特征就能描述得越详细。系统信息容量取决于系统内码位数量、项数和结构。设码位数量为 N,每个码位内的项数为 M,则树式结构的信息容量 R_s 为:

$$R_s = \sum_{i=1}^{N} M^i \tag{8-1}$$

链式结构的信息容量 R_s 为:

$$R_s = MS \tag{8-2}$$

式中,S 为码位的个数,即码位的长度;M 为码位内的项数。以上的计算公式仅适用于标准结构的编码系统,而实际使用的分类编码系统并不完全是标准的结构。

2) 分类编码系统简介

(1) Opitz 编码系统。

Optiz 系统是世界上最著名的系统,它是由德国 Aachen 工业大学的 H.Opitz 教授开发的。该系统简单且使用方便,许多编码系统都是采用它作为基础编写的。Opitz 系统采用 9 位数字来描述零件信息,前 5 位数字用以表示零件的几何形状,称为形状代码,后 4 位数字则表示零件的尺寸、材料、毛皮和加工精度,称为辅助代码。图 8-1 说明了 Opitz 系统的基本结构。

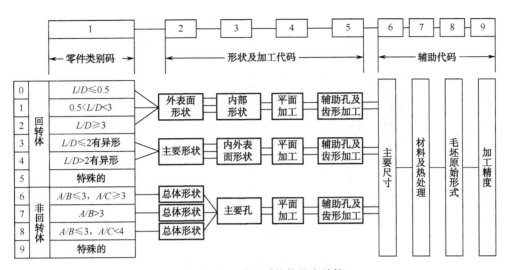

图 8-1 Opitz 编码系统的基本结构

各码位所描述的特征内容简介如下。

① 形状代码中的第一位数字把零件形状分为回转体零件和非回转体零件。当第一位数的代码为 0~5 时，表示是回转体零件，代码为 6~9 时，则表示是非回转体类零件。

② 第二位表示零件的主要形状及其要素。对于回转体类零件，第二位数字的代码描述零件外部的主要形状。描述的内容包括零件表面是否带有台阶；是一端有台阶还是两端都有台阶；是否带有圆锥表面等。

③ 第三位表示零件内表面的形状及其要素。如是否有台阶孔、台阶孔的方向以及是否有螺纹加工等。

④ 第四位表示是否有平面和槽。

⑤ 第五位表示是否有辅助孔和齿形等。

⑥ 第六位表示零件的基本尺寸。回转体类零件的基本尺寸用最大直径 D 表示，非回转体类零件则用最大外形尺寸 A 表示。

⑦ 第七位数字表示零件的材料，也分为十类，分别是铸铁、碳钢、合金钢、铸铁合金等。

⑧ 第八位数字表示零件毛坯的形状，分别为棒料、管材、铸铁件、焊接件等十类。

⑨ 最后一位数字表示零件上高精度加工要求所在的形状码位，用 0~9 十个代码分别表示。

Opitz 系统的主要特点：

① 系统结构较为简单，仅有九个横向分类环节，便于记忆和人工分类。

② 系统的分类标志虽然形式上偏重零件结构特征，但是实际上隐含着工艺信息。

③ 尽管系统考虑了精度特征标志，但是由于零件的精度既有尺寸精度，也有位置精度和形状精度，因此仅用一位码来标识是不够充分的。

④ 系统的分类标志尚欠严密和准确。

⑤ 系统从总体结构上看虽较简单，但是从局部结构看仍十分复杂。

下面是回转体类零件和非回转体类零件的 Opitz 系统编码实例，分别如图 8-2 和图 8-3 所示，零件图中只标注了主要尺寸。

（2）KK-3 系统。

KK-3 系统是由日本机械振兴协会和机械技术研究所开发的，KK-3 是系统的第三个版本，于 1976 年定稿颁布。它采用 21 位十进制混合结构代码，代码结构如图 8-4 所示。

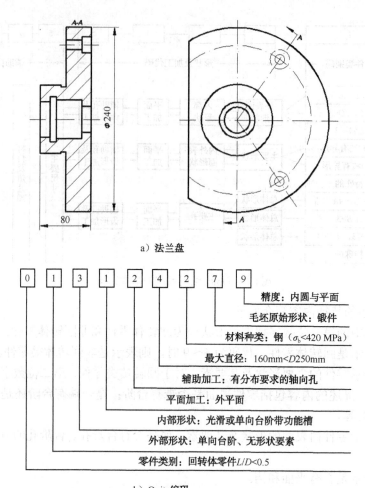

图 8-2 Opitz 系统编码举例（回转体类零件）

KK-3 系统的主要特点：

① KK-3 系统在横向分类环节的先后顺序安排上，基本考虑了零件各部分形状加工的顺序关系，所以它也是结构、工艺并重的分类编码系统。

② KK-3 系统采用前 7 位码作为分类环节，便于设计和检索。

③ 系统虽然环节很多，但是在分类标志的配置和排列上，大都采用"三要素全组合"方式，使得代码含义明确。

④ KK-3 系统采用零件功能和名称作为分类标识，使其能实现最大程度的零件详细分类。

⑤ 由于码位较多，不适宜手工编码，应采用计算机辅助编码。

⑥ KK-3 系统的主要缺点是有些环节上零件出现率极低，这意味着有些环节设置不当。

（3）JLBM-1 系统。

JLBM-1 系统是我国原机械工业部颁发的机械零件分类编码系统（中华人民共和国机械工业部指导性文件 JB/Z251—85）。该系统的结构可以说是 Opitz 系统和 KK-3 系统的结合，它克服了 Opitz 系统分类标志不全和 KK-3 系统环节过多的缺点。该系统具有 15 个码位，每一码位用从 0～9 十个数码表示不同的特征项号。15 个码位中，第一、二码位为名称类别矩阵，第三～九码位为形状与加工码位，第十一～十五码位为辅助码位，如图 8-5 所示。

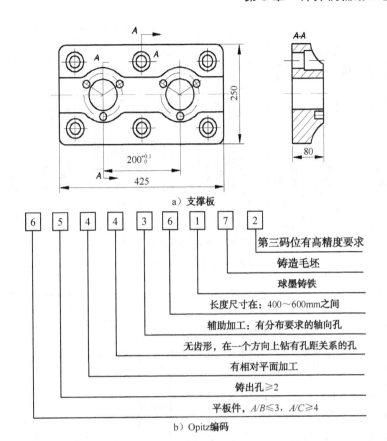

图 8-3 Opitz 系统编码举例（非回转体类零件）

JLBM-1 系统的特点如下：

① JLBM-1 系统由于增加形状加工的环节，因而比 Opitz 系统可以容纳较多的分类标志外，它在系统的总体组成上要比 Opitz 系统简单，因此易于使用。

② JLBM-1 系统的主要缺点是把设计检索的环节分散布置。

③ JLBM-1 系统也存在着标志不全，以致零件无法确定分类编码。

④ 和 KK-3 系统一样，在贯彻 JLBM-1 系统之前，先要对零件名称进行统一。

码位	1	2	3	4	5	6	7	8	9	10	11	12	13	14	15	16	17	18	19	20	21
	名称		材料		主要尺寸		各部形状与加工														
								外表面						内表面			辅助孔			
分类项目	粗分类	细分类	粗分类	细分类	长度 L	直径 D	外廓形状与尺寸比	外廓形状	同心螺纹	功能槽	异形部分	成形平面	周期性表面	内廓形状	内曲面	内平面与内周期面	端面	规则排列	特殊孔	非切削加工	精度

a）KK-3 机械加工零件分类编码系统的基本结构（回转体）

图 8-4 KK-3 系统

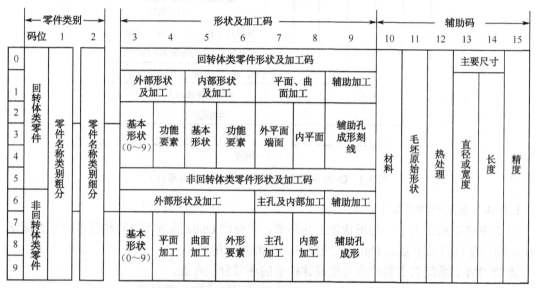

b) KK-3机械加工零件分类编码系统的基本结构（非回转体）

图8-4　KK-3系统（续）

图8-5　JLBM-1系统的结构

8.3.3　基于GT的派生式CAPP系统

1）派生式CAPP系统的开发过程

（1）选择零件编码系统。根据本企业产品特点选择或制定合适的零件分类编码系统（GT码）。为了提高开发效率，最好选用已有的比较熟悉的成熟系统，如果已有系统不能满足本企业需求，可在已有系统的基础上进行局部修改。

（2）将现有零件进行编码。在进行编码时，可以利用计算机来辅助完成，通过人机对话方式，将零件信息输入计算机，计算机辅助编码软件根据输入的零件信息自动生成该零件的分类编码。

（3）划分零件族，建立零件族特征矩阵。划分零件族是以零件的相似性为基础，对于派生式CAPP系统而言，这里的相似性是指一个族内的所有零件应具有相似的工艺规程。需要注意的是，如果仅把那些具有相同加工序列的零件归为一族，则能获得这个族成员资格的零件数就会减少；而若把能在同一机床上加工的所有零件都归为一个零件族，则在生成族内每个零件的工艺规程时，需要对标准工艺规程进行大量修改，因此，用户应根据自己的实际情况合理定义零件族。当零件族划分完成后,将同族零件的编码进行组合,即可得到零件族的特征矩阵。

(4) 编制零件族的标准工艺规程。标准工艺规程代表本族零件的工艺过程,但却不是族内某一具体零件的工艺过程,而是一个假想零件的工艺规程,这个假想零件称为主样件或复合零件,每个零件族只需要一个主样件或复合零件。复合零件是指拥有同族零件全部待加工表面要素的零件。在设计复合零件时,首先应对零件族中的零件进行认真分析,然后取出最复杂的零件作为设计基础,把其他不同形状特征加到基础件上去,从而形成复合零件,最后对复合零件进行工艺规程设计,形成零件族的标准工艺规程。

(5) 建立工艺数据库和数据文件。把标准工艺规程和工艺设计中用的有关数据、技术规范和技术资料等存入数据库或数据文件。在派生式 CAPP 系统中,除了工艺设计时所必需的制造资源库外,如刀具库、设备库和切削参数库等,还应有零件族的特征矩阵库、标准工艺规程库和工序库及它们之间的关系。

(6) 进行系统总体设计。实现对标准工艺的存储、管理、检索、编辑和结果输出。在设计时可采用模块化设计方法来设计和调试各个不同功能模块的相应软件。

2) 派生式 CAPP 系统的应用过程

当开发过程完成后,就可以投入使用,为新零件设计工艺过程。

系统应用过程包括如下步骤:

(1) 根据所选用的零件分类编码系统为新零件进行编码。
(2) 用零件信息输入模块完成零件编码和其他信息的输入工作。
(3) 对输入的零件编码进行判断,如果属于某一零件族,则从标准工艺规程库中调出该零件族的标准工艺规程;如果新零件不包括在已有零件族内,则计算机将此情况报告给用户。
(4) 系统根据输入代码和已确定的逻辑,对标准工艺过程进行删节。
(5) 用户根据新零件的特征和加工要求,对已删节过的标准工艺规程进行详细编辑,增加、删除或修改。
(6) 将编辑好的工艺规程存储起来,并按指定格式将工艺规程打印输出。

建立在成组技术(GT)基础上的派生式 CAPP 系统工作原理如图 8-6 所示。

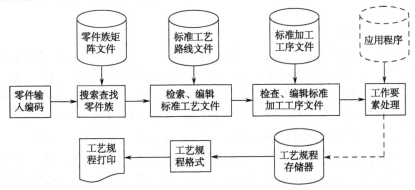

图 8-6 派生式 CAPP 系统的工作原理

8.3.4 基于特征(实例)推理的派生式 CAPP 系统

1) 系统的主要思路

在基于特征的派生式 CAPP 系统中,采用基于特征描述的零件信息模型取代 GT 代码描述;

用工序-工步二叉树或其他模型描述零件的工艺规程或标准工艺规程。采用上述方法能够对零件信息和工艺信息进行准确而完整的描述，从而为提高工艺设计的质量奠定了基础。

用样件或实例分类索引树取代基于 GT 的零件分组。实例是系统中已有的工艺规程及其相应的零件信息集合，即每个实例都由零件特征信息描述（包括零件名称、类型、几何形状、尺寸、精度、材料、热处理等）和对应的工艺信息描述（包括工艺路线、加工设备类型、加工刀具及切削用量等）两大部分组成。分类索引树是动态的，用户可根据应用需求方便创建自己的实例分类索引树，并可对其进行管理和维护。样件或实例按零件分类索引树分类存储，用户可以随时将新制定的样件或新产生的实例按类存入样件库，无需事先对样件进行分组和制定零件族矩阵。与基于 GT 技术的派生式 CAPP 系统不同，样件的形成不依赖于已有的大量零件图及工艺规程，而是只对企业现有的有限典型零件进行分类，并对每一类典型零件制定出一个或多个样件，编制其标准工艺规程。通过人机交互方式输入或编辑样件信息及其相应的标准工艺规程，从而大大提高了系统的灵活性和实用性。

用基于特征（实例）的推理取代基于零件族矩阵的工艺规程筛选策略，即在对标准工艺规程进行自动筛选时，不是基于零件族的特征矩阵，而是以基于特征描述的零件信息为依据，在推理过程中，将新零件的特征分别与样件库中与其相似程度最大实例的特征依次进行匹配比较，根据比较结果对实例的标准工艺规程进行推理和修正，从而形成当前零件的工艺规程。

2）实例库的建立

（1）实例的获取。

实现基于实例推理的前提是要建立一个存储已有的问题和解决方案的实例库，快速、准确地获取合适的实例存入实例库是基于实例推理派生式 CAPP 系统中重要的内容之一。一个零件类或相似零件族一般都有许多个实例，若将系统在推理中所产生的所有实例都存入实例库，则库中的容量将变得很大，一方面会大大降低实例的搜索效率，而且还可能使系统在使用中很难找到所需实例。为了便于对实例进行搜索和管理，一般只将有一定代表性的实例存入实例库。目前，实例的获取主要通过以下两个途径：①被工艺专家认可的 CAPP 系统本身推理所产生的工艺设计结果及其对应的零件信息；②人工编制、整理并输入系统的标准工艺规程及其相应的零件信息。

（2）样件或实例的管理。

系统如何从实例库中快速准确地提取出所需实例，是基于特征（实例）推理的派生式 CAPP 系统中重要技术之一，其涉及如何对实例进行表示和有效的管理。基于特征的零件分类索引树是一种常用的实例管理方法，并以此为基础实现对实例的提取。该方法的关键是首先要对零件进行分类，并确定每类对象的属性，然后建立分类索引树，用计算机来实现对这些分类零件的管理。

分类索引树是一种动态的数据结构，系统开发者可将已建立好的树的结构、建立方法和维护方法用计算机软件的形式提供给用户，即为用户提供了建立分类索引树和实例库的工具和平台，使用户可根据自己的应用需求，灵活方便地创建形式和内容各异的分类索引树，从而建立起自己的样件库或实例库，以此为基础进行基于特征（实例）推理的派生式工艺设计。这样，系统开发者就没有必要事先对零件进行烦琐的分类和建立相应的样件库或实例库，而是将这两项工作独立开来，分别由系统开发者和用户来完成，从而大大增加了系统的灵活性和通用性，使系统能够满足不同用户的需求。

3）样件或实例的提取

（1）实例的提取。

实例是按零件分类树分类存储的，每一类零件都对应一个或多个实例。实例提取的任务是从零件分类索引树中找出与新零件最匹配或比较匹配的实例（一般不止一个），为实例的标准工艺信息筛选和工艺路线修正奠定基础。以当前零件信息和零件分类索引树为依据，可通过以下两种方法实现实例的提取。

① 人机交互式提取法。一般可通过两步来完成实例的提取。首先通过人机交互方式，搜索出当前新零件所属的零件类别。在样件或实例管理模块的引导下，从零件分类树根节点开始遍历搜寻，寻找当前零件所属的零件类别。第二步相似性判断。当找到新零件所属的零件类别后，系统自动计算当前零件与所属零件类别中所有实例的相似性系数。根据计算结果，按一定的次序将与相似性系数大小相对应的实例进行列表显示，用户可通过查看所列实例的有关属性，以进一步确定选用哪一个实例进行后续的派生式工艺设计。

② 自动提取法。该方法通过两个步骤来完成。首先系统自动搜索当前新零件所属的零件类别。根据输入的零件信息，系统从分类索引树树根开始进行广度优先搜索，确定当前零件所属的零件类别。然后进行相似性计算。当计算出零件与所属零件类别中所有实例的相似性系数后，系统自动选择系数最大的实例，并以此实例为基础进行工艺设计。如果用户不满足系统所选实例，可选取其他样件或实例进行工艺设计。

（2）相似性系数的计算。

相似性系数是用于衡量当前新零件与有关实例或样件相似性程度的一个参数，用 k_s 来表示。相似性系数不但和零件类型或实例类型（如产品种类、实例的功能结构、外形尺寸和长径比等因素有关）、加工方式、特征（包括主、副特征）的类型等因素有关，还与零件的材料类型、热处理方法、毛坯类型及形状特征的精度等级、粗糙度和形位公差等因素有关。相似性系数的计算方法很多，在实际应用中，常采用如下的相似性系数计算公式：

$$k_s = \frac{a_{mt}k_{mt} + a_{ht}k_{ht} + a_{bt}k_{bt} + a_{mf}k_{mf} + a_{af}k_{af}}{a_{mt} + a_{ht} + a_{bt} + a_{mf} + a_{af}} \tag{8-3}$$

式中，k_{mt} 为材料匹配率；k_{ht} 为热处理匹配率；k_{bt} 为毛坯匹配率；k_{mf} 为主特征匹配率；k_{af} 为辅助特征匹配率。k_{mt}、k_{ht} 和 k_{bt} 称为总体信息匹配率，k_{mf} 和 k_{af} 称为特征匹配率。a_{mt}，a_{ht}，a_{bt}，a_{mf} 和 a_{af} 为相应的加权系数。k_{mt}，k_{ht}，k_{bt}，k_{mf} 和 k_{af} 的计算公式如下：

$$k_{mt} = \begin{cases} 1, & （新材料的材料类型与实例的材料类型匹配） \\ 0, & （新材料的材料类型与实例的材料类型不匹配） \end{cases}$$

$$k_{ht} = \begin{cases} 1, & （新材料的热处理方法与实例的热处理方法匹配） \\ 0, & （新材料的热处理方法与实例的热处理方法不匹配） \end{cases}$$

$$k_{bt} = \begin{cases} 1, & （新材料的毛坯类型与实例的毛坯类型匹配） \\ 0, & （新材料的毛坯类型与实例的毛坯类型不匹配） \end{cases}$$

$$k_{mf} = \frac{（新零件的主特征和实例的主特征相匹配的个数）\times 2}{新零件的主特征数+实例的主特征数}$$

$$k_{af} = \frac{（新零件的辅特征和实例的辅特征相匹配的个数）\times 2}{新零件的辅特征数+实例的辅特征数}$$

所谓新零件主特征（或辅助特征）和实例零件主特征（或辅助特征）相匹配是指：

① 新零件和实例相对应的特征类型相同，例如，同为外圆柱面或长方体等。

② 下面两个条件的任意一个或两者都满足（由用户设定）：

ⅰ. 新零件和实例相对应的特征的粗糙度相同；

ⅱ. 新零件和实例相对应的特征的精度等级相同；

iii. 新零件和实例相对应特征的局部热处理方法相同或者新零件和实例的总体热处理方法相同。

一般取 $a_{mt}=0.1$，$a_{ht}=0.2$，$a_{bt}=0.1$，$a_{mf}=0.4$，$a_{af}=0.2$，且 $a_{mt}+a_{ht}+a_{bt}+a_{mf}+a_{af}=1$；所以可将式（8-3）简化为：

$$k_s = a_{mt}k_{mt} + a_{ht}k_{ht} + a_{bt}k_{bt} + a_{mf}k_{mf} + a_{af}k_{af} \tag{8-4}$$

若 $k_s=1$，表明该实例与新零件完全匹配；若 $0.7<k_s<1$ 为基本匹配；若 $k_s<0.7$，则表明该实例与当前零件的匹配情况不理想，需要采用其他方法进行工艺设计。

4）基于特征（实例）的推理与修正

（1）推理。

基于特征（实例）的推理是将待设计零件的几何形状特征信息和样件或实例的几何形状特征信息进行比较和匹配，从而确定实例标准工艺规程中哪些工序或工步需要保留，哪些需要删除。

在推理时，如果存在新零件形状特征没有匹配成功的情况，则系统还将在加工方法选择规则库中搜索没匹配上的形状特征所对应的加工方法（加工链），并按一定的规则将这些加工方法插入当前的工艺规程文件中。基于特征（实例）推理的工艺设计过程如图 8-7 所示。从图中可以看出，推理的过程相当于对实例的标准工艺规程信息进行筛选，在实例标准工艺规程中滤掉多余特征的加工方法，剩下的即为新零件的工艺规程。当然，还需要对上述的工艺规程进行必要的修正和编辑修改，才能作为正式的工艺设计结果而被使用。

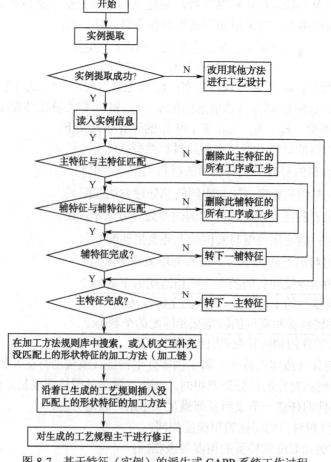

图 8-7 基于特征（实例）的派生式 CAPP 系统工作过程

(2) 修正。

由推理形成的工艺规程可能不够准确或不够完善，因此还必须对其进行修正。常见的修正内容如下。

① 对于材料相同的零件，可能会出现热处理工艺和要求不同，因此需要根据被设计零件的技术要求重新确定其毛坯或增加必要的热处理工序。

② 虽然新零件的形状特征和实例的形状特征相同，但可能存在其精度级别或粗糙度不完全相同，因此需要增加或删除相应的精加工工序。

③ 在推理过程中主要考虑了形状特征信息，而没有考虑定位装夹等方面的内容，这样实例工艺规程的定位装夹方法与实际被设计零件的定位装夹方法可能不同，所以需要重新确定零件的定位装夹方式。

④ 还需要根据新零件的实际情况，对某些工序或工步顺序进行调整。

⑤ 由于当前零件尺寸、精度及形位公差等与实例不同，所以需要对推理得到的工序尺寸、切削用量与刀具等进行修改，以满足实际零件的加工要求。

修正的方法可以采用人机交互式进行编辑修正，也可采用专家系统的方法，利用产生式规则进行修正，但规则的收集、整理和表达比较困难，且难以编写成程序。

8.4 创成式 CAPP 系统

创成式 CAPP 系统是根据零件的信息，运用系统的各种决策逻辑和制造工程数据信息，自动生成新零件的工艺规程，在此过程中一般不需要人的干预，且用户对所生成的工艺规程无需大的改动。创成式 CAPP 系统所需要的数据信息主要是有关各种加工方法的加工能力、各种机床和工艺装备的适用范围等一系列基本的工艺知识，一般以数据文件或数据库形式提供；而工艺设计过程中的各种决策逻辑或者植入程序代码（传统的程序设计方法）以决策规则形式存入相对独立的工艺知识库，供主控程序调用（专家系统方法）。创成式 CAPP 系统的功能和派生式系统一样，可以只包括加工方法的选择，工艺路线的排序，也可以包括详细的工序设计。到目前为止，还没有一种创成式 CAPP 系统能包括所有的工艺决策，也没有一种系统能完全自动化。也就是说，由于工艺设计过程的复杂性，这种功能完全、自动化程度很高的创成式系统目前还没有开发出来，甚至在短期内也不一定能实现。目前具有实用价值的创成式 CAPP 系统大都是针对某一企业或行业专门设计的，其通用性和移植性较差。

8.4.1 创成式 CAPP 系统的设计方法

创成式 CAPP 系统的设计一般包括准备阶段和软件开发两个阶段。准备阶段主要包括详细的技术方案设计以及制造工程数据和知识的准备；软件开发阶段则包括程序系统结构设计以及程序代码的设计。由于工艺设计工作的复杂性，以及创成式系统开发所需支撑技术的不成熟性，使得很难给出一个标准化的、统一的模式。下面简要地介绍一下创成式 CAPP 系统的设计方法和过程。

（1）明确所开发系统的设计对象，即本系统将适用于哪一类型的零件。由于工艺设计的复杂性和零件的多样性，所以很难开发一个通用的适合任何零件的 CAPP 系统，为此必须明确设计对象的类别及其范围。例如，要明确本系统将应用于回转体零件还是箱体类零件，而对于箱体零件还应再细分为是哪一类箱体零件，因为产品的用途不同而使其结构、尺寸、加工精度等也不同，从而对应的工艺方法也有区别。因此，明确产品对象可以说是开发创成式 CAPP 系统的首要前提。

（2）对本类零件进行详细的工艺分析。明确该类零件由哪些表面组成，每个表面的精度要求及其表面间的精度关系。创成式 CAPP 系统的工艺决策过程类似于传统的人工工艺设计过程，首先要分析和确定的是每个加工表面的加工要求和加工方法，这是工艺路线及工序设计的基础。

（3）收集有关加工能力及经济精度、加工设备、切削参数、工艺装备等数据资料，建立基本工艺数据库。上述数据资料可从机械制造工程手册中查找得到。

（4）工艺决策模型及功能实现模型的建立。传统的创成式 CAPP 系统常采用决策树或决策表等决策逻辑，CAPP 专家系统则常采用产生式规则的决策方式。

（5）软件设计和实现。在该阶段主要是将上述整理好的各种工艺知识和决策逻辑实现模块化和算法化。对于开发 CAPP 专家系统而言，此阶段主要是进行推理机的设计和程序实现。

8.4.2 创成式 CAPP 系统的组成及工作过程

创成式 CAPP 系统的功能模块主要有：零件信息输入模块、毛坯选择、加工方法选择、工艺路线生成、刀具选择、夹具选择、机床选择、量具选择、切削用量选择、工序尺寸确定以及工序图生成等模块，此外还包括各种制造数据库以及工艺知识数据库等。

创成式 CAPP 系统的工作原理如图 8-8 所示，其工作过程为：

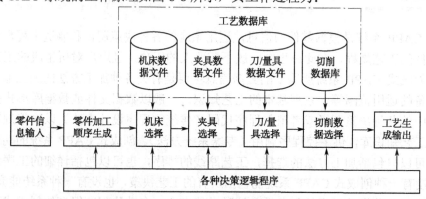

图 8-8　创成式 CAPP 系统的工作过程

（1）输入零件信息。零件信息包括零件几何信息及有关加工工艺信息。

（2）加工方法的选择。根据零件上各种几何表面特征的加工要求，确定各种表面特征的加工方法，并组成其相应的加工序列，以便为后续的工艺路线设计做好准备。如果零件信息是从 CAD 系统获取的，在确定加工方法之前，还需要首先从输入的零件信息中提取加工表面特征信息。

（3）生成工艺规程主干。按照一定的工艺路线安排规则，将上述各加工表面的加工方法按一定的加工顺序排序，以生成零件的工艺路线。由于确定工艺路线需考虑的因素很多，处理的方法在生产实践中也很灵活，目前这方面决策逻辑的研究还不成熟。所以，这个阶段最困难，也最重要。针对这种决策的复杂性，目前常采用分级、分阶段地考虑几何形状、技术要求、工艺方法，以经济性或生产率为指标的优化要求等约束因素，使各工序之间能排出合理的加工顺序。当生成工艺路线主干后，还要检查所生成的工艺路线是否到达要求，如果不满足要求，可进行编辑、修改，直到到达满意为止。

（4）进行工序设计。工序设计的内容包括：加工机床选择、工艺装备（夹具、刀具、量具等）

选择、加工余量确定、工步内容和次序的安排、工序尺寸的计算及公差给定、时间定额计算等。

(5) 工艺文件的输出。

8.4.3　创成式 CAPP 系统的工艺决策

在创成式 CAPP 系统工艺设计过程中，决策问题主要包括选择性决策、规划性决策及数值计算等。选择性决策主要包括加工方法的选择，毛坯的选择，机床及刀具、夹具、切削用量的选择等；规划性决策主要包括工艺路线的安排、工序中加工工步的确定等；数值计算主要是指工序尺寸计算、切削用量选择、时间定额计算等。可以看出，除了数字计算可以依靠主要数学模型外，其余决策都属于逻辑决策，而这种性质的决策，只能靠建立决策模型来实现。但是，这些逻辑决策除了需要依赖大量的现有制造工程数据外，还需要工艺专家丰富的实践经验和处理问题的技术水平和技巧。在创成式 CAPP 系统开发中，由于针对的应用对象不同，生产环境以及功能需求等不同，会出现不同的工艺决策模型。目前，国内外在加工方法的选择等选择性问题方面已有较为成熟的解决策略，而对于工序安排与排序等规划性决策问题，以及工序尺寸的自动计算和工序图的自动生成等，目前尚无成熟的解决方法，许多 CAPP 系统都是在限定的条件下给出决策模型，有的系统只是部分实现了自动化决策，是一种半创成式的 CAPP 系统。因此，对工艺设计问题本身进行深入分析，建立工艺决策模型仍是创成式 CAPP 系统开发的关键问题之一。

8.4.4　一般创成式 CAPP 系统的工艺决策方法

创成式 CAPP 系统的工作原理，就是根据输入的零件信息，系统能够运用各种决策逻辑自动生成新零件的工艺规程，因此可以看出，开发创成式 CAPP 系统的核心工作就是决策逻辑的表达和实现。尽管工艺过程设计决策逻辑很复杂，包括各种决策问题，但是其表达方式却有许多共同之处，可以用类似形式的软件设计方式来表达和实现。在一般的创成式 CAPP 系统中，常用决策表和决策树来表达和实现，而在智能化的 CAPP 系统中，还采用专家系统或人工智能中的其他决策技术。下面先介绍决策树和决策表。

1) 决策树

决策树是连通而无回路的图，它不仅是一种常用的数据结构，也是一种常用的决策逻辑表达工具。同时，它很容易和"IF（假如）…，THEN（则）…"这种直观的决策逻辑相对应，很容易直接转换成逻辑流程图和程序代码。

决策树由各种节点和分支构成。节点中有根节点、终节点（叶子节点）和其他节点。除了根节点和终节点，其他节点都具有单一的前趋节点和一个以上的后继节点。节点表示一次或一个动作。拟采取的动作一般放在终节点上。分支连接两个节点，一般用来连接两次测试或动作，并表达一个条件是否满足。满足时测试沿分支向前传送，以实现逻辑 AND（与）的关系；不满足时则转向出发节点的另一分支，以实现 OR（或）的关系。所以，由根节点到终节点的一条路径可以表示一条决策规则。图 8-9 表示孔加工方法的选择决策树。

由以上图可以看出，决策树具有以下特点：

(1) 决策树可直观、准确、紧凑地表达复杂的逻辑关系，且建立与维护容易。

(2) 决策树是表示"IF…THEN…"类型决策的很自然的方法。在决策中，条件（IF）被放在树的分支上，预定动作（THEN）被放在分支的节点上，可很容易将其转换成计算机程序。

(3) 决策树很容易扩充与修改，非常适合于工艺过程的设计。

(4) 决策树可进行形状特征的加工方法选择,机床、刀具、夹具及切削用量的选择等。

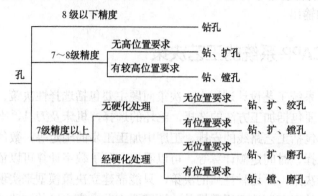

图 8-9 孔加工方法的选择决策树

2) 决策表

决策表是表达各种事件间复杂逻辑关系的格式化符号化方法,广泛地用做软件设计的辅助工具以及系统分析或数据处理的辅助工具。在工艺设计决策逻辑中,用决策表来存放零件加工属性条件与操作动作之间的关系,通过匹配查表的方式来选择决策规则,并进行决策。决策表具有明晰、准确、紧凑地表达复杂的逻辑关系,易于转换成程序算法和代码,易读、易懂和易修改等优点,且便于检查遗漏及逻辑上的不一致性。

表 8-1 所示为表的结构,决策表由四部分组成,左上部分为决策条件,右上部分为条件值集合,左下部分为决策项目,右下部分为动作(或结果)。每一列就是一条决策规则。

例如车削装夹方法的选择可能有以下的决策逻辑:

如果工件的长径比<4,则采用卡盘;

如果工件的长径比≥4,而且<10,则采用卡盘+尾顶尖;

如果工件的长径比≥10,则采用顶尖+跟刀架+尾顶尖。

上述决策逻辑可用决策表表示,如表 8-1 所示。表 8-2 所示为孔加工方法选择决策表。

表 8-1 决策表结构

条件项目	条件状态
决策项目	决策条件

表 8-2 车削装夹方法选择决策表

工件的长径比<4	T	F	F
4≤工件的长径比<10		T	F
卡盘	√		
卡盘+尾顶尖		√	
顶尖+跟刀架+尾顶尖			√

在决策表中 T 表示条件为真,F 为条件为假,空格表示决策不受此条件影响。只有当满足所列全部条件时才采取该列动作。决策表表示的决策逻辑也能用决策树来表示,反之亦然。

需要注意的是,当建立一个决策表来表达复杂决策逻辑时,必须仔细检查准确性、完整性、无歧义性等重要性质,也需要考虑表的规模和正确的循环。

准确性就是指表中的每一条规则都能准确无误地表达相应的决策逻辑。它的含义和方法都是明显的。

完整性是指决策逻辑各条件项目的所有可能组合是否都考虑到了。它也是正确表达复杂决策逻辑的重要条件。

无歧义性是指一个决策表的不同规则之间不能出现矛盾或冗余。

表 8-3　孔加工方法选择判定表

直径≤12mm	T	T	T	T	F	F	F	F	F	F	F	F
12mm<直径≤25mm	F	F	F	F	T	T	T	T	T	F	F	F
25mm<直径≤50mm	F	F	F	F	F	F	F	F	F	T	T	T
50mm<直径	F	F	F	F	F	F	F	F	F	F	F	F
位置度≤0.05mm	F	F			F		F	F	F	F	F	
0.05mm<位置度≤0.25mm	F	F			F		T	F	T	F	F	
0.25mm<位置度	T		F	F		T	T		F	F	T	
公差<0.05mm	F		F	T		F		T	T	F	F	T
0.05mm<公差≤0.25mm	F			F		F		F	F	F	T	F
0.25mm<公差	T	F		F	T	F		F	F		T	F
钻孔	1	1	1	1	1	1	1	1	1	1	1	1
铰孔		2										
半精镗				2				2	2			2
精镗			2	3		2	2	3	3		2	3
快速返回				3					4		3	4

3）决策树和决策表的实现

当决策表和决策树制订好之后，就可以将其转化为流程图，然后用条件分支语句 IF…THEN…来实现逻辑决策过程。IF 语句后面跟着条件，THEN 语句后面跟着预定动作。图 8-10 所示为某一决策树及其对应的程序流程图。

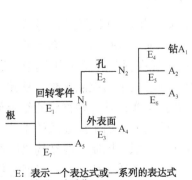

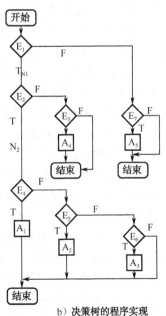

E：表示一个表达式或一系列的表达式
A：表示一个动作

a）决策树　　　　　　　　　　　　b）决策树的程序实现

图 8-10　决策树及其在程序中的实现

8.5 CAPP 专家系统

人工智能技术（Artificial intelligent，AI）的发展为 CAPP 的进一步发展开辟了新的道路。专家系统（Expert system，ES）是人工智能技术的一个分支，从 20 世纪 80 年代以后，基于专家系统的创成式 CAPP 系统已成为世界范围内制造业中最受关注的课题之一。

8.5.1 专家系统概念

专家系统是这样的一种系统：

（1）专家系统处理现实世界中提出的、需要由专家来分析和判断的复杂问题。专家是指能够解决某些专门问题的能手。他们的能力来源于他们所具有的丰富的经验，以及所掌握的处理问题的专业知识。为了让计算机能够像专家那样解决问题，需要收集足够的专家知识。

（2）专家系统通过推理的方法来解决问题，并且使得到的结论和专家相同。在专家系统中，所储存的不是答案，而是进行推理的能力和知识。

8.5.2 创成式 CAPP 专家系统概述

传统的程序设计方法中，对一个待解决的问题，首先要建立其数学模型，然后通过算法流程描述问题的解决思路，最后将该算法用计算机语言表达并输入计算机，以获得问题的求解结果。但在工艺过程设计中，主要的工作不是计算，大多数的工艺决策方法主要依靠工艺人员在长期的生产实际中积累起来的经验性知识，这带有明显的专家个人的技巧和智能性质。而这种技巧和智能性质，难以用数学模型来表示，而其求解的过程是逻辑、判断和决策过程。而专家系统具有处理这些不确定性和多义性知识的特长，它可以在一定程度上模拟人脑进行工艺设计，使工艺设计中的许多模糊问题得以解决。特别是对箱体、壳体类零件的工艺设计，由于它们结构形状复杂、加工工序多、工艺流程长，而且可能存在多种加工方案，工艺设计的优劣主要取决于人的经验和智慧，因此一般 CAPP 系统很难满足这些复杂零件的工艺设计要求。而 CAPP 专家系统能汇集众多工艺专家的经验和智慧，并充分利用这些知识进行逻辑推理，探索解决问题的途径与方法，因而能给出合理的甚至是最佳的工艺决策。

CAPP 专家系统同一般的创成式 CAPP 系统一样，都可自动生成零件的工艺规程，但是一般创成式 CAPP 是以"逻辑算法+决策表（决策树）"为特征，而 CAPP 专家系统是以"推理+知识"为特征。CAPP 专家系统不再像一般创成式 CAPP 系统那样在程序的运行中直接生成工艺规程，而是根据输入的零件信息去频繁地访问知识库，并通过推理机中的控制策略，从知识库中搜索能够处理零件当前状态的规则，然后执行这条规则，并把每次执行规则得到的结论部分按照先后次序记录下来，直到零件加工到终结状态，这个记录就是零件加工所要求的工艺规程。专家系统以知识结构为基础，以推理机为控制中心，按数据、知识、控制三级结构来组织系统，其知识库和推理机相互分离，这就增加了系统的灵活性。当生产环境变化时，可通过修改知识库来加入新的知识，使之适应新的要求，因而解决问题的能力大大增强。

由于专家系统具有以上的优越性，因此，从 20 世纪 80 年代开始，人们就开始了有关人工智能及专家系统在工艺过程设计中的应用技术研究，研制成功了所谓的基于知识的创成式 CAPP

系统或 CAPP 专家系统。近十年来，人们开始将人工神经网络、模糊推理以及基于实例的推理等技术用于工艺设计中，并进行了卓有实效的实践。但是，由于工艺过程设计是一门经验性很强的科学，这使得 CAPP 专家系统开发存在很多问题。例如工艺知识的获取和表示、工艺模糊知识的处理、工艺推理过程中自行解决冲突问题的最佳路径、自学习功能的实现等问题。随着人们对 CAPP 专家系统认识和实践的不断深入，相信以上这些问题都将逐步得到解决。

8.5.3 CAPP 专家系统组成

CAPP 专家系统组成如图 8-11 所示。其主要由知识库、推理机、零件信息输入模块、知识获取模块、解释模块和动态数据库组成。知识库存储从专家那里得到的有关该领域的专门知识和经验；推理机具有推理能力，能够根据输入的零件信息，运用知识库中的知识对给定问题进行推导并得出结论。动态数据库主要用于存放推理的初始事实或数据、中间结果以及最终结果；解释模块是系统与用户的接口，用来解释各种决策；知识获取模块通过向用户提问或通过系统不断应用，来不断扩充和完善知识库。

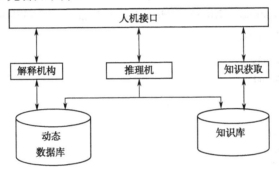

图 8-11 CAPP 专家系统组成

CAPP 工艺决策专家系统一般具有如下特点：
（1）工艺知识库和推理机相分离，有利于系统维护。
（2）系统的适应性好，并具有良好的开放性。当 CAPP 系统所面向的零件范围发生变化时，只需要修改或扩充知识库中的知识，无需对整个系统进行全面改造。
（3）有利于追踪系统的执行过程，并对此作出合理解释，使用户确信系统所得出的结论。如有必要，用户也可以通过人机交互方法改变系统的推理路线，使系统按用户的要求执行。
（4）系统生成工艺文件的合理程度取决于系统所拥有知识的数量和质量。
（5）系统工艺决策的效率取决于系统是否拥有合适的启发式信息。由于工艺决策专家系统难以避免无效搜索，它和非专家系统工艺决策相比，效率要低些。

8.5.4 知识的获取和表达

知识库是专家系统中最核心的组成部分，其直接影响着专家系统解决实际问题的能力，因此，知识库的构建是一个专家系统设计过程中一项最重要、最核心的工作，其主要包括知识获取和知识表达两方面内容。

1）工艺决策知识获取
知识的获取就是把解决问题所用的专门知识从某些知识来源变换为计算机程序。工艺决策知识是人们在工艺设计实践中所积累的认识和经验的总和。工艺设计经验性强、技巧性高，工艺设计理论和工艺决策模型化工作仍不成熟，使工艺决策知识获取更为困难。目前，除了一些工艺决策知识可以从书本或有关资料中直接获取外，大多数工艺决策知识还是来源于具有丰富实践经验的工艺人员或专家。

目前 CAPP 专家系统最常用的知识获取是通过知识工程师来完成的，知识工程师是一个计算机方面的工程师，他从专家那里获取知识，并利用知识编辑器等工具将知识以正确的形式存储到知识库里。高级的知识获取方法是专家系统自动知识获取，其本质是机器的自动学习过程。具有自动学习功能的专家系统能够通过用户对求解结果的大量反馈信息自动修改和完善知识库，并能在问题求解过程中自动积累和形成各种有用的知识。随着机器学习研究的日益深入和大量学习算法的出现，机器学习正成为专家系统自动获取知识的强有力工具。

2）知识表达方法

专家系统中知识表达是数据结构和解释过程的结合。在 CAPP 专家系统中，常用的知识表达方法主要有产生式规则、语义网络和框架等。

（1）基于规则的知识表示。

基于产生式规则（Productive Rule）的知识表示是目前专家系统中最常用的一种知识表达方法。其一般表达方式如下所示：

```
IF  <领域条件 1> and/or
    <领域条件 2> and/or
    ……
    <领域条件 n>
THEN <结论 1> and
     <结论 2> and
     ……
     <结论 m>
```

产生式的 IF（如果）被称为条件部分，它说明要应用这一规则所必须满足的条件，THEN（那么）部分称为操作部分。在产生式系统的执行过程中，如果一条规则的条件部分被满足了，那么，这条规则就可以被应用，也就是说，系统的控制部分可以执行系统的操作部分。

规则的表示具有固有的模块特征，且直观自然，又便于推理，因此获得了广泛应用。许多工艺决策专家系统都采用规则表示工艺知识。例如，一条加工链选择知识可表示为：

```
IF    特征是孔                AND
      孔径>20                AND
      精度等级>=7            AND
      精度等级<=9            AND
      表面粗糙度 Ra>=0.8   AND
      表面粗糙度 Ra<=3.2
THEN
      选择加工链钻—扩—铰
```

（2）基于语义网络的知识表示。

语义网络（Semantic Network）是一种基于网络结构的知识表示方法。语义网络由节点和连接这些点的弧组成。语义网络的节点代表对象、概念或事实；语义网络的弧则代表节点和节点之间的关系。

零件的语义网络如图 8-12 所示。图中含义是：回转件是一种零件，光轴是一种回转件，倒角是回转件的一部分，非回转件是一种零件，圆孔是零件的一部分。

图 8-13 为描述机床的一个语义网络。图中 IS-A 链表示车床是机床的一个子类型；PART-OF 链分别表示最大回转直径是车床的属性，200 mm 是 C620 的一个属性；INSTANCE-OF 分别表示 C620 是车床的一个实例，200 mm 是最大回转直径的一个实例。

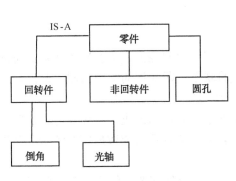

图 8-12 零件的语义网络

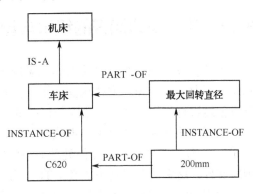

图 8-13 机床的语义网络

（3）基于框架的知识表示。

框架（Frame）是一种表达一般概念和情况的方法。框架的结构与语义网络类似，其顶层节点表示一般的概念，较低层节点是这些概念的具体实例。

框架的一种表示方法是表示成嵌套的连接表。连接表由框架名、槽名、侧面名和值组成。框架的一般表示方式如下：

```
<框架名>
    <槽名 1>   侧面名 1     值 1，值 2，…，值 P1
              侧面名 2     值 1，值 2，…，值 P2
              ……
              侧面名 m1    值 1，值 2，…，值 Pm1

    <槽名 2>   侧面名 1     值 1，值 2，…，值 q1
              侧面名 2     值 1，值 2，…，值 q2
              ……
              侧面名 m2    值 1，值 2，…，值 qm2
    ……
    <槽名 n>   侧面名 1     值 1，值 2，…，值 r1
              侧面名 2     值 1，值 2，…，值 r2
              ……
              侧面名 mn    值 1，值 2，…，值 rmn
    约束条件
              约束条件 1
              ……
              约束条件 n
```

其中框架名标识该框架，槽是指框架上可摆放信息的一个位置，并由槽名和值组成。例如一把铣刀可用框架表示为：

1号铣刀
　　直径：20
　　刃长：40
　　底齿转角半径：1
　　刀具材料：高速钢

8.5.5　工艺决策知识的组织与管理

工艺决策知识的组织直接影响到系统运行的效率及求解问题的能力。工艺决策涉及大量的知识，因此必须合理地安排这些知识，并建立起逻辑上的联系，即知识的组织问题。此外，应能方便地进行知识的增加、删除与修改等，即知识的管理问题。

知识库的具体实现有两种形式：一种是包含在系统程序中的知识模块，可称其为"逻辑知识库"；一种是将知识经过专门处理后得到的知识库文件，并用文件系统或数据库系统来存储知识库文件，这更接近于真正意义上的知识库。

知识的组织方式依赖于知识的表示模式。一般说来，在确定知识的组织方式时，应考虑一些基本原则，例如保证知识库与推理机构相分离，便于知识的搜索、知识的管理、内存、外存交换、减少存储空间等。

目前，许多 CAPP 工艺决策专家系统只有逻辑知识库，缺乏好的知识组织形式和知识库管理功能，不能满足工艺知识库不断扩充完善的需要，从而限制了系统的实际应用。

8.5.6　CAPP 专家系统推理策略

CAPP 专家系统推理是按某种策略由已知事实推出另一事实的思维过程。在专家系统中，推理以知识库中已有知识为基础，是一种基于知识的推理，由计算机程序实现构成推理机。

在 CAPP 专家系统中，工艺决策知识存于知识库中。当系统开始为零件设计工艺过程时，推理机根据输入的零件信息等原始事实出发，按某种策略在知识库中搜寻相应的决策知识，从而得出中间结论（如选择出零件特征的加工方法），然后再以这些结论为事实推出进一步的中间结论（如安排出工艺路线）。如此反复进行，直到推出最终结论，即零件的工艺规程。像这样不断运用知识库的知识，逐步推出结论的过程就是推理。

在专家系统中，普遍使用的推理方法有：正向演绎推理、逆向（反向）演绎推理、正反向混合演绎推理以及不精确推理等。

（1）正向推理。

正向推理是从已知事实出发，正向使用推理规则，它是一种数据驱动的推理方式，又称自底向上的推理。其基本思想是：用户事先提供一组初始数据，并将其放入动态数据库。推理开始后，推理机根据动态数据库中已有的事实，到知识库中寻找当前匹配的知识，形成一个当前匹配的知识集，然后按照冲突消解策略，从该知识集中选择一条知识作为启用知识进行推理，并将推导出的结论加入动态数据库，作为后面继续推理时可用的已知事实。重复这一推理过程，直到目标出现或知识库中无知识可用为止。

正向推理的优点是推理直观，允许用户主动提供有用的事实，但由于推理时无明确的目标，可能会执行与推理目标无关的步骤，因而推理的效率较低。

（2）反向推理。

反向推理是一种以某个假设为出发点，反向运用推理规则的推理方式，它是一种目标驱动的推理方式，又称自顶向下的推理。反向运用推理规则指在进行推理时，用事实库中的已知事实，与知识库中的知识结论部分进行匹配，选择可用的知识或规则。其基本思想是：首先根据问题求解的要求，将需要求证的目标（假设）构成一个假设集，然后从假设集中取出一个假设对其验证，检查动态数据库中是否有支持该假设的证据，若有，说明该假设成立；若无，则检查知识库中是否有结论与该假设相匹配的知识，并利用冲突消解策略，从所有可匹配的知识中选出一条启用知识作为推理，即将该启用知识的前提条件中的所有子条件都作为新的假设放入假设集中。对假设集中所有假设重复上述过程，直到成功退出为止。

反向推理是先提出一个目标作为假设，然后通过推理去证明该假设的过程，其优点是不必使用与目标无关的规则，但当目标较多时，可能更多次提出假设，也会影响问题求解的效率。

（3）混合推理。

正反向混合推理是联合使用正向推理和反向推理的方法。其工作方式为：先根据动态数据库中的数据（事实），通过正向推理，帮助系统提出假设。然后用反向推理来证实这些假设，如此反复这个过程，直到得出结论。对于工艺过程设计等工程问题，一般多采用正向推理或正反向混合推理方法。

（4）不精确推理。

不精确推理常用的方法有概率法、可信度法、模糊集法和证据论法等，有关这些方法的详细内容，可参见有关书籍。

8.6 计算机辅助工装设计

8.6.1 夹具设计

1）基本概念

传统夹具设计一般包括以下内容。

（1）明确设计任务要求，收集、研究分析与其有关的原始资料。

（2）确定夹具结构方案，绘制结构草图，包括以下工作。

① 确定零件的定位方式，选择或设计定位元件，计算定位误差。

② 确定零件的夹紧方法，选择或设计夹紧机构，计算夹紧力。

③ 确定其他辅助装置（如分度装置、工件换出装置等）的结构形式。

④ 确定夹具体的结构形式，保证有足够的刚度、强度及动态特征，必要时可进行有限元分析。

（3）绘制夹具装置装配图及标注装置图上必须标注的尺寸。

（4）编制零件明细表。

（5）绘制非标准零件图。

可以看到，建立一个完善的夹具 CAD 系统，必须具有丰富的标准图库，方便装配图设计环境的使用、系统的信息传递及控制机制。

2）标准件库

在夹具设计中，需要使用大量的标准元件。标准件库及其管理系统的建立为夹具设计人员提供一个快速准确的查询、绘制标准件的工具，使用户能方便地查出所需的元件及绘制的图形，减少设计人员大量烦琐的劳动。

（1）标准件库的设计应针对最终用户，它要具有以下功能：

① 内容全面。通常应包括国标规定的各种螺栓、螺母、垫片、轴承等标准件以及夹具设计专用的元件，如定位元件、夹紧元件等。

② 可完全摆脱用设计手册的查询。夹具设计手册上的标准件数据要全部录入到标准件库中。

③ 对有些标准件，既允许采用国标数据，又应允许使用自定义数据。

④ 标准件图形的位置和方向应允许动态调整。

⑤ 不同线型应分层或分颜色绘制，以使其形象化显示。

（2）从技术的角度看，标准件库应具有以下特点：

① 具有模块化分层结构。每种类型的标准件都应具有基本输入模块、数据检索模块和图形绘制模块。

② 具有独立的数据结构。数据应独立于程序，在管理方式上采用数据库、数据文件和内存变量等多种方法。

③ 图元参数化。一般情况下，不应把图元做成 BLOCK 类，而应做成参数化的绘图程序。

④ 资源的开放性。不同类型的标准件在标准件库中处于平行地位，应允许卸掉不同的标准子库或装入其他的标准件子库。

⑤ 界面形象直观。操作界面应使用对话框，做到图文并茂，用户可以在众多的标准件库中准确快速地挑选出自己所希望的结果。

⑥ 函数化。在不同种类的标准件或同一种类但不同规格的标准件中，往往具有许多相同或相似的功能，如选择性操作、对话框常用栏目的处理、绘图环境的设置等，都应使用通过函数的形式来完成。

根据以上原则，所开发的标准件库的具体内容如图 8-14 所示。下面将介绍开发标准件库的具体内容。

3）开发标准件库的方法

（1）标准件的结构。

标准件库中的元素（标准件）是分层次在库中存放的，其结构分为以下两层。

在第一结构内，紧固件、夹紧件、定位件、支承件等软件结构上是平行的，分属于不同的标准件子库，相互之间在结构形式上无太多的共性可言，因此在开发软件时，可分别进行编程。编译好的可执行文件通过菜单或对话框组织到一起进行管理。

在第一结构层上，各标准件子库的设计过程和方法基本一样。所以，有关标准件库的开发方法的讨论，实质上就是针对某一具体子库（如螺栓库）开发方法的研究，即第二结构层的设计方法问题。

在第二结构层上，各个元素（型号）之间也是相互平行的。可将每个元素分别按模块设计，如果两个（或多个）元素的结构形式大体相同，也可以将这两个（或多个）元素集中到一个大模块内进行设计。为了方便管理及有效利用通用函数，可将一个子库中的各元素集中到一个程序。在这个程序中，安排一个主控函数，主控函数利用对话框，对话框可以使用文字或图标说明。对话框对这些元件进行调用，这时可进入数据库系统查询各参数，该参数可自动传递给该文件参数化的绘图模块，同时可自动绘制出所需的图形。

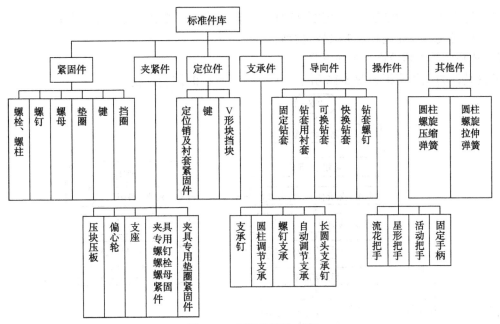

图 8-14 标准件库的内容

（2）模块的划分。

在设计某一具体的元素（型号）时，一般是划分成基本输入模块、数据处理模块和绘图模块分别编程。三个模块相对独立，相互之间的数据通过各模块的输入/输出参数传递。只要参数的个数、类型和作用不变，模块内部的修改就不会影响其他模块，因此维护和扩充都比较方便。

图 8-15 表示了三个模块与数据库之间的关系。

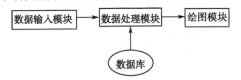

图 8-15 标准件库内各模块与数据之间的关系

（3）数据管理系统与数据处理模块的设计。

标准件库中含有大量的数据，这些数据大多是彼此间没有函数关系的离散量，必须专门的数据管理系统。数据处理模块主要负责数据检索及数据加工，数据加工的目的是为了检查数据的准确性，为下一步的绘图模块提供有用的数据。如果通过数据加工发现输入的数据有错，则要返回到数据输入模块，并带回错误信息。

4）装配图设计环境

装配图设计环境为设计人员提供一个进行创造性劳动的设计场所，可以帮助设计人员从重复而烦琐的绘图困扰中解脱出来。通常为了建立装配图设计环境，可以选择一个图形支撑系统，进行二次开发。前述所建立的标准元件库，在装配环境控制下可直接进行调用，从而绘制零件图以及完成从零件组装成夹具装配图。为保证实现夹具设计的需求，系统必须具备以下功能。

（1）能直接操作标准元件库。
（2）能从零件图形组成装配图。
（3）能从装配图折成零件图。
（4）能实现装配图上的零件自动编号。

(5) 能生成零件明细表，并产生外购件表、自制件表、外协件表和材料清单。
(6) 能对夹具设计过程及夹具图进行管理。

5) 夹具计算机辅助设计工作流程

夹具设计的工作流程如图 8-16 所示，它体现了系统的控制机制。

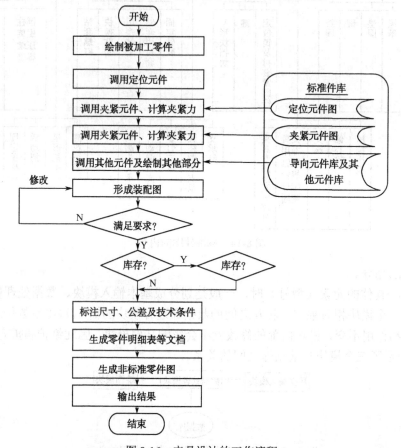

图 8-16 夹具设计的工作流程

系统设计一个主控程序，控制执行夹具设计的工作流程，每个模块之间都事先设计好接口，保证其信息传递及其影响，主控程序按人机协同完成操作。

夹具设计主要包括以下 6 个方面的工作。

(1) 明确设计任务，收集、研究、分析原始资料。
(2) 确定夹具结构方案。
(3) 绘制装配图。
(4) 标注尺寸、公差及其他技术条件。
(5) 编制零件明细表。
(6) 绘制非标准零件图。

8.6.2 复杂刀具计算机辅助设计

现代机械制造业中，金属切削加工是使用极其广泛的加工方法。要高质量、高效率地进行切削加工，性能优良的刀具是必不可少的。复杂刀具的设计是工艺设计中的一项重要工作，它应满足 5 个基本要求：保证满足加工零件的形状、尺寸、精度和表面质量的要求；加工生产率高，使用经济效果好；具有足够的强度、刚度和韧性；切削性能优良，耐用度高；工艺性好，便于制造，成本低。因此，在复杂刀具的设计过程中应考虑的因素较多。

按设计方法的不同，复杂刀具可分为以下 3 类。

① 基本结构已经定型，其结构已标准化、系列化的刀具（如齿轮滚刀），设计中只需要从标准中查取。

② 设计理论成熟、数据资料完备，可按一定设计步骤进行设计的刀具（如成形铣刀）。

③ 设计方法尚未完全掌握，数据资料不充分，需凭设计人员的经验、知识和创造性思维来设计的刀具。

目前，我国复杂刀具设计中大部分工作是设计上述①、②两类刀具，而且往往是重复找设计手册数据、经验估算、校核和手工绘图这一系列工作。在复杂刀具设计中引入计算机辅助设计技术，不仅可提高设计效率，缩短设计周期，而且利用计算机能处理大量数据模型和计算公式的优势，改变了传统的经验类比和估算方法。采用优化设计方法，可以保证设计质量，缩短设计时间。所开发的复杂刀具 CAD 系统能完成①、②两类刀具的自动设计，能够使复杂刀具的设计人员从大量重复、烦琐的工作中解脱出来，将更多的精力投入到创造性的刀具设计工作中，开发新的刀具，以满足现代化机械加工的要求。

1）复杂刀具 CAD 系统结构和功能简介

复杂刀具 CAD 系统的组成如图 8-17 所示。

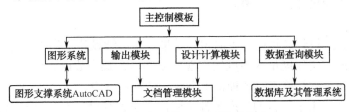

图 8-17　复杂刀具 CAD 系统的组成

本系统具有以下特点。

（1）实现系统的集成化和智能化，具有很强的实用性。

（2）输出的技术文件和刀具图纸符合国家标准和生产实际的要求。

（3）系统结构模块化，用户能很方便地对系统进行管理、维护和扩充，数据流控制模块把各功能模块和谐地组织在系统之中。

（4）数据库中设计资料完备，并且用户可根据生产及设计实际修改数据库的内容，因而系统具有很好的通用性，便于推广。

2）数据库及数据库管理系统

在复杂刀具的设计中要处理大量的数据，刀具的主要参数、结构参数、图形参数及图纸都必须存储在数据库中，这就要求数据库占用存储空间小，数据操作简便、响应速度快以及数据库结构的变化不影响用户程序运行。一般刀具设计过程是一个复杂的迭代过程，设计人员可能希望用前一段所得的中间结果进行新的设计，这就要求数据库及其管理系统能支持试验性的和累积的设计过程，不仅能存储最终设计结果，还能灵活地管理中间结果以满足不同的设计要求。

如图 8-18 所示的复杂刀具数据库，该数据库数据完备，结构清晰，便于用户进行维护管理。复杂刀具数据库由以下 4 部分组成。

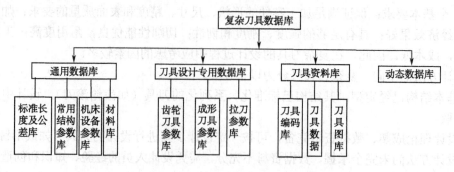

图 8-18 复杂刀具数据库组成

（1）通用数据库。

包括标准长度系列及尺寸公差库、常用结构参数库、机床设备参数库以及材料库等复杂刀具设计中经常用到的数据库。

（2）复杂刀具设计专用数据库。

分为齿轮加工刀具数据库、成形刀具数据库、拉刀数据库等。各刀具专用数据库又按刀具种类逐次划分下一层的数据子库。

（3）刀具资料库。

用户所设计刀具的原始数据、设计结果及刀具图等，经分类统一编号后存入刀具资料库，便于安排生产及为其他设计提供参考。

（4）动态数据库。

用于存放复杂刀具设计过程中产生的中间结果，为后续设计工作所使用。

复杂刀具数据库的组织能最大限度地实现数据共享，减少数据冗余。在检索数据库时可用分层检索、交叉检索、并行检索等多种检索方式，检索速度快。

不同的刀具生产厂由于各自的生产条件不同，复杂刀具设计有各自的标准和特点，对刀具设计的要求有所不同。为使用户能按自己的需要方便地修改数据库内容，专门设计了数据库维护模块。运行此模块后，用户不必记忆数据库名称和结构就能进行修改操作，从而使系统的实用性大大增加。

3）复杂刀具设计过程的程序实现

复杂刀具 CADT 系统采用模块化设计思路，各类刀具的设计过程虽千差万别，但都能用图 8-19 所示的 4 个模块加以描述。

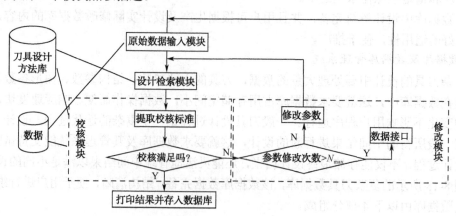

图 8-19 设计过程模块

(1) 原始数据输入模块。

本模块提供一个人机界面,用户根据提示输入刀具设计所需的原始数据,包括设计主要参数(如滚刀模块)和加工参数(如切削用量、所用加工机床及切削液等)。这类数据往往与刀具的使用场合及刀具生产厂的具体生产条件有关。数据输入的方式分为数值输入和图形输入,其中图形输入主要用于成形刀具加工廓形状的输入,程序将廓形曲线分段离散处理为离散化数据。

(2) 设计检索、计算模块。

在这个模块中,可以完成刀具参数的检索和计算工作。刀具设计常用的计算方法,如刀具角度坐标变换向量算法、成形铣刀廓形算法等都集中于刀具设计方法库中。在刀具设计过程中,可直接从刀具设计方法库中取出,然后进行所需的计算。

(3) 校核和修改模块。

在刀具设计中,各种校核是不可缺少的,当校核不能满足要求时,就要进行修改。在某些复杂刀具设计理论中,往往没有统一的校核标准,而且修改常常是凭借经验估计试凑。因此,校核和修改部分的程序实现是比较困难的。若出现此情况,通过人机界面用户询问校核标准,当校核不满足要求时,向用户提供相应修改方法的参考意见,用户以交互方式完成修改工作。如果多次修改仍不能满足要求,则征询用户意见能否调整刀具的使用要求,以便重新设计。

(4) 设计结果显示并存入数据模块。

设计结果将被显示。经过校核满足要求的设计数据将存入数据库中,以便再次调用并为其他设计提供参考。

4) 智能化图形系统

复杂刀具工作的绘制对图形系统提出了以下4个要求。

(1) 能用图块拼接原理随意地拼接出任意结构形状的二维图形。

(2) 根据所设计刀具的结构形状,自动地选择各视图和剖面图,并在图面上合理布局。

(3) 对有任意结构形状的图形能自动标注尺寸,并符合国家标准及刀具的设计要求。

(4) 能对图形进行交互修改。

复杂刀具 CAD 系统的图形部分,以 AutoCAD 绘图软件为支撑环境,针对具体刀具设计要求和国标进行二次开发,研制了符合国标的智能尺寸标注及数据库的信息接口。运行本图形系统能在屏幕上自动生成刀具工作图,在图形绘制后可用 AutoCAD 所有的图形编辑功能对图形进行校对和补充。根据需要,系统可把图形存入图形库中并进行编号,也可以用绘图机绘出图纸交付生产使用。图形系统组成如图 8-20 所示。

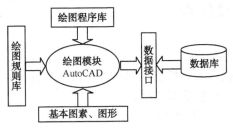

图 8-20 图形系统组成

图形系统以参数图库形式建立基本图素及图形库。基本因素包括点、线、圆(圆弧)以及虚线、双点画线、点画圆等。基本图形包括刀齿齿形及刀具上的工艺结构,这些图形由基本因素所构成。在绘图过程中,从基本因素和图形库中调出所需图形,按要求绘制所需的图形。

在计算机绘图中,尺寸标注是一个较难解决的问题,标注尺寸既不能与图形干涉,尺寸标注之间也不能相互干涉。通过对大量复杂刀具工作图的分析，针对刀具图纸的要求，归纳了尺寸标注规则，作为对各种尺寸标注的对策，将这些规则组成规则库。在标注尺寸时，先对尺寸标注的环境进行描述，再根据环境描述搜索规则库。如果得到一个对策，即可确定尺寸标注的内容和位置；如果规则不能确定，则提示解决问题的途经，改变环境描述，进一步搜索对策，直到满意为止。

8.7 CAPP 的工艺数据库技术

8.7.1 工艺数据基本概念

　　工艺数据是指工艺设计过程中所使用及产生的数据。从数据性质来看，包括静态和动态两种类型的数据。静态工艺数据主要涉及支持工艺设计过程中所需要的相关数据，机械加工工艺设计手册中的数据和已规范化的工艺术语及工艺规程等都属于此类数据。在 CAPP 系统中，静态工艺数据常由加工材料数据、加工工艺数据、机床数据、工/夹/量具数据、工时定额数据、成组分类特征数据、已规范化的工艺规程及工艺术语数据等组成，并形成相应的工艺设计库的子库。动态数据库主要是指在工艺设计过程中产生的相关信息，包括大量的工艺设计中间过程产生的数据、零件图形数据、工序图数据、最终的工艺规程以及 NC 代码等。动态工艺数据有些是结构化的，如各种数表；有的则是非结构化的，如图形数据、NC 代码等。无论哪一种类型数据，都是供工艺设计使用的，为方便高效地使用工艺数据，对它们要进行必要的处理。根据工艺数据表现的形式，常采用以下方法对其进行计算机处理。

　　（1）数组化。对于表格型数据，可将数表中的数据存入一维、二维或多维数组，再根据已知条件自动检索和调用所需数据。

　　（2）数据库技术。当表格中的数据量很大，不便于用数组处理时，可将数表中的数据存入数据库中，数据独立于应用程序，使用时通过检索程序查询和调用所需数据。

　　（3）公式化。将数表或线图转化为公式编入程序，再根据已知数据计算出所需数据。数表和线图公式化处理有曲线插值或曲线拟合两种方法。

8.7.2 工艺数据类型及特点

1）工艺数据的结构

　　数据的结构直接影响数据存取、增删、修改的准确性与速度，影响程序设计的优劣及计算机潜力的发挥。下面是几种常见的数据结构。

　　例 1：一组直齿齿轮有关数据表的存储。

　　表 8-4 记录了 4 个直齿齿轮的各种参数，表中每个齿轮的信息（材料、模数等）项数一样多。故此表可以作为一个二维数组进行处理和存储，其中的第一项以双下标来标识，如用 R_{ij}；也可逐行顺序排列存储，这时就又成一维数组了。在这两种情况下，每个参数在存储单元中的位置总是可以确定的。

表 8-4　4 个直齿齿轮的各种参数

齿轮图号	材料牌号	模 数	齿 数	外径/mm	孔径/mm	齿宽/mm
001	20Cr	3	24	78.0	25.0	30.0
002	45	3	38	120.0	30.0	30.0
003	45	2	48	100.0	25.0	25.0
004	20Cr	2	24	52.0	20.0	25.0

例 2：大学生管理系统。大学下设许多班级，班里各学生的信息又包括许多项目。因此它可以用一种层次关系来描述，其数据结构如图 8-21 所示。

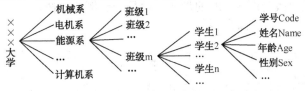

图 8-21　大学生管理系统数据结构

例 3：车床零件的数据结构。车床由若干部件组成，每个部件包括若干组件，每个组件又包括若干零件。因而它也可以用某种层次关系来描述。与例 2 不同的是，它的第四层更为复杂，是一种网状关系，如图 8-22 所示。

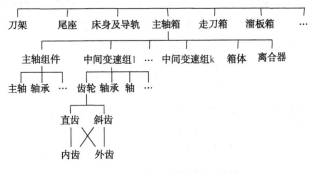

图 8-22　车床零部件的数据结构

以上 3 个例子中反映出的数据间的结构关系是数据的逻辑结构关系，至于它们在计算机中的存储、分配情况（放在哪个存储单元）则是数据的物理结构关系。

在数据结构中，以节点作为表示某数据结构特征和连接方式的基本单位。节点中包括若干项，每项称为一个字段，用这些字段来存储与该节点有关的信息。如例 2 中，每个学生的信息由 5 个字段表示：学号、姓名、年龄、性别和后继地址（即存储设备中存储单元的编号或名称）。这 5 个字段的信息组成一个节点，每个字段用一个标识符表示。这个数据结构的标准节点形式为：| Code | Name | Age | Sex | Link |。

其中，前 4 个字段存储节点本身信息，为信息字段，统称 INFO（Information）；字段"Link"代表后继地址，称为"指针"（Pointer），指示一个内在单元地址。由于指针指示与其他节点的连接地址信息，故只要知道第一个节点地址，就可以依次访问其他节点。一个节点的典型结构为：| INFO | LINK |。

由指针引出另一节点的技巧是表示复杂数据结构的关键手段。根据节点地址的分配方式，数据结构可划分为以下两种基本类型。

（1）顺序数据结构：它只有信息字段，不保留指针字段。例如，存储向量或矩阵时，各元素是逐个按顺序放入存储器的物理地址的，故存放地址是有规律的，可用一定的关系式算出，不需保留指针字段。这种结构称作"表结构"。

（2）链式数据结构：这类结构既有信息字段，又有指针字段。在某些复杂的情况下，一个节点可以有一个以上的指针。例如，在算术表达式 A*B+C*D 中，有 4 个变量、3 个运算符，共有 7 个节点，乘法和加法都是二元运算，此外乘法优于加法。为表达以上数据运算的逻辑关系，可用图 8-23a 所示的结构。

其中运算符"+"和"*"都需左右两个指针，分别指向各自的运算变量。这种结构为：| LLIN | LNFO | RLIN |。其中 LLINK 和 RLINK 分别指向左（Left）、右（Right）分支的指针，INFO 是信息字段。图 8-23a 又可改为图 8-23b 的形式，像是一棵倒置的树。

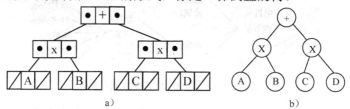

图 8-23　数据运算逻辑关系

以上两例涉及两种基本数据结构的信息处理概念，这就是表结构与树形结构。

① 表结构。表结构主要研究线性数据结构关系，即通常据称的线性表。其节点集合具有以下特征：该数据系列集合有第一个节点，除最后一个节点外，每个节点都有一个后继节点。例如，当一个线性表具有节点 $K_1 K_2, \cdots, K_n$ 时，其结合排列如下：

$$K_1 \rightarrow K_2 \rightarrow K_3 \rightarrow K_n$$

我们称 K_1 为线性表的起始节点，K_n 为线性表的终止节点，其余为线性表的中间节点。

线性表的物理存储方式有两种，即顺序存储和连接存储。顺序存储是将线性表中的数据元素依次放入存储单元中，其中第 i 个节点的存储单元地址可用下式确定：

$$Kz_i = Kz_1 + S(i-1)$$

式中，Kz_i 为第 i 个节点的地址；Kz_1 为线性代表的首地址；S 为每个节点占用的存储单元数。

顺序存储方式不需要地址指针，故占用存储单元少，简单易行，结构紧凑。但要进行数据插入、删除等操作时比较麻烦。

采用线性表的链接存储方式时，线性表数据元素放入哪一组存储单元是任意的，各数据元素之间的顺序关系由它们的指针来确定。这种存储方式便于灵活地进行数据插入、删除等操作，这些操作可通过修改指针字段地址来完成。

② 树形结构。数据结构中的"树"指由一个节点或具有分支关系的多个节点组成的集合。如图 8-24 所示是一棵具有 9 个节点的树。1 为树根，它有两棵子树，即 {2, 3} 和 {4, 5, 6, 7, 8, 9}。子树 {4, 5, 6, 7, 8, 9} 的根为 4，它有 3 棵子树，即 {5}、{6, 7, 8}、{9}。子树 {6, 7, 8} 的根为 6，它又有两棵子树 {7} 和 {8}。树是一种重要的线性数据结构，它能表示数据元素间的层次关系。

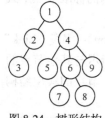

图 8-24　树形结构

树的每个节点不多于两棵子树时，称为二叉树。图 8-23（b）就是一个标准的具有两个分支的二叉树。

对于树形结构，可以按照某种指定顺序指出树中全部节点；也可检索其中的某一个节点，或在树上插入、删除某个节点。

除上述基本数据结构的形式外，更复杂的数据结构还有有向图和表结构等，它们都是线性表和树形结构的推广。

2）工艺数据的特点

工艺数据是工程数据的一个子集，它具有工程数据的独特特点。

（1）数据类型复杂。从数据形式化表达的一般格式来看，任何数据都能表示为（实体、属性、属性值）三元组及其关联集。对于传统的事务型数据，用基本数据类型，如字符型、整形、浮点型等以及由它们组合后均能构造出三元组中的数据类型。与事务型数据不同，工艺数据不仅包括了传统事务型数据类型，而且还涉及事务型数据所没有的变长数据、非结构化的长字串、具有复杂关联关系的图形数据以及过程类数据等。因此，工艺数据是由复杂的数据类型所构成的。

（2）动态数据模式。除静态工艺数据外，还有动态数据，它是在工艺设计过程中产生的各种不同类型的中间结果，虽然这些中间结果数据在问题求解结束后要被删除掉，但是在问题求解过程中，必须具备动态数据模式来支持对上述数据的处理，它完全不同于静态的事务型数据的处理模式。

（3）数据结构复杂。工艺数据的复杂性及动态性导致数据结构的复杂性及实现上的困难。虽然局部数据可采用常用的线性表、树结构、链表结构等方式来实现，但一般认为，全局工艺数据涉及复杂的网状结构。

工艺数据是工程数据的一个子集，工艺数据库是工程数据库的一个子集，因而在我们建立工艺数据库时，首先要对工程数据库及其建库过程有一个基本的认识。

8.7.3 工艺数据库建立

工艺数据库是工程数据库的一个子库，建立工艺数据库必须做好建立工艺数据库的准备工作。首先要建立信息模型及数据结构并形成建立数据库的文本，作为实施建库的原始资料。现介绍有关部分文本内容示例。

（1）工艺设计系统实体表（部分摘录）见表8-5。

表8-5 工艺设计系统实体表（部分摘录）

编 号	实 体 名	类 别	说 明
E002-8	Epd-routing	独立	工艺路线信息，别名是：工艺表
E002-15	表尾信息	独立	审核工艺路线信息
E011-1	bzsu	独立	工艺术语库，别名是：工艺术语
E002-2	equipment	独立	设备信息
E002-3	gzml	独立	工装信息，别名是：工装
E002-1	djml	独立	刀具信息，别名是：刀具
E007	工时库	独立	工时数据
...	...	...	...

（2）工艺设计系统实体联系矩阵见表 8-6。

表 8-6　工艺设计系统实体联系矩阵

实体编号实体名称	工艺表	表尾信息	工艺术语	设备	工装	刀具	工时库	...
E002-8		×	×	×	×	×	×	
E002-15	×							
E011-1	×							
E002-2	×							
E002-3	×							
E002-1	×							
E007	×							
...								

（3）数据结构。

① 刀具信息 djml 见表 8-7。

实体编号：E002-1。

表 8-7　实体名称：刀具信息 djml

序　号	字段名称	类　型	长度/字节	非空说明	键　性
1	序号	文本	4	T	
2	名称	文本	23	T	
3	型号	文本	20	T	
4	编号	文本	46	T	PK
5	使用成本	长整型	10	F	
6	备注	文本	50	F	
7	刀具附图	文本		F	

② 设备信息 equipment 见表 8-8。

实体编号：E002-2-1。

表 8-8　实体名称：设备信息 equipment

序　号	字段名称	类　型	长度/字节	非空说明	键　性
1	车床编号	长整型	8	T	PK
2	车床名称	文本	30	T	
3	车床型号	文本	20	T	
4	功率	文本	10	T	
5	中心高	长整型	6	T	
6	中心距	长整型	8	T	
7	转速范围	文本	20	T	
8	进给范围	文本	20	T	
9	平均经济精度	文本	10	F	
10	使用单位	文本	8	F	

续表

序号	字段名称	类型	长度/字节	非空说明	键性
11	大修时间	日期		F	
12	折旧率	文本	6	F	
13	备注	文本		F	

③ 夹具信息 gzml 见表 8-9。

实体编号：E002-3。

表 8-9 实体名称：夹具信息 gzml

序号	字段名称	类型	长度/字节	非空说明	键性
1	序号	文本	4	F	
2	夹具代号	文本	26	F	PK
3	加工零件号	文本	20	F	
4	零件名称	文本	14	F	
5	夹具名称	文本	10	T	
6	参数1	文本	30	T	
7	参数2	文本	30	T	
8	参数3	文本	30	T	
9	投产时间	文本	10	F	
10	入库时间	文本	10	F	
11	大修时间	日期/时间		T	
12	编码使用部门	文本	8	F	
13	备注	备注		F	

④ 表尾信息见表 8-10。

实体编号：E002-15。

表 8-10 实体名称：表尾信息

序号	字段名称	类型	长度/字节	非空说明	键性
1	零件图号	文本	255	T	PK
2	编制	文本	255	T	
3	编制日期	日期/时间	50	T	
4	审核	文本	255	T	
5	审核日期	日期/时间	50	T	
6	标准化	文本	255	T	
7	标准化日期	日期/时间	50	T	
8	会签	文本	255	T	
9	会签日期	日期/时间	50	T	
10	批准	文本	255	T	
11	批准日期	日期/时间	50	T	

8.7.4 工艺数据库管理系统

工艺数据库管理系统与工程数据库管理系统一样，必须具备数据的维护、安全保障、权限设置、查询等一系列功能，由于篇幅关系，这里不能全部给予介绍。就使用者而言，最关心的是在工艺设计过程中如何实现数据的查询功能。现对此作一些简要说明。工艺设计系统在运行过程中随时需要对相关的工艺数据进行查询，因此必须提供方便、快捷的数据查询方法，可以使用户很快得到所需的工艺数据，并能与设计进程随时进行切换。查询的项目包括：加工余量、工时定额、加工设备、刀具、工装、BOM 表以及工艺路线表等的查询。

查询操作可以在系统的各个编辑界面上直接进入，也可以从系统主界面的"数据查询"菜单进入。其过程如图 8-25 所示。

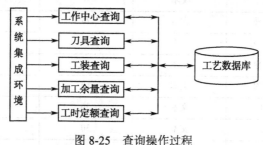

图 8-25 查询操作过程

8.8 CAPP 系统开发与应用

8.8.1 CAPP 系统开发目标

应用 CAPP 系统进行工艺设计，具有以下特点。
- 提高工艺设计工作效率，加快市场响应速度，缩短技术准备周期。
- 提高工艺设计质量，减少产品退修费用。
- 帮助工艺工程师从烦琐、重复的低层次劳动中解放出来，有更多的精力投入工艺试验、工艺攻关，优化工艺设计，促进技术进步。
- 继承和共享工艺专家的经验和知识，使一般的工艺人员就能设计出较好的工艺方案，可以解决缺乏经验丰富的工艺师的问题，同时能加快工艺师的培养速度。
- 推进工艺标准化建设，提高工艺设计水平。
- 为企业管理信息系统实时提供正确的工艺数据，为企业信息化建设提供源头信息。

8.8.2 CAPP 系统开发原则

随着计算机的普及应用，通过计算机进行工艺辅助设计已成为可能，CAPP 的应用将为提高工艺文件的质量，缩短生产准备周期，并为广大工艺人员从烦琐、重复的劳动中解放出来提供一条切实可行的途径。

CAPP 系统开发的总体原则如下。

（1）实用性。系统设计的源头是需求，评估体系结构好不好的第一个指标就是实用性，即体系结构是否适合于软件的功能性需求和非功能性需求。充分利用工艺设计人员的经验以及已有的成熟工艺，提供工艺知识，辅助工艺师进行工艺计算、工艺决策，能快速高效地生成所需的各类工艺规程。

（2）可靠性。软件系统规模越做越大越复杂，其可靠性越来越难保证。应用本身对系统运行的可靠性要求越来越高，系统软件的可靠性也直接关系到设计自身的声誉和生存发展竞争能力。软件可靠性意味着该软件在测试运行过程中避免可能发生故障的能力，且一旦发生故障后，具有解脱和排除故障的能力。软件可靠性和硬件可靠性本质区别在于：后者为物理机理的衰变和老化所致，而前者是由于设计和实现的错误所致。故软件的可靠性必须在设计阶段就确定，在生产和测试阶段再考虑就困难了。

（3）可扩展性。要求以科学的方法设计软件，使之有良好的结构和完备的文档，系统性能易于调整。软件设计完要留有升级接口和升级空间。

（4）规范化。系统必须保证工艺设计的规范化和标准化。在结构上实现开放，基于业界开放式标准，符合国家和信息产业部的规范。

（5）可测试性。可测试性就是设计一个适当的数据集合，用来测试所建立的系统，并保证系统得到全面的检验。

（6）效率性。软件的效率性一般用程序的执行时间和所占用的内存容量来度量。在达到原理要求功能指标的前提下，程序运行所需时间越短和占用存储容量越小，则效率越高。

（7）先进性。满足客户需求，系统性能可靠，易于维护。

8.8.3 开发环境及工具的选择

CAPP 系统的研究已有 30 余年的历史，取得了一些成就，但在工厂中能够真正发挥作用的系统还比较少。研制周期长、适应性差、开放性差、低水平重复是 CAPP 研究面临的主要困难。这与 CAPP 在 CIMS 及机械制造企业实现自动化中的重要作用是不相称的。

研制 CAPP 专家系统开发工具是解决上述问题的有效途径。其思想基础是，很多系统看似多种多样，实质却是大同（具有很多共性）与小异（一定的个性）并存。我们可以抽取 CAPP 系统的实现机制，提取其共性，为不同企业、不同产品的 CAPP 系统开发提供一个设计环境。CAPP 系统开发工具是专家系统开发工具在工艺过程设计领域中的应用和推广。

（1）工艺设计专家系统开发工具的组成，如图 8-26 所示。

（2）工艺设计专家系统的生成策略。

基本出发点是根据机械加工工艺过程设计特点和领域专家的要求，提供面向生成实用专家系统的构件库，由用户根据本企业的资源和技术条件，选择相应的功能模块，可构成自己的工具。在使用该工具建立和开发 CAPP 专家系统时，用户只需要整理出工艺知识和零件信息及其描述方法等，并建立相应的知识库，而无需要考虑知识的求解、工艺规程和 NC 数控指令生成等问题，可大幅度地提高开发效率。

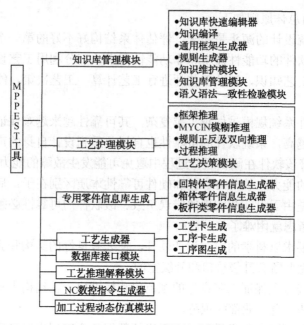

图 8-26 MPPEST 系统的功能构成

8.8.4 CAPP 系统开发过程

（1）CAPP 软件需求分析。

CAPP 软件需求分析，如图 8-27 所示。

（2）CAPP 软件的初步设计。

初步设计主要是确定软件的程序结构和数据结构，描述系统各模块的相互关系、功能及信息流，可用 IDEFO 图来描述。初步设计遵循软件模块化、信息传递标准化和分布式控制的原则。

（3）CAPP 软件的详细设计。

上述初步设计完成了 CAPP 软件主要功能模块的描述，在详细设计阶段是将这些功能模块划分成能够与程序一一对应的程序模块，包括详细工作流程框图、算法和数据结构以及规范和变量说明。

（4）CAPP 软件的实施。

程序实现是将详细设计的内容程序化，按系统设计的要求，选择适合的编程语言。编写程序时应做到结构简练清晰，有良好的可读性，较强的可维护性和友好的界面。程序结构的组成是：①程序说明；②描述体；③预处理命令或编译命令；④外部变量定义或说明语句；⑤程序实体（包括注释）；⑥结束。

（5）软件测试。

- 测试过程应确定软件依据（如设计文档、测试标准等），测试计划、分发及进度；测试所用题目，输入数据及预期结果，测试结构及其分析，质量评价。
- 在开发 CAPP 软件的过程中，软件的测试是保证软件质量的重要措施，应逐步安排模块测试、组装测试，最后安排验收测试。只有通过测试，才能保证和证明软件的可靠性、有效性和实用性。

CAPP 系统的开发模式，如图 8-28、图 8-29、图 8-30 所示。

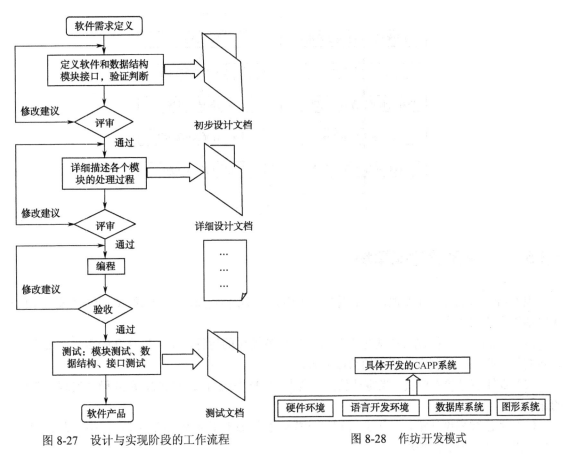

图 8-27　设计与实现阶段的工作流程

图 8-28　作坊开发模式

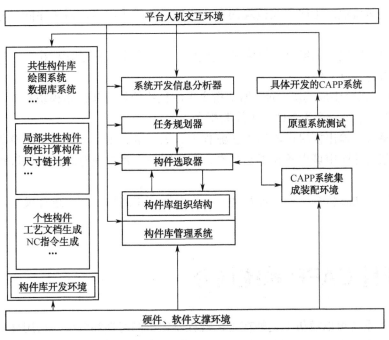

图 8-29　开发平台的模式

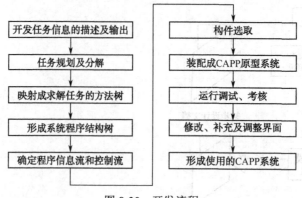

图 8-30　开发流程

8.8.5　CAPP 系统功能模块

视 CAPP 系统的工作原理、产品对象、规模大小不同而有较大的差异。CAPP 系统基本的构成包括以下几大模块。

（1）控制模块。控制模块的主要任务是协调各模块的运行，是人机交互的窗口，实现人机之间的信息交流，控制零件信息的获取方式。

（2）零件信息输入模块。当零件信息不能从 CAD 系统直接获取时，用此模块实现零件信息的输入。

（3）工艺过程设计模块。工艺过程设计模块进行加工工艺流程的决策，产生工艺过程卡，供加工及生产管理部门使用。

（4）工序决策模块。工序决策模块的主要任务是生成工序卡，对工序间尺寸进行计算，生成工序图。

（5）工步决策模块。工步决策模块对工步内容进行设计，确定切削用量，提供形成 NC 加工控制指令所需的刀位文件。

（6）NC 加工指令生成模块。NC 加工指令生成模块依据工步决策模块所提供的刀位文件，调用 NC 指令代码系统，产生 NC 加工控制指令。

（7）输出模块。输出模块可输出工艺流程卡、工序卡、工步卡、工序图及其他文档，输出也可从现有工艺文件库中调出各类工艺文件，利用编辑工具对现有工艺文件进行修改得到所需的工艺文件。

（8）加工过程动态仿真。加工过程动态仿真对所产生的加工过程进行模拟，检查工艺的正确性。

8.9　开目 CAPP 系统简介

开目 CAPP 系统可以模仿工艺师在工艺规程制定中的习惯和顺序，采用交互式与派生式相结合的方法，即工艺规程可按需独立制定，也可通过检索典型工艺文件派生，快速而方便地获得所需的工艺文件。

8.9.1 开目 CAPP 的功能模块

开目 CAPP 标准版包含 9 个模块，即工艺规程编制模块、图形绘制模块、工艺资源管理器、公式管理器、表格定义模块、工艺规程类型管理模块、图形文件数据交换模块、工艺文件浏览器和打印中心。

（1）工艺规程编制模块。

该模块用于生成工艺过程卡和工序卡以及技术文档（如工艺装备设计任务书的填写），图 8-31 为工序卡的编辑页面。

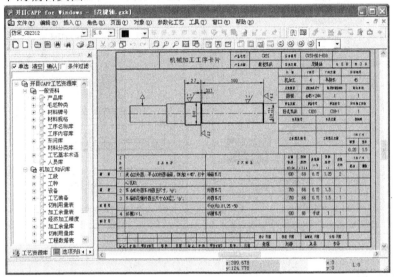

图 8-31 工序卡的编辑页面

（2）图形绘制模块。

该模块用于工序简图的绘制或设计绘图工具用。单击工具条上的 按钮，进入图 8-32 所示的绘图界面。

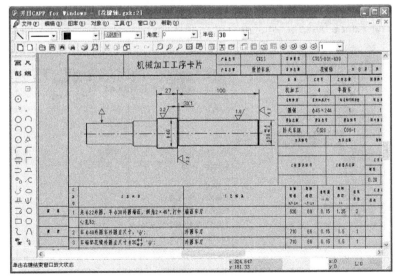

图 8-32 绘图界面

(3) 工艺资源管理器

该模块用于工艺资源管理和有效利用。工艺资源管理器中包含大量丰富、实用、符合国标规范的工艺资源数据库。包括材料牌号、材料规格、机床设备、标准刀具、标准量具、切削用量、标准工艺术语等内容。具有简洁、实用、覆盖面广等特点，并可继续扩充内容。

单击 Windows 的"开始"按钮，选择"程序"选项，在"开目 CAPP"程序组中选择"开目工艺资源管理器"，进入开目"工艺资源管理器"界面，如图 8-33 所示。

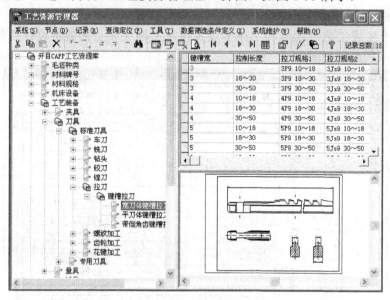

图 8-33　工艺资源管理器界面

(4) 公式管理器。

该模块用于建立和管理工艺设计中用到的计算公式。公式管理器中提供材料定额计算公式库。系统可自动筛选公式，并将计算结果自动填入工艺文件内。

单击 Windows 的"开始"按钮，选择"程序"选项，在"开目 CAPP"程序组中选择"开目公式管理器"，进入"开目公式管理器"界面，如图 8-34 所示。

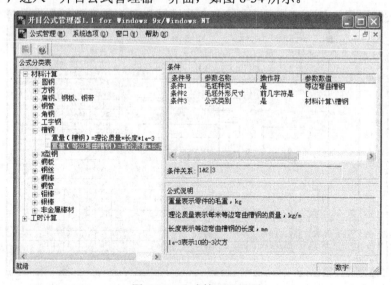

图 8-34　公式管理器界面

(5) 表格定义模块。

该模块用于企业定制各种个性化工艺表格，快捷地建立工艺过程卡、工序卡以及各种工装一览表等表格文件。本模块为用户提供了全部国标表格。

表格定义用来指定工艺表格不同区域的填写内容、填写格式及对应的数据库。对于工艺表格里要填写的内容已形成专门的数据库，如材料库、机床设备库、工艺装备库等，填写时只需从这些数据库里提取即可。对表格定义后，在填写工艺卡片时，能自动关联到相应的数据库，选取内容后，能以定义好的格式填写到工艺文件里，一旦如"零件图号"、"材料牌号"等内容有所更改，同一工艺文件中其他表格的对应区域就会自动更新。

在表格定义模块中，能定义工艺汇总表的汇总内容和汇总要求，借助开目 BOM 软件，可生成满足企业要求的汇总表。

(6) 工艺规程类型管理模块。

产品的工艺要涉及多种类型的工艺规程，如铸造、锻造、机加工、焊接、热处理、装配等，还要涉及相关的技术文档等。工艺规程类型管理模块可以为多种类型工艺规程和技术文档配置相应的工艺文件，如过程卡、工序卡、技术文档表格等。在编制工艺文件或技术文档时，系统能自动调用，大大地扩展了软件的应用范围。

(7) 图形文件数据交换模块。

该模块用于实现图形文件间数据的相互转换，使得 AutoCAD 生成的 dwg 图形文件和 I-DEAS、Solid edge 生成的 iges 图形文件可以方便地与开目 CAD 生成的 kmg 图形文件间，完成数据相互转换。

使用开目 CAPP 标准版软件，可以直接打开 Dwg、Iges 文件进行工艺设计。CAPP 系统能提取图纸的标题栏信息，如零件图号、零件名称、材料牌号等，直接填写在工艺表格的相应区域。打开的 dwg、iges 图形放置在工序卡的 0 页面，用户可对图形进行复制、粘贴、复制等操作，也可将图形的外轮廓提取到工序卡中，用于工序图的绘制。

(8) 工艺文件浏览器。

该模块可以独立安装使用，为浏览工艺规程文件和技术文件提供一个方便的工具。

(9) 打印中心。

该模块用于方便、经济、快捷地输出图纸，开目软件提供了既能输出 CAD 图形，又能输出文件的打印中心。该模块可在 A0 或 A1 幅面的绘图仪上拼图并一次输出若干 CAD 图形和工艺文件，也可以用打印机分页输出 CAD 图形和工艺文件。

8.9.2 开目 CAPP 主要特点

具有独立自主知识版权的开目 CAPP 软件已为社会广泛接受，同类软件中，是功能最强、应用最广的国产软件之一。开目 CAPP 主要具有以下特点。

(1) 图文表一体的工艺编辑环境。

系统独家提供图文一体的工艺编辑环境，在编辑工艺文件时，工艺人员可以实现文字的剪切、删除、复制、粘贴以及表格多行的插入、删除，选中等操作。系统还提供专业的上下偏差填写方式，以及各种粗糙度、尺寸偏差等特殊工程符号的填写方式。

(2) 工序简图的生成方便、快捷，可嵌入多种格式的图形、图像。

工艺人员无需重新绘制工序简图，对于开目 CAD 已绘制的图形，可直接由零件图获得，并提供局部剖、局部放大等功能，以及工艺上的定位夹紧符号库等，快捷方便的生产工序简图；

系统还可以灵活地插入多种图形格式（dwg、igs 等）和图像格式（bmp、jpg 等），并可在 CAPP 界面内，直接进入其应用程序对这些对象进行编辑。

（3）独创的所见即所得的标注特殊工程符号技术。

全面支持尺寸偏差、粗糙度、形位基准、形位公差、加工面符号等特殊工程符号的填写，所见即所得，并可快速增加用户所需的专业符号。

（4）任意创建工艺表格，制定工艺规程。

工艺人员按照实际尺寸画出工艺表格后，存入自己的工艺表格库内。通过系统本身提供的表格定义工具制定表格，用工艺规程管理工具设计各种类型的工艺规程，对不同企业、不同类型的工艺具有普遍适用性。

（5）企业资源管理器中包含大量丰富、实用、符合国家规范的工艺资源数据库。

包括材料牌号、材料规格、机床设备、标准刀具、标准量具、切削用量、标准工艺术语等内容，完全符合国家标准，简洁、实用、覆盖面广，并可持续不断扩充和丰富。

（6）工艺资源信息统一。

工艺资源信息包括该零件的名称、质量、毛坯尺寸等总体信息，也包括工艺路线、工序名称、工装设备等工艺信息。在同一工艺文件里，信息输入和信息修改，只需对任意表格进行一次，即可达到信息统一，无需手工反复修改。

（7）开放的零件分类标准和方便灵活的典型工艺检索机制。

用户可创建自己的零件分类规则，如将零件按"盘套类"、"箱体类"等进行划分，分别建立标准工艺和典型工艺，以便后期进行检索应用。

（8）独有的公式计算和公式管理器功能。

提供材料定额计算和公式定额计算公式库，用户可自行扩充专用公式，并自动筛选公式，同时将计算的结果自动填入到工艺文件内。

（9）智能工艺卡片拼图打印功能。

通过系统提供的拼图打印功能，可实现工艺卡片的集中高效输出。

（10）提供丰富的二次开发接口，已实现与各种主流的 CAD/PDM/ERP 软件的集成。

开目 CAPP 提供了丰富的二次开放接口，利用这些开发接口，用户无需了解开目 CAPP 数据结构的细节，就可以方便地获得所需的工艺信息。为实现与 CAD/PDM/ERP 等软件集成提供了优质的平台。

8.9.3 开目 CAPP 工艺规程编制实例

1）新建工艺规程文件

打开"开目 CAPP"软件界面，选择"文件"→"新建工艺规程"命令，可弹出如图 8-35 所示的对话框。用户的标准工艺规程（包含封面、工艺过程卡、工序卡等）已事先建好，编制工艺规程时只要按需选取即可。

2）填写封面

单击工艺文件封面相应栏横线上的区域，填写相应内容。图 8-36 为工艺文件封面输出式样。

3）编制过程卡

（1）填写表头区：将光标移动到表头区需填写的区域，单击左键，左边的工艺资源库窗口会出现对应的库内容，双击所需项即可填入过程卡。无对应库时可自行输入内容。零件毛重可调用公式计算得出。

填写毛坯外形尺寸栏中"ϕ"等符号时,可用特殊字符库查询填写。点击 右边的小箭头,在弹出的特殊字符选择框中进行选择。

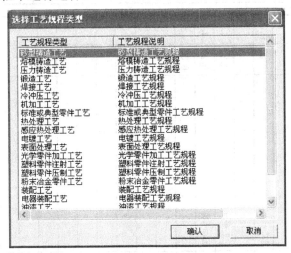

图 8-35 选择工艺规程类型

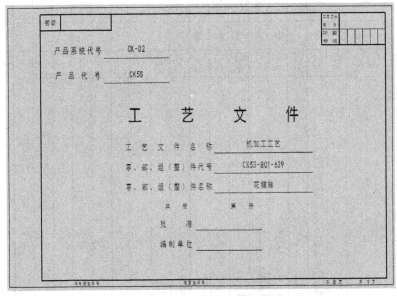

图 8-36 工艺文件封面输出样式

(2) 编辑表中区: 可完成手工填写、库查询、复制粘贴工序、插入/删除行、查找/替换等工序的操作。

点击 图标,进入表中区。在某列表头处双击,可收缩/展开此列。在第1列表头最前面的空白区双击,可以展开所有收缩的列内容。

手工填写: 双击工序号格,自动生成工序号,然后顺序向右填写,方法同表头区的编辑。

工艺资源库查询填写: 双击所选的库内容,可自动填写。

粗糙度、形位公差等可用特殊工程符号库查询填写。点击 图标,在弹出的对话框中可选取粗糙度、形位基准、形位公差、型钢符号等特殊符号。填写公差时,按【Tal】键可以切换尺寸上、下偏差的填写。

如图 8-37 为由 10 道工序完成加工花键轴的机械加工工艺过程卡式样。

机械加工工艺过程卡片	产品型号	CK55	零件图号	CK55-801-639	CK55-801-639jjg	
	产品名称	数控车床	零件名称	花键轴	共 1 页	第 1 页

材料牌号	45	毛坯种类	圆钢	毛坯外形尺寸	φ45×244	每毛坯可制件数		每台件数		备注	

工序号	工序名称	工序内容	车间	工段	设备	工艺装备	工时 准终	工时 单件
1	备料		备料					
2	粗车	粗车各部，各外圆留余量4－5，各端面留余量2－3.	金工	轴	C620-1	三爪卡盘	0.20	0.45
3	正火		热处理					
4	半精车	车φ40外圆及端部花键外圆.	金工	轴	C620-1	三爪卡盘	0.20	1.5
5	半精车	车中部花键外圆及φ22外圆.	金工	轴	C620-1	三爪卡盘	0.20	1.5
6	铣	铣两处花键.	金工	轴	5350		0.30	2
7	外磨	磨各Ra≤1.6外圆至图要求.	金工	轴	3151		0.10	1
8	花磨	磨花键至图要求.	金工	轴	M8612		0.30	1
9	钳	去毛刺，作件号.	金工	轴			0.05	0.30
10	检查		检查处					

描图	描校	底图号	装订号

标记	处数	更改文件号	签字	日期	标记	处数	更改文件号	签字	日期	设计(日期)	审核(日期)	标准化(日期)	会签(日期)

图 8-37　机械加工工艺过程卡片输出样式

申请工序卡：将光标移至需申请工序卡行内的任意列中，选择"工序操作"→"申请工序卡"命令，即为该道工序申请到一张工序卡。该行的首格变红。工序名称中包含有"检"字时，则自动申请的工序卡为检验卡。

4）编制工序卡

将光标移至已申请工序卡行内的任意列中，单击 图标，切换至工序卡。

（1）工序卡内容填写。

填写工序卡内容　单击 图标切换到表格填写界面，填写第 1 行，方法与过程卡表中区的填写相同。工序卡样式如图 8-38 所示。

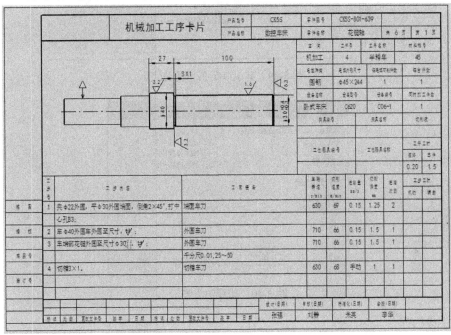

图 8-38　工序卡样式

（2）工序简图的制作。

下面主要介绍插入 DWG 对象的方法。

① 新建 dwg 对象。

选择"对象"→"插入 dwg 对象"→"新建"命令，可进入 AutoCAD 界面绘制图形，返回 CAPP 后，图形即可显示在工艺卡片页面的相对应位置。

② 插入 dwg 对象。

对于已有的 dwg 对象文件，可使用"由文件创建"功能，直接进行调用。

操作方法为：选择"对象"→"插入 dwg 对象"→"由文件创建…"命令，在弹出的"打开"对话框中选择需要使用的 dwg 文件对象，单击"打开"按钮，该对象即显示在卡片的工艺简图区中，并自适应工艺简图区的大小。

5）公式计算

表头区填写完后，将光标放在填写零件重量的格内，选择"工具"菜单中的"公式计算"选项，弹出如图 8-39 所示的对话框，选择其中一个公式，计算结果如图 8-40 所示，单"确定"按钮后，计算结果填入表格。

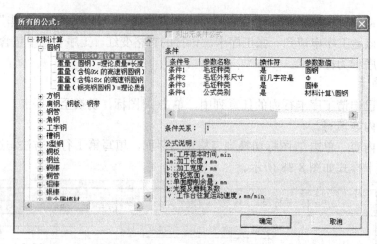

图 8-39 显示满足条件的公式

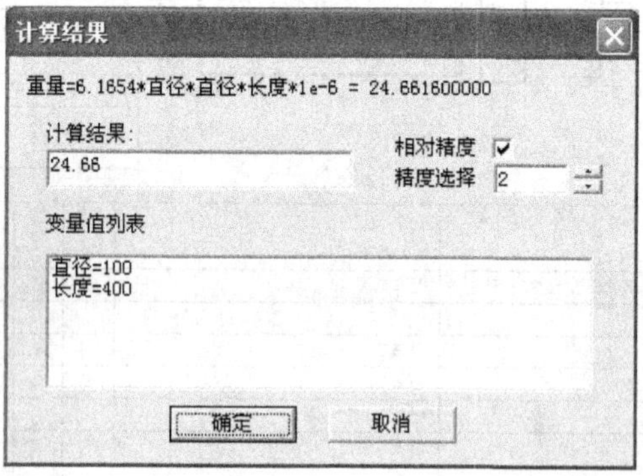

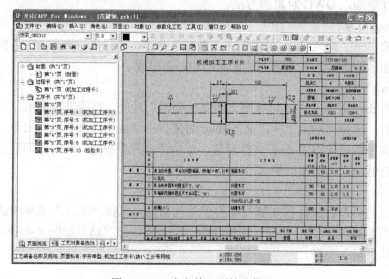

图 8-40 计算结果显示

6）文件浏览

单击"工艺资源库"左下方的 ◀ ▶ 按钮，可以在"工艺资源库"、"页面浏览"两者中间切换。"页面浏览"属性页通过树形结构管理工艺规程页面，工艺文件中的每一页面对应树上的一个节点，可方便地切换到某一指定页面浏览、检查。图 8-41 为工序卡第 1 页输出样式。

图 8-41 工序卡第 1 页输出样式

由已编制好的花键轴零件工艺过程卡知,包括检验工序在内共有 10 道工序,除工序 1 备料、工序 2 粗车、工序 3 热处理、工序 9 钳工及检验省略外,工序 4、5 为半精车工序,工序 6 为铣工序,工序 7 为外圆磨工序,工序 8 为花键磨工序,以及工序 10 检验工序均编制有工序卡。图 8-42~图 8-46 为检查合格后,打印输出的花键轴零件工序卡技术文件。

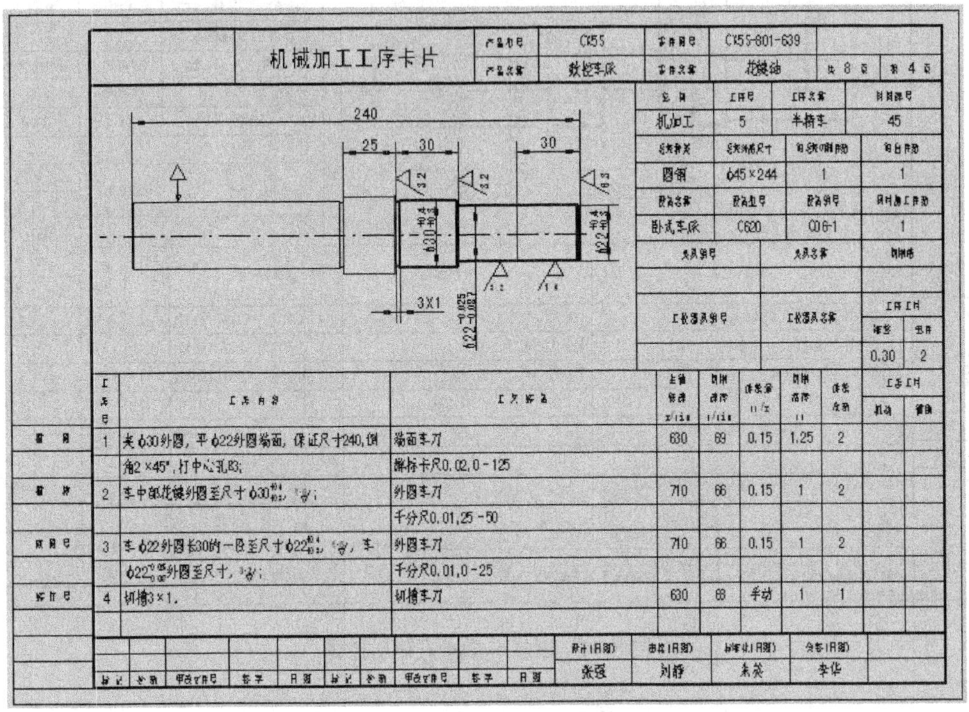

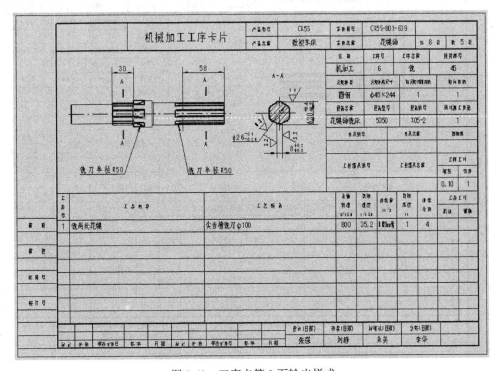

图 8-42 工序卡第 2 页输出样式

图 8-43 工序卡第 3 页输出样式

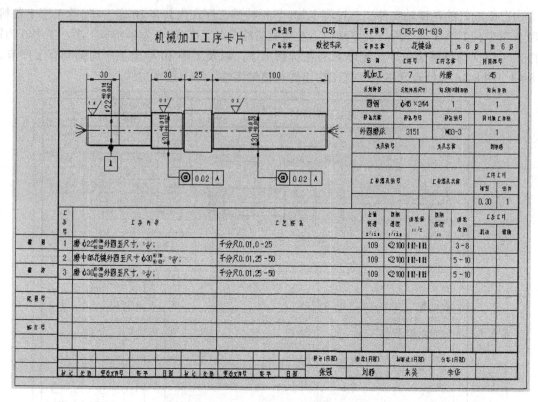

图 8-44 工序卡第 4 页输出样式

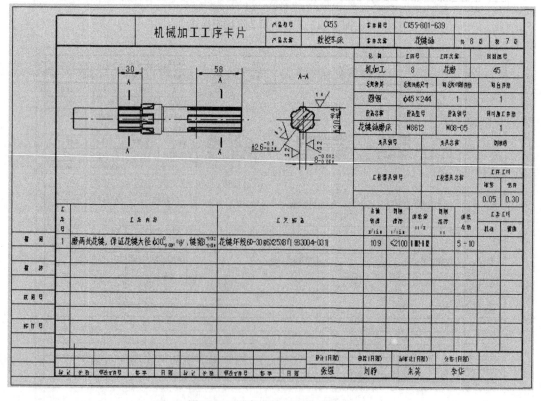

图 8-45 工序卡第 5 页输出样式

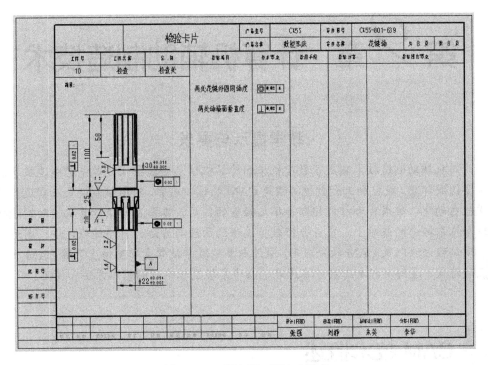

图 8-46　工序卡第 6 页输出样式

7）文件储存

利用开目 CAPP 制作完成的工艺文件可储存为开目 CAPP 文件和典型工艺。

（1）储存为开目 CAPP 文件：存盘后缀名为.gxk。单击 图标，在对话框中确定路径、文件名、保存类型后单击"保存"按钮即可。

（2）储存为典型工艺：可以将零件按形状或功能分类，创建零件分类规则，如将零件分为盘类、箱体类等，每类都可建一个典型工艺。新建工艺规程文件时，可按分类规则检索相对应的典型工艺，适当修改后，即可成为新的工艺文件。

习题与思考题

1．什么是 CAPP 的概念？它的作用是什么？
2．CAPP 系统的分类？
3．派生式 CAPP 系统的特点是什么？零件分类成组常用的方法有哪几种？
4．创生式 CAPP 系统设计方法的过程是什么？
5．CAPP 专家系统的概念及其组成是什么？
6．标准件库的功能和特点是什么？
7．工艺数据库的基本概念是什么？工艺数据库通常以什么形式出现？

第 9 章 计算机辅助制造技术

> **教学提示与要求**
>
> 计算机辅助制造技术集成了数控机床和计算机信息处理技术,是先进制造技术的一个重要组成部分。数控加工和数控编程是 CAM 的核心内容,对机械制造企业实现产品加工柔性自动化、集成化和智能化起着举足轻重的作用。本章在介绍计算机辅助制造技术原理和基本概念的基础上,重点介绍数控编程的原理与方法、自动编程方法、图形交互式自动编程方法以及 CAM 软件应用。通过本章的教学使学生从整体上了解 CAM 的技术内涵和特点,了解数控加工的基本原理,初步掌握数控编程的基本方法和过程。

9.1 CAM 技术概述

CAM 通常是指利用计算机软件系统,通过计算机与生产设备直接或间接的联系,进行产品制造工艺规划、设计、管理和质量控制的生产制造过程。CAM 作为整个现代集成制造系统的重要环节,向上与 CAD 实现无缝集成,向下为数控生产系统提供服务。

9.1.1 CAM 技术原理和基本概念

CAM 技术是指计算机技术在产品制造方面相关应用的统称。关于 CAM 的概念,有狭义和广义两种理解。

狭义 CAM 是指从产品设计到加工制造之间的一切生产准备活动,包括 CAPP、NC 编程、工时定额的计算、生产计划的制订、资源需求计划的制订等。目前 CAM 的狭义概念进一步缩小为数控编程的同义词,通常仅指数控加工程序的编制与数控加工过程控制,CAPP 已被作为一个专门的功能系统,而工时定额的计算、生产计划的制订、资源需求计划的制订则划分给企业资源计划管理(ERP)系统来完成。

广义 CAM 是指利用计算机辅助完成从毛坯到产品制造全过程的所有直接与间接的活动,包括工艺准备、生产作业计划、物流过程的运行控制、生产控制、质量控制、物料需求计划、成本控制、库存控制、NC 机床、机器人等,涉及制造活动中与物流有关的所有过程(加工、装配、检验、存储、输送)的监视、控制和管理等环节,都属于广义 CAM 的范畴。

9.1.2 CAM 系统功能与体系结构

CAM 系统是以计算机硬件为基础,系统软件和支撑软件为主体,应用软件为核心组成的面向制造的信息处理系统,具有的功能是:人机交互功能、数值计算及图形处理功能、存储与检索功能、数控加工信息处理功能、数控加工过程仿真功能等。为实现这些功能，CAM 系统应由硬件和软件两大部分组成。CAM 系统体系结构如图 9-1 所示。

图 9-1　CAM 系统体系结构

（1）硬件层。

硬件层是 CAM 系统运行的基础，包括各种硬件设备，如各种服务器、计算机以及生产加工设备等。可根据系统的应用范围和相应的软件规模，选用不同规模、不同结构、不同功能的计算机、外围设备及其生产加工设备，以满足系统的要求。

（2）操作系统层。

操作系统层包括运行各种 CAM 软件的操作系统和语言编译系统。操作系统如 Windows，Linux，Unix 等，它们位于硬件设备之上，在硬件设备的支持下工作。操作系统的作用在于充分发挥硬件的功能，同时，它为各种应用程序提供与计算机的工作接口。语言编译系统用于将高级语言编写的程序翻译成计算机能够直接执行的机器指令，目前 CAM 系统应用最多的语言编译系统包括 Visual Basic，Visual C/C++，Visual J++等。

（3）系统管理层。

CAM 系统几乎所有应用都离不开数据，在集成化的 CAD/CAM 系统中各分系统间的数据传递与共享需要网络的支撑。系统管理层包括数据库管理系统（如 SQL Server 等）、网络协议和通信标准（如 TCP/IP、I/O 等）。系统管理层在硬件设备和操作系统的支持下工作，并通过用户接口与各应用分系统发生联系。数据库管理系统保证 CAM 系统的数据实现统一规范化管理；网络协议（TCP/IP）保证 CAM 系统与其他分系统实现信息集成；通信标准（如 I/O 等）确保 CAM 系统控制机与各数控加工设备的通信畅通。

（4）应用层。

应用层包括各种工具软件和专业应用软件，它同时与硬件层、操作系统层和系统管理层发生联系，为操作者提供各种专业应用功能。专业应用软件是针对企业具体要求而开发的软件。目前在模具、建筑、汽车、飞机、服装等领域虽然都有相应的商品化 CAM 工具软件，但在实际应用中，由于用户的要求和生产条件多种多样，这些工具软件不能够完全适应各种具体要求，因此，在具体的 CAM 应用中通常需进行二次开发，即根据用户要求扩充开发用户化的应用程序。

通常，CAM 应用软件主要由交互工艺参数输入模块、刀具轨迹生成模块、刀具轨迹编辑模块、三维加工仿真模块和后置处理模块 5 个方面的内容组成。

9.2 计算机辅助数控编程基础

9.2.1 计算机辅助数控加工编程的一般原理

计算机辅助数控加工编程的一般过程如图 9-2 所示。编程人员首先将被加工零件的几何图形及有关工艺过程用计算机能够识别的形式输入计算机,利用计算机内的数控系统程序对输入信息进行翻译,形成机内零件拓扑数据;然后进行工艺处理(如刀具选择、走刀分配、工艺参数选择等)与刀具运动轨迹的计算,生成一系列的刀具位置数据(包括每次走刀运动的坐标数据和工艺参数),这一过程称为主信息处理(或前置处理);然后按照 NC 代码规范和指定数控机床驱动控制系统的要求,将主信息处理后得到的刀位文件转换为 NC 代码,这一过程称为后置处理。经过后置处理便能输出适应某一具体数控机床要求的零件数控加工程序(即 NC 加工程序),该加工程序可以通过控制介质(如磁带、磁盘等)或通信接口输入机床的控制系统。

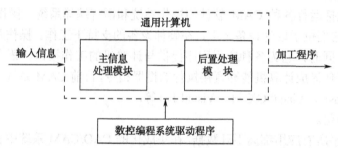

图 9-2 计算机辅助数控加工编程的一般过程

整个处理过程是在数控编程系统程序(又称系统软件或编译程序)的控制下进行的。数控系统程序包括前置处理程序和后置处理程序两大模块。每个模块又由多个子模块及子处理程序组成。计算机有了这套处理程序,才能识别、转换和处理全过程,它是系统的核心部分。

9.2.2 数控编程的内容与步骤

数控编程的主要内容包括:分析零件图纸,进行工艺处理,确定工艺过程;数值计算,计算刀具中心运动轨迹,获得刀位数据;编制零件加工程序;制备控制介质;校核程序及首件试切。数控编程一般分为以下几个步骤(见图 9-3)。

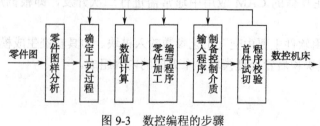

图 9-3 数控编程的步骤

1) 分析零件图样，进行工艺处理

编程人员首先需对零件的图纸及技术要求进行详细的分析，明确加工内容及要求，然后确定加工方案、加工工艺过程、加工路线，设计工装夹具，选择刀具以及合理的切削用量等。工艺处理涉及的问题很多，数控编程人员要注意以下几点。

（1）确定加工方案。此时应考虑数控机床使用的合理性及经济性，并充分发挥数控机床的功能。

（2）工装夹具的设计和选择。在数控加工中应特别注意减少辅助时间，使用夹具要能加快零件的定位和夹紧过程，夹具的结构大多比较简单。使用组合夹具有很大的优越性，生产准备周期短，标准件可以反复使用，经济效果好。另外，夹具本身应该便于在机床上安装，便于协调零件和机床坐标系的尺寸关系。

（3）选择合理的走刀路线。合理地选择走刀路线对于数控加工是很重要的。应根据下面的要求选择走刀路线：①保证零件的加工精度及表面粗糙度；②选取最佳路线，即尽量缩短走刀路线，减少空行程，提高生产率，并保证安全可靠；③有利于数值计算，减少程序段和编程工作量。

（4）选择正确的对刀点。数控编程时正确地选择对刀点是很重要的。对刀点就是在数控加工时刀具相对工件运动的起点，亦称为程序原点。对刀点选择的原则如下：①选择对刀的位置（即程序的起点）应使编程简单；②对刀点在机床上容易找正，方便加工；③加工过程便于检查；④引起的加工误差小。

为了提高零件的加工精度，对刀点应尽量选在零件的设计基准或工艺基准上。对于以孔定位的零件，可以选取孔的中心作为对刀点。对刀点不仅仅是程序的起点，而且往往又是程序的终点，故在生产中要考虑对刀的重复精度。对刀时应使对刀点与刀位点重合。所谓刀位点是指刀具的定位基准点。对立铣刀来说是球头刀的球心，对于车刀是刀尖，对于钻头是钻尖。为了提高对刀精度可采用千分表或对刀仪进行找正对刀。

（5）合理选择刀具。根据工件的材料性能、机床的加工能力、数控加工工序的类型、切削参数以及其他与加工有关的因素来选择刀具。对刀具的总体要求是：安装调整方便、刚性好、精度高、耐用度好等。

（6）确定合理的切削用量。

2) 数值计算

进行数控编程时要根据零件的几何形状确定走刀路线，计算出刀具运动的轨迹，得到刀位数据。数控系统一般都具有直线与圆弧插补功能。对于由直线、圆弧组成的较简单的平面零件，只需计算出零件轮廓的相邻几何元素的交点或切点的坐标值，得出各几何元素的起点、终点以及圆弧的圆心坐标值。若数控系统无刀补功能，还应计算刀具运动的中心轨迹，对于复杂的零件其计算也较为复杂。例如，对非圆曲线（如渐开线、阿基米德螺旋线等），需要用直线段或圆弧段逼近，计算出曲线各节点的坐标值；对于自由曲线、自由曲面、组合曲面等的计算则更为复杂。

数控编程中的误差处理是数值计算的重要组成部分。数控编程误差由三部分组成：

（1）逼近误差用近似的方法逼近零件轮廓时产生的误差，又称首次逼近误差，它出现在用直线段或圆弧段直接逼近轮廓的情况及由样条函数拟合曲线时，也称为拟合误差。

（2）插补误差用样条函数拟合零件轮廓后进行加工时，必须用直线或圆弧段作二次逼近，此时产生的误差也称为插补误差。其误差根据零件的加工精度要求确定。

（3）圆整误差编程中由数据处理、脉冲当量转换、小数圆整产生的误差。对误差的处理应采用合理的方法，否则会产生较大的累积误差，从而导致编程误差的增大。

3）编写零件加工程序

在完成上述工艺处理及数值计算后即可编写零件的加工程序。按照机床数控系统使用的指令代码及程序格式要求，编写或生成零件加工程序，并进行初步人工检查、编辑与修改。

4）制备控制介质及输入程序

过去，大多数控机床程序的输入是通过穿孔纸带或磁带等控制介质实现的，现在可通过控制面板直接输入，或采用网络通信的方法将程序输入到数控系统中。

5）程序检验及首件试切

编制好的程序必须经校验和试切削后才能正式投入使用。过去，程序校验的方法是以笔代替刀具，以坐标纸代替工件进行空运转画图，检查机床运动轨迹与动作的正确性。现在，在具有图形显示屏幕的数控机床上，可用显示走刀轨迹或模拟加工过程的方法进行检查。对于复杂的零件，则需使用石蜡、木件进行试切。当发现错误后，须及时修改程序单或采取尺寸补偿等措施。随着计算机科学的不断发展，先进的数控加工仿真系统不断涌现，为数控程序校验提供了多种准确而有效的途径。

9.2.3 数控编程术语与标准

经过多年的不断实践与发展，数控加工程序中所用的各种代码如坐标值、坐标系命名、数控准备功能指令、辅助动作指令、主运动和进给速度指令、刀具指令以及程序和程序段格式等方面都已制定了一系列的国际标准，我国也参照相关国际标准制定了相应的标准，这样极大地方便了数控系统的研制、数控机床的设计、使用和推广。但是在编程细节上，各国厂家生产的数控机床并不完全相同，因此，编程时还应按照具体机床的编程手册中的有关规定来进行，这样所编出的程序才能为机床的数控系统所接受。

以前广泛采用数控穿孔纸带作为加工程序信息输入介质，常用的标准纸带有五单位和八单位两种，数控机床多用八单位纸带。纸带上表示代码的字符及其穿孔编码标准有 EIA（美国电子工业协会）制定的 EIA RS-244 和 ISO（国际标准化协会）制定的 ISO-RS840 两种标准。国际上大都采用 ISO 代码，由于 EIA 代码发展较早，已有的数控机床中，有一些是应用 EIA 代码，现在我国规定新产品一律采用 ISO 代码。也有一些机床，具有两套译码功能，既可采用 ISO 代码也可采用 EIA 代码。

目前绝大多数数控系统采用通用计算机编码，并提供与通用微型计算机完全相同的文件格式，保存、传送数控加工程序，因此，纸带已逐步被现代化的信息介质所取代。

除了字符编码标准外，更重要的是加工程序指令的标准化，主要包括准备功能码（G 代码）、辅助功能码（M 代码）及其他指令代码。原机械工业部制定了有关 G 代码和 M 代码的 JB3202—1983 标准，它与国际上使用的 ISO1056—1975E 标准基本一致。

1）数控机床的坐标系定义

数控机床通过各个移动件的运动产生刀具与工件之间的相对运动来实现切削加工。为表示各移动件的移动方位和方向（机床坐标轴），在 ISO 标准中统一规定采用右手直角笛卡儿坐标系对机床的坐标系进行命名，在这个坐标系下定义刀具位置及其运动轨迹。

机床坐标轴的命名方法如图 9-4 所示，右手的拇指、食指和中指相互垂直，其中三个手指所指的方向分别为 X 轴、Y 轴和 Z 轴的正方向。此外，当存在以 X、Y、Z 的坐标轴线或与 X、Y、Z 的轴线相平行的直线为轴的旋转运动时，则用字母 A、B、C 分别表示绕 X、Y、Z 轴的转动坐标轴，其转动的正方向用右手螺旋定则确定。

通常在坐标轴命名或编程时，不论在加工中是刀具移动，还是被加工工件移动，都一律假定工件相对静止不动而刀具在移动，并同时规定刀具远离工件的方向作为坐标轴的正方向。在坐标轴命名时，如果把刀具看作相对静止不动，工件移动，那么，在坐标轴的符号上应加注标记（'），如 X'、Y'、Z' 等。

确定机床坐标轴时，一般是先确定 Z 轴，再确定 X 轴和 Y 轴。

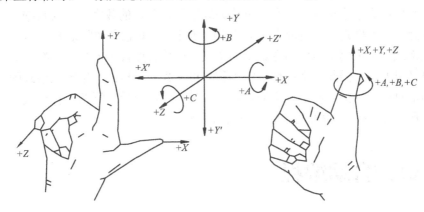

图 9-4 右手直角坐标系

对于有主轴的机床，如车床、铣床等则以机床主轴轴线方向作为 Z 轴方向。对于没有主轴的机床，如刨床，则以与装卡工件的工作台相垂直的直线作为 Z 轴方向。如果机床有几个主轴，则选择其中一个与机床工作台面相垂直的主轴作为主要主轴，并以它来确定 Z 轴方向。

X 轴一般位于与工件安装面相平行的水平面内。对于机床主轴带动工件旋转的机床，如车床、磨床等，则在水平面内选定垂直于工件旋转轴线的方向为 X 轴，且刀具远离主轴轴线方向为 X 轴的正方向。对于机床主轴带动刀具旋转的机床，当主轴是水平的，如卧式铣床、卧式镗床等，则规定人面对主轴，选定主轴左侧方向为 X 轴正方向；当主轴是竖直时，如立式铣床、立式钻床等，则规定人面对主轴，选定主轴右侧方向为 X 轴正方向。对于无主轴的机床，如刨床，则选定切削方向为 X 轴正方向。

Y 轴方向可以根据已选定的 Z、X 轴方向，按右手直角坐标系来确定。

如果机床除有 X、Y、Z 主要直线运动之外，还有平行于它们的坐标运动，则应分别命名为 U、V、W。如果还有第三组运动，则应分别命名为 P、Q、R。

如在第一组回转运动 A、B 和 C 的同时，还有第二组回转运动，可命名为 D 或 E 等。

2）数控加工程序的程序段格式

一个零件的加工程序是由许多按规定格式书写的程序段组成。每个程序段包含着各种指令和数据，它对应着零件的一段加工过程。常见的程序段格式有固定顺序格式、分隔符顺序格式及字地址格式三种。而目前常用的是字地址格式。典型的字地址格式如图 9-5 所示。

图 9-5 数控加工程序的字地址格式

每个程序段的开头是程序段的序号，以字母 N 和四位数字表示；接着一般是准备功能指令，由字母 G 和两位数字组成，这是基本的数控指令；而后是机床运动的目标坐标值，如用 X、Y、Z 等指定运动坐标值；在工艺性指令中，F 代码为进给速度指令，S 代码为主轴转速指令，T 为刀具号指令，M 代码为辅助功能指令。LF 为 ISO 标准中的程序段结束符号（在 FIA 标准中为 CR，在某些数控系统中，程序段结束符用符号"*"或";"表示）。

由上述格式可知，程序段由若干个部分组成，各部分称为程序字，每一个程序字均由一个英文字母和后面的数字串组成。英文字母称为地址码，其后的数字串称为数据，所以这种形式的程序段称为字地址格式。字地址格式中常用的地址字及其意义如附录 B 所示。

字地址格式用地址码来指明指令数据的意义，因此程序段中的程序字数目是可变的，程序段的长度也是可变的，因此，字地址格式也称为可变程序段格式。字地址格式的优点是程序段中所包含的信息可读性高，便于人工编辑修改，是目前使用最广泛的一种格式。字地址格式为数控系统解释执行数控加工程序提供了一种便捷的方式。

9.3 数控自动编程

数控自动编程根据编程信息的输入与计算机对信息处理方式的不同，主要有语言式自动编程系统和 CAD/CAM 集成化编程系统。

数控语言式自动编程系统有现成的商用语言系统和自行研制语言系统两类。目前，商用的数控语言系统有很多种，其中美国 APT（Automatically Programmed Tools）系统影响最大。APT 是一种自动编程工具的简称，是一种对工件、刀具的几何形状及刀具相对于工件的运动等进行定义时所使用的接近于英语的符号语言。APT 语言自动编程就是把 APT 语言书写的零件加工程序输入计算机，经计算机的 APT 语言编程系统编译产生刀位数据文件，再进行后置处理，生成数控系统能接受的数控加工程序。

CAD/CAM 集成化自动编程方法是现代 CAD/CAM 集成系统中常用的方法。在编程时，编程人员首先利用计算机辅助设计（CAD）构建出零件的几何形状，对零件图样进行工艺分析，确定加工方案，然后利用软件的计算机辅助制造（CAM）功能，完成工艺方案的指定、切削用量的选择、刀具及其参数的设定等，自动计算并生成刀位数据文件，利用后置处理功能模块生成指定数控系统的加工程序。

9.3.1 APT 语言自动编程

第一台数控机床问世后不久，美国麻省理工学院即开始了数控语言自动编程系统的研究。APT 语言系统最早的使用版本是 APTII，以后经过几次大的修改和充实，由 APTIII 发展到 APTIV、APT-AC（Advanced Contouring）和 APTSS（Sculptured Surface）。其中 APTII 适用于平面曲线的自动编程；APTIII 的出现，使数控编程从面向机床指令的编程上升到面向几何元素的高一级编程，它可以用于 3～5 坐标的立体曲面的自动编程；APTIV 可处理自由曲面的自动编程，使机械加工中遇到的各种几何图形，几乎都可以由数控编程系统给出刀具运动轨迹；APT-AC 具有切削数据库管理的能力；APT/SS 可处理复杂雕塑曲面的自动编程。

APT 语言系统已成为一种功能非常丰富、通用性非常强的系统。但该系统较庞大，这又限制了它的推广使用。在 APT 语言自动编程系统的基础上，各国相继研究出针对性较强、各具特点的编程系统。如美国的 ADAPT、AUTOSPOT，英国的 2C、2CL、2PC，联邦德国的 EXAPT-1（点位）、EXAPT-2（车削）、EXAPT-3（铣削），法国的 IFAPT-P（点位）、IFAPT-C（轮廓）、IFAPT-CP（点位、轮廓），日本的 FAPT 数控自动编程语言系统等。我国原机械工业部 1982 年发布的数控机床自动编程语言标准（JB3112—82）采用了 APT 的词汇语法，1985 年国际标准化组织 ISO 公布的数控机床自动编程语言（ISO4342—1985）也是以 APT 语言为基础的。

1）概述

（1）APT 语言。

APT 语言通常由几何定义语句、刀具运动语句和辅助语句组成。

① 几何定义语句。几何定义语句用于描述零件的几何图形，一般表达式为：标识符=几何类型/定义。

② 刀具运动语句。刀具运动语句是描述刀具运动状态的语句。在 APT 语言中通过定义三个控制面来控制刀具相对于加工零件的运动，它们是零件面 PS（Part Surface）、导动面 DS（Drive Surface）和检查面 CS（Check Surface），如图 9-6 所示。

零件面 PS 是控制刀具工作高度的表面，导动面 DS 是控制引导刀具运动的平面，检查面 CS 是控制刀具运动停止的表面。

③ 辅助语句。辅助语句包括工艺参数语句和数据输入语句等。例如零件名称及程序编号语句、机床后置处理语句、刀具直径指定语句、进给速度语句、主轴语句、快速运动语句、计划停车语句、冷却液开关语句、暂停语句和程序结束语句等。

（2）自动编程的原理与过程。

APT 语言自动编程的原理与过程如图 9-7 所示。利用专用的语言和符号来描述零件图纸上的几何形状及刀具相对零件运动的轨迹、顺序和其他工艺参数，这个程序称为零件的源程序。零件源程序编好后输入给计算机，为了使计算机能够识别和处理零件源程序，事先必须将编好的编译程序存放在计算机内，这个程序通常称为"数控程序系统"或"数控软件"。通过数控软件处理后产生刀位文件，再利用后置处理模块，针对具体 NC 机床产生相应的零件 NC 加工程序（即 G 代码）。

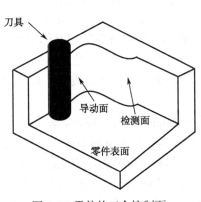

图 9-6　零件的三个控制面

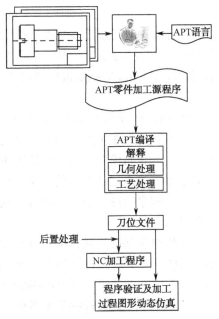

图 9-7　APT 语言自动编程的原理与过程

2）编程步骤

书写零件源程序的一般步骤如下。

(1) 明确加工要求，分析零件要素。通过分析零件图样，明确待加工特征以及加工要求。

(2) 选择编程坐标系。选择编程坐标系要考虑编程的方便，尽可能减少零件尺寸的换算工作，所有几何元素都必须在所选的坐标系中定义。同时还要考虑所选择的坐标系是否与机床坐标系一致，若两者不一致，则需应用坐标变换语句统一坐标系或做必要的换算工作。

(3) 给需要定义的几何元素用不同的标示符命名并标注在图形上。

(4) 选择公差、刀具以及起刀点和退刀点的位置并确定走刀路线。在编写刀具运动语句前应把工艺参数写在里面，且要位于切削运动语句的前面。若要变更时，只要重新指定即可。

(5) 编写各几何元素的定义语句。依照一定的先后顺序，编写各几何定义语句。几何定义语句的编写顺序无关紧要，但几何元素的名字一定要在使用前预先定义。

(6) 按加工路线逐段编写刀具运动语句。在运动语句中用到的几何元素名字、宏指令名字和加工方法名字等都应预先定义。在编写刀具运动语句时首先要编写起刀点语句，然后再编写运动语句。

(7) 做相应的后置处理并填入其他语句。如计算参数语句以及速度（如速度由 FEDRAT/F01 改为 FEDRAT/F02）、停车（SPINDL/ON）、程序结束（FINI）等语句。

(8) 对所编写的程序进行全面检查。如格式是否正确、语句及其中的字是否遗漏等，确认无误后才能输入到计算机进行处理。

整个源程序是由各种语句组成的，并且在零件源程序中要先完成几何定义，然后编写刀具运动语句。几何定义语句和刀具运动语句是 APT 源程序的前置处理语句，而后置处理语句则与某一具体数控机床密切相关。

采用 APT 语言自动编程时，计算机代替程序编制人员完成了烦琐的数值计算工作，编程效率虽然比手工编程高，但仍未克服编程效率与机床加工速度不匹配的矛盾。

9.3.2 CAD/CAM 集成系统数控编程

CAD/CAM 集成系统数控编程是以待加工零件的 CAD 模型为基础的一种集加工工艺规划及数控编程为一体的自动编程方法。其中零件 CAD 模型的描述方法多种多样，适用于数控编程的主要有表面模型（Surface model）和实体模型（Solid model），其中以表面模型在数控编程中应用较为广泛。

CAD/CAM 集成系统数控编程的主要特点：零件的几何形状可在零件设计阶段采用 CAD/CAM 集成系统的几何设计模块在交互方式下进行定义、显示和修改，最终得到零件的几何模型（可以是表面模型，也可以是实体模型）；数控编程的一般过程包括刀具的定义或选择、刀具相对于零件表面运动方式的定义、切削加工参数的确定、走刀轨迹的生成、加工过程的动态仿真显示、程序验证及后置处理等，这些过程都是在图形交互方式下完成的，具有形象、直观和高效等优点。

以实体模型为基础的数控编程方法比以表面模型为基础的编程方法复杂。基于表面模型的数控编程系统，其零件的设计功能（或几何造型功能）是专为数控编程服务的，其针对性很强，也容易使用，图 9-8a 描述了它的编程原理与过程；基于实体模型的数控编程系统则不同，其实体模型一般都不是专为数控编程服务的，为了用于数控编程往往需要对实体模型进行可加工性分析，识别加工特征，并对加工特征进行加工工艺规划，最后才能进行数控编程，其中每一步可能都很复杂，需要在人机交互方式下进行，图 9-8b 描述了其编程原理与过程。

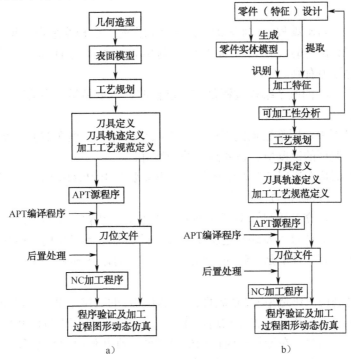

图 9-8 CAD/CAM 集成系统数控编程的原理与过程

9.4 图形交互式自动编程技术

所谓图形交互式自动编程系统就是应用计算机图形交互技术开发出来的数控加工程序自动编程系统，使用者利用计算机键盘、鼠标等输入设备以及屏幕显示设备通过交互操作，建立、编辑零件轮廓的几何模型，选择加工工艺方法，生成刀具运动轨迹，利用屏幕动态模拟显示数控加工过程，最后生成数控加工程序。现代图形交互式自动编程是建立在 CAD 和 CAM 系统的基础上的，典型的图形交互式自动编程系统大都采用 CAD/CAM 集成数控编程系统模式。图形交互式自动编程系统通常有两种类型的结构，一种是 CAM 系统中内嵌三维造型功能；另一种是独立的 CAD 系统与独立的 CAM 系统以集成方式构成数控编程系统。

在 CAD/CAM 系统中，设计和制造的各个阶段可利用公共数据库中的数据。公共数据库将设计与制造过程紧密联系为一个整体。数控自动编程系统利用设计的结果和产生的模型，形成数控加工机床所需的信息。这样可大大缩短产品的制造周期，显著提高产品质量，从而产生巨大的经济效益。

9.4.1 图形交互式自动编程的特点和基本步骤

1) 图形交互自动编程的特点

（1）这种编程方法既不像手工编程那样需要用复杂的数学手工计算算出各节点的坐标数据，也不需要像 APT 语言编程那样用数控编程语言去编写描绘零件几何形状加工走刀过程及后置处理的源程序，而是在计算机上直接面向零件的几何图形以光标指点、菜单选择及交互对话的方式进行编程,其编程结果也以图形的方式显示在计算机上。所以该方法具有简便、直观、准确、便于检查的优点。

(2)图形交互式自动编程软件和相应的 CAD 软件是有机地联系在一起的一体化软件系统,既可用来进行计算机辅助设计,又可以直接调用设计好的零件图进行交互编程,对实现 CAD/CAM 一体化极为有利。

(3)这种编程方法的整个编程过程是交互进行的,简单易学,在编程过程中可以随时发现问题并进行修改。

(4)在编程过程中,图形数据的提取、节点数据的计算、程序的编制及输出都是由计算机自动进行的,因此编程的速度快、效率高、准确性好。

(5)此类软件都是在通用计算机上运行的,不需要专用的编程机,所以非常便于普及推广。

2)图形交互式自动编程的基本步骤

目前,国内外图形交互式自动编程软件的种类很多,其软件功能、面向用户的接口方式有所不同,所以编程的具体过程及编程过程中所使用的指令也不尽相同。但从总体上讲,其编程的基本原理及基本步骤大体上是一致的。归纳起来可分为以下五大步骤。

(1)几何造型。

几何造型就是利用三维造型 CAD 软件或 CAM 软件的三维造型、编辑修改、曲线曲面造型功能把要加工的零件的三维几何模型构造出来,并将零件被加工部位的几何图形准确地绘制在计算机屏幕上。与此同时,在计算机内自动形成零件三维几何模型数据库。它相当于 APT 语言编程中,用几何定义语句定义零件的几何图形的过程,其不同点就在于它不是用编程语言,而是用计算机造型的方法将零件的图形数据输送到计算机中。这些三维几何模型数据是下一步刀具轨迹计算的依据;在自动编程过程中,交互式图形编程软件将根据加工要求提取这些数据,进行分析判断和必要的数学处理,形成加工的刀具位置数据。

(2)加工工艺决策。

选择合理的加工方案以及工艺参数是准确、高效加工工件的前提条件。加工工艺决策内容包括定义毛坯尺寸、边界、刀具尺寸、刀具基准点、进给率、快进路径以及切削加工方式。首先按模型形状及尺寸大小设置毛坯的尺寸形状,然后定义边界和加工区域,选择合适的刀具类型及其参数,并设置刀具基准点。

CAM 系统中有不同的切削加工方式供编程中选择,可为粗加工、半精加工、精加工各个阶段选择相应的切削加工方式。

(3)刀位轨迹的计算及生成。

图形交互式自动编程的刀位轨迹的生成是面向屏幕上的零件模型交互进行的。首先在刀位轨迹生成菜单中选择所需的菜单项;根据屏幕提示,用光标选择相应的图形目标,指定相应的坐标点,输入所需的各种参数;交互式图形编程软件将自动从图形文件中提取编程所需的信息,进行分析判断,计算出节点数据,并将其转换成刀位数据,存入指定的刀位文件中或直接进行后置处理生成数控加工程序,同时在屏幕上显示出刀位轨迹图形。

(4)后置处理。

由于各种机床使用的控制系统不同,所用的数控指令文件的代码及格式也有所不同。为解决这个问题,交互式图形编程软件通常设置一个后置处理文件。在进行后置处理前,编程人员需对该文件进行编辑,按文件规定的格式定义数控指令文件所使用的代码、程序格式、圆整化方式等内容,在执行后置处理命令时将自行按设计文件定义的内容,生成所需要的数控指令文件。另外,由于某些软件采用固定的模块化结构,其功能模块和控制系统是一一对应的,后置处理过程已固化在模块中，所以在生成刀位轨迹的同时便自动进行后置处理，生成数控指令文件，而无须再进行单独后置处理。

（5）程序输出。

图形交互式自动编程软件在计算机内自动生成刀位轨迹图形文件和数控程序文件，可采用打印机打印数控加工程序单，也可在绘图机上绘制出刀位轨迹图，使机床操作者更加直观地了解加工的走刀过程，还可使用计算机直接驱动的纸带穿孔机制作穿孔纸带，提供给有读带装置的机床控制系统使用，对于有标准通信接口的机床控制系统可以和计算机直接联机，由计算机将加工程序直接传送给机床控制系统。

9.4.2 加工工艺决策

在自动编程过程中，加工工艺决策是加工能否顺利完成的基础，必须依据零件的形状特点、工件的材料、加工的精度要求、表面粗糙度要求，选择最佳的加工方法，合理划分加工阶段，选择适宜的加工刀具，确定最优的切削用量、确定合理的毛坯尺寸与形状、合理的走刀路线，最终达到满足加工要求、减少加工时间、降低加工费用的目的。

生成刀具运动轨迹是交互式自动编程的核心，与刀具运动轨迹生成关系最密切的是加工阶段的划分、刀具的形状与几何参数、走刀路线等内容。

1）加工阶段划分

（1）粗加工阶段

粗加工一般称为区域清除。在此加工阶段中，应该在公差允许范围内尽可能多地切除材料。比较典型的区域清除方式是等高切面，即在毛坯上沿着高度方向等距离划分出数个切削层，每次切削一个层面的毛坯余量。

粗加工阶段的主要任务是切削掉尽可能多的余量，精度保障不是主要目标，因此，在这个阶段一般采用圆柱直铣刀进行加工，除了切削角度外，选择刀具的主要参数为刀具直径。同时在粗加工阶段一般采用行切方式进行切削，产生区域清除刀具路径。

（2）精加工阶段

对于复杂的曲面加工，可以把加工阶段进一步划分成半精加工和精加工阶段，也可只划分成一个精加工阶段。精加工阶段的主要任务是满足加工精度、表面粗糙度要求，而加工余量是非常小的。如果是曲面铣削，一般选取球头铣刀，除了刀具角度外主要刀具参数为球头直径参数。精加工阶段可采用行切方式，也可采用环切方式。

2）切削方式

根据不同的加工对象，切削方式是不同的，基本上可以划分为以下四种情况。

（1）点位加工。点位加工中，刀具从一点到另一点运动时不切削，各点的加工顺序一般也没有要求，根据最少换刀次数原则及路线最短原则，确定加工路线，生成刀具运动轨迹，如图9-9所示。

（2）平面轮廓加工。平面轮廓加工一般采用环切方式，即刀具沿着某一固定的转向围绕着工件轮廓环形运动，最终一环刀具运动轨迹是工件轮廓的等距曲线，即将加工轮廓线按实际情况左偏或右偏一个刀具半径。

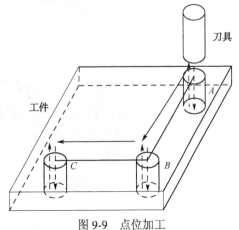

图9-9 点位加工

(3) 型腔零件加工。二维型腔是指以平面封闭轮廓为边界的平底直壁凹坑。二维型腔加工的一般过程是：沿轮廓边界留出精加工余量，先用平底端铣刀以环切或行切法走刀，铣去型腔的多余材料，最后沿型腔底面和轮廓走刀，精铣型腔底面和边界外形。型腔零件切削有两种方法：一种是环切法，一种是行切法。

① 行切法。

行切法加工时刀具沿一组平行线走刀，可分为往返走刀和单向走刀。往返走刀是当刀具切进毛坯后尽量少抬刀，在一个单向行程结束时，继续以切进方式转向返回行程并走完返回行程，然后如此往返。这种方式在加工过程中将交替出现顺铣、逆铣，因两者的切削效果不同，将影响加工表面质量和切削刃的大小。有些材料不宜往返走刀，则可采用单向走刀方式。单向走刀时刀具沿一个方向进行至终点后抬刀到安全高度，再快速返回到起刀点后沿下一条平行线走刀，如此循环进行。该方式的优点是刀具进行加工时可保持相同的切削状态。行切法的刀位点计算较简单，主要是一组平行线与型腔的内、外轮廓求交，判断出有效的交线，经编辑后按一定的顺序输出。在遇到型腔中的"岛屿"时，稍做分析处理，并可采取不同的措施；抬刀到安全高度越过"岛屿"；沿"岛屿"边界绕过去；或是遇到内轮廓后反向回头继续切削；若内轮廓不是凸台而是"坑"，则可以直接跨越。

② 环切法。

环切法加工不仅可使加工状态保持一致，同时能保证外轮廓的加工精度。环切法的刀位计算较复杂，是国内外学者研究的重点。下面介绍一种环切计算方法，其步骤如下。

第一步：外轮廓按加工要求的刀偏值向里偏置，检查形成的环是否合理，并进行预处理。

第二步：内轮廓按加工要求的刀偏值向外偏置，检查所形成的环是否合理，并进行预处理。

第三步：内、外环接触后消除干涉，重新形成新的内、外环。

第四步：重复上述步骤，新的环不断生成，直至完成整个零件的加工。环切法刀具轨迹的生成过程如图 9-10 所示。

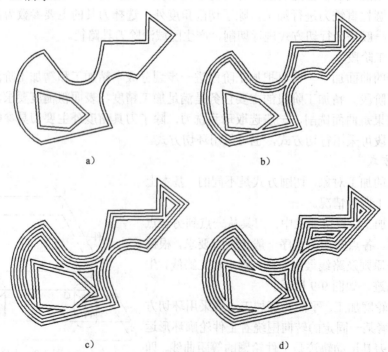

图 9-10　环切法刀具轨迹的生成过程

（4）曲面加工。曲面加工的切削方式比较复杂，根据加工精度、表面粗糙度要求，曲面加工需要经历粗加工、半精加工、精加工等加工阶段，每个阶段切削方式是不同的。根据曲面形状的差异，切削方式也是不一样的。

如前所述，粗加工阶段采取分层行切（也可以是环切）加工方式，刀具一般采用圆柱立铣刀在半精加工或精加工阶段，需要采用球形铣刀进行加工，切削方式还可以是行切或环切方式。

基于等距面精确裁剪的加工方法的思想是首先求出等距面，然后等距面求交并进行精确裁剪，得到精确的曲面边界，确定精确的加工区域，然后进行刀具轨迹规划，得出走刀轨迹。

① 刀具轨迹规划。

曲面经裁剪并确定了加工区域后，根据不同的零件结构及加工工艺要求，需对走刀轨迹进行规划，得到刀位点数据。例如，对于曲面型腔的加工，可先对加工曲面进行等距面裁剪，得到曲面加工域，然后在其参数域上按平面型腔的方式规划走刀轨迹，其轨迹可选取环切或行切，然后再返回到实际空间生成刀具轨迹。

② 组合曲面加工。

组合曲面加工时也需先进行等距面裁剪，然后用一组平面与等距面求交，交线即为走刀轨迹。根据需要平面可按平行方式布置，也可一点固定，按辐射状展开布置。同时还可将平面转换成曲面或其他形式的简单曲面。组合曲面的三种走刀轨迹如图 9-11 所示。

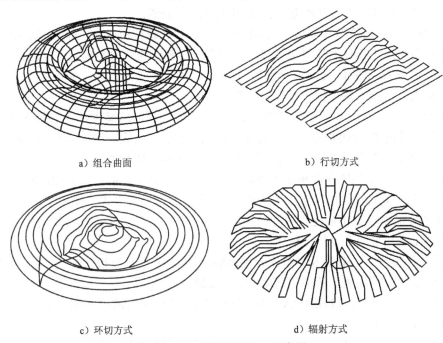

a）组合曲面　　b）行切方式

c）环切方式　　d）辐射方式

图 9-11　组合曲面加工示意图

综上所述，基于等距面精确裁剪的加工方法具有如下特点。
- 采用等距而后裁剪的方式，避免了不同曲面的刀具轨迹干涉。
- 通过等距面的精确裁剪，得到了精确的曲面加工边界，选取了精确的加工区域，提高了加工精度。
- 整个计算过程都在平面偏值面上进行，避免了以往算法中同步平面轨迹映射到三维空间时的曲面与曲面的多次求交，减少了数据转换环节，提高了计算精度。
- 适用范围广，不仅可适用于复杂的型腔加工，而且适用于组合曲面及单张曲面区域加工。

9.5 MasterCAM 数控编程实例

9.5.1 MasterCAM 的基本功能

MasterCAM 作为 CAD 和 CAM 的集成开发系统，主要包括以下功能模块。

1) Design——CAD 设计模块

CAD 设计模块主要包括二维和三维几何设计功能。它提供了方便直观的设计零件外形所需的理想环境，其造型功能十分强大，可方便地设计出复杂的曲线和曲面零件，并可设计出复杂的二维、三维空间曲线，还能生成方程曲线。采用 NURBS 数学模型，可生成各种复杂曲面。同时，对曲线、曲面进行编辑修改都很方便。

MasterCAM 还能方便地接收其他各种 CAD 软件生成的图形文件。

2) Mill、Lathe、Wire 和 Router——CAM 模块

CAM 模块主要包括 Mill、Lathe、Wire 和 Router 四大部分，分别对应铣削、车削、线切割和刨削加工。本书将主要对使用得最多的 Mill 模块进行介绍。

CAM 模块主要是对造型对象编制刀具路线，通过后处理转换成 NC 程序。MasterCAM 系统中的刀具路线与被加工零件的模型是一体的，即当修改零件的几何参数后，MasterCAM 能迅速而准确地自动更新刀具路径。因此，用户只要在实际加工之前选取相应的加工方法进行简单修改即可。这样大大提高了数控程序设计的效率。

MasterCAM 中，可以自行设置所需的后置处理参数，最终能够生成完整的符合 ISO（国际标准化组织）标准的 G 代码程序。为了方便直观地观察加工过程，判断刀具路线和加工结果的正误，MasterCAM 还提供了强大的模拟刀具路径和真实加工的功能。

MasterCAM 具有很强的曲面粗加工以及灵活的曲面精加工功能。在曲面的粗、精加工中，MasterCAM 提供了 8 种先进的粗加工方式和 11 种先进的精加工方式，极大地提高了加工效率。

MasterCAM 的多轴加工功能为零件的加工提供了更大的灵活性。应用多轴加工功能可以方便快捷地编制出高质量的多轴加工程序。

CAM 模块还提供了刀具库和材料库管理功能。同时，它还具有很多辅助功能，如模拟加工、计算加工时间等，为提高加工效率和精度提供了帮助。

配合相应的通信接口，MasteCAM 还具有和机床进行直接通信的功能。可以将编制好的程序直接送到数控系统中。

总之，MasterCAM 的性能优越、功能强大而稳定、易学易用，是一种适用于实际应用和教学的 CAD/CAM 集成软件，值得从事机械制造行业的相关人员和在校生学习和掌握。

9.5.2 MasterCAM 的工作界面

启动 MasterCAM 以后，屏幕上出现如图 9-12 所示的窗口界面。该界面主要包括：标题栏、主菜单、工具栏、操作管理器、状态栏、图形窗和图形对象等部分。

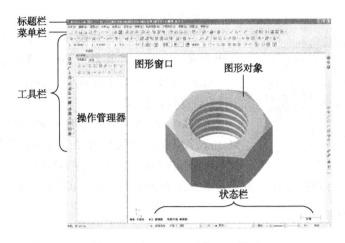

图 9-12 MasterCAM 的工作界面

9.5.3 MasterCAM 数控编程的一般工作流程

利用 MasterCAM 进行数控编程的一般工作流程为：
(1) 按图样或设计要求，在 CAD 系统中建立零件三维模型，生成图形文件（扩展名为.IGS）。
(2) 利用 CAM 模型生成轮廓加工刀具路径文件（扩展名为.NCI）。
(3) 通过后置处理，将刀具路径文件生成为数控设备可直接执行的数控加工程序（扩展名为.NC）。

9.5.4 MasterCAM 数控编程实例

1. 零件图纸和模型

本实例要加工的是一个凸轮零件，零件图如图 9-13 所示，三维实体模型如图 9-14 所示。需要在分析零件加工工艺的基础上完成整个零件的生产加工，包括外形铣削、挖槽和倒角等工序。

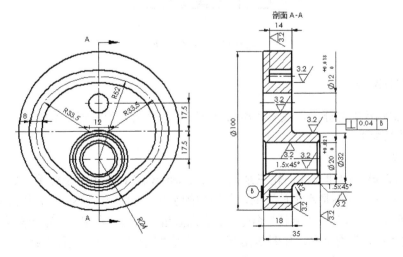

图 9-13 凸轮零件图

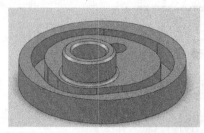

图 9-14 凸轮的三维实体模型

零件的加工要求：

(1) 沟槽凸轮内外轮廓及 $\phi 20$ 和 $\phi 12$ 的孔的表面粗糙度要求为 $Ra = 3.2\mu m$，其余为 $Ra = 6.3\mu m$；

(2) 全部倒角为 1.5mm×1.5mm；

(3) 材料为 40Cr。

在 SolidWorks 平台中建立凸轮的三维模型后，要在 MasterCAM 数控加工软件中生成凸轮槽的 NC 加工代码。因此在 SolidWorks 中生成的凸轮三维实体模型文件与 MasterCAM 能够进行数据交换，将文件要保存为 STEP 格式或 IGES 格式。

2．加工工艺分析

从图 9-13 分析可知，一般采用铸造毛坯，再用机加工的方法，可较方便地加工出该产品。现采用 20mm 板材，下料的尺寸为 102mm×102mm，$\phi 20mm$ 和 $\phi 12mm$ 的孔已用其他方法加工出来了，上下端面也已加工到位，剩下凸轮凹槽及外形用三菱加工中心加工，机床的最高转速为 12000r/min。

工件装夹需要设计专用夹具，利用 $\phi 20mm$ 和 $\phi 12mm$ 的孔定位，采用压板装夹，如图 9-15 所示。$\phi 12mm$ 孔的定位中心到夹具的左边的距离为 90mm，到夹具前边的距离为 70mm。这两个尺寸将作为对零件设定 G54 工作坐标的依据。

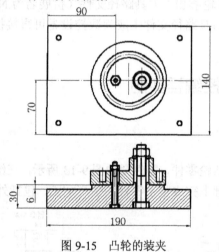

图 9-15 凸轮的装夹

3．规划刀具路径

根据模型文件及工艺分析，该零件加工刀具路径划分为外形铣削、挖槽加工和倒角加工。

1）外形铣削加工

(1) 毛坯设定。

由于 SolidWorks 中建立的凸轮三维模型与 MasterCAM 系统中坐标不一致，凸轮模型在 MasterCAM 中打开后并不是水平放置的，与模型的装夹、加工方向不一致，因此要将模型旋转至加工位置。选择"转换"→"旋转"命令，选取图素进行旋转，在窗口用矩形框选中模型后，单击 Enter，弹出"旋转"对话框，如图 9-16 所示，设置"次数"为 1，设置"旋转角度"为 90°，旋转后的模型如图 9-17 所示。

图 9-16 "旋转"对话框   图 9-17 旋转后的模型

选择机床类型中的"铣床"→"默认"命令,在"操作管理"→"刀具路径"→"机器群组属性"命令中,设定毛坯大小尺寸为 X102,Y102,Z18,工件原点(0, 0, 18),材料为 40Cr。

(2) 加工凸轮外形刀具路径。

加工凸轮外形,可用 $\phi 25 R5$ 圆鼻合金刀,采用 2D 外形加工的方法进行粗加工,Z 轴方向步进距离为 2mm。一般来说,该面要求不高,可直接加工到位,加工余量为 0mm。

① 外形铣削对话框。

(i) 选择"主菜单"→"刀具路径"→"外形铣削"→"输入新 NC 名称"→"串联"选项命令。

(ii) 选取凸轮外形轮廓线为加工范围,外形轮廓线将改变颜色,并出现一个起点与箭头,方向为顺时针方向。

② 选择刀具参数。

(i) 选择"2D 刀具路径"→"等高外形"对话框选项命令,如图 9-18a 所示。

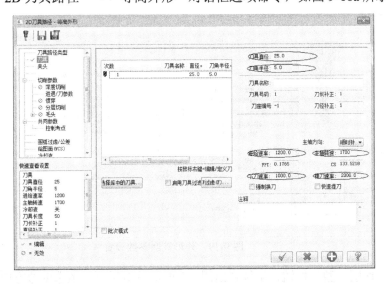

a) 参数设置

图 9-18 外形铣削刀具参数设置

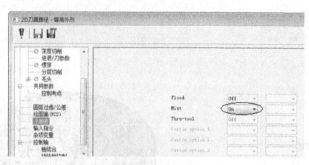

b）冷却液设置

图 9-18　外形铣削刀具参数设置（续）

（ii）将鼠标移到"刀具"对话框中最大的窗口内，单击鼠标右键，系统弹出一个快捷菜单，选取创建新刀具命令，建立一把直径为 $\phi 25mm$，刀角半径为 $R5mm$ 的圆鼻合金刀。

（iii）输入主要参数如下。

◆ 进给速率：1200mm/min。

◆ 下刀速率：1000mm/min。

◆ 提刀速率：2000mm/min。

◆ 主轴转速：1700r/min。

◆ 冷却液：喷气。

◆ 其余为默认值。

（iv）单击操作管理器中"冷却液"选项，选择喷气方式，如图 9-18b 所示。

③ 选择外形铣削参数。

（i）单击"共同参数"按钮，系统弹出图 9-19a 所示对话框，主要输入以下参数值。

◆ 进给下刀位置：1.0，增量坐标。

◆ 要加工的表面：0，增量坐标。

◆ 深度：-24，增量坐标。加工深度至少要用大于凸轮的高度 18mm 的尺寸加一个刀具的刀角半径值。

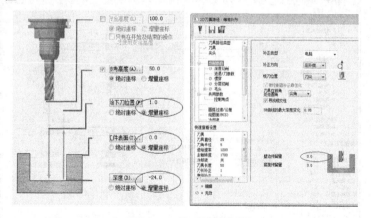

图 9-19　外形铣削参数设置

（ii）单击"切削参数"按钮，系统弹出图 9-19b 所示对话框，填选壁边方向预留量为 0。凸轮外形表面不需要精加工。

（iii）单击"分层切削"按钮，系统弹出如图 9-20 所示对话框，填选如图 9-20 所示参数。输入粗铣次数为 1，间距为 10mm。

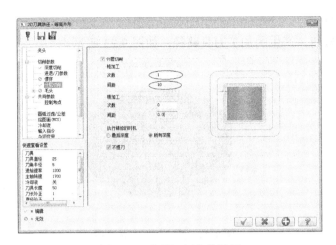

图 9-20　分层切削参数设置

（iv）单击"深度切削"按钮，系统弹出如图 9-21 所示对话框，填选如图所示参数。最大粗切步进量为 2mm，勾选不提刀。

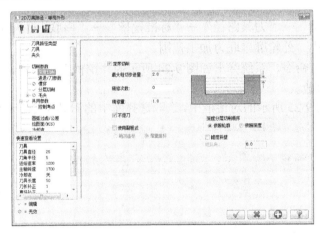

图 9-21　深度切削参数设置

（v）单击"进/退刀向量"按钮，系统弹出如图 9-22 所示对话框，填选如图所示参数。输入进/退刀圆弧半径为 10，其余各项选择默认值。

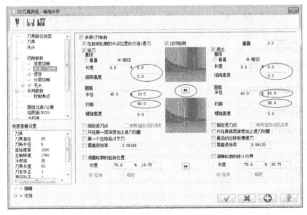

图 9-22　进/退刀向量参数设定

④ 产生刀具路径。

单击"确定"按钮,产生的加工刀具路径,如图 9-23 所示。

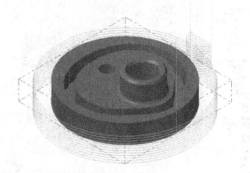

图 9-23 凸轮外形刀具路径

2)挖槽加工

粗加工凸轮凹槽,可采用 2D 挖槽的方法进行粗加工,刀具采用直径为 5mm 的平刀,Z 轴方向步进距离为 0.5mm,加工余量为 0.1mm。

(1)进入挖槽。

① 选择"主菜单"→"刀具路径"→"标准挖槽"→"串联"选项命令。

② 选择凸轮的内、外轮廓串联为加工范围。

③ 选择"执行"命令,系统弹出如图 9-24 所示的"挖槽"对话框。

(2)确定刀具参数。

①将鼠标移至图 9-25 所示的对话框中,选取选择库中的刀具命令,选取一把 $\phi 5\,mm$ 的平刀。

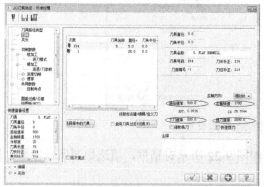

图 9-24 "挖槽"对话框　　图 9-25 挖槽刀具参数的选择

② 输入主要刀具参数如下。
- 进给速率:500mm/min。
- 下刀速率:200mm/min。
- 提刀速率:2000mm/min。
- 主轴转速:1700mm/min。
- 冷却液:喷油。
- 其余为默认值。

(3)确定挖槽参数。

① 单击"共同参数"按钮,单击"切削参数"按钮,弹出如图 9-26 所示的对话框,填选参数如图所示,输入深度-14,壁边预留量为 0.2。

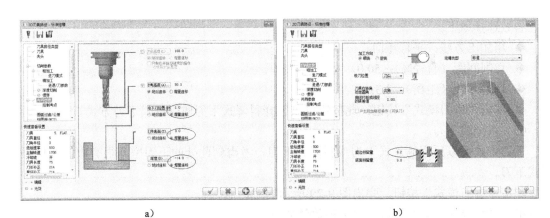

图 9-26 挖槽参数的设置

② 单击"深度切削"按钮，弹出如图 9-27 所示的"深度切削参数设置"对话框，参数选择如图 9-27 所示。毛坯为钢料时，最大粗切进量一般不应超过 0.5mm。

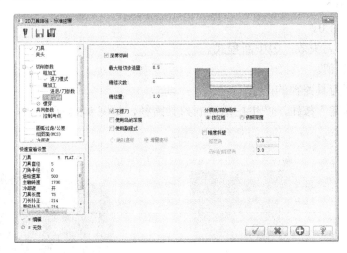

图 9-27 "深度切削参数设置"对话框

（4）粗加工。

单击"粗加工"按钮，弹出如图 9-28 所示的"粗加工设置"对话框。

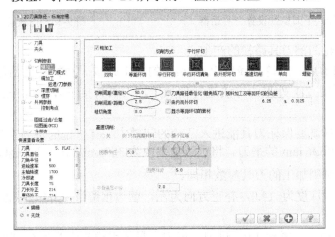

图 9-28 "粗加工设置"对话框

参数选择如下。
- 粗加工方法：平行环切。
- 切削间距（直径%）：50.0。
- 切削间距（距离）：2.5。
- 单击"进刀模式"按钮，此按钮可以选择斜降式下刀或螺旋式下刀方式。

（5）斜降式下刀。

下刀方式可以采用螺旋式下刀或斜降式下刀，考虑到此处的下刀空间很有限，本例采用斜降式下刀。

单击"进刀模式"按钮，弹出图 9-29 所示的对话框。

单击"斜降式下刀"按钮，填选参数值如下。
- 最小长度 50.0 %，2.5；最小斜降式下刀斜线长度为 2.5。
- 最大长度 200.0 %，10.0；最大斜降式下刀斜线长度为 10.0。
- Z 高度：0.5。
- XY 间距：0.2。
- 进刀角度：1.0。
- 如果斜插下刀失败：⊙中断程式。
- 其余为默认值。

（6）挖槽铣削刀具路径的产生。

最后单击"确定"按钮，产生挖槽铣削刀具路径，如图 9-30 所示。

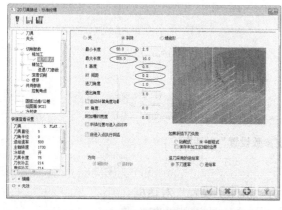

图 9-29 "斜降式下刀参数设置"对话框

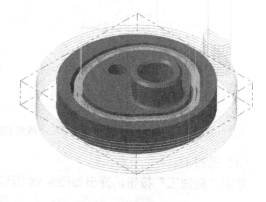

图 9-30 挖槽铣削刀具路径

（7）精加工凸轮凹槽刀具路径的产生。

粗加工凸轮凹槽后，凸轮槽线留有 0.2mm 的加工余量。在精加工凸轮凹槽时，凹槽中间可以直接下刀，采用 2D 外形的方法进行精加工，刀具直接下降到-14mm，一次性将轮廓线加工到位。

刀具半径的选择既要保证刀具能进入凸轮的凹槽中，有一定的进刀空间，又要有较高的刚性与加工效率，故用 φ6 mm 的平刀。将进给速率改为 300mm/min，下刀速率改为 300mm/min，其余的参数与挖槽铣削加工的刀具参数相同。

外形铣削参数：深度为-14.0，补正方向为左，壁边预留量为 0.0，底面预留量为 0.0，不选择深度切削。

进/退刀向量参数为：重叠 1.0，进刀、退刀向量的引线长度改为 0，圆弧半径为 3，扫描角度为 45°，其余各项选默认值。单击"确定"按钮，产生的加工刀具路径，如图 9-31 所示。

（8）刀具路径模拟。

模拟刀具加工路径，检验是否存在问题，方法如下所述。

① 双击操作管理→刀具路径→等高外形，命名为"精加工凸轮槽"，如图 9-32 所示。

② 单击刀具路径→执行命令，结果如 9-31 所示。检验刀具路径，进刀与退刀位置没有与工件发生干涉，刀具不会碰到工件。

③ 单击返回命令，返回图 9-32 对话框。

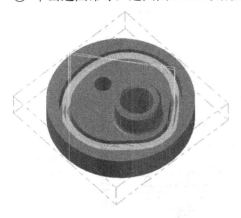

图 9-31　凸轮槽精加工刀具路径生成

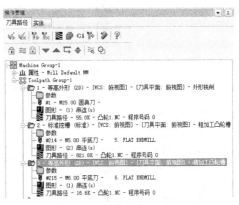

图 9-32　"操作管理"对话框

（9）实体切削验证。

验证加工结果如图 9-33 所示。

3）倒角刀具路径

倒角采用 2D 外形方法进行加工。刀具选择 ϕ20-45° 倒角用刀，一次将轮廓线加工到位。

（1）进入外形铣削。

① 选择"主菜单"→"刀具路径"→"外形铣削"→"串联"选项命令。

② 选取凸轮内轮廓线为加工范围，此时内轮廓线改变颜色，并出现一个起点与箭头，方向为顺时针方向。

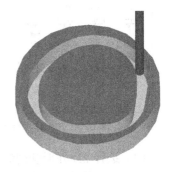

图 9-33　凸轮槽实体加工验证

③ 选取凸轮外轮廓线为加工范围，此时外轮廓线改变颜色，并出现一个起点与箭头，方向改为逆时针方向。

④ 选取凸轮外形为加工范围，此时内轮廓线改变颜色，并出现一个起点与箭头，方向为顺时针方向。

⑤ 选择主菜单中的执行命令，进入"外形铣削"对话框。

（2）选择刀具参数。

选择刀具，并输入刀具参数，如图 9-34 所示，方法如下所述。

① 鼠标移到刀具参数对话框中最大的窗口内，单击鼠标右键，系统弹出一个快捷菜单。

② 单击"创建新刀具"命令，弹出如图 9-35 所示对话框。

③ 单击"倒角刀"按钮，出现如图 9-36 所示对话框，定义刀具为 ϕ20-45° 的倒角刀。

④ 单击"确定"按钮，定义刀具参数如图 9-36 所示。

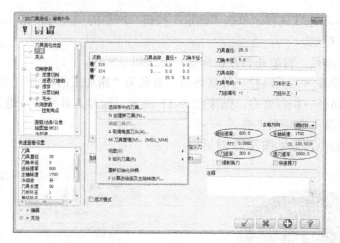

图 9-34 新建倒角刀具

图 9-35 "刀具类型选择"对话框

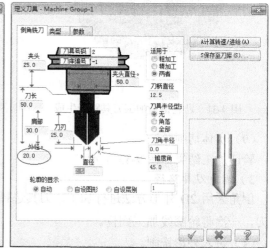

图 9-36 "倒角刀具参数设置"对话框

(3) 选择 2D 外形铣削参数。

单击"共同参数"按钮,弹出如图 9-37 所示对话框,填选对应参数如图 9-37 所示。

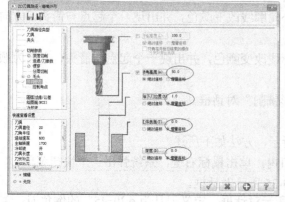

a)

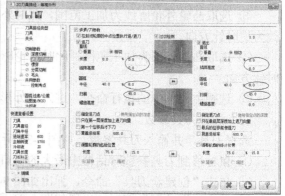

b)

图 9-37 "参数设置"对话框

（4）倒角加工参数

单击"切削参数"按钮，弹出如图 9-38 所示对话框，点击外形铣类型旁边的下拉菜单按钮，选择"2D 倒角"选项，填选如图 9-38 所示。

（5）设置进/退刀参数。

单击进退/刀参数按钮，填选参数如下。

① 进刀、退刀的引线长改为 0.0；圆弧半径为 40%，8；扫描角度 45°，其余各项为默认值。

② 单击"确定"按钮，完成进/退刀参数的设置。

（6）实体验证。

① 双击操作管理→刀具路径→等高外形，如图 9-39 所示，命名为"倒角"。

② 验证加工结果如图 9-40 所示，完成倒角加工。

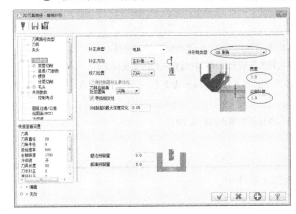

图 9-38 "倒角加工参数设置"对话框

图 9-39 命名"倒角"

图 9-40 倒角实体加工验证

4．后处理及加工程序单

1）NC 加工程序生成

对每一个刀具路径经过处理后，产生一个 NC 加工程序，方法如下所述。

（1）单击选图 9-38 中的第一个程序"外形铣削"。

（2）单击后处理已选择的按钮，选择保存的目录与文件名称。如 F:\MASTERCAM\MILL\NC 目录下。

（3）输入文件名为：TL1，回车确认，即产生 TL1.CN 加工程序。

（4）用同样方法可产生 TL2.NC（粗加工凸轮沟槽.NC）、TL3.NC（精加工凸轮轮廓.NC）以及 TL4.NC（倒角.NC）三个程序。

2）数控加工程序单（见图 9-41）

数控加工程序单

模具编号： 图纸编号：	工 件 名 称：凸轮	编程人员： 编程时间：	操作者： 开始时间： 完成时间：		检验： 检验时间：		文件名： F:\MASTERCA M\MILL\ 凸轮
序号	程序号	加工方式	刀具	切削深度	理论加工进给时间		备注
1	TL1.NC	2D 外形	φ25R5	Z=-24	1000		粗加工
2	TL2.NC	2D 挖槽	φ5	Z=-14	300		粗加工
3	TL3.NC	2D 外形	φ6	Z=-14	300		精加工
4	TL4.NC	2D 外形（倒角）	φ20-45°倒角度	Z=0	600		精加工

零件零点，装夹示意图

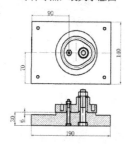

1. 毛坯尺寸为 102mm×102mm×20mm 的 40Cr 钢材。
2. 采用专用装夹板装夹，用螺栓固定在专用夹板上。
3. X 方向以距左面的基准面 90mm 为零点，Y 轴分中为零点，Z 向以工件顶面为零点。
4. 记录对刀器顶面距零点的距离 Z0。

图 9-41　数控加工程序单

习题与思考题

1．简要叙述数控加工编程的基本过程及其主要工作内容。
2．试分析比较常用的几种数控编程方法，简要说明其原理和特点。
3．分析 APT 语言自动编程的原理与过程。
4．在 APT 语言编程中，语言翻译的作用是什么？它是如何工作的？
5．举例说明 CAD/CAM 集成系统数控编程的内容与过程。
6．什么是图形交互式自动编程？简述其基本工作过程。
7．简述 MasterCAM 数控编程系统的特点。收集、了解当前市场主流数控编程系统产品，分析其各自的优缺点，总结数控编程系统的技术发展趋势。

第10章 计算机辅助质量系统技术

> **教学提示与要求**
>
> 计算机辅助质量系统是一个新兴的领域，随着世界市场竞争的加剧，产品质量成为企业求得生存、赢得竞争的最有力的战略武器，提高产品质量成为国内外制造企业普遍关注的热点。本章重点介绍了计算机辅助质量系统的概念、结构、设计方法和加工系统质量控制的关键技术。要求掌握计算机辅助质量系统概念，了解其结构和设计方法，重点掌握加工过程中产品质量检测技术与方法。

10.1 概述

10.1.1 与质量有关的基本概念

（1）质量。质量是反映产品或服务满足明确和隐含需要能力的特征和特性的总和。也就是说，产品或服务必须满足规定或潜在的需要，这种"需要"可能是技术规范中明确规定的，也可能是技术规范中未明确注明，但用户在使用过程中实际存在的需要。

根据质量所涉及的范围的不同，质量的概念又可分为狭义质量和广义质量。狭义质量是指产品质量，广义质量不仅指最终产品的质量，而且包括产品或服务形成和实现过程的质量。它要求我们在"正确的时间"、"正确的地点"做"正确的事情"，这三个"正确"中只要有一个不正确，则质量不合格。

（2）质量管理。质量管理涉及确定质量方针、目标和职责及在质量体系中通过诸如质量计划、质量控制、质量保证和质量改进等实施的管理职能的所有活动。它是企业管理的重要组成部分，其主要任务是制定质量方针和目标，并建立相应的质量体系以确保质量方针和目标的实施。质量管理经历了产品质量检验、统计质量管理和全面质量管理三个主要阶段。

（3）质量保证。质量保证是为使人们确信某个产品或某项服务能满足规定的产品质量要求所必须的全部有计划的活动。它不是仅仅针对某项具体质量要求的活动，其核心是"使人们确信"。质量保证分为内部质量保证和外部质量保证，前者是为使企业的领导者确信本企业提供的产品和服务满足质量要求进行的活动，后者是为了使产品或服务的需求方确信供应方提供的产品或服务满足产品质量要求所进行的活动。

（4）质量控制。质量控制是指为达到产品或服务的质量要求所采取的作业技术和活动。它强调"质量要求"应转化为质量特性，这些特性应能用定量或定性的规范来表示，以便作为质量控制时的依据。所采取的作业技术和活动应贯穿于产品形成的全过程，包括营销和市场调查、过程策划与开发、产品设计与采购、提供生产或服务、验证、安装和储存、销售和分发、安装和投入运行、技术支持和服务、用后处置等各个环节或阶段的质量控制。

（5）质量体系。质量体系为实施质量管理所需的组织结构、程序、过程和资源。也就是说，质量体系是为实施质量管理而建立和运行的由组织机构、程序、过程和资源组成的有机整体，每一个企业都客观存在着质量体系。企业领导者的职责是站在系统的高度将影响产品或服务质量的因素作为质量体系的组成部分，使其相互配合、相互促进，实现系统的整体优化，建立和健全企业的质量体系，使之更为完善、科学和有效。

质量体系中的组织结构是质量体系有效运行的保证，它既要有利于领导的统一指挥和分级管理，又要有利于各个部门的分工合作。质量体系的资源包括人才资源和专业技能、设计和研制设备、制造设备、检验和试验设备、仪器、仪表和计算机软件等。

10.1.2 传统的质量系统存在的问题

在制造业中，质量一直为生产组织者所高度重视，只有具备良好的质量管理、控制和保证体系，才能保证产品或服务达到质量要求。在传统的生产过程中，质量系统的工作主要包括产品质量检验、性能试验和质量管理等几个主要方面，其中质量检验包括原材料和外购件的进厂检验、制造过程中零部件改变工序和部门的阶段性检验、零部件制造完成后的检验和产品装配后的成品检验等，检验的主要依据是设计技术指标和相关的标准；产品性能试验通常是对产品整机的使用性能进行测试，而将产品置于实际或模拟的使用环境下，测试某性能满足设计要求的程度，主要包括规定工作条件下的常规性能试验、极端条件下的功能试验、寿命试验、过载能力试验、环境适应能力试验和抗破坏性试验等；质量管理主要包括质量数据的收集（填写各种质检单）、质量数据的统计分析、质量数据文档的管理、质量检验器具与设备管理和质量事故的分析与论断等内容。

由于传统的质量系统中缺乏高效的质量信息采集、处理和管理的手段，存在一系列的问题和不足，如由于质量检验效率低，无法实现全面的质量检验；由于大多采用事后检验，不利于质量责任制的落实和质量的改进，成本高。

10.1.3 计算机辅助质量系统及其作用

计算机辅助质量系统（Computer Aided Quality，CAQ）是以计算机、网络和数据库为手段，充分发挥计算机的信息处理和数据存储、管理能力，协助人们完成质量管理、质量保证和质量控制中的各项工作，以克服传统手工质量系统存在的不足，提高产品质量及质量管理水平和效率，降低质量保证和质量管理的成本。具体包括以下几个方面。

1）质量计划的制订

利用计算机系统和 CAD/CAM 及 MRP 系统提供的有关产品和生产过程的信息，完成产品质量计划编制和质检计划的生成。

编制产品质量计划时，CAQ 系统以产品的历史质量状况、生产技术状况为基础，以 CAD/CAM、MRP 提供的产品设计和生产要求为依据，确定要达到的质量目标（包括产品的特性、规范、一致性、可靠性等），明确产品设计制造各阶段与质量有关的职责、权限及资源分配，制定达到质量目标应采取的程序、方法和作业规程，编制质量手册和质量程序手册等。

生成质检计划时，CAQ 系统根据检测对象的质量要求和质检规范、产品模型及质检资源状况，制定具体检测对象（包括产品、部件、零件、外购外协件等）的质检规程与规范，确定具体检测项目、检测方法、检测设备、检测时间与地点等。

2）质量检验与数据采集

在 CAQ 系统中，质量检测及质量数据采集子系统的功能就是在质量计划子系统的指导下，采集制造过程不同阶段与产品质量有关的数据，包括外购原材料及零部件检测数据、零件制造过程检测数据和最终检验数据、制造系统运行状态数据、装配过程检测数据、成品试验数据及产品使用过程故障数据等。

3）质量评价与控制

质量评价与控制主要包括：①制造过程质量评价、诊断与控制；②进货及供货商质量评价与控制。制造过程质量评价、诊断与控制原理如图 10-1 所示，该系统是一个闭环的反馈控制系统。生产系统在被控状态下完成从原材料到成品的转变。该制造过程受到来自人、机器、材料、加工方法等方面的干扰；质量数据采集系统检测成品的实际质量和制造过程的状态信息，将被控变量与预定的质量规范或质量标准进行比较，在众多影响质量的干扰因素中诊断出主要因素，通过控制器和执行机构实现对制造过程的控制，以修正实际质量与质量标准的偏离，确定新的操作变量或调整加工过程。

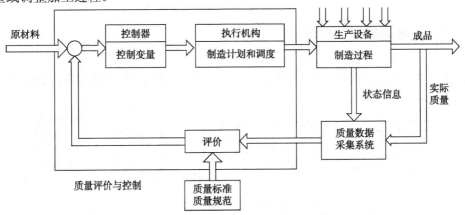

图 10-1　制造过程质量评价与控制原理

制造过程质量评价与控制可以在制造过程的不同阶段进行，包括零件的制造过程、部件装配站、成品最终试验等。质量的评价和控制可以是在线的，也可以是离线的。

进货（外购原材料及零部件）及供货商的评价与控制，对企业产品的质量起着重要作用。因为越来越多的企业不再是由其自身生产所有的零部件，而是由供应商或协助厂来提供部分零部件。进货质量评价与控制应是"动态"的，即根据进货的质量、供应商的历史状况更改检测计划。对于长期供货且质量稳定的供货商，可缩减抽检范围；而对新的、供货质量不稳定的供货商所提供的零部件的抽检范围则要扩大。

4）质量综合管理

质量综合管理子系统包括如下功能。

（1）质量成本管理。包括质量成本发生点和成本负担者的确定，质量成本计划和质量成本核算，从成本优化角度解决质量问题的可能性、成本分类预算和核算。

（2）计量器具质量管理。计量器具包括在产品开发、制造、安装和维修中所使用的量具、仪器、专门的试验设备等。计量器具的质量管理覆盖计量器具计划、设计、采购、待用、监控及投入使用等各个阶段，并形成闭环系统。

（3）质量指标综合统计分析及质量决策支持。质量指标综合统计分析主要完成指标数据的收集、综合和分析,质量指标的分解、下达和各类指标执行状况的考核、奖惩处理等。指标执行情况的汇总统计结果,作为质量计划部门确定质量目标和方针的决策支持。

(4) 工具、工装和设备质量管理。包括工具、工装和设备定检计划制订,定检计划执行情况记录,工具、工装和设备规格及质量信息的存储、维护和更新,出入库质量状况及使用过程质量状况跟踪,异常情况处理等。

(5) 质量检验人员资格印章管理。包括质检人员基本信息、资格、权限及印章更新等。

(6) 产品使用过程质量信息管理。包括质量信息的录入、存储、分类、统计、报告生成等。

采用计算机辅助质量系统,不仅克服了传统质量系统存在的不足,提高了质量信息采集处理的自动化程度,而且大大提高了质量信息的反馈控制速度,促进了质量管理水平的提高和质量系统与其他系统的信息集成,降低了质量管理成本。

10.2 计算机辅助质量系统设计

10.2.1 CAQ 系统的基本组成

CAQ 是在共享质量数据库和网络的支持下,实现全面质量管理中各部分信息的集成化管理,其基本组成如图 10-2 所示。

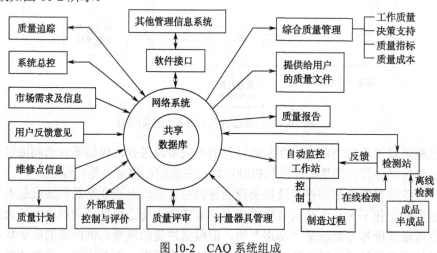

图 10-2 CAQ 系统组成

10.2.2 CAQ 系统的信息流程

CAQ 系统的循环周期是从市场调查阶段开始到售后服务阶段结束的。图 10-3 为集成质量系统的信息流。

在市场调查阶段,了解用户的需求和竞争对手的情况,并以调查的结果作为设计阶段的输入信息。以此为基础,利用 CAD 技术设计出满足用户要求的产品,然后通过 CAPP 将设计信息转化为生产工艺计划。通过在线仿真系统对加工过程进行模拟,发现可能出现的问题并反馈给 CAD/CAPP 系统,进行修改设计,直到将所有设计及工艺等方面的问题全部解决,以保证按工艺计划生产的产品能满足设计要求。

系统根据设计及工艺信息制订工序质量及产品质量监测计划，对产品的加工过程及加工质量进行质量控制，保证产品质量。

产品售出后，通过售后的技术服务收集用户对产品质量的反映，并进行分析和归纳，同时统计产品质量控制的成本。这些信息有助于确定产品实际使用中用户的意见和期望、所反映的问题的性质和范围，可为改进设计和管理提供信息。

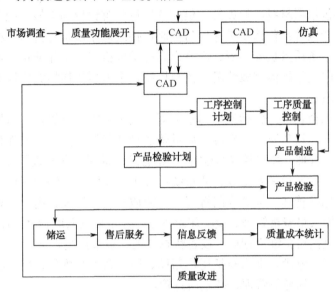

图 10-3　CAQ 系统的信息流程

10.2.3　CAQ 系统功能设计与分析

根据企业的生产经营过程可将 CAQ 系统划分成五大功能子系统。

（1）质量计划子系统。涵盖了质量系统决策层和管理层的部分功能，通常包括质量功能配置（QFD）、计划编制和检验计划的自动生成等内容。QFD 是从顾客的需求出发，为适应市场的变化和技术的进步，按照技术文件合同协议及技术标准，进行产品质量配置和质量职能的分配，得出质量控制方案；质量计划编制是按照质量体系程序、技术文件和技术标准，参照质量控制方案，制订产品质量计划、质量改进措施和质量审核计划等；检验计划生成是按照产品质量计划、技术文件和技术标准、编制检验流程图、质检指导书和新产品检验方案等。产品质量计划包括设计质量计划、采购质量计划、重点工序质量保证计划、零部件质量计划、成品质量计划、营销质量计划、收回处理质量计划等；质量检测计划包括原材料检验计划、配套件检验计划、重点工序检测计划、零部件质量检验计划、装配过程质量检测计划、成品检验计划、库存检验计划、计量器具检验计划、计量器具需求计划、检测规程生成、检测程序生成等；质量管理计划包括质量目标管理计划、质量体系审核计划、质量成本计划。

（2）质量检测。涵盖执行层和部分质量管理层的职责，主要包括进货检验和试验、过程检验和试验、最终检验和试验以及不合格控制等功能。涉及企业从原材料进厂到产成品出厂的物流全过程中的检验和试验，可能有质量数据的自动采集（与 CAM 集成的生产过程在线检验与控制），也有离线检验时质量数据的人工采集（如原材料进厂检验、产成品出厂检验和试验等）。

除此之外，还包括不合格产品的控制等内容。

（3）质量评价与控制。主要是对关键业务过程和管理工作的评审与控制，其工作的基准是企业的质量计划、质量标准和质量体系程序。主要包括过程质量分析与控制、外协质量评价与控制、营销质量评价与控制、工作质量评价与控制。过程质量分析与控制包括设计质量评价与控制、重点工序质量评价与控制、零部件质量评价与控制、生产过程评价与控制、装配过程质量评价与控制、成品性能质量评价与控制、库存品质量评价与控制、重大质量事故控制等；外协质量评价与控制包括原材料质量评价、供应商质量信誉评价与考核、配套件质量评价、配套商质量信誉评价与考核等；营销质量评价与控制包括维修站质量评价与考核、代销商质量信誉评价与考核、产品市场质量状况分析、产品市场前景分析等；工作质量评价与控制包括质量成本分析与控制、部门质量指标完成情况考核与控制、个人质量指标完成情况考核与控制、重大质量事故追踪与处理等。

（4）质量信息综合管理。包括质量体系管理、质量分析工具管理、市场及技术信息管理、计量器具及人员管理和设备质量管理等。质量体系管理包括质量体系文件管理、质量体系审核管理、质量保证组织管理、质量控制（QC）小组管理、质量文化建设管理、人员培训管理等；质量分析工具管理包括质量报表生成、质量统计分析工具管理、综合查询等；市场及技术信息管理包括质量技术标准管理、标准代码管理、行业质量动态管理、用户信息管理等；计量器具及人员管理包括质检人员资格管理、检验印章管理、计量器具入库管理、计量器具检定管理等；设备质量信息管理包括设备维修管理、设备状态管理、设备报废管理。

（5）软件系统运行管理。通常包括用户帮助、数据备份与恢复、用户权限管理、用户口令更改控制、与其他系统的通信管理、基础信息管理。

10.3 加工系统质量监测技术

加工系统质量监测技术是企业产品质量管理的技术基础，也是制造系统不可缺少的一个重要组成部分。在机械加工过程中应用监测技术，可以保障高投资自动化加工设备的安全和产品的加工质量，避免重大的加工事故，提高生产率和机床设备的利用率。

随着 CAD/CAM 技术、现代制造技术、自动控制技术、计算机技术、人工智能技术以及系统工程技术的发展，各种新型刀具、材料及昂贵的加工设备的使用更加大了监测的难度，传统的人工监测技术已远远不能满足生产加工的要求。因此，各种先进的自动化检测技术和识别技术应运而生，如以计算机辅助为基础的基于电流信号的刀具磨损状态检测、基于时序分析的刀具破损状态识别以及基于人工神经网络的刀具磨损状态识别、专家系统智能设备监测与诊断技术等。本节从机械加工系统的工件、刀具及加工设备等的自动识别和自动化监测技术进行阐述。

10.3.1 加工系统的检测技术

1）基本概念

20 世纪 60 年代末，人们运用控制论和系统论，把当时"加工过程中的设备及加工过程等互不相关的各个要素"作为一个整体进行分析研究，从而使机械制造过程得到最有效的控制，也使产品的加工质量和生产效率得到大幅度提高。

机械加工系统是一个输入/输出系统。其整体目标是要求在不同的生产条件下，通过自身的定位装夹、运动、控制和能量供给等机构的给定输入，按照不同的工艺要求实现将毛坯或原材料加工成合格零件或产品，从而实现输出，如图10-4所示。

要成功地实现这一加工系统的输入/输出变化，除具备图10-4中的基本条件外，还要利用加工过程中各种有价值的数据信息，才能实现被加工工件的质量控制、加工工艺过程的监测、加工过程的优化以及设备的正常运行。由此看到现代制造工程的发展可概括为生产自动化和高精度生产。目

图 10-4　机械加工系统的输入/输出

前，包括 CAD/CAPP/CAM 技术、机器人技术、柔性制造单元、柔性制造系统（FMS）和计算机集成制造系统（CIMS）等在内的自动化都离不开可靠的传感和精密测量技术。因此，检测技术是机械制造系统不可缺少的部分，它在机械制造领域中占有十分重要的地位。制造过程的检测技术就是采用人工或自动的监视和检测手段，通过各种检测工具或自动化检测装置，为控制加工过程、产品质量等提供必要的参数和数据。这些参数和数据可以是几何的、工艺的或物理的。检测与组成加工系统之间的关系，如图10-5所示。这种以单台机床进行加工的检测系统主要由以下部分组成。

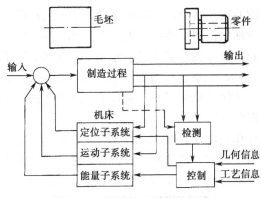

图 10-5　机械加工系统的组成

① 定位子系统：建立刀具与被加工工件的相对位置。
② 运动子系统：为加工提供切削速度及进给量。
③ 能量子系统：为加工过程改变工件形状提供能量保证。
④ 检测子系统：为控制加工过程、产品质量等提供必要的数据信息。
⑤ 控制子系统：对加工系统的信息输入、传递和输出进行必要的控制，以保证产品质量，提高加工效率，降低成本。它既可以人工手动控制，也可以程序自动控制。

在图10-5中，我们用实线表示对加工后的工件进行检测，仅能起到剔除废品的作用，因此检测过程是被动的；虚线表示对加工中的工件进行检测，并根据检测结果通过控制系统对加工过程进行控制，这种方式能防止废品的产生，检测过程是主动的；如果进一步对测得的加工过程参数进行优化，并校正机床系统，就能实现自适应控制。

检测方法按其在制造系统中所处位置可分为下列几种方式：

（1）直接测量与间接测量。直接测量的所得值，直接反映被测对象的参数（如工件的尺寸大小以及误差）。在某些情况下，由于测量对象的结构特点或测量条件的限制，采用直接测量有困难，只能通过测量另外一个与它有一定关系的量（如通过测量刀架位移量控制工件尺寸）来获得被测对象的参数，即为间接测量。

（2）接触测量和非接触测量。测量器具的测量头直接与被测对象的表面接触，测量头的移

动量直接反映被测参数的变化，称为接触测量。测量头不直接与工件接触，而是借助电磁感应、光束、气压或放射性同位素等强度的变化来反映被测参数的变化，称为非接触测量。由于非接触测量方式的测量头不与测量对象发生磨损或产生过大的测量力，有利于对象在运动过程中测量和提高测量精度，故在现代制造系统中，非接触测量方式的自动检测和监控方法具有明显的优越性。

（3）在线测量和离线测量。在加工过程或加工系统运行过程中对被测对象进行检测称为在线检测或在线检验，有时还需对测得数据分析处理后，通过反馈控制系统调整加工过程，以确保加工质量。如果在被测加工对象加工后脱离加工系统再进行检测，即为离线测量。离线测量的结果往往要通过人工干预，才能输入控制系统调整加工过程。在线测量又可分为工序间和最终工序检测。在加工线上循环内检测可实现加工精度的在线检测及实时补偿，而最终工序检测实现对产品质量的最终检验与统计分析。

2）检测装置

对于图 10-5 中所描述的检测过程就是由检测装置完成的。要实现加工过程中的各种参数检测就必须借助一定的检测装置。如在机械加工系统中，所需的检测要素大致可分为对产品的检测要素和对加工设备的检测要素。其中，产品所需检测要素包括精度、粗糙度、形状、缺陷等；而对加工设备所需检测要素则包括切削负荷、刀具磨损或破损、温升、振动、变形等。

对于上述各种检测项目，采用的检测手段一般分为人工检测和自动检测两种。其中，人工检测主要是人工操作检测工具，收集分析数据信息，为产品质量控制提供依据；而自动检测则是借助计算机辅助的各种自动化检测装置和检测技术，自动灵敏地反映被测工件及设备的参数，为控制系统提供必要的数据信息。

目前，由于人工检测操作简单，在某些生产加工中仍广泛应用，检测工具也在不断得到改进和更新。然而，随着市场竞争的日趋激烈，产品结构变得越来越复杂，产品设计制造的周期日益缩短，人工检测无论在检测精度还是检测速度方面，已完全不能满足生产加工的要求。此外，随着工业的迅速发展，生产和加工设备正向大型、连续、高速和自动化的方向发展。加工设备在生产中的地位已变得越来越重要，因而保证设备的正常工作有着重要意义。特别是随着 CAD/CAM 技术、计算机技术和电子技术在机械制造领域内的广泛深入的应用，使得现代自动化生产或加工和自动化检测技术得到蓬勃的发展。

机械制造过程所使用的自动化检测装置的范围是极其广泛的。从制品（零件、部件和产品）的尺寸、形状、缺陷、性能等的自动测量，到成品生产过程各阶段上的质量控制；从对各种工艺过程及其设备的调节与控制，到实现最佳条件的自动生产，其中每一方面都离不开自动检测技术。

根据不同需要制造的各种自动检测装置，如用于工件的尺寸、形状检测用的定尺寸检测装置、三坐标测量机、激光测径仪以及气动测微仪、电动测微仪和采用电涡流方式的检测装置；用于工件表面粗糙度检测用的表面轮廓仪；用于刀具磨损或破损的监测用噪声频谱、红外发射、探针测量等装置；也有利用切削力、切削力矩、切削功率对刀具磨损进行检测的测量装置。它们的主要作用就在于全面、快速地获得有关产品质量的信息和数据。

所以发展高效的自动检测产品质量及其制造过程状态的技术和相应的检测设备，是发展高效、自动化生产的重要条件。

3）自动化检测方法

自动化检测有如下优点：检测时间短并可与加工时间重合，使生产率进一步提高；排除检测中人为的观测误差和操作水平的影响；迅速及时地提供产品质量信息和有价值的数据，以便对加工系统中工艺参数及时进行调整,为加工过程的实时控制提供条件,这是人工检测所不能胜任的。机械加工中自动化检测方法有以下两种。

(1) 产品精度检测。产品精度检测是在工件加工完成后,按验收的技术条件进行验收和分组。在自动检测中,能自动将工件分为合格品和废品,如果再有需要,还能把合格的零件自动地分成供分组装配用的几组零件。由于这种检测方法只能发现废品,不能预防废品的产生,所以产品精度检测对零件质量影响非常小,并且影响的性质是间接的。这种检测方法也称为被动检测。

(2) 工艺过程精度检测。工艺过程精度检测能预防废品的产生,从工艺上保证所需的精度。这种检测的对象一般是加工设备和生产工艺过程(包括加工误差本身)。工艺过程精度检测能根据检测结果,比较最终工件的尺寸要求,并通过检测装置,自动地控制机床的加工过程,如改变进给量、自动补偿刀具的磨损、自动退刀、停车等,使之适应加工条件的变化,从而防止废品的产生,这种检测方法也称为主动检测。

计算机技术和电子技术在自动检测领域的广泛使用,它使自动检测的范畴,从被加工工件尺寸和几何参数的静态检测,扩展到对加工过程各个阶段的质量控制;从对工艺过程的监测扩展到实现最佳条件的自适应控制检测。自动化检测技术不仅是现代制造系统中质量管理分系统的技术基础,而且已成为现代制造加工系统的重要组成部分。

10.3.2 加工系统工件尺寸的自动测量

工件尺寸精度是直接反映产品质量的指标,因此在许多自动化制造中都采用自动测量工件的方法来保证产品质量和系统的正常运行。

1) 检测方法

检测方法按其在制造系统中所处的位置可以分为以下几种。

(1) 离线检测。在自动化制造系统生产线以外进行检测,其检测周期长,难以及时反馈质量信息。

(2) 过程中检测。这种检测是在工序内部,即工步或走刀之间,利用机床上装备的测头检测工件的几何精度或标定工件零点和刀具尺寸。检测结果直接输入机床数控系统,修正机床运动参数,保证工件加工质量。

具体的检测方法是:①将测头安装在主轴上(如镗铣加工中心)或刀架上(如车削中心),通过触点测量和数据处理,检测加工表面的尺寸和形位误差或标定工件在机床坐标系中的坐标零点。②测头安装在机床工作台(如镗铣加工中心)或床身(如车削中心)上,机床坐标轴运动使刀具与测头接触,测出刀具在各个方向的偏置量,输入机床数控系统进行补偿;同时也可利用切削前后测量的差值计算刀具的磨损量,监控刀具使用状态。

但这种检测方法存在三点不足:①测头形式简单,长度有限,一般只有一种测尖,不能自动更换测尖和转位。所以只能检测较简单的加工表面和精度要求较低的零件,不适合对工件内部较深的复杂表面进行测量。②数据处理能力较差,一般不能对复杂表面之间的相对位置、尺寸误差进行测量。③由于受到机床坐标轴位置反馈元件精度的限制,测量的精度较低。

(3) 在线检测。

在线检测的主要手段是利用坐标测量机综合检测经过加工后机械零件的几何尺寸与形状位置精度。坐标测量机按精度可分为生产型和精密型两大类;按自动化水平可分为手动、机动和计算机直接控制三大类。在自动化制造系统中,一般选用计算机直接控制的生产型坐标测量机。

坐标测量机一般有三个或更多的运动坐轴,多采用高精度、无摩擦的空气静压导轨支承,由精密计量元件（如光栅尺、感应同步器，双频激光器等）检测各轴位移。测量机可配置点位触发测头、扫描测头或非接触光学触头等。测头在工件表面上得到测点坐标数据输入计算机后，首先将测点拟合为基本几何元素，得到它们的尺寸与形状误差；还可利用已存储的几何元素做进一步处理，求出表面之间的距离或相对位置误差。利用专门的软件还可以处理螺纹、齿轮、自由曲面上的数据。

工件尺寸、形状的在线测量是机械加工中重要的内容。如果从控制工件完成方面考虑工件的尺寸、形状误差可分为随机误差和系统误差两种，其中系统误差是测量的对象，如刀具磨损、由切削力和工件自重引起的机床变形、加工系统的热变形以及机床的导轨直线度误差等。前两种误差系统无法控制。因此，为了减少工件的加工误差，必须进行工件的尺寸形状的实时在线检测。工件尺寸、形状在线检测的方法有：工件几何信息测量（包括宏观几何信息：形状、尺寸）和圆度测量（微观几何信息）。对于形状及尺寸的测量方式有触针式、摩擦轮方式、气动测微仪方式、电测微方式、光学方式和超声波方式；对于圆度测量方式有气动测微仪方式、电动测微仪方式和电涡流方式。

从目前看，除了在磨床上采用定尺寸检测装置和摩擦轮方式以外，几乎还没有实用的测量装置，而且摩擦轮式的装置也仅是试验装置，只用于工序间的检测。虽然现在在数控机床上接触式传感器测量工件尺寸的测量系统应用已很广泛，但也属于加工工序间检测或者加工后检测。

在线检测、定尺寸装置多用于磨削加工中，这是由于磨削加工时会用大量的切削液，切削液可迅速去除产生的热量，不易出现热变形。此外对于目前的数控机床百分之百能满足一般零件的尺寸、形状精度要求，很少需要在线检测；现在开发的测量系统多为光学式的，传感器在较恶劣的加工环境中工作不是很可靠。

因此，除去定尺寸检测装置和摩擦轮方式之外，实用的工件形状、尺寸的在线检测系统还不多，这也是需要研究的重要课题。

实现工件尺寸的自动测量要依靠相应的测量装置。下面以磨床的自动测量装置、三坐标测量机等为例说明自动测量的原理和方法。

2）自动测量机构

（1）专用自动测量装置。

加工过程自动检测的过程是由自动检测装置完成的。在大批量生产条件下，只要将自动测量装置安装在机床上，操作人员不必停机测量工件尺寸，就可以在加工过程中自动检测工件尺寸的变化，并能根据测得的结果发出相应的信号，控制机床的加工过程（如变换切削用量、停止进给、退刀和停车等）。其自动测量原理如图10-6所示。

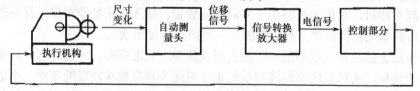

图10-6 加工系统中的自动测量原理框图

图10-6中机床、执行机构与测量装置构成一个闭环系统。在机床加工工件的同时，自动测量头对工件进行测量，将测得的工件尺寸变化量经信号转换放大器，转换成相应的电信号并经过放大后返回机床控制系统，控制机床的执行机构，从而控制加工过程。

（2）三坐标测量机。

三坐标测量机又称计算机数控三坐标测量机，它是现代加工自动化系统中的测量设备。三坐标测量机不仅可以在计算机控制的制造系统中直接利用 CAD/CAM 中的编程信息对工件进行测量和检验，构成设计、制造、检验集成系统，而且能在工件加工、装配的前后或其他过程中给出检测信息并进行在线反馈处理。

三坐标测量机由安装工件的工作台、三维测量头、坐标位移测量装置和计算机数控装置等组成。为了得到很高的尺寸稳定性，三坐标测量机的工作台、导轨和横梁多采用高质量的花岗岩制成。万能三维测量头的头架与横梁之间，则采用低摩擦的空气轴承连接。在数控程序的控制下，测头沿被测工件表面移动，在移动过程中，测头及光学的或感应式的测量系统将工件的尺寸记录下来，计算机根据记录的测量结果，按给定的坐标系统计算被测尺寸。

三坐标测量机的实测数据，还可以通过 DNC 系统由上级计算机传送至机床本身的计算机控制器，修正数控程序中的有关参数（如轮廓铣削时铣刀直径），补偿机床的加工误差，保证机械加工系统具有较高的加工精度。

在生产线上采用三坐标测量机的在线检测，可以以最小的时间滞后检查出零件精度发生的异常，并采取相应的对策，把生产混乱减少到最低程度。三坐标测量机在生产线上的使用分加工前测量和加工后测量两种。加工前测量的主要目的是测量毛坯在托盘上的安装位置是否正确，毛坯尺寸是否过大或过小。加工后测量是测量加工完的零件的加工部位的尺寸和相互位置精度，再送至装配工序或线上其他加工工序。对于多品种、中小批量的生产线，如 FMS 生产线，多采用测量功能丰富、系统易于扩展的 CNC 三坐标测量机。

（3）三维测头的应用。

三坐标测量机的测量精度很高。为了保证它的高精度测量，避免因振动、环境温度变化等造成的测量误差，必须将其安装在专门的地基上和在很好的环境条件下工作。被测量零件必须从加工地运送至测量机，有的需要反复运送几次，这对于质量控制要求不是特别精确可靠的零件，显然是不经济的。一个解决方法是将三坐标测量机上用的三维测头直接安装在计算机数控机床上，该机床就能像三坐标测量机那样工作。在新型的数控机床上，特别是在加工中心类机床上，三维测头的使用已经很普遍。它可以安放于机床刀库中，在需要检测工件时由机械手取出并和刀具一样进行交换装入机床的主轴孔中。测头的测量杆接触工件表面后，通过感应式或红外传送传感器将信号发送到接受器，然后传送给机床控制器，由控制软件对信号进行必要的计算和处理。

图 10-7 为数控加工中心采用红外信号三维探测头进行自动测量的系统原理图。当装在主轴上的测头量杆接触到工作台上的工件时，立即发出接触信号，通过红外线接受器传送给机床控制器，计算机控制系统根据位置检测装置的反馈数据得知接触点在机床坐标系或工件坐标系中的位置，通过相关软件进行相应的运算处理，以达到不同的测量目的。

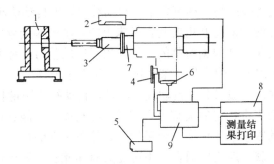

1-工件；2-接受器；3-测头；4-X、Y 轴位置测量元件；5-程序输入；6-Z 轴位置测量元件；7-机床主轴；8-CNC 装置；9-显示器

图 10-7 三维测头的自动测量系统原理示意图

(4) 机器人辅助测量。

随着工业机器人的发展，机器人在测量中的应用也越来越受到重视。机器人测量具有在线、灵活、高效等特点，可以实现对零件百分之百的测量。所以，特别适合自动化制造系统中的工序间和过程测量。与三坐标测量机相比，机器人测量造价低，使用灵活。机器人辅助测量分直接测量和间接测量，直接测量称为绝度测量，它要求机器人具有较高的运动精度和定位精度，因此造价较高。间接测量也称为辅助测量，特点是测量过程中机器人坐标运动不参与测量过程，它的任务是模拟人的动作将测量工具或传感器送至测量位置，这种测量方法的特点是：机器人可以是一般的通用工业机器人，如在车削自动线上，机器人可以在完成上下料工作后进行测量，而不必为测量专门设置一台机器人，使机器人在线具有多种用途；由于允许机器人在测量过程中存在运动或定位误差，因此，传感器或测量仪具有一定的智能和柔性，能进行姿态和位置调整并独立完成测量工作。

3) 加工过程的在线检测和补偿

(1) 自动在线检测。

自动线作为实现机械加工自动化的一种途径，在大批量生产中已具有很高的生产率和良好的技术经济效果。自动线需要检测的项目很多，如要求及时地获取和处理被加工工件的质量参数以及自动线本身的加工状况和设备信息，以便对设备进行调整和对工艺参数进行修正等。

自动在线检测，一般是指在设备运行、生产不停顿的情况下，根据信号处理的基本原理，跟踪并掌握设备的当前运行状态，预测未来的状况并根据出现的情况对生产线进行必要的调整。只有在设备运行的状况下，才可能产生各种物理的、化学的信号以及几何参数的变化。通常这类信号和参数的变化超过一定范围时，即被认为存在着异常部位，而这些出现的信号都离不开在线检测。

实际应用中可根据自动在线检测应用的范围和深度的不同，将自动在线检测大致分为自动检测、机床监测和自适应控制。

① 自动检测。指主动自动检测，由加工中测量仪与机床、刀具、工件等设备组成闭环系统。通过在线检测装置将测得的工件尺寸变化量经信号转换和放大后送至控制器，控制执行机构对加工过程进行控制。

② 机床监测。检测系统从机床上安装的传感元件获得有关机床、产品以及加工过程的信息。这类信息一般为实时输入和连续传输的信息流。机床监测的基本方法是将机床上反馈来的监测数据与机床输入的技术数据相比较，并利用比较的差值对机床进行优化控制。

③ 自适应控制。指加工系统能自动适应客观条件的变化而进行相应的自我调节。实现在线检测的方法，一种可采用在机床上安装自动检测装置，如在磨床上的自动检测装置和自适应控制系统中过程参数检测装置等；另一种可采用在自动线中设置自动检测工位的方法。

机械加工中的自动在线检测是利用安装在机床上的自动检测装置，在机床加工的同时自动检测被加工工件尺寸的变化，并根据检测的结果发出相应的信号，控制机床的加工过程，如改变切削用量、停止进给—退刀、停车等。整个过程无须人工干预。

机械加工的在线检测，一般可分为自动尺寸测量、自动补偿测量和安全测量三种方法。

对于现代的加工中心来讲，有的具有综合在线检测功能，如能够识别工件种类、检查加工余量、探测并确定工件的零基准以使加工余量均匀、检查工件的尺寸和公差、显示打印或传输关键零件的尺寸数据等。就一般机床而言，不可能具有如此复杂和先进的检测功能。对于自动化单机来说，具有自动尺寸测量装置和自动补偿装置，避免停机调刀，以实现高精度、高效率的自动化加工。自动检测在机械加工过程中能实时地向操作人员报告检测结果；零件加工到规定尺寸后机床能自动退刀；在即将出现废品时，机床自动停车等待调整或根据测量结果自动调整刀具位置或改变切削用量。如果由具有自动尺寸测量、自动补偿测量装置的机床来组成自动线，那么该自动线也具有自动尺寸测量、自动补偿测量的功能。对于由组合机床或专用机床所组成的自动线，常采用在自动线中的适当位置设置自动检测工位，检测尺寸精度，并在超差时报警，由人工对自动线进行调整。

(2) 自动补偿。

加工过程的自动调整（自动补偿）是上述自动检测技术的进一步发展。在机械加工系统中，刀具磨损是直接影响被加工工件尺寸精度的因素。对一些采用调整法进行加工的机床，工件的尺寸精度主要取决于机床本身的精度和调整精度。如要保持工件的加工精度就必须经常停机调刀，这又会影响加工效率。尤其是对自动化生产线，不仅影响全线的生产效率，而且产品的质量也不能保证。因此，必须采取措施来解决加工中工件的自动测量和刀具的自动补偿问题。

目前，加工尺寸的自动补偿多采用尺寸控制原则，在不停机的状态下，以检测的工件尺寸作为信号，控制补偿装置，实现脉动补偿，其工作原理如图 10-8 所示。工件 1 在机床 5 上加工后及时送到测量装置 2 中进行检验。如因刀具磨损而使工件尺寸超过一定值时，测量装置 2 发出补偿信号，经装置 3 转换、放大后由控制线路 4 操纵机床上的自动补偿装置使刀具按指定值做径向补偿运动。当多次补偿后，总的补偿量达到预定值时停止补偿；或在连续出现的废品超过规定数量时，通过控制线路 6 来停止机床工作。有时，还可同时应用自动分类机 7 让合格品 8 通过，并选出可返修品，剔除废品。

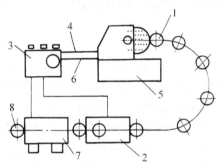

1-工件；2-测量装置；3-信号转换、放大装置；4、6-控制线路；5-机床；7-分类机；8-合格品

图 10-8 自动补偿的基本过程示意图

这里的补偿是指在两次换刀之间进行的刀具多次微量调整，以补偿刀刃因磨损对工件加工尺寸带来的影响。每次补偿量的大小取决于工件的精度要求，即尺寸公差带的大小和刀具的磨损情况。每次的补偿量越小，获得的补偿精度就越高，工件尺寸的分散范围也越小，对补偿执行机构的灵敏度要求也越高。

根据误差补偿运动实现的方式，可分为硬件补偿和软件补偿。硬件补偿是由测量系统和伺服驱动系统实现的误差补偿运动。目前多数机床的误差补偿都采用这种方法。而软件补偿主要是针对三坐标测量机和数控加工中心这样结构复杂的设备。由于热变形带来的加工误差，其补偿原理通常是先测得这些设备因热变形产生的几何误差，并将其存入这些设备所用的计算机软件中。当设备工作时对其构件及工件的温度进行实时测量并根据所测结果，通过补偿软件实现对设备几何误差和热变形误差的修正控制。

自动调整相对于加工过程是滞后的。为保证在对前一个工件进行测量和发出补偿信号时，后一个工件不会成为废品，就不能在工件已达到极限尺寸时才发出补偿信号，而必须建立一定的安全带,即在离公差带上下限一定距离处,分别设置上下警告界限,如图 10-9 所示。当工件尺寸超过警告界限时,计算机软件就发出补偿信号,控制补偿装置按预先确定的补偿量进行补偿,使工件回到正常的尺寸公差带 Z 中。图 10-9a 为轴的补偿带分布图。由于刀具的磨损,轴的尺寸不断增大,当超过上警告界限而进入补偿带 B 时,补调回到正常尺寸带 Z 中。图 10-9b 为孔的补偿带分布图。由于刀具磨损,孔的尺寸会逐渐变小,当超过下警告界限时就应自动进行补偿。如果考虑到其他原因,如机床或刀具的热变形,会使工件尺寸朝相反方向变化,这时将正常公差带放在公差带中部,两段均设置补偿带 B。此时,补偿装置应能实现正、负两个方向的补偿。其补偿分布如图 10-9c 所示。

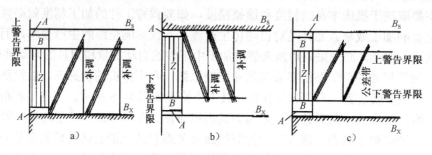

图 10-9 被加工工件的尺寸分布和补偿

10.3.3 加工系统刀具的自动识别和监测

1) 刀具的自动识别

在机械加工过程中最为常见的故障便是刀具状态的变化。刀具状态识别、检测与监控是加工过程检测与监控最为重要最为关键的技术之一。刀具状态的识别、检测乃至监控对降低制造成本、减少制造环境的危害、保证产品质量,具有十分重要的意义。

在机械加工系统中,刀具的自动识别主要是在加工过程中能在线识别出切削状态(刀具磨损、破损、切屑缠绕以及切削颤振等)。关于刀具状态识别的方法较多,目前主要有基于时序分析的刀具破损状态识别、基于小波分析的刀具破损状态识别、基于电流信号的刀具磨损状态识别以及基于人工神经网络的刀具磨损状态识别等方法。

我们从实用角度出发,以检测电动机电流信号为例来识别钻头的磨损状态。通过对刀具磨损量分类,建立在不同刀具磨损类别下的数学模型,用来描述电流与切削参数和刀具磨损状态的关系。根据检测电流值对刀具磨损状态进行分类,从而识别刀具磨损状态。电流信号不但与刀具磨损 w(后刀面磨损,单位为 mm)有关,与切削参数也极为相关,即切削速度 v(m/min)、进给率 f(mm/r)、钻头直径 d(mm),另外还与加工材料、刀具材料有关。因此,要通过检测电流信号识别刀具磨损状态,首要的问题是分析刀具磨损状态与电流信号之间的关系。有关研究表明,随着刀具磨损加剧,刀具与工件间的摩擦增加将导致电流信号幅值的增加。同时,主轴电动机电流和进给电动机电流随着刀具磨损几乎呈线性增加,且刀具磨损对进给电流的影响较主轴电流大。电流信号随着钻头直径的增加而增加,而进给电流信号几乎与刀具直径成线性关系,主轴电流信号与刀具直径成平方关系。随着切削速度的增加,电流信号的幅值增大;进给量增加,电流信号的幅值也增大。

综上所述,在钻削过程中刀具磨损、主轴速度、进给量和刀具直径都会对电流信号产生影响。因而,建立切削过程中的电流信号模型需要考虑到上述因素。如果知道电流幅值和切削条件，就可以直接估算出刀具磨损状态，显然需要建立电流信号与刀具磨损状态间的数学关系式。从复杂性考虑，一般采用神经网络数学模型来描述这种关系，利用回归技术和模糊分类建立钻削过程的电流信号刀具磨损状态识别模型。

(1) 钻头磨损状态划分。

钻削加工属粗加工，钻头磨损状态很复杂，难以检测，检测刀具磨损量不一定要精确的量，只要知道其在一定的磨损范围内即可。例如换刀，只要知道钻头磨损在 0.7～0.9mm 范围内就认为该钻头应换下来。根据钻削过程的要求，把刀具磨损量分为 A、B、C 三类，A、B、C 的平均磨损量依次为 0.2mm、0.5mm、0.8mm。

(2) 电流信号模型。

钻削过程中电流信号 I 与切削速度 v、进给量 f、刀具直径 d、刀具磨损量 w 直接相关。假设在新刀切削时，主轴电动机电流的幅值 I_s 和进给电动机电流的幅值 I_f 满足下式：

$$I_s \propto k_s v^{a_1} f^{a_2} d^{a_3}$$
$$I_f \propto k_f v^{b_1} f^{b_2} d^{b_3}$$

(10-1)

式中，k_s、k_f——刀具和工件材料以及其他因素的影响指数；

a_i、$b_i (i=1, 2, 3)$——切削参数的影响指数。

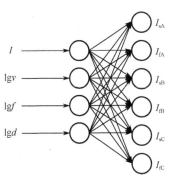

由式(10-1)可知，在一定的切削条件下，刀具磨损状态一定时，输出一个对应的电流值。对式(10.1)两端取对数，对应 A、B、C 三类可以建立如下的神经网络模型，如图 10-10 所示。

因此，在已知切削参数，即 v、f、d，对于某一类刀具磨损状态，就有输出一组对应的电流值，即 I_{sA}、I_{fA}、I_{sB}、I_{fB}、I_{sC}、I_{fC} 值，把这些电流值与实际切削时检测获得的电流值 I_s、I_f 相比较，其接近度就反映刀具的磨损状态属于哪一类。所以，一个比较理想的刀具磨损检测模型必须对刀具状态变化反应灵敏，而对切削条件变化不灵敏。图 10-11 是刀具磨损状态识别方法示意图。

图 10-10 钻削电流神经网络模型

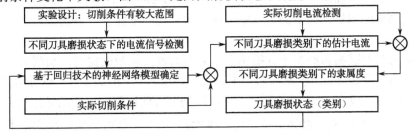

图 10-11 刀具磨损状态识别方法示意图

另外，由于计算机技术的快速发展，图像识别技术不但应用到工件的自动识别上，也用到刀具的自动识别上。该系统由光电系统、计算机系统等组成。其原理是：在刀具自动识别的位置上，利用光源将待识别的刀具形状投影到由多个光电元件组成的屏板上再由光电转换器转换为光电信号，经计算机系统处理后的信息存到存储器中。在测量或换刀时，当待检测或更换的刀具在识别点转换成图形信号时，与存储器中的图形信号进行比较，当两者一致时发出正确的识别信号，刀具便移动到测量点进行测量或移动到换刀位置上更换刀具。这种识别方法比较灵活、方便，但造价高，使用并不多见。

2) 刀具尺寸测量控制系统

刀具检测技术与刀具识别技术往往是紧密联系在一起的，刀具的检测是建立在刀具识别的基础上的。在自动化的制造系统中，必须设置刀具磨损、破损的检测与监控装置，以防止发生工件成批报废和设备损坏事故。

(1) 直接测量法。

由于在加工中心上或柔性制造系统中，加工零件大多是多品种、小批量生产，除专用刀具外，各种工具均用于加工多种工件或同一个工件的多个表面。直接测量法就是直接检测刀具的磨损量，并通过控制系统控制补偿机构进行相应的补偿，保证各加工表面应具有的尺寸精度。

刀具磨损量的直接检测，对于不同的切削工具，测量的参数也不尽相同。对于切削刀具，可以测量刀具的后面、前面或切削刃的磨损量；对于磨削加工，可以测量砂轮半径磨损量；对于电火花加工，可以测量电极的耗蚀量。图 10-12 所示为镗刀切削刃的磨损测量原理图。首先将镗刀停止在测量位置上，然后将测量装置靠近镗刀并与切削刃接触，磨损测量传感器从刀柄的参考表面上测取读数，切削刃与参考表面的两次相邻读数的变化即为切削刃的磨损值。测量过程、测量数据的计算和磨损值的补偿过程，都可由计算机控制系统完成。在此基础上，只要规定了相应的临界值，这种方法也能用于镗刀破损监控系统。

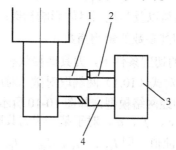

1-刀柄参考表面；2-磨损测量传感器；3-测量装置；4-刀具触头

图 10-12 镗刀磨损测量原理示意图

(2) 间接测量法。

在大多数切削加工过程中，刀具的磨损量经常由于被工件、切屑等所遮盖而很难直接测量。所以，对刀具磨损的测量，更多的是采用间接测量方式。下面主要以切削力为判据来描述测量的原理。

切削力对刀具的破损和磨损十分敏感。当刀具磨钝或轻微破损时，切削力会逐步增大。而当刀具突然崩刃或破损时，三个方向的切削力会明显增大。车削加工时，以进给力 F_f 为最敏感，吃刀抗力 F_p 次之，主切削力 F_c 最不敏感。可以用切削力的比值或比值的导数作为判别依据。比如，一般正常切削时 $F_f/F_c=40\%$，$F_p/F_c=28.2\%$，刀具损坏时判别基准均比上述值高出 13%以上。

车削测力仪 Kistler 9263 型，铣削测力仪 Kistler 9257A 型等都是实用的有代表性的测量仪，它们采用压电晶体作为力传感器元件。德国 Aachen 工业大学则是在刀架夹紧螺钉处安装应变片测力元件。德国 Promess 公司生产的力传感器专门装在主轴轴承上，即制成专用测力轴承，使用十分方便。其工作原理是：滚动轴承外环圆周上开槽，沿槽底放入应变片，滚动体经过该处即发生局部应变，经应变片桥路给出交变信号，其幅度与轴承上的作用力成正比。应变片按 180°配置，两个信号相减得到轴承上作用的外力，相加则得到预加载荷。如能预先求得合理的极限切削力，则可判断刀具是正常磨损或异常损坏。

关于间接测量的方法还有很多，但每种方法都有其优点和缺陷。如何开发出实用、灵敏、稳定性好的测量装置将是自动化检测技术研究的重要课题。

3) 刀具的自动监控

随着 FMS、CIMS 等自动化制造系统的发展，对加工过程刀具切削状态的实时在线监测技术的要求越来越迫切。原来由人工观察切削状态，判别刀具是否磨损的任务改由自动监控系统来承担。因此该系统的好坏，直接影响加工自动化系统的产品质量和生产效率，严重时还会造成重大事故。据统计，采用监控技术后，可减少人和技术因素引起故障停机时间的 75%。目前，刀具的监控主要集中在刀具寿命、刀具磨损、刀具破损以及其他形式的刀具故障等方面。

(1) 刀具寿命自动监控。

刀具寿命检测原理是通过对刀具加工时间的累计，直接监控刀具的寿命。当累计时间达到预定刀具的寿命，发出换刀信息，计算机控制将立即中断加工作业，或者在加工此工件后停车，启动换刀机构更换上备用刀具。利用控制系统实现检测装置的定时和计数功能，便可根据预定的刀具寿命或有效的刀具寿命周期可以加工的工件数，实现刀具寿命管理控制。还有一种建立在以功率监控为基础的统计数据上的刀具寿命监测方法。无须预先确定刀具寿命，而是通过调用统计的"净功率-时间"曲线和可变时钟频率信号来适应不同的刀具和切削用量，实现刀具寿命监控。它们能随时显示刀具使用寿命的百分数，当显示值达到 100%时，表示已达到临界磨损，应给予更换。

(2) 刀具磨损、破损的自动监控。

对于小直径的钻头和丝锥等，在加工中容易折断，故应在攻螺纹前的工位设置刀具破损自动检测，并及时报警，以防止后序工具的破坏和出现成批的废品。图 10-13 所示为在机床上测量切削过中产生的振动信号、监控刀具磨损的系统框图。由于振动信号对刀具磨损和破损很敏感，在刀架的垂直方向安装一个加速度计获取和引出振动信号，并通过电荷放大器、滤波器、模数转换电路后，输入计算机进行数据处理和比较分析。当计算机判别刀具磨损的振动超过允许值时，控制器发出更换刀具信号。但是，由于刀具的正常磨损与异常磨损之间的界限不明确，要事先确定一个界定值比较困难。因此，最好采用模式识别方法构造判断函数，并且能在切削过程中自动修正界定值，才能保证在线监控的结果正确。此外，正确选择振动参数以及排除切削过程中的干扰因素的敏感频段，也是很重要的。另一方面，由于加工表面的粗糙度随着切削时间的增加而逐步变差，因此可以通过监测工件表面粗糙度来判断刀具的磨损状态。这种方法信号处理比较简单，可将工件所要求的粗糙度指标和粗糙度信号方差变化率构成逻辑判别函数，既可以有效地识别刀具的急剧磨损或微破损，又能监测工件的表面质量。利用激光技术也可以方便监测工件表面粗糙度。其基本原理是：激光束通过透镜射向工件加工表面，由于表面粗糙度的变化，所反射的激光强度也不相同，因而通过检测反射光的强度和对信号的比较分析可以用来识别表面粗糙度和判断刀具的磨损状态。由于激光可以远距离发送和接收，因此，这种监测系统便于在线实时应用。

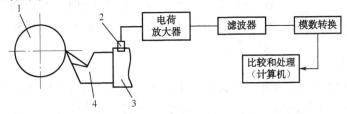

1-工件；2-加速度计；3-刀架；4-车刀

图 10-13 刀具磨损振动监测系统原理框图

此外，用声发射法来识别刀具破损的情况和可靠性，现已成为很有前途的一种刀具破损监控方法。声发射（Acoustic Emission，AE）是固体材料受外力或内力作用而产生变形、破裂或相位改变时以弹性应力波的形式释放能量的一种现象。刀具损坏时，将产生高频、大幅度的声发射信号，它可用压电晶体等传感器检测出来。由于声发射的灵敏度高，因此能够进行小直径钻头破损的在线检测。

图 10-14 所示为声发射钻头破损检测装置原理图。当切削加工中发生钻头破损时，用安装在工作台上的声发射传感器检测钻头破损所发出的信号，并由钻头破损检测器处理，当确认钻头已破损时，检测器发出信号通过计算机控制系统进行换刀。经过大量研究试验表明，在加工过程中，刀具磨损时的声发射值主要取决于刀具破损面积的大小，与切削条件关系不大。但其抗环境噪声和振动等随机干扰的能力较强。因此，它不仅适用于车刀、铣刀等较大刀具的监测，也适用于直径 1mm 左右的小孔刀具（如小直径钻头和丝锥）的监测。

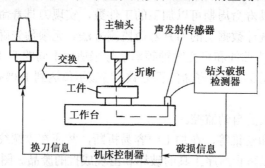

图 10-14　声发射钻头破损监测装置原理图

10.3.4　加工系统加工设备的自动监测

1）监控系统的组成

自动化加工监控系统主要由信号监测、特征提取、状态识别、决策与控制四个部分组成，如图 10-15 所示。

（1）信号检测。

信号检测是监控系统首要的一步，加工过程的许多状态信号从不同角度反映加工状态的变化。可见，监控信号选择的好坏直接决定系统的是否有效监测。常见被检信号包括切削力、切削功率、电压、电流、声发射信号（AE）、振动信号、切削温度、切削参数、切削扭矩等。一般要求监控信号应具备能迅速准确地反映加工状态的变化、便于在线测量、不改变加工系统结构、被检测信号影响因素少、抗干扰能力强等特点。监控信号用相应的传感器获取并进行预处理。

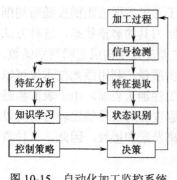

图 10-15　自动化加工监控系统组成框图

（2）特征提取。

特征提取是对检测信号的进一步加工处理，从大量检测信号中提取出与加工状态变化相关的特征参数，目的在于提高信号的信噪比，增加系统的抗干扰能力。目前，常用的提取方法主要有时域方法（均值、滤波、差值、相关系数和导数值等）、频域方法（FFT、功率谱、谱能量、倒频谱）和时频分析方法（短时 FFT、维格尔分布、小波分析）。提取特征参数的质量对监控系统的性能和可靠性具有直接的影响作用。

（3）状态识别。

状态识别实质上是通过建立合理的识别模型，根据所获取加工状态的特征参数对加工过程的状态进行分类判断。从数学角度来理解模型的功能就是特征参数与加工状态的映射。当前建模方法主要有统计方法、模式识别、专家系统、模糊推理判断、神经网络等。

（4）决策与控制。

根据状态识别的结果，在决策模型指导下对加工状态中出现的故障作出判决，并进行相应的控制和调整，例如改变切削参数、更换刀具、改变工艺等。要求决策系统实时、快速、准确、适应性强。

随着信息技术的发展，现代制造系统对加工过程监控提出更高的要求，监控系统正朝着多参数、多模型、自适应、自学习、智能化以及容错等方面发展。模式识别、神经网络等将广泛地用于加工过程在线检测、状态识别和智能决策。

2）监控系统的要求

加工过程监控、机床监控以及刀具工况监控是自动化加工监控系统具有的三个主要监控任务。各个监控任务除了选好状态变量之外，还必须满足如下的要求。

① 对加工过程常需要监控多个状态变量，仅监控一个状态变量是不够的。

② 由于自动化加工系统本身的加工特性，必须监测振动情况，在多轴加工的情况下，还必须选择观测方向。

③ 系统中必须采用相应的识别控制程序对加工过程出现的异常状态进行识别。

④ 由于交换部件、刀具的数量大，控制程序长，因此，必须监测加工过程的初始条件。

现代新技术的发展使新型的监控与诊断系统不断涌现，但这些系统具有相同的特性，主要体现在：较高的运算速度与响应时间，系统软件具有可移植性、开放式结构以及高质量的人机接口，具有与各种网络的异构性以及自适应能力系统。

目前，在加工过程监控研究领域开展的工作有：机床状态监控；刀具状态监控；加工过程监控；加工工件质量监控。其中机床状态监控包括：机床主轴部件监控；机床导轨部件监控；机床伺服驱动系统监控；机床运行安全监控；机床磨损状态监控等。刀具状态监控包括：刀具磨损状态监控；刀具破损状态监控；刀具自动识别；刀具自动调整；刀具补偿、刀具寿命管理等。加工过程监控包括：加工状态监控；切削过程振动监控；切削力监控；加工中温度监控；加工工序识别；冷却润滑系统监控等。加工工件质量监控包括：工件尺寸精度监控；工件形状精度监控；工件表面粗糙度监控；工件安装定位监控；工件自动识别等。

CAD/CAM 先进制造技术的发展，对制造过程和产品质量监控技术提出了新的要求，加工过程监控系统与之适应的应具备一些新的功能和特点，主要体现在以下方面。

① 具有智能传感器功能。如多传感器融合、信号处理决策和传感器集成等。

② 适应工况频繁变化的鲁棒性监视功能。

③ 具有自组织、自学习和自适应能力，以适应加工过程的各种变化的功能。

④ 实现多功能、多目标监控功能，能对加工过程中的不同状态实行并行监控。

⑤ 具有高柔性化且可扩展功能。

⑥ 集成化制造过程监控功能。

3）加工设备的故障诊断

机械加工设备的自动监控与诊断是近年来发展较快新学科。监控的目标就是检测并诊断故障。所谓诊断就是对设备的运行状态作出判断。设备在运行过程中，内部零部件和元器件因为受到力、热、摩擦、磨损等多种作用，其运行状态不断变化，一旦发生故障，往往会导致严重后果。因此必须在设备运行过程中对设备的运行状态及时作出判断，采取相应的决策，在事故发生以前就发现并加以消除，在传统的生产过程中，刀具、加工过程以及机床等的监控是基于机床操作者的经验。操作者靠观察了解加工过程，必要时可采取相应的行动。例如，设备运行状态不正常就必须及时检修或停止使用，这样做可大大提高设备运行的可靠性，从而提高设备乃至全生产线的生产效率。自动化加工系统的自动运行可以通过一个有效的自动监控系统来实现。

加工设备的自动监控与故障诊断主要有以下四个方面的内容。

（1）状态量的监测。

状态量监测就是用适当的传感器实时监测设备运行状态参数是否正常。例如，用加速度计、温度计监测回转机械的振动幅值及温度变化情况就可以判别该机械轴承是否损坏、各紧固件是否发生松动等；或采用振动传感器监测机械设备的振动情况。

加工设备状态监控与诊断中通常监测的参数有振动（位移、速度或加速度）、温度、压力、油料成分、电压、电流、声发射（AZ）等。监测振动的幅值和频谱变化可以判断机床等机械设备的运行状态。振动幅值或振动的频谱发生变化超出正常范围，说明机械设备的轴承、齿轮、转轴等出现磨损、破损、破裂等故障。监测设备的温度可以判别机床主轴、轴承、刀具磨损、破损状态。监测油压、气压能及时预报油路、气路的泄漏状况，防止夹紧力不够而出现故障，监测润滑油的成分变化可以预测轴承等运动部件磨损、破损的出现；监测电压、电流可以监测电子元件的工作状态以及负荷的情况；监测 AE 信号可以判断切削状态（刀具磨损、破损，切屑缠绕等）以及轴承、齿轮的破裂等故障。

（2）加工设备运行异常的判别。

运行异常的判别是将状态量的测量数据进行适当的信息处理，判断是否出现设备异常的信号。对于状态量逐渐变化造成运行异常的情况，可以根据其平均值进行判别。但是，在某些情况下，如果状态量的平均值不变化，而状态参数值的变化却在逐渐增大，此时，仅根据运行状态量的平均值是不能判别其是否出现异常情况的，这时将需要根据其方差值进行判别。同样的振动数据，假如是滚动轴承损伤产生特定频率的振动时，其异常现象用振动信号的方差也难以发现，这时就要找出这些数据中含有那些频率成分，要用相关分析、谱分析等信号处理方法才能判别。

（3）设备故障原因的识别。

识别故障原因是故障诊断中最难、最耗时的工作。对设备的运行状态监测和状态异常的判别只能判断某台设备运转不正常，出现了故障，而不能识别出故障发生的原因和位置。但是，不知道故障发生的原因就很难排除故障，更不会阻止重新出现该故障。随着科学技术的进步，机械设备结构越来越庞大、复杂，而且涉及机械、电子技术、液压、计算机、通信、系统工程等专业技术，对一种的故障往往需要几方面的维修专家联合诊断才能找出其真正的原因。

（4）控制决策。

找出故障的发生的地点及原因后，就要对设备进行检修，排除故障，保证设备能够正常工作。为了减少故障出现对生产造成的损失，可在生产现场通过更换元件、部件以及整块印制电路板的方法来解决。例如，如果判断出故障的原因是某快电路板工作不正常，则更换备用的电路板，先保证设备投入正常运行，之后再对更换下来的电路板进行故障查找及修复待用。

状态监测是故障诊断的基础，故障诊断是对监测结果的进一步分析和处理，而控制决策是在监测和诊断基础上作出的。因此，三者之间必须紧密集成在一起。

随着计算机技术的发展，人工智能的研究取得了较大的成就。建立在此基础上的故障检测与诊断专家系统对于复杂的现代化生产设备，如 CNC 机床，工业机器人，乃至整个自动化生产线的故障诊断起到了积极作用。现代故障检测与诊断系统正向复杂化、智能化、超远距离监测等方向发展。

习题与思考题

1. 什么是产品质量？什么是产品质量管理？什么是 CAQ？
2. 什么是制造过程中的检测技术？它与 CAD/CAM 技术有什么联系？
3. 机械加工系统由哪几部分组成？制造系统中的检测方法有哪几种方式？
4. 在机械加工系统中所需的检测要素有哪几类？检测手段有哪几种？
5. 在机械加工中自动化检测方法有哪几种？
6. 加工尺寸的自动测量方法有哪几种？各有什么特点？
7. 实现工件尺寸自动测量的常用测量机构有哪几种？各有什么特点？
8. 什么是自动在线检测？自动在线检测可分为哪几种？
9. 什么是加工尺寸的自动补偿？补偿量的大小对补偿执行机构有什么要求？
10. 什么是刀具的自动识别？当前主要的识别方法有哪些？
11. 在自动化制造系统中为什么要设置刀具检测与监控装置？
12. 现代制造系统中对刀具的监控主要集中在哪几个方面？
13. 自动加工监控系统主要由哪几部分组成？
14. 加工设备的自动监控与故障诊断主要有哪几个方面的内容？

第11章 CAD/CAM 系统集成

> **教学提示与要求**
>
> 本章介绍了 CAD/CAM 的基本概念和作用；CAD/CAM 的基本组成和体系结构；CAD/CAM 集成方法；基于 PDM 的 CAD/CAM 系统集成。要求重点掌握几种不同的 CAD/CAM 系统集成方法以及基于 PDM 的 CAD/CAM 系统集成技术。

11.1 CAD/CAM 集成的概念

11.1.1 CAD/CAM 的概念与作用

计算机辅助设计（Computer Aided Design，CAD）和计算机辅助制造（Computer Aided Manufacturing，CAM），简称 CAD/CAM，是一项利用计算机协助人们完成产品设计与制造的技术。CAD/CAM 是由多学科和多项技术综合形成的一项技术学科，是当今世界发展最快的技术之一，它促进了生产模式的转变和制造业市场形势的变化，是以计算机为工具来生成各种数据信息与图形信息，以进行产品设计与制造的全过程，包括方案设计、总体设计和零部件设计以及加工和装配等。CAD/CAM 集成实质上是指 CAD、CAPP、CAM 各模块之间形成相关信息的自动传递和转换。集成化的 CAD/CAM 系统借助公共的工程数据库、网络通信技术以及标准格式的中性文件接口，把分散于机型各异的计算机中的 CAD/CAM 模块高效地集成起来，以实现软、硬件资源共享，保证系统内的信息流动畅通无阻。

CAD/CAM 集成的作用主要表现在以下几个方面。

（1）有利于系统各应用模块之间的资源共享，提高系统运行效率，降低系统成本。

（2）避免应用系统之间信息传递误差，特别是人为的传递误差，从而提高产品的质量。

（3）有利于实现并行作业，缩短产品上市周期，提高产品质量和企业的市场竞争力。

（4）有利于面向制造的设计（DFM）和面向装配的设计（DFA），降低成本，提高产品竞争力。

（5）有利于敏捷制造等先进制造模式的实施，扩大企业的市场机遇。

11.1.2 CAD/CAM 集成系统的基本组成

CAD/CAM 系统的运行环境由硬件、软件和人三大部分构成。硬件部分是 CAD/CAM 系统运行的基础，主要由计算机及其外部环境组成，包括主机、存储器、输入/输出设备、网络通信设备等有形设备；软件部分是 CAD/CAM 系统的核心，通常是指程序和相关的文档，包括系统软件、支撑软件和应用软件等。硬件提供了 CAD/CAM 系统潜在的能力，而软件是开发、利用其能力的钥匙；人在 CAD/CAM 系统中起着关键的作用。一般的 CAD/CAM 系统多采用人机交互的工作方式，这种方式要求人与计算机密切合作，发挥各自的特长。人在利用软件功能、设计规划、逻辑控制、信息处理、创造性等方面占有主导地位，计算机则在分析、计算、信息储存、检索图形、文字处理等方面有着特有的功能。一个完善的 CAD/CAM 集成系统由以下部分组成。

（1）生产管理系统。

生产管理系统（PMS）包括制造资源管理、生产计划管理、物料管理，财务成本管理和项目管理 5 个子系统。制造资源管理模块对生产所用的设备、工装、仪器以及人力资源等进行管理，并及时统计使用及维修情况。生产计划管理模块负责企业中、短期生产计划的制定，并通过对生产过程的监控，及时对计划进行调整。生产计划管理模块一般包括主生产计划、物料需求计划、能力需求计划和车间生产监控子模块。物料管理模块对原材料、标准件等采购供应进行管理，并对库存物资，包括毛坯、半成品、成品、外购件等进行管理。财务成本管理模块及时准确地记录车间生产费用的支出，进行成本核算，通过各系统之间的集成，把销售与应收账，采购与应付账及时传给财务部门。项目管理模块根据订单情况安排生产进度，并协调各种型号产品生产进度及资源调配的冲突，以及资源与成本的平衡。

（2）工程设计系统（EDS）包括 CAD、CAPP、CAFD、（计算机辅助夹具设计）和 CAM 四个子系统。CAD 子系统包括产品的概念设计、零部件设计、装配设计、工程分析、造型及图形显示、优化设计、动态分析、仿真以及设计文件自动生成等。CAPP 子系统包括典型零件工艺检索、工艺规程的制定，工艺参数的选择和工时定额的制定，工艺文件的自动生成等。CAFD 子系统包括工装夹具族的检索、工装夹具的三维参数化设计、精度分析以及组合夹具的设计与组装等。CAM 子系统根据 CAD 系统产生的设计对象和 CAPP 系统产生的加工工艺信息，生成刀位文件和 NC 代码传递给相应的加工设备。

（3）制造自动化系统。制造自动化系统（MAS）包括车间生产信息管理、生产调度控制、车间作业调度仿真、生产过程检测与故障诊断 4 个子系统，用于完成对数控加工车间层、工作站（单元）层，以及设备层的调控与监控。

（4）质量管理系统。质量管理系统（QMS）包括质量的综合信息管理、评价与分析、检测与监控、规划检测等子系统。

（5）支撑系统。支撑系统包括计算机硬件与系统软件、网络、数据库、应用集成软件框架及协同工作环境等子系统。它支持 4 个应用子系统间的信息集成、过程集成以及多功能协同作业。

11.1.3　CAD/CAM 集成系统的体系结构

目前，CAD/CAM 集成系统可分为 3 种类型。

（1）传统型系统。

传统型系统的开发应用较早，现在仍在广泛使用，而且随着 CAD/CAM 技术的发展向更宽的领域渗透，还在不断发展和完善，如 I-DEAS、UGII、CADAM、CATIA、CADDS 等较著名的系统在结构上是以某种应用功能（如工程绘图、曲面设计或有限元分析等）为基础，逐渐将其功能扩充到 CAD/CAM 其他领域的。如 I-DEAS 最基础的功能是有限元分析，而 UG 系列产品的基础是曲面造型与设计等。系统开发之初，受硬件环境、设计思路和设计方法的局限，这些系统不太容易适应高度集成化的要求。

(2) 改进型系统。

改进型系统是 20 世纪 80 年代中期发展起来的,如 CIMPLEX,Pro/ENGINEER 等属于这类系统。相比之下,这类系统提高了某些功能自动化程度,如参数化特征设计、系统数据与文件管理、数控加工程序的自动生成等,但仍缺乏对数据交换和共享信息集成的要求。

(3) 数据驱动型系统。

数据驱动型系统是正在发展的新一代 CAD/CAM 集成系统。基本出发点是着眼产品整个生命周期,寻求产品数据完全实现交换和共享的途径,以期在更高的程度和更宽的范围内实现集成。其中一条主要途径是采用 STEP 产品数据交换标准,逐步实现统一的系统信息结构设计和系统功能设计。

图 11-1 所示为该类系统的一种体系结构。由图可见,整个系统分为 3 层。最底层为产品数据管理层,它以 STEP 的产品定义模型为基础,提供了 3 种数据交换方式,即数据库、工作格式、STEP 文件交换。这 3 种方式的数据存取分别用数据库管理系统、工作格式管理模块和系统转换器来实现。系统运行时通过数据管理界面按选定的数据交换方式进行产品的数据交换。系统中间一层为基本功能层。其中的功能模块在应用上具有通用性,即每一种功能都可能为不同的应用系统所使用,图中只列举了 4 个方面的功能模块。基本功能层为 CAD/CAM 应用系统提供开发环境,应用系统可以通过功能界面来调用这些功能。系统的顶层为应用系统层,它可以完成从设计、分析到加工、车间作业计划等全过程,这些功能通过用户界面提供给用户。

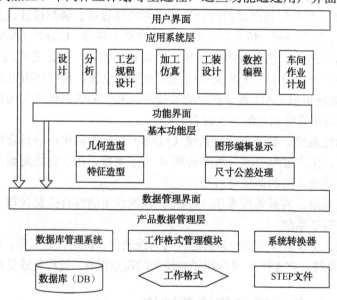

图 11-1　CAD/CAM 集成系统体系结构

11.2　CAD/CAM 集成方法

11.2.1　基于专用接口的 CAD/CAM 集成

在所有 CAD/CAM 集成方法中,基于专用接口的集成是应用最早的一种。利用这种方式实现集成时,各子系统都是在各自独立的数据模式下工作,各子系统之间没有任何联系,因此,必须专门开发接口使两个不同系统间接地进行沟通。这种集成方式原理简单，运行效率高，但开发的专用接口无通用性，不同的 CAD、CAPP、CAM 系统间需要开发不同的接口，且当其中一个系统的数据结构发生变化时，与之相关的所有接口都要修改。

如图 11-2 所示为基于专用接口的 CAD/CAM 集成模式，由于其通用性和开放性差，故这种集成模式的应用越来越少。为了克服上述集成模式的弊端，有些系统开发商提出了自己标准数据格式，作为系统集成的接口。于是系统的集成就由图 11-2 所示的形式发展成图 11-3 所示的模式。此时，系统只要能够按标准格式输入/输出，就可集成到一起。

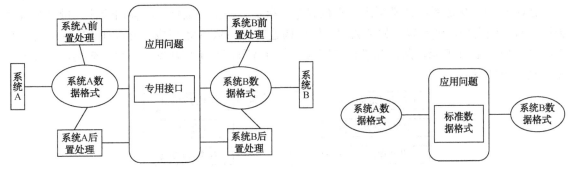

图 11-2 基于专用接口的 CAD/CAM 集成　　　图 11-3 基于标准数据格式的 CAD/CAM 集成

11.2.2 基于 STEP 的 CAD/CAM 集成

随着技术的发展，人们逐渐认识到，为了解决不同的 CAD/CAM 系统间的数据交换，应当采用统一的、也是唯一标准来实现相应的操作。为此 ISO 于 1983 年 12 月在负责工业自动化系统的技术委员会 TCIS4 内成立了产品数据的外部表示分会 SC4，其任务是制定国际标准《ISO 10303——产品数据的表达形式与交换》（又称产品模型数据交换标准 STEP）。

STEP（Standard for the Exchange of Product Model Data）标准提供一种不依赖于具体系统的中性机制，它规定了产品设计、开发、制造、甚至于产品全部生产周期中所包括的诸如产品形状、解析模型、材料、加工方法、组装分解顺序、检验测试等必要的信息定义和数据交换的外部描述。因而 STEP 是基于集成的产品信息模型。

产品数据指的是全面定义零部件或构件所需要的几何、拓扑公差、关系、性能和属性等数据，主要包括内容如下。

（1）产品几何描述。如线框表示、几何表示、实体表示以及拓扑、成形及展开等。

（2）产品特性。长宽等特征，孔槽等面特征，旋转体车削特征等。

（3）公差。尺寸公差与形位公差等。

（4）表面处理。如喷涂等。

（5）材料。如类型、品种、强度、硬度等。

（6）说明。如总图说明等。

（7）产品控制信息。

（8）其他。如加工、工艺装配等。

产品信息交换指的是信息的存储、传输和获取。交换方式不同，数据形式也有差异。为满足不同层次用户的需求，STEP 提供了 4 种产品数据交换方式，即文件交换、操作形式交换、数据库交换和知识库交换。STEP 是一种中性机制，其目标是希望完整表达产品生命周期各阶段的数据。它具有3个明显的特点。
(1) 支持广泛的应用领域。
(2) 独立于任何具体的CAX软件系统。
(3) 完整表示产品数据，不仅适合中性文件交换，也是实现产品数据共享的基础。

11.2.3 基于数据库的CAD/CAM集成

CAD/CAM集成系统通常采用工程数据库。事实上，工程数据库在存储管理大量复杂数据方面具有独到之处，使得以工程数据库为核心构建的CAD/CAM集成系统得到了广泛应用。其系统构造如图11-4所示，从产品设计到制造的所有环节都与工程数据库有数据交换，实现了数据的全系统共享。

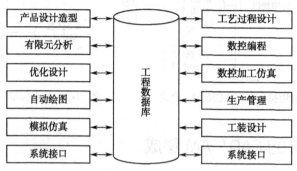

图11-4 以工程数据库为中心的CAD/CAM集成

工程数据库一般包括如下内容。
(1) 全部数据和局部数据的管理。
(2) 相关标准及标准件库。
(3) 参数化图库。
(4) 刀具库。
(5) 切削用量数据库。
(6) 工艺知识库。
(7) 零部件设计结果存放库。
(8) NC代码库。
(9) 用户接口。
(10) 其他。

11.3 基于产品数据库管理的CAD/CAM系统集成

产品数据管理（Product Data Management，PDM）出现于20世纪80年代初。当时提出这一技术的目的主要是为了解决大量工程图纸、技术资料的电子文档管理问题。随着先进制造技术的发展和企业管理水平的不断提高，产品数据管理的范围逐渐扩展到设计图纸和电子文档的管理、材料明细（Bill of Material，BOM）、工程文档集成、工程变更请求/指令的跟踪管理等领域，同时成为CAD/CAM系统集成的一项不可缺少的关键技术。

11.3.1 产品数据表达

一个完整的产品是由许多零件组成的，复杂产品的零件数目甚至达到上万个。面对如此巨大的数据量，CAD/CAM 集成系统要将其有条不紊地管理好，必须有一个很好的产品数据表达模型（产品数据模型）来清晰地描述产品全部数据及其相互关系，使得各子系统之间一目了然。

产品数据模型可以理解为所有与产品有关的信息构成的逻辑单元集成，它不仅包括产品生命周期内的全部相关信息，而且在结构上还能清楚地表达这些信息的关联特性。特征建模技术的发展使建立满足这种要求的产品数据模型成为可能。基于特征产品数据模型结构由于具有容易表达、处理，反映设计意图明了，描述信息完备等优点而引起广泛重视。它是一种为设计、分析、加工、管理各个环节都能自动理解的全局性模型。

在基于特征的产品数据模型中，特征信息的描述至关重要，包括特征自身信息和特征之间的关系，除此之外，还必须将一些公共信息表达清楚。

图 11-5 所示的是基于特征产品数据模型层次结构，其中包含以下数据信息。

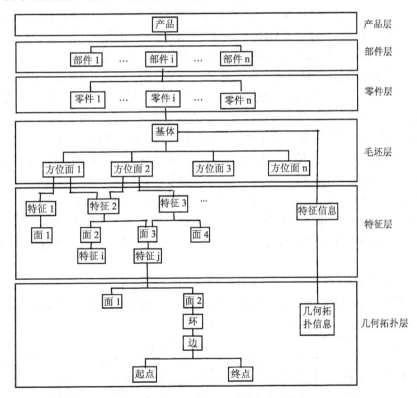

图 11-5 基于特征的集成产品数据模型层次结构

（1）产品构成。反映产品由哪些部件构成，各个部件又由哪些零件组成，每种零件的数量等。零部件的构成可以呈树状关系，也可以呈网状关系。

（2）零件信息。主要是关系零件总体特征的文字性描述，包括零件名称、零件号、零件材料、热处理要求、最大尺寸、质量要求。

（3）基本信息。概念上相当于零件的毛坯，在产品数据模型中，用于造型的原始形状，可以是预先定义好的参数化实体，也可以是根据现场需要由系统造型功能生成的形体。基体信息主要包括基体表面之间的信息以及基体与各特征之间关系的信息。比如将基体划分为若干方位面，并按方位面组织特征。这样组织产品的数据，将以信息模型与按面组织加工的常规工艺路线相对应，有益于在 CAD/CAM 集成环境中生成工艺规程以及制定定位、夹紧方案。

（4）零件特征信息。记录特征的分类号、所属方位面号，控制点坐标及方向、尺寸、公差、热处理要求，特征所在面号、定位面及定位尺寸、切入面与切出面、特征组成面、表面粗糙度、形状公差等。

（5）零件几何、拓扑信息。包括描述零件几何形状的面、边、点等数据。在基于特征的产品数据模型中，面的作用格外重要，这是因为它既是建立特征之间的几何关系、尺寸关系和形位公差的基准，又是设计和制造中使用的基准，如基准面、工作面、连接面等。所以在 CAD/CAM 集成应用过程中，应能实时地访问面的标号、属性等数据。

11.3.2 产品数据管理

1）产品数据管理的基本概念

由于产品数据管理（PDM）技术与应用范围发展太快，至今，人们对它还没有一个统一的认识，给出的定义也不完全相同。CIMdata 国际咨询公司给出的定义是："PDM 是一门管理所有与产品相关的过程的技术。"Gartner Group 公司给出的定义为："PDM 是一个使能器，它用于企业范围内一个从产品策划到产品实现的并行化协作环境（Concurrent Art-to-Product Environment，CAPE；由供应、工程设计、制造、采购、市场与销售、客户等构成）。一个成熟的 PDM 系统能够使所参与创建、交流以及维护产品设计意图的人员在整个产品生命周期中自由共享与产品相关的所有异构数据，如图纸与数字化文档、CAD 文件和产品结构等。"从上面两个定义可以看出，PDM 可以从狭义和广义上理解。狭义地讲，PDM 仅管理与工程设计相关的领域内的信息。广义地讲，它可以覆盖从产品的市场需求分析、产品设计、制造、销售、服务与维护的全过程，即全生命周期中的信息。总之，产品数据管理是一门管理所有与产品相关的信息（包括电子文档、数字化文件、数据库记录等）和所有产品相关的过程（包括工作流程和更改流程）的技术。它提供产品全生命周期的信息管理，并可在企业范围内为产品设计与制造建立一个并行化的协作环境。

2）PDM 系统的体系结构

如图 11-6 所示，PDM 系统的体系结构可分为 4 层：用户界面层、功能模块及开发工具层、框架核心层和系统支撑层。

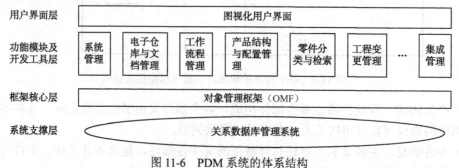

图 11-6　PDM 系统的体系结构

（1）用户界面层。向用户提供交互式的图形界面，包括图示化的浏览器、各种菜单、对话框等，用于支持命令的操作与信息的输入/输出。通过 PDM 系统提供的图视化用户界面，用户可以直观方便地完成管理到整个系统中各种对象的操作。它是实现 PDM 系统各种功能的媒介，处于最上层。

（2）功能模块及开发工具层。除了系统管理外，PDM 系统为用户提供的主要功能模块有电子仓库与文档管理、工作流程管理、零件分类与检索、工程变更管理、产品结构与配置管理、集成工具等模块。

（3）框架核心层。它是提供实现 PDM 系统各种功能的核心结构。由于 PDM 系统的对象管理框架具有屏蔽异构操作系统、网络、数据库的特性，用户在应用 PDM 系统的各种功能时，实现对数据的透明化操作、应用的透明化调用和过程的透明管理等。

（4）系统支撑层。以目前流行的关系数据库为 PDM 系统的支持平台，通过关系数据库提供的数据操作功能，支持 PDM 系统对象在底层数据库管理。

11.3.3 基于 PDM 的 CAD/CAM 内部集成

PDM 系统以其对产品生命周期中信息的全面管理能力，不仅自身成为 CAD/CAM 集成系统的重要构成部分，同时也为以 PDM 系统作为平台的 CAD/CAM 集成提供了可能。从发展的观点来看，这种系统具有很好的应用前景。

图 11-7 所示的是以 PDM 系统作为集成平台，包含 CAD、CAPP、CAM 3 个主要功能模块的集成。从该图可以清楚地看出各个功能模块与 PDM 的信息交换。CAD 系统产生的二维图纸、三维模型（包括零件模型与装配模型）、零部件的基本属性、产品明细表、产品零部件之间的装配关系、产品数据版本及其状态等，交由 PDM 系统来管理；而 CAD 系统又从 PDM 系统获取设计任务书、技术参数、原有零部件图纸资料以及更改等信息。CAPP 系统产生的工艺管理，如工艺路线、工序、工步、工装夹具要求以及对设计的修改意见等，交由 PDM 系统进行管理；CAPP 系统也需要从 PDM 系统中获取产品模型信息、原材料信息、设备信息、设备资源信息等。CAM 系统将其产生的刀位文件、NC 代码交由 PDM 系统管理，同时从 PDM 系统获取产品模型信息、工艺信息等。

1）CAM 与 PDM 的集成

由于 CAM 系统与 PDM 系统之间只有刀位文件、NC 代码、产品模型等文件信息的交流，所以 CAM 系统与 PDM 系统之间采用应用封装来满足二者之间的信息集成要求。

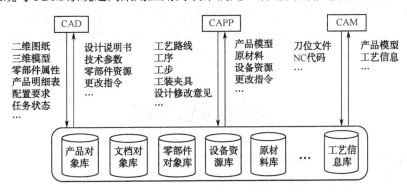

图 11-7 基于 PDM 的系统集成

2）CAPP 与 PDM 的集成

CAPP 系统与 PDM 系统之间除了交流外，CAPP 系统需要从 PDM 系统中获取设备资源信息、原材料信息等。为了支持与 MRPⅡ 或车间控制单元的信息集成，由 CAPP 系统产生的工艺信息需要分解成基本信息单元（如工序、工步等）存放于工艺信息库中，供 PDM 与 MRPⅡ 集成之用。所以 CAPP 与 PDM 之间的集成需要接口交换，即在实现应用封装的基础上，进一步开发信息交换接口，使 CAPP 系统可通过接口从 PDM 系统中直接获取设备资源、源材料信息的支持，并将其产生的工艺信息通过接口直接存放于 PDM 系统的工艺信息库中。由于 PDM 系统不直接提供设备资源库、原材料和工艺信息库，因此需要用户利用 PDM 系统的开发工具自行开发上述管理模块。

3）CAD 与 PDM 的集成

这是 PDM 系统实施中要求最高、难度最大的一环。其关键在于需保证 CAD 系统的变化与 PDM 系统中数据变化的一致性。从用户需求考虑，CAD 与 PDM 的集成应达到真正意义的紧密集成。CAD 系统与 PDM 系统的应用封装只解决了 CAD 系统产生的文档管理问题。零部件描述属性、产品明细表则需要通过接口导入 PDM 系统。同时，通过接口交换，实现 PDM 系统与 CAD 系统间数据的双向异步交换。但是，这种交换仍然不能完全保证产品结构数据在 CAD 系统与 PDM 系统中的一致性。所以要真正解决共享产品数据模型，实现互操作，就要保证 CAD 系统中的修改与 PDM 系统中的修改的互动性和一致性，真正做到双向同步一致。目前，这种紧密集成仍有一定难度，一个 PDM 系统往往只能与一两家 CAD 系统产品达到紧密集成的程度。

11.3.4　基于 PDM 的 CAD/CAM 外部集成

MRP 与 PDM 的集成，其本质是实现设计、工艺与企业管理、生产、质检、财务等各部门之间的集成。

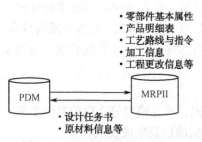

图 11-8　PDM 与 MRPII 的集成

图 11-8 所示为 PDM 系统与 MRPⅡ 系统之间的信息交换关系。MRPⅡ 系统所需要的最基本的产品信息为材料明细表（在 MRPⅡ 系统中称主物料表）与工艺信息（包括工艺路线、工序、工装需求、设备需求等）。除此以外，PDM 系统还应向 MRPⅡ 系统提供加工信息、设计成本与加工成本信息、工程更改信息等。而 MRPⅡ 系统应向 PDM 系统提供设计任务书、更改请求、原材料、设备状态、市场需求等信息。如图 11-8 所示，PDM 能够实现 CAD、CAPP、CAM 的集成与管理，又能实现与 MRPⅡ 集成，从而通过 PDM 系统可实现 CAD/CAM 与 MRPⅡ 的有效集成。

习题与思考题

1. 什么是 CAD/CAM 系统集成？它涉及哪几种方法？
2. 为什么要进行集成？有何作用和意义？
3. 实现 CAD/CAM 系统集成有哪些方案和方法？
4. 什么是 PDM？其主要功能和作用是什么？
5. 简要说明基于 PDM 的 CAD/CAM 系统集成方法。

第12章　CAD/CAM 应用软件开发技术

教学提示与要求

计算机辅助设计制造功能的发挥离不开高效的机械 CAD/CAM 系统。本章从机械产品 CAD/CAM 的需要出发，着重介绍基于通用 CAD/CAM 系统的二次开发技术，并以 SolidWorks 三维软件平台为例，结合机械零件，讲解如何在此平台上开展专业软件的二次开发。通过本章，使学生掌握 CAD/CAM 系统的二次开发的基本原理及过程，可对 CAD/CAM 系统进行简单的二次开发。

12.1 应用软件开发技术概述

12.1.1 CAD/CAM 系统的开发要求

机械零件的设计及制造涉及零件材料及热处理方法的选择、设计参数的确定、几何尺寸计算、结构设计、强度、刚度计算、使用寿命要求、标准件选择等多方面的问题，具有设计要求多、计算公式多、设计参数多、图表多等特点。因此机械零件设计计算程序要有合理的数学模型，具有对数表、线图的存储和自动检索能力，对标准参数的选取、圆整能力，还要具有对设计参数修改的应变能力。

CAD/CAM 系统开发需要解决的问题如下。

（1）设计资料的处理。

机械产品的设计计算中需要用到很多参数、系数，它们当中绝大多数需要从数表、线图中查取，有的参数（如齿轮传动的模数）需按国家标准圆整为标准值，有的参数需要圆整为整数，因此，机械 CAD/CAM 系统开发需要解决设计资料的处理问题。

（2）设计参数分析、判断和调整。

机械产品设计应满足的条件较多，如齿轮传动设计应满足齿面接触强度要求、齿根弯曲强度要求、啮合和塑性变形条件、螺旋角合理范围要求等，因此机械 CAD/CAM 系统的开发应解决设计参数分析、判断及调整修改问题。

（3）计算与数据管理、造型之间的关系。

完整的机械产品设计包括：设计计算、数据管理、零件造型及装配、工程图生成等几部分，相关内容都是相对独立的内容，机械 CAD/CAM 系统需要解决相关功能模块之间的连接问题。

（4）良好的用户界面。

CAD/CAM 系统用户界面的设计是一项关系全局且体现软件设计水平的工作。用户界面是人与计算机进行交互的接口，人—机交互由最早的批处理作业方式、问答方式逐步发展成为菜单交互方式,又发展成为今天的图形交互接口。CAD/CAM 系统的用户界面应保证进行机械产品设计时,整个设计过程思路清晰,界面简洁,操作方便。

12.1.2　CAD/CAM 软件开发方式

随着 CAD/CAM 应用领域的不断扩大和应用水平的不断提高,用户需求与 CAD/CAM 系统规模之间的矛盾日益增加,没有一个 CAD/CAM 系统能够完全满足用户的各种需求。作为商品化的 CAD/CAM 软件产品,是否拥有一个开放的体系结构,是衡量该软件的优劣性、适用性和生命力的重要标志,而是否拥有一个开发简便、运行高效的二次开发平台又是开放式体系结构的核心和关键。目前,主流的 CAD/CAM 软件都具有用户定制功能并提供二次开发工具。

目前专业 CAD/CAM 系统的开发可分为三种方式。

(1) 完全自主版权的开发,一切需从底层做起。

(2) 基于 CAD/CAM 几何造型核心平台的开发,如 ACIS,PARASOLID,OPEN CAS,CADE 等平台的开发。

(3) 基于某个通用 CAD/CAM 软件系统的二次开发,如基于 SolidWorks、UG,Pro/Engineer 等软件的开发。

上述第一种方式从零开始,难度最大,这种开发方式需要比较强大的开发能力和资金的支持;第二种和第三种在我国目前的开发中较常用。

12.1.3　CAD/CAM 软件二次开发的概念、目的和一般原则

1)CAD/CAM 二次开发的概念

所谓 CAD/CAM 软件的二次开发,是指在现有支撑软件的基础上,为提高设计质量和完善软件功能,使之更符合用户的需求而做的开发工作。其根本目的是提高设计、制造质量,缩短产品的生产周期,充分发挥 CAD/CAM 软件的价值。二次开发将应用对象的设计规范、构造描述、设计方法等以约束关系的形式集成到通用 CAD/CAM 平台中去,以使应用对象的设计智能化、集成化。

2)CAD/CAM 二次开发的目的

CAD 软件系统大致可分为 3 个层次,即系统软件、支撑软件和专业软件。一般来说,支撑软件提供最基本的应用软件,软件的适应范围较广。例如,交互式图形系统提供了图形处理方面最基本的功能,包括基本图素的生成功能、图形的各种交互式编辑功能等,可以广泛地应用于各类工程图样的生成。另一方面,支撑软件的功能又不可能设计得很具体,如交互式图形系统就不可能专门为机械设计人员专门设计一个齿轮生成命令。用户的要求是千变万化的,支撑软件只能解决其中带有共性的问题。因此,支撑软件的功能与用户的要求必然存在一定的距离,软件二次开发的任务之一就是要消除这个距离,在支撑软件和用户之间建起一座"桥梁"。在用户带有共性的要求中还存在一定的差别,有些用户还需要对支撑软件的某些功能做一些修改和补充。因此,要使某个软件为特定的用户所应用,必须修改和完善原系统中的一些功能。

3)CAD/CAM 二次开发的一般原则

二次开发应遵循工程化、模块化、继承性和标准化等一系列原则。

(1) 工程化原则:二次开发应按照软件工程学的方法和步骤进行,突出工程化的思想。首先对所要解决的问题进行详细定义分析(由软件开发人员与用户讨论决定),并加以确切的描述,

确定软件技术目标和功能目标，编写软件需求说明书、确定测试计划和数据要求说明书等，然后根据需求说明书的要求，设计建立相应软件系统的体系结构，编写软件概要设计和详细设计说明书、数据库或数据结构设计说明书、组装测试计划，从而保证软件的可靠性、有效性和可维护性。

（2）模块化原则：模块化原则要贯穿二次开发的全过程，它是将整个系统分解成若干个子系统或模块，定义子系统或模块间的接口关系。模块化可以使开发人员同时进行不同模块的开发，缩短软件开发周期；在软件需要维护和修改时，也仅对相关模块进行修改即可，避免了对整个程序的修改；在扩展时，只要把独立的功能模块集成即可运行。最后通过菜单调用把它们集成起来，与原系统组成一个有机的整体。

（3）继承性原则：二次开发不同于一般从底层做起的软件设计，而是在已有软件基础上根据实际需要进行的再开发，对支撑软件有很强的依赖性和继承性。继承性是二次开发的最大特点，它要求开发后的系统在界面风格和概念上与原软件保持一致，新加入的部分在功能、操作等方面与原系统实现无缝集成，从而保持系统的一致性和完整性。

（4）标准化原则：标准化是开发 CAD 软件的基础。首先，在开发过程要遵循 CAD 技术的基础标准，CAD 技术的发展之路，同时也是一条标准化发展之路，面向用户的图形标准 GKS 和 PHIGS，面向不同 CAD 系统的数据交换标准 IGES 和 STEP 以及窗口标准等都是进行二次开发所必须依据的标准。其次，CAD 系统的二次开发不同于一般软件的设计，它的运行过程是对具体机械设计过程的模拟，必须符合机械工程设计的特点，机械设计过程也有着严格的国家标准的规定。

12.1.4　CAD/CAM 系统开发的步骤

CAD/CAM 系统的设计与开发非常复杂，工作量巨大，属于复杂的系统工程，本章不作详细介绍，仅以机械零件 CAD 模块的二次开发为例，介绍相关开发步骤。

（1）明确设计任务、要求、适用范围和功能；
（2）确定设计计算准则、计算方法，建立数学模型；
（3）列出设计计算步骤、计算公式、设计参数符号及变量对照表；
（4）根据设计计算内容、方法、步骤制订程序流程图；
（5）确定有关数表、线图处理方法，完成图、表数据存储和自动检索等模块的开发，以及有关数据文件或数据库的建立工作；
（6）开发各功能模块，将设计计算与数据库文件、结构参数化造型、二维工程图绘制连接起来，形成机械零件 CAD 模块。

12.2　基于通用平台的系统开发技术基础

12.2.1　CAD/CAM 系统二次开发平台的体系结构

通过 CAD 软件的二次开发工具可以把商品化、通用化的 CAD 系统用户化、本地化，即以 CAD 系统为基础平台，在软件开发商所提供的开发环境与编程接口基础之上，根据自身的技术需要研制开发符合相关标准和适合企业实际应用的用户化、专业化、知识化、集成化软件，以进一步提高产品研发的效率。在通用 CAD 基础上融入专业知识构建专用 CAD 系统是当前深化 CAD 应用的潮流。

把用户的设计思想转化为特定的新功能需要考虑以下基本要素。这些基本要素构成了 CAD 软件二次开发平台的基本结构。

（1）通用 CAD 软件——管理层。通用 CAD 软件是整个开发的基础，是二次开发应用的宿主程序。具有比较完备的基本功能，即使没有二次开发应用程序，也能满足基本的使用需求。在二次开发平台结构中，通用 CAD 软件属于管理层，它所负责的工作主要包括用户界面定制、图形显示、文档数据管理、交互流程控制、消息分发和应用程序的管理等。

（2）编程开发环境——开发层。开发者采用某种计算机高级语言（如 C/C++等）在特定的开发环境中进行应用程序的开发。由于通用的集成开发环境（如 VC++、VB 和 Delphi 等）具有功能强大、使用简单、可靠性强和生成代码效率高等优点，目前一般都在通用的集成开发环境中进行二次开发。在二次开发平台结构中，编程开发环境属于开发层，主要包括应用程序源代码的编辑、编译、链接、调试和代码优化等。

（3）应用程序编程接口（API）——支持层。编程开发环境仅提供了一般性的语言支持。在二次开发过程中，还需要提供相应的 API 支持，通过这些 API 接口，二次开发应用程序可以建立与原软件应用程序的链接。使新开发的功能与原有的功能无缝集成。在二次开发平台结构中，应用程序编程接口属于支持层，是用户开发的应用程序与 CAD 软件之间进行链接、通信和互操作的通道。

（4）开发者的设计思想——知识层。一般来说，CAD 软件开发商通过以上 3 个层的引入就可为用户提供二次开发的工具和方法。此外，二次开发应用系统还需要融入开发者的设计思想。开发者将其设计思想通过二次开发工具和方法，并结合原有的 CAD 系统功能，才能构成具有实用价值的应用程序。在二次开发平台结构中，用户设计思想属于知识层，它是开发者知识和能力的体现，是二次开发技术的应用和实践。

12.2.2 二次开发模式及开发接口

1）二次开发模式

概括地讲，对 CAD 软件进行二次开发主要有两种模式：一种是借助 CAD 软件自身提供的二次开发工具进行开发。商业化的 CAD 软件一般都考虑了特定用户的需要，提供二次开发工具或接口，设计工程师可以利用所提供的二次开发工具，按照自身的需要定制设计环境，从而实现快速开发新产品的目标，例如，CATIA 的 RADE 模块，UG 的 GRIP 模块都是三维 CAD 软件所提供的二次开发工具。第二种是利用 COM 或 Automation 技术，用一种编程软件调用三维 CAD 软件的对象及属性进行开发，这种开发模式是目前最流行的一种开发模式，例如 SolidWorks、CATIA 和 UG 等均提供 API 函数，可利用 VB、VC、Delphi 等面向对象的语言调用这些函数实现二次开发。

另外，基于 CAD 系统二次开发模式又分为外模式和内模式两种。外模式是指二次开发的程序具有独立运行的进程和界面，如 Win32 执行程序，通过宿主程序（即平台 CAD 软件系统）的 API 函数或组件实现对 CAD 系统的功能调用；内模式是指二次开发程序只能在宿主程序界面框架下运行，通常是一种动态链接库，供宿主程序调用。

2）二次开发接口

由于二次开发是在通用的平台软件上，利用其开发接口进行特定的功能开发。基于核心组件进行的通用软件开发一般不被认为是二次开发，如基于 ACIS 几何核心的 Inventor 和 InteSolid；基于 Parasolid 的 UG 和 Pro/E 等系统都不能被认为二次开发系统。

进行二次开发的前提是宿主程序要提供二次开发接口。不同的通用平台提供不同的二次开发接口，一般都提供 C/C++语言编译型开发接口，有的还提供 Basic 语言、LISP 语言等解释型开发接口。

C/C++语言二次开发的步骤如下。

（1）编辑 C/C++源程序，使用该平台提供的二次开发接口 API 函数或类。

（2）编译、链接，生成可在该通用平台下运行的可执行程序".exe"或".dll"。编译时使用 API 函数支持"#include"相关的头文件。链接时支持在 C/C++工程中导入该 API 函数的库索引文件".lib"。

（3）在通用平台下载入可执行程序，执行得到相关的结果。运行时支持提供该 API 函数所在的库执行文件".dll"，需要在生成的可执行程序目录下，或在该通用平台指定的搜索路径下。

二次开发接口原理如图 12-1 所示。通用平台在载入二次开发生成的可执行程序时，第一步直接回调其入口函数 Initialize()，而二次开发程序在此进行初始化，并调用具体的函数来实现二次开发的特定功能；第二步调用另外入口函数 UnInitialize()，执行程序退出之前的操作。

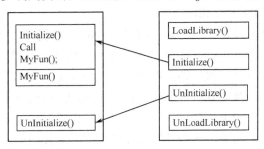

图 12-1　二次开发接口原理

12.2.3　CAD/CAM 软件参数化技术

参数化设计是规格化、系列化产品设计的一种简单、高效、优质的设计方法。它一般是指形状比较定型的零件或部件，用一组参数约束该模型的结构尺寸与拓扑关系；参数与设计对象的控制尺寸有显式对应关系，当赋予不同的参数序列值时，就可驱动典型模型，达到满足设计要求的零件模型。

参数化方法的本质即是基于约束的产品方法描述，这是因为约束规定使得产品的整个设计过程就是约束变换求解以及约束评估的逐步求精过程。因此与传统设计方法的最大区别在于，参数化设计方法通过基于约束的产品描述方法，存储了产品的设计过程，从而设计出一个系列的而不是某个单一的产品。另外对于工程设计人员而言，参数化设计能够使设计人员在产品设计初期不必要考虑具体细节，就能够用最快的方式画出零件形状和轮廓草图，并通过局部修改和变动某些约束参数，以达到设计的要求。

目前，参数化技术大致可以分为直接式和非直接式两种。直接式参数化技术是指设计者通过用户界面直接对图形进行操作，而不必考虑软件内部的处理方式，这是当前使用最为广泛的而且最常见的人机交互法。非直接式参数化技术有以下两种：编程法和基于三维参数化的形体投影法。其中编程法是一种较为原始但最为常用的方法，需要编程者熟悉计算机语言及调试技能，通过分析图形几何模型的特点，确定图形的主要参数以及各个尺寸之间的数学关系，将这种关系编入程序中。使用时执行程序，输入需要的参数，由程序通过各个尺寸之间的数学关系确定其他相关的尺寸值，最终确定整个图形。基于三维参数化的投影法是将参数化设计的三维图形，向不同的方向投影，得到二维参数化的结果，这种方法生成的图形具有唯一解，但还有许多技术难点需要攻克，相对而言比较复杂。本章主要介绍编程法。

编程法要求在已经完全定义的模型基础上，利用其内部的尺寸约束关系和外部的程序控制零部件的尺寸参数，并且确保模型结构的正确。所以参数化设计必须按照以下三个要素进行设计：完全定义的基于三维软件的模型；完整的开发程序设计；完善的模型数据库。

12.3 基于 SolidWorks 的应用软件开发方法

12.3.1 程序开发环境

1) 开发平台——SolidWorks 软件

SolidWorks 是第一个可以在 Windows 系统中使用的三维机械设计软件。该软件将各个专业领域的世界级顶尖产品联系在一起，因此具备全面的实体建模功能，可快速生成完整的工程图纸，还可以进行模具制造及计算机辅助工程分析。SolidWorks 的软件开发商为方便各类用户对其进行二次开发，提供了 API（Application Programming Interface）应用编程接口，它是一个基于 OLE（对象链接与嵌入）的编程接口，此接口为用户提供自由、开放、功能完整的开发工具，其中包含了数以百计的功能函数，这些函数提供了程序员直接访问 SolidWorks 的能力。凡支持 OLE 编程的开发工具，如 VisualC++、VisualBasic6.0、Delphi 等均可用于 SolidWorks 的二次开发。其特点如下。

（1）具有独特的特征管理员，特征管理员设计历史树与具体的实体模型可实时动态连接。

（2）具有功能齐全的三维特征造型方法，动态的草图绘制功能，可以保证图形的比例和尺寸精度。

（3）直观的三维装配模型可以将设计系统中的各零件按照相应的装配关系形成装配体，建立虚拟样机，并且可以检查装配体的动静态的干涉情况，便于设计人员随时完善自己的设计。

（4）支持 Windows 的 DDE 机制和 OLE 技术。

（5）支持 Internet 技术，可以共享设计数据。

（6）提供了 VB、VC++和其他支持 OLE 的开发语言接口。

（7）给基于 Windows 的桌面集成赋予了新的含义。

虽然 SolidWorks 所提供的功能非常强大，但要使其在我国企业真正发挥作用，就必须对其进行本地化、专业化的二次开发工作。

SolidWorks 是一个非常开放的系统，提供了 VB、VC++和其他支持 OLE 的开发语言接口。提供给用户必要的工具（宏语言、库函数等）以开发个人化的应用模块，并且易于将它集成到系统中去。用 VB 或 VC++调用 SolidWorks 的 API 函数，可以完成零件的建造、修改；零件各特征的建立、修改、删除、压缩等各项控制；零件特征信息的提取，如特征尺寸的设置与提取，特征所在面的信息提取及各种几何拓扑信息；零件的装配信息；零件工程图纸中的各项信息；还可在 SolidWorks 主菜单上增加按钮，将自己开发的应用模块嵌入到它的管理系统中。

SolidWorks 具有全面的零件参数化实体建模功能和变量化的草图轮廓功能，能够自动进行动态约束检查。用 SolidWorks 的拉伸、旋转、倒角、切除等功能可以简便地得到要设计的模型。

标准件参数化模型库的建立充分利用了 SolidWorks 提供的基于特征的参数化实体造型功能，并在造型过程中完成对标准件图形的几何约束和尺寸约束定义。同时，对需要参数驱动的特征尺寸分别建立相应的设计变量，通过改变这些变量的值来驱动标准件模板，生成符合要求的标准件。

2）开发工具——VB 软件

VisualBasic 语言是美国微软公司推出的 Windows 环境下的软件开发工具，使用 VB 可以既快又简单地开发 Windows 应用软件。

Visual 是指开发图形用户界面（GUI）的方法。Visual 的意思是"视觉的"或"可视的"，也就是直观的编程方法，如各种各样的按钮、文本框、复选框等。VB 把这些控件模式化，并且每一个控件都由若干个属性来控制其外观、工作方法。这样采用 Visual 方法无需编写大量的代码去描述界面元素的外观和位置，而只要把预先建立的控件加到屏幕上，就像使用"画图"之类的绘图程序，通过选择画图工具来画图一样。

Basic 是指 BASIC（beginners all-purpose symbolic instruction code）语言，之所以称为"VisualBasic"就是因为它使用了 BASIC 语言作为代码。VB 在原有的 BASIC 语言的基础上的进一步发展，至今包含了数百条语句、函数及关键词。VB 与 BASIC 之间有着千丝万缕的联系。专业人员可以用 VisualBasic 实现其他任何 Windows 编程语言的功能，而初学者只需掌握几个关键词就可以建立实用的应用程序。

VB 设计程序在 Windows 工作环境中，开发应用程序是比较理想的。使用 VB 不仅可以感受到 Windows 带来的新技术、新概念和新的开发方法，而且 VB 是目前众多 Windows 软件开发工具中效率最高的一个。另外，VB 系列产品得到了计算机工业界的承认，得到了许多软件开发商的大力支持。

VB 的功能特点可以总结如下：

（1）具有面向对象的可视化设计工具；
（2）事件驱动的编程机制；
（3）提供了易学易用的应用程序集成开发环；
（4）结构化的程序设计语言；
（5）支持多种数据库系统的访问；
（6）OLE 技术和 Automation 技术在 VB 中的应用使 VB 能够开发集动画、图像、声音、公式、字处理和 Web 等对象为一身的应用程序。

3）数据库软件——Access 学关系型数据库

Microsoft Office 的 Access 数据库具有一个典型的关系数据库管理系统（DBMS）所具有的一切特征。Access 本身具有一种内置的语言，它是 Visual Basic 的一个子集（VBA），通过它，Access 可以创建应用程序。Access 包含一组丰富的数据库向导，通过使用这组向导，用户可以完成创建表和查询，定义表单和报表等多种数据库功能。Access 可以访问其他的数据库文件，包括 dBase、Paradox、FoxPro 以及其他的 ODBC 数据源。

Access 数据库比较适用于小型数据库事务的开发，目前市场上的第三方工具都能够协同 Access 来共同管理小型事务。而且，随着用户对于企业级高性能数据库的需求的增长，用户可以从 Microsoft Access Jet 引擎的文件—服务器环境下转换到 Microsoft SQL Server 的客户—服务器环境。

Access 以 Jet 数据库引擎作为数据访问引擎，Jet 数据库引擎提供了对 Access 的支持。DAO 访问方法为访问 Jet 数据库做了优化。

Access 数据库文件的结构以 Microsoft SQL Server 数据库文件结构为基础，具有以下特点。

(1) 数据库的表和索引都存在于.MDB 文件中，Text（文本）、Memo（备注）和 OLE（对象链接与嵌入技术）对象等数据类型字段的长度都是可变的，Access 为了接受相应的数据类型，会自动地调整数据字段的大小。

(2) Access 支持空值，即 Null。用它说明表的数据没有数据。虽然 Access 是一种桌面数据库管理系统，但它与传统的桌面数据库管理系统完全不一样，所有的 C/S（客户/服务）数据库都支持 Null 值，但是桌面数据库除 Access 外，都不支持 Null 值。

(3) 用 Access 可以建立访问数据库的应用程序，这样的程序可以显示、编辑、更新以及存储各类已有的数据库中的信息，同时用数据库控件可以像访问数据库一样访问其他的应用程序软件，如 MS Excel，此外用数据库控件还可以访问和操作 ODBC（Open Database Connectivity），即开放式连接性数据库，例如 Microsoft SQL Server 等。

总的来说，Access 简单易学、操作方便、兼容性好，使用较为普及而且具有较高的安全性，因此本书有关程序与数据库的连接中采用了 Access 数据库。

4) 硬件要求

系统基于功能强大的平台 SolidWorks2010 或更高版本，操作系统为 Windows2000/XP，用 VisualBasic6.0 作为开发工具，CPU 为 PIII 以上为最佳。开发平台为 SolidWorks2010 或更高版本，硬盘最好不低于 10GB。

12.3.2　开发方式

1) VB 访问 API

API（Application Programming Interface）即应用程序接口，是 Windows 的重要功能之一，它拥有 600 多个预先编写的函数和过程。这些函数放在 DLL（Dynamic Link Library）函数库，即动态链接库中。DLL 是一种过程库，应用程序可以在运行时链接并使用它，而且多个应用程序共享一个 DLL。通过 DLL，用户可以访问 Windows 系统操作主体的几乎所有过程，还可以使用各种编程语言编写各种例程。

(1) 访问 Windows API。

通过在 VB 应用程序中声明外部过程，就能够访问 API。在声明的外部过程之后，就可以把该过程当作 VB 自己的过程来使用，最简单的方法就是使用 VB 提供的预定义 API 声明。VB 主目录下的"\Winapi"子目录中的 Win32api.txt 包含了 VB 中经常使用的许多 Windows API 的过程声明，用户可以将其复制到 VB 模块中，如图 12-2 所示。

要查看复制 Win32api.txt 的过程，可以使用 API Viewer 应用程序，当然也可以使用其他的文本编辑器。API Viewer 应用程序可以用来浏览包含在文本文件或 Microsoft Jet 数据库中的声明语句、类型、函数等，用户可以在应用程序中添加所需要的任意过程。

查看一个 API 文件的步骤如下：

① 打开 VB 界面，选择菜单上的"外接程序"，打开外界程序管理器，或打开 VB 界面后，按两次快捷键"ALT+A"，进入外接程序管理器。

② 在外接程序管理器中加载"Visual Basic 6.0 API Viewer"就可以在 VB 界面上的"外接程序"菜单中看到"API 浏览器",如图 12-3 所示。

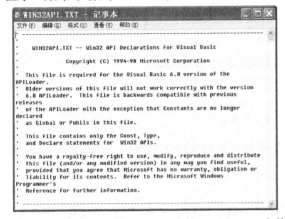

图 12-2　VB 主目录"\Winapi"中的 Win32api.txt 文件

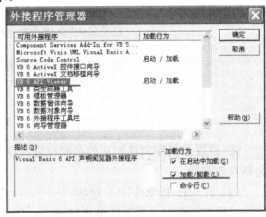

图 12-3　加载 API Viewer

③ 从"外接程序"菜单中选择"API 浏览器"命令,则出现"API 浏览器"窗口,打开想要查看的文本或数据库文件。

④ 如果想要加载数据文件或者文本文件到 API 浏览器中,单击"文件"菜单选择相应的命令,选择要加载的文件即可,如图 12-4 所示。

⑤ 添加过程到 VB 代码中。

例:按上面的操作步骤,将 WinAPI32.TXT 加载到 API Viewer 中。选择如图 12-5 所示的"可选项"中的项目,或键入查找内容的开头字母,单击"添加"按钮,该项目就会出现在"选定项"列表中。根据需要,在对话框右侧的"声明范围"中选择"公有"或"私有"单选项,"删除"和"清除"按钮分别表示删除一个条目或清除所有的条目。

单击"复制"按钮,选定项的内容都被复制到剪贴板。然后在 VB 的应用程序代码窗口选择插入点,就可以完成剪贴板的代码粘贴。

图 12-4　加载文件到 API 浏览器

图 12-5　添加 VB 代码过程

(2) 将文本文件转化为 Jet 数据库文件。

VB 实例如果程序复杂,将占用大量的资源空间,为了提高检索速度,可以将 Win32api.txt 文件转化为 Jet 数据库文件,这样处理程序的速度要快得多。

将文本文件转换为数据库文件的步骤如下:

① 在"API 浏览器"中单击"文件"菜单,在没有加载文件的前提下,"转换文本为数据"

选项为灰色不可用，选择"加载文本文件"命令，单击"文件"菜单选择"转换文本为数据库"命令，如图 12-6 所示。

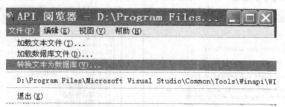

图 12-6 转换文本为数据库

② 设置数据库文件的文件名和位置，在文件名处为数据库键入新名称，在路径下拉菜单中选择存放路径。

(3) 在 VB 中声明 DLL 过程。

虽然 VB 在主目录下的 Win32api.txt 中已经提供了自己的预定义声明，但是实际调用时，还需要知道如何编写声明。步骤比较简单，但是声明时应该清楚各个变量的含义，过程名、别名、类型等在定义时都应该很细心地写清楚。

无返回值过程的声明语法如下：

  Declare Sub 过程名 Lib "库名" [Alias "别名"] [（[[ByVal]变量名[As 类型]...]）]As 类型

有返回值过程的声明语法如下：

  Declare Function 过程名 Lib "库名" [Alias "别名"] [（[[ByVal]变量名[As 类型]...]）]As 类型

VB 的三类模块中，在标准模块和类模块中声明的 DLL 过程是公有的，窗体模块中声明的 DLL 过程是私有的，需要在 Declare 声明语句前面加 Private 关键字。下面是对声明语法具体含义最详细的介绍。

① Lib 库名。

"Lib"指定 DLL 过程所在的库，用来告诉 VB 如何找到包含过程.dll 文件的库。一般情况下，调用的 DLL 文件都属于 Windows 操作环境中的库，见表 12-1。如声明过程所在的库是表中的常用库，则在指定库名的时候不需要加扩展名。如果声明过程的库文件不是 Windows 系统下的文件，则必须指定文件的路径，可以在"工程"中菜单中"引用"。

表 12-1 Windows 常用链接库

动态链接库	含 义 描 述
Advapi32.dll	支持大量的 API，其中包括许多安全与注册方面的调用
Comdlg32.dll	通用对话框 API 库
Gdi32.dll	图形设备接口 API 库
Kernel32.dll	Windows32 为核心的 API 支持
Ls32.dll32	位压缩例程
Mpr.dll	多接口路由器库
Netapi.dll	32 位网络 API 库
Shell.dll	32 位 Shell API 库
User32.dll	用户接口历程库
Version.dll	版本库
Winmm.dll	Windows 多媒体库
Winspllo.drv	后台打印接口，包含后台打印 API 调用

② 按值或地址传递。

VB 默认的数据传递方式是按地址传递（关键字 ByRef），就是当调用一个过程时把实参变量的 32 位地址传递给声明过程，这样的过程调用改变了实参变量的值（按址传递时，实参必须是变量），在 Declare 语句中的参数声明前可以省略 ByRef 关键字。按值传递（关键字 ByVal）是传递实际的参数值，在 Declare 语句中的参数声明前需加上 ByVal 关键字。

③ 声明完 DLL 过程后，执行 DLL 程序的方法就像在 VB 中执行 Sub 过程或 function 过程一样，可以用 Call 语句直接调用，或者作为函数语句的返回值直接赋给变量。

（4）DLL 过程应用举例。

下面我们以实例说明一下用 VB 获得计算机名称的实例。

① 界面设置。

运行 VB 程序，新建一标准的 EXE 工程文件。然后在窗体上设置一按钮，作为触发事件。

② 代码编写。

```
Option Explicit
'----------------------------▼获得计算机名称▼--------------------------
Private Declare Function GetComputerName Lib "KERNEL32" Alias "GetComputerNameA" （ByVal lpBuffer As String, nSize As Long） As Long
    Public Function ComputerName（） As String
        Dim sBuffer As String * 255
        If GetComputerName（sBuffer, 255&） <> 0 Then
    ComputerName = Left$（sBuffer, InStr（sBuffer, vbNullChar） - 1）
        End If
    End Function
    Private Sub Command1_Click（）
        MsgBox ComputerName, 0, "计算机名称"
    End Sub
```

③ 程序解释。

实例通过调用 Windows API 函数 GetComputerName 实现了获取计算机的名称，函数所在的库名为 KERNEL32.dll。

声明部分：Private Declare Function GetComputerName Lib "KERNEL32" Alias "GetComputerNameA"（ByVal lpBuffer As String, nSize As Long） As Long。

行参表：lpBuffer——String，表示缓冲区当前位置；nSize——Long，表示缓冲区长度。

调用语句：GetComputerName（sBuffer, 255&）。

返回值：Long，TRUE（非零）表示成功，否则返回零。非零值由实参 sBuffer 传递给 ComputerName。

2）VB 与 SolidWorks

任何支持 OLE 和 COM（即组件对象模型）技术的编程语言都可以作为 SolidWorks 的开发工具。由于 Visual Basic 的开发效率高，并且可以直接使用 SolidWorksVBA 的宏文件*.swp 中的代码，省去了大量编写与调试程序的时间，本书采用 Visual Basic 作为二次开发的工具语言。

OLE（Object Linking And Embedding）是对象链接与嵌入技术的简称。OLE 提供了将文档和来自不同程序的各种类型的数据结合起来的技术支持，用户可以通过 OLE 使用来自两个或多个 Windows 应用程序的资源来解决复杂的应用课题。

SolidWorks 提供了 VB、VC++和其他支持 OLE 的开发语言接口对象，以及这些对象所拥有的方法和属性,这些 OLE 对象涵盖了全部的 SolidWorks 的数据模型,提供给用户必要的工具(宏语言、库函数等)以开发个人化的应用模块,并且易于将它集成到系统中去。用户通过在客户应用程序中对这些 OLE 对象及其方法和属性进行操作,可以完成零件的建造、修改;零件各特征的建立、修改、删除、压缩等各项控制;零件特征信息的提取,如特征尺寸的设置与提取,特征所在面的信息提取及各种几何拓扑信息;零件的装配信息;零件工程图纸中的各项信息;还可在 SolidWorks 主菜单上增加按钮,将自己开发的应用模块嵌入到它的管理系统中。

虽然 SolidWorks 所提供的功能非常强大,但要使其在我国企业真正发挥作用,就必须对其进行本地化、专业化的二次开发工作。所以在此阐述一下基于 VB 的 SolidWorks 二次开发技术很有必要。

(1) SolidWorks 的 API 类层次结构。

SolidWorks 为二次开发提供了大量的 API 对象,通过对这些对象属性的设置和方法的调用,就可以在用户自己开发的 DLL 中实现与 SolidWorks 相同的功能。SolidWorks 二次开发接口结构如图 12-7 所示。

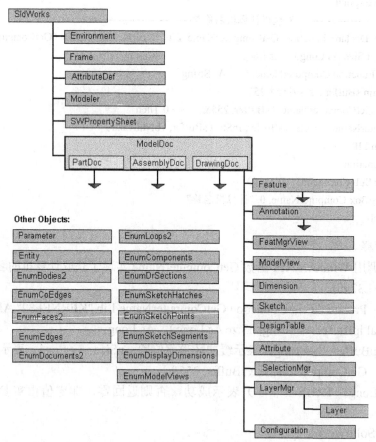

图 12-7 SolidWorks 二次开发接口结构图

SolidWorks 中常用的主要 OLE 对象有 SldWorks、PartDoc、AssemblyDoc Dimension 等。总的来说,Sldworks 是最高层的对象,它能够直接和间接地访问 SolidWorks 中的所有其他对象;Sketch 对象允许获取关于轮廓线的基本信息;ModelDoc 对象属于模型层,是 SolidWorks 的子对象,是开发者经常用到的对象之一;Dimension 对象用于设置尺寸标注值和公差标注等内容。本文中模型的参数化即是使用常用的 Solidworks 和 Dimension 对象。

① SolidWorks 对象位于 API 的最高层，可以实现应用程序的最基本的操作，如创建打开、关闭和退出 SolidWorks 文档，设置当前的活动文档，并可以对 SolidWorks 的系统环境进行设置。

② PartDoc 对象是构建新零件的主要应用对象，允许创建实体和特征、执行禁止操作以及利用实体名称进行零件拼装。它包括 Configuration、Feature 等子对象。Feature 子对象用于访问特征类型、名称、参数，以及特征管理器中设计树的下一级特征。

③ AssemblyDoc 对象用于完成装配功能，如增加一个新组件，增加配合要求，隐藏或炸开组件等。AssemblyDoc 对象的 Configuration、Feature、Attribute 和 Body 等子对象与 PartDoc 对象的作用相同。

④ Dimension 对象用于设置尺寸标注值和公差标注等内容。

采用 VB 编程语言对 SolidWorks 进行二次开发，与其他开发语言相比，Visual Basic 语言规则简单，容易上手，功能强大，同时 SolidWorks 提供的宏录制功能为 VBA 环境，与 Visual Basic 语法规则完全一致。

用 API 函数实现参数化二次开发的重要工具是 Macro 管理器，Macro 管理器主要提供下面的管理功能。

① 录制宏：录制宏有两种方式。第一种，调用 SolidWorks 系统提供的设计功能，系统自动记录相关操作与数据，包括基准设计、结构设计等；第二种，利用文件编辑软件手工录制，如 MsWord、MsWrite 等，然后进行语法检查。用第一种方法录制的宏语言一般都不会有语法问题，从而不用进行语法分析。

② 播放宏：当修改模型后重建，或调用外部设计模型（包括调用图库中预定义的特征、结构特征等）时，系统就需要读取相关宏记录。解释宏语句的语义，提取数据，重现设计过程，即需要重复播放宏的功能。可以在录制的代码中单击宏语句的左边进行标记，标记后的语句会显示为红色。当进行宏播放时，到标记处就可以逐句进行运行，更好地理解代码的内容，方便编辑后调整。

③ 宏语言的语法分析：宏语言的语法分析功能主要应用于，宏语言在解释恢复现场时，需要提取宏文件中存储的数据；此外，手工录制宏后，需要对宏语句进行合法性检验，便于后续能够正常使用，不至于发生不能读取数据的情况。

（2）SolidWorks API 中的 VB 函数语法。

SolidWorks API 针对不同的编程应用软件，都有不同函数方法，下面就具体介绍基于 VB 的 API 函数方法。

① 常用的 API 函数语法如下：

　　return_value Object :: Function （ Parameters ）

如果正在使用可执行程序，return_value 表明 SolidWorks API 函数返回参数值。下面的例子是在给已经选定的实体在指定坐标的位置添加水平尺寸。

例：IModelDoc2::AddHorizontalDimension 方法使用格式如下：

　　Dim instance As IModelDoc
　　Dim X As Double
　　Dim Y As Double
　　Dim Z As Double
　　Dim value As Boolean
　　value = instance.AddHorizontalDimension（X, Y, Z）

IModelDoc2::AddHorizontalDimension 格式中的各项含义见表 12-2。

表 12-2 IModelDoc2::AddHorizontalDimension 格式的参数含义

类型	参数	解释
输入	（Double）X	坐标值的 X 位置，默认为 0，单位为米
输入	（Double）Y	坐标值的 X 位置，默认为 0，单位为米
输入	（Double）Z	坐标值的 X 位置，默认为 0，单位为米
返回	（BOOL）value	如果尺寸创建成功，则返回 true，否则为 false

② 含多个变量函数的语法。

例：下面的函数用 ModelDoc2::SelectByID 返回一个布尔值。在该函数中使用了五个变量，将草图中的编号为 1 的点选中，入选则返回逻辑值 ture；没选中，则返回逻辑值 false。

boolean ModelDoc2::SelectByID（BSTRobjectName, BSTRobjectType, double x, doubley, doublez）

VB 语法：Dim result As Boolean。

result = ModelObj.SelectByID（"Point1","SKETCHPOINT", .2, .3, 0）

③ 无变量函数的语法。

下面用嵌入草图函数作为例子，该函数无返回值，同时也没有输入变量，将在当前文件（ModelDoc2）中插入一个草图。

void ModelDoc2::InsertSketch（ ）

VB 语法：ModelObj.InsertSketch。

④ 含返回值函数语法。

下面的语法用 ModelDoc2::GetType 函数为例，该函数不含输入变量，返回一个长整型值，该值为当前文件的类型。

long ModelDoc2::GetType（ ）

VB 语法：Dim docType As Long。

docType = ModelObj.GetType

同样，下面的例子得到所选表面的边数，将该值作为长整型返回。

long Face2::GetEdgeCount（ ）

VB 语法：Dim edgeCount As Long。

edgeCount = FaceObj.GetEdgeCount

⑤ 同一函数的不同接口。

一些函数可能有不同的实现方法，函数接口所在的空间不同，比如下面两个例子。

PartDoc::FirstFeature （OLE Automation）
PartDoc::IFirstFeature （COM Object）

VB 语法：PartDoc::FirstFeature。

Dim instance As IPartDoc

```
Dim value As Object
value = instance.FirstFeature（）
PartDoc::IFirstFeature.
Dim instance As IPartDoc
Dim value As Feature
value = instance.IFirstFeature（）
```

12.3.3 基于 SolidWorks 的软件开发技术

1. 开发的组织结构与实施

1）总体思想

由于三维实体造型软件 SolidWorks 以参数化和特征建模技术为核心，具备参数化功能，故可用 SolidWorks 建立零件的模板模型，以二进制形式存在于数据库中。借用数据库管理系统 Access 数据库存放模板模型的参数数据，最后用 Visual Basic6.0 编辑应用程序，调用 Access 数据库中的参数数据，传递给 SolidWorks，进行驱动建立模型。

2）组织结构

SolidWorks 二次开发的组织结构如图 12-8 所示，每个零部件设计模块组成一个独立的单元，单元内分别包含有自己的可执行程序、模型库和数据库，模型库构成了部件的基本几何特征，是实现参数化设计的数据前提；数据库为零部件的设计计算提供计算依据，并且可以根据需要进行扩展和修改；设计计算程序是 SolidWorks 二次开发的重要部分，通过设计计算程序可得到零部件的设计参数，同时这些参数可作为模型更新的入口数据；API 接口技术实现了设计数据和模型数据的链接。零部件设计模块可以单独执行，实现快速参数化设计。而所有这些独立的模块最终集成为插件与 SolidWorks 实现无缝集成，在用户进行产品设计时可根据需要随时方便地调用。

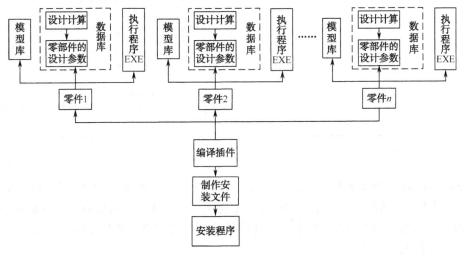

图 12-8　SolidWorks 二次开发的组织结构

3）具体实施

基于 SolidWorks 软件的开发技术的基本步骤有如下 3 步。

（1）零件建模。

SolidWorks 将其内部数据以对象的形式组织起来，并构成了一个层次结构。最顶层对象为

SolidWorks Application，它是其他对象的父对象，可以用 VB 的函数 CreateObject 获得对象关联。通过对 Application 对象及其子对象的方法、属性的调用，可以操作图形数据库。

完成本步骤时应注意以下几点：

① 在模型建立之前应先对零件的特征进行规划，先建立最重要的基本特征，依此类推，最后建立辅助特征，对于一些装饰性的特征，如倒角、圆角，对零件的整体形状影响较小，但非常容易造成参数化驱动失败，因而最好放到最后生成。

② 标准件及通用件先按零件设计手册中的公称尺寸参数构建模型，有固定关系的尺寸参数应在模型中建立方程式。

③ 零件的属性（名称、图号、材料、重量）应在模型中建立，便于装配体自动提取生成 BOM 表。如图 12-9 所示，第 7 行 DrawingNo 后面的数值即为某零件的图号，其余属性与此类似。

④ 视零件的不同特征及不同的设计要求采取不同的驱动方式。

⑤ 在零件草图或装配中建立几何约束关系和尺寸方程式以确定模块之间、以及零部件之间的连接、配合、位置关系。

⑥ 对设计模块的数据接口进行定义说明。

（2）编写应用程序代码。

通过 ActiveX 技术也可以从 SolidWorks 运行环境外部对 SolidWorks 进行操作。VB 开发的程序可作为客户方（Client），而 SolidWorks 作为服务方（Server），VB 程序可建立与 SolidWorks 各级对象（Object）的关联；另外，还必须在 VB 中通过"引用"（Reference）加载 SolidWorks 类型库，使 VB 识别程序使用 SolidWorks 对象类型、属性和方法，如图 12-10 所示。

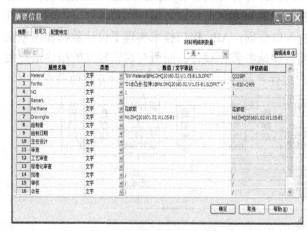

图 12-9　零件属性

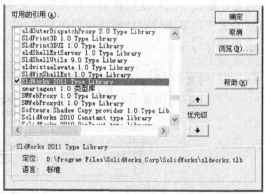

图 12-10　加载 Solidworks 类型库

在 SolidWorks 等既有软件所提供的 API 函数及 APDL 文本文件的基础上，利用 Visual Basic 6.0 语言编制适合产品的三维模型驱动程序、工程图调整程序、参数化有限元分析程序，实现可以满足用户不同需求的变型产品的设计，生成的新图纸能够直接指导车间生产加工。

（3）建立数据库。

MS Access 为数据库系统管理软件，可将所有的产品数据参数表、标准件参数表、工艺信息统计表、有限元分析参数表以及设计知识都存储在服务器同一数据库中。MS Access 首先分析构建模型实体的尺寸参数与特征参数，其次利用 VB 的默认数据库 Access 为其建立数据库。如螺栓、垫圈、螺钉、键等标准件和通用件的数据库，每个数据库由相应标准件的国标参数表和与其公称参数对应的长度系列表组成，以作为应用程序的数据源层。每一数据库由若干数据表组成，以存放不同形式的零件数据。如标准件中螺栓、螺钉、键、轴承分别有不同的国标代号与系列，为了节省资源，应把形式不同但数据构成类似的标准件放在一个数据表中，如螺栓 GB 5782—1986，GB 5783—1986，GB 29.1—1988，GB 31.1—1988，GB 32.1—1988 五种螺栓参数放在一个数据表中。在数据库建成后，可以在应用程序中通过数据控件与特定的数据表连接起来。利用用户输入的主参数作为索引，用 Findfirst 方法即可读出对应的数据。可以在使用的过程中使模型的数据库得到不断扩充，从而得到方便设计的目的，如图 12-11 所示。

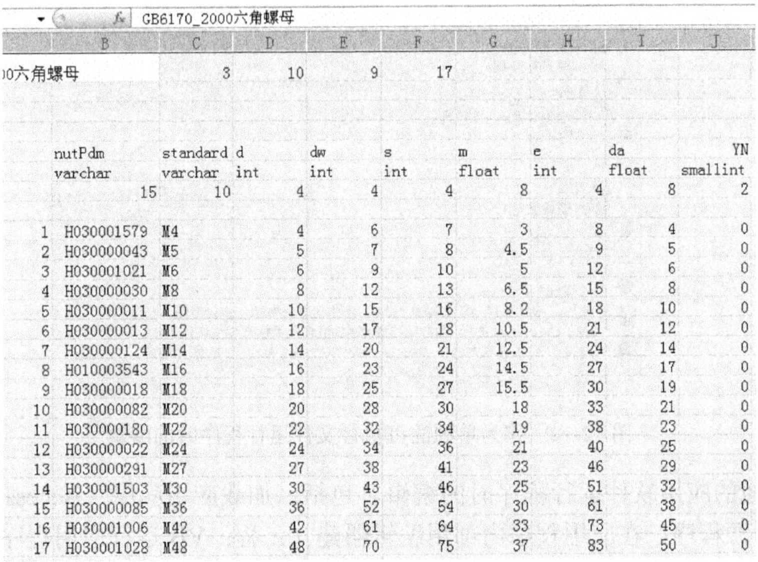

GB6170_2000六角螺母

	B	C	D	E	F	G	H	I	J
00六角螺母		3	10	9	17				
	nutPdm varchar	standard varchar	d int	dw int	s int	m float	e int	da float	YN smallint
	15	10	4	4	4	8	4	8	2
1	H030001579	M4	4	6	7	3	8	4	0
2	H030000043	M5	5	7	8	4.5	9	5	0
3	H030001021	M6	6	9	10	5	12	6	0
4	H030000030	M8	8	12	13	6.5	15	8	0
5	H030000011	M10	10	15	16	8.2	18	10	0
6	H030000013	M12	12	17	18	10.5	21	12	0
7	H030000124	M14	14	20	21	12.5	24	14	0
8	H010003543	M16	16	23	24	14.5	27	17	0
9	H030000018	M18	18	25	27	15.5	30	19	0
10	H030000082	M20	20	28	30	18	33	21	0
11	H030000180	M22	22	32	34	19	38	23	0
12	H030000022	M24	24	34	36	21	40	25	0
13	H030000291	M27	27	38	41	23	46	29	0
14	H030001503	M30	30	43	46	25	51	32	0
15	H030000085	M36	36	52	54	30	61	38	0
16	H030001006	M42	42	61	64	33	73	45	0
17	H030001028	M48	48	70	75	37	83	50	0

图 12-11　Access 存储的标准件数据库

2．编程向导

1）SolidWorks API

使用 VB 编写连接 SolidWorks 的应用程序之前，要注意以下几个方面。

（1）API 成员名按照一般的语法格式书写的（对象::成员），例如 Sw3DPrinter::GetPrinter Comment，打印对象是 SolidWorks3D，成员获得打印注释。

（2）API 是由一组接口组成的，这些接口被组织为接口对象模型（interface object model）。

（3）API 的应用主题都是以接口命名的，而不是对象命名，比如“优先选用标准”主题是以“IAdvancedSelectionCriteria”接口命名，而不是“AdvancedSelectionCriteria”对象。

（4）访问本地 API 可以使用“目录、索引和搜索”三个方法，其中搜索功能主要是运用模糊词组搜索出所需要的功能主题。

（5）建议在 VB 开发环境中使用 Option Explict 语句，这样，编译器将强制用户在使用变量前先声明它。

（6）使用 SolidWorks API 进行开发时，每个项目中必须包含 SolidWorks Constant type library，这个类型包含了 SolidWorks API 方法使用的所有常量定义。

2）用 VB 编辑和运行应用程序

用 VB 编辑应用程序有三种方式。

（1）在 SolidWorks 运行程序时的编辑。

如果仅用 SolidWorks API 调用程序，不必对其进行编译，只需用 Basic 基础语言创建程序，然后用文件扩展名.swp代替.bas。

(2) 作为单独的可执行文件运行程序时的编辑。

在VB中建立工程，选择"文件"菜单中的"形成工程.exe"可执行文件，如图12-12所示。

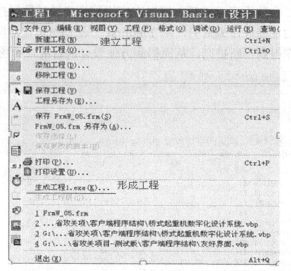

图12-12 作为单独的可执行文件运行程序时的编辑

(3) 从其他的应用软件运行程序时的编辑。包括：加载应用程序（Access，Excel等）；内嵌的VBA执行源程序；在应用程序内部用编辑器建立工程；VB运行应用程序。

用VB编写的应用程序用不同的方式运行有不同的优势，以下是三种不同的应用方式。

① 当在SolidWorks中运行时，选择"工具"菜单→宏操作/执行→源文件，单击"OK"按钮完成操作。

② 作为单独的可执行文件运行。执行前面所生成的.exe文件。如果SolidWorks正在运行，那么可直接运行应用程序。如果没有运行，打开新的SolidWorks运行界面。

③ 在其他应用软件中运行。包括：加载辅助的应用软件（Access，Excel等）；在附加的应用软件中运行应用程序或源程序。

3) 连接、执行与调用

SolidWorks通过标准的可执行程序对象实现其API功能。对于对象的自动连接API是通过Idispatch实现的。

所使用的接口能接收和返回变量和指针参数以致其能被VB、VC++等各种语言识别。

4) 尺寸单位

所有的SolidWorks API函数都用米制单位，除非有特殊的要求。特殊情况下，SolidWorks API可以接受或返回如米、弧度、千克、平方米、立方米等单位，没有特别说明时，分别使用"米"和"弧度"作为长度单位和角度单位。

5) SolidWorks中加载运行宏的菜单项目

为了在SolidWorks中运行宏文件，可以直接加载菜单项目。如图12-13所示，具体步骤如下：打开SolidWorks；单击工具菜单，自定义标签；在弹出的对话框中，从类型列表中选择"宏"；设置菜单项目的名字和位置；单击"添加"命令；单击"OK"按钮完成操作。

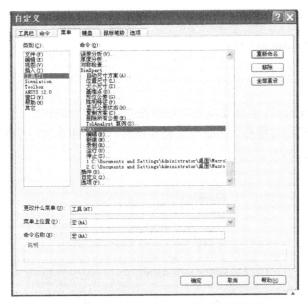

图 12-13　SolidWorks 中加载运行宏的菜单项目

6）零件设计

IPartDoc Interface 主要是实现对零件操作的一组功能接口，主要包括：创建实体特征、执行或控制操作、获得零件的拉伸或曲面造型特征、定位实体。共有 4 个公共属性，125 种方法，四种属性的命名和描述如图 12-14 所示。

⊟ Public Properties

	Name	Description
	IMaterialPropertyValues	Gets or sets a material's properties in the active configuration.
	MaterialIdName	Gets and sets the material ID.
	MaterialPropertyValues	Gets or sets a material's properties in the active configuration.
	MaterialUserName	Gets or sets the material name. This name is visible to the user.

图 12-14　零件文档的属性

现以获得零件的第一个特征为例，调用该接口的方法。VB 中使用的语法如下：

```
Dim instance As IPartDoc
Dim value As Object
value = instance.FirstFeature（）
```

7）装配体文档

IAssemblyDoc Interface 主要是实现对装配体操作的一组功能接口，比如插入新零件，隐藏、显示零部件，添加配置等。共有 3 个公共属性，147 种方法，三种属性的命名和描述如图 12-15 所示。

⊟ Public Properties

	Name	Description
	EnableAssemblyRebuild	Gets or sets whether to suspend the rebuild of the assembly.
	EnablePresentation	Gets or sets whether the assembly is in presentation mode.
	InterferenceDetectionManager	Gets the Interference Detection manager, which allows you to run interference detection on an assembly to determine whether components interfere with each other.

图 12-15　装配体文档的属性

现以重建模型为例，调用该接口的方法。VB 中使用的语法如下：

Dim instance As IAssemblyDoc
instance.EditPart（）

8）工程图文档

IDrawingDoc Interface 主要是实现对工程图操作的一组功能接口，主要包括创建工程图，对工程图排序、访问工程图等操作，共有 5 个公共属性，147 种方法。五个属性的命名和描述如图 12-16 所示。

Name	Description
ActiveDrawingView	Gets the currently active drawing view.
AutomaticViewUpdate	Gets or sets whether the drawing views in this drawing are automatically updated if the underlying model in that drawing view changes.
HiddenViewsVisible	Shows or hides all of the hidden drawing views.
IActiveDrawingView	Gets the currently active drawing view.
Sheet	Gets the specified sheet.

图 12-16 工程图文档的属性

现以激活工程图的明细表为例，调用该接口的方法。VB 中使用的语法如下：

Dim instance As IDrawingDoc
Dim Name As String
Dim value As Boolean
Value=instance.ActivateSheet（Name）

9）帮助功能

为了使用方便，SolidWorks 提供了一些常规的帮助功能。这些功能与 SolidWorks API 是相互独立的。其头文件位于安装子目录\Samples\appComm 中，可以用于一般的数学、向量、矩阵、数组等的操作。更多信息的自述性文件位于 Samples\appComm 子目录。对于这些帮助功能的头文件，任何时间都可以不预先通知而改变。

12.4 零件参数化程序开发实例

12.4.1 创建零件

在窗体中我们添加了 3 个 Label 控件、2 个 CommandButton 控件、1 个 ProgressBar 控件、3 个 Text 文本框，如图 12-17 所示。

（1）定义变量。

在创建模型控件下填写程序如下：

```
Dim swApp, ExtrudeFeatureData2 As Object
Dim void As Boolean
Dim forward, sd, flip, Dir, dchk1, dchk2, ddir1, ddir2, offsetReverse1, offsetReverse2, translateSurface1, translateSurface2, merge As Boolean
Dim d1, d2, dang1, dang2 As Double
```

```
Dim t1, t2 As Long
Dim Part As Object
Dim boolstatus As Boolean
```

(2) 用程序打开零件模板,如图 12-18 所示。

程序如下:

```
Set swApp = CreateObject ("SldWorks.Application")
swApp.Visible = True
Set Part = swApp.Newpart
Part.SetAddToDB (True)
```

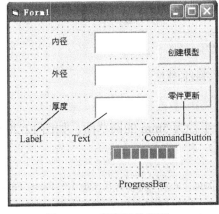

图 12-17 程序操作界面

图 12-18 打开零件模板

(3) 用程序绘制零件草图并建立拉伸特征。

建立一个半径为 9mm 的圆草图,将其沿一个方向进行拉伸,拉伸长度为 1.6mm,如图 12-19 所示,程序如下:

```
Part.CreateCircleVB 0#, 0#, 0#, 9
flip = False '切除
sd = True  '单一方向拉伸
Dir = True   '拉伸
t1 = 0 '结束条件的类型为给定深度
t2 = 0
d1 = 1.6 '第一方向拉伸深度
d2 = 0
dang1 = 0 '有拔模角度
dang2 = 0 '无拔模角度
dchk1 = True '第一方向允许拔模
dchk2 = False '第二方向不允许拔模
offsetReverse1 = False
offsetReverse2 = False
merge = False
translateSurface2 = False
translateSurface1 = False
void = Part.FeatureExtrusion3(sd, flip, Dir, t1, t2, d1, d2, dchk1, dchk2, ddir1, ddir2, dang1, dang2, offsetReverse1, offsetReverse2, translateSurface1, translateSurface2, merge)
```

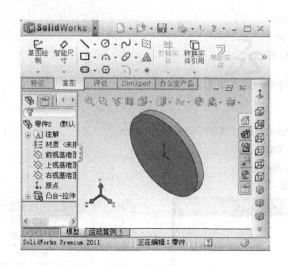

图 12-19　绘制与建立零件拉伸特征

（4）建立切除特征。

以坐标原点为中心，在前视基准面继续添加一个半径为 5mm 的圆草图，如图 12-20 所示，并将其进行拉伸切除，如图 12-21 所示，程序如下：

```
Part.CreateCircleVB 0#, 0#, 0#, 5
Set myFeature = Part.FeatureManager.FeatureCut3（True, False, False, 0, 0, 1.6, 1.6, False, False, False, False, 0.01745329251994, 0.01745329251994, False, False, False, False, True, True, True, True, False, 0, 0, False）
Part.Visible = Ture
```

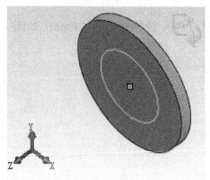

图 12-20　添加半径为 5mm 的圆草图

图 12-21　拉伸切除

（5）将零件存储并关闭程序。

系统生成一个名为"垫圈 120."垫片模型，将其保存在 d:\零件\垫圈 120.SLDPRT 路径下，读者可自设路径。程序如下：

```
Part.SaveAs2 "d:\零件\垫圈 120.SLDPRT", 0, False, False
'swApp.CloseDoc "垫圈 120"
```

12.4.2　尺寸驱动

利用上述通过程序创建的垫圈，现在要对已创建好的零件进行尺寸的参数化操作。

垫圈需驱动的尺寸有内径、外径以及厚度。建立零件驱动新窗体如图 12-22 所示，在文本框中输入内径、外径以及厚度的值，通过单击零件更新零件的尺寸驱动，图 12-23 所示为驱动后的垫圈三维模型。

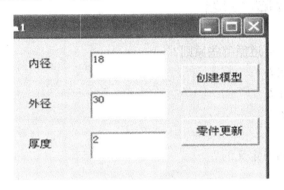

图 12-22　尺寸更新输入　　　　　　图 12-23　驱动后的垫圈三维模型

具体程序代码如下：

```
Dim Part As Object
Dim strFileName As String
Dim longstatus As Long
Dim d1 As Integer
Dim d2 As Integer
Dim h As Single
If Dir（strFileName） = " " Then
    MsgBox （"文件不存在，请检查路径:" & vbCrLf & strFileName）
    Exit Sub
    End If
'App.Path = "D:\零件"
strFileName = "D:\零件" + "\" + "垫圈 120.SLDPRT"
Set swApp = CreateObject（"SldWorks.Application"）
swApp.Visible = True
Set Part = swApp.OpenDoc4（strFileName, 1, 0, "", longstatus）
Set Part = swApp.ActivateDoc（"垫圈 120"）
ProgressBar1.Value = 4
d1 = Text1.Text
d2 = Text2.Text
h = Text3.Text
Debug.Print d1, d2, h
strFileName = "@垫圈 120.SLDPRT"
    Part.Parameter（"D1@Sketch1" & strFileName）.SystemValue = d1 / 1000
    Part.Parameter（"D2@Sketch1" & strFileName）.SystemValue = d2 / 1000
    Part.Parameter（"D1@Boss-Extrude1" & strFileName）.SystemValue = h / 1000
    Part.EditRebuild
ProgressBar1.Value = 9
Set Part = Nothing
Set swApp = Nothing
ProgressBar1.Value = 100
```

Label4.Caption = "更新结束"

习题与思考题

1. 应用软件的开发方法有哪些？二次开发要遵循哪些原则？
2. 零件参数化程序需要实现哪些关键步骤？
3. 哪些机械产品适合对其进行参数化设计？
4. SolidWorks 开发技术的总体思想是什么？
5. 简述 SolidWorks 开发技术的基本步骤。
6. SolidWorks 的 API 层次结构与语法是如何定义的？

参考文献

[1] 张建成，方新．机械 CAD/CAM 技术．西安：西安电子科技大学出版社，2012．

[2] 明兴祖，姚建民．机械 CAD/CAM．北京：化学工业出版社，2007．

[3] 姚平喜，李文斌．计算机辅助设计与制造．北京：兵器工业出版社，2001．

[4] 刘极峰．计算机辅助设计与制造．北京：高等教育出版社，2004．

[5] 宁汝新，赵汝嘉．CAD/CAM 技术第 2 版．北京：机械工业出版社，2005．

[6] 殷国富，刁燕，蔡长韬．机械 CAD/CAM 技术基础．武汉：华中科技大学出版社，2010．

[7] 刘军．CAD/CAM 技术基础．北京：北京大学出版社，2010．

[8] 蔡长韬，胡光忠．计算机辅助设计与制造．重庆：重庆大学出版社，2013．

[9] 江平宇．网络化计算机辅助设计与制造技术．北京：机械工业出版社，2004．

[10] 孙守迁，黄琦等．计算机辅助概念设计．北京：清华大学出版社，2004．

[11] 高伟强，成思源，胡伟等．机械 CAD\CAE\CAM 技术．武汉：华中科技大学出版社，2012．

[12] 袁红兵．计算机辅助设计与制造．北京：国防工业出版社，2006．

[13] 孙菊芳．有限元法及其应用．北京：北京航空航天大学出版社，1990．

[14] 刘涛，杨凤鹏．精通 ANSYS．北京：清华大学出版社，2002．

[15] 杨亚楠，史明华，肖新华．CAPP 的研究现状及其发展趋势．机械设计与制造[J]，2008（7）：223～226．

[16] 郭小芳，刘爱军，樊景博．知识获取方法及实现技术．陕西师范大学学报[J]，2007，35（S2）：187～189．

[17] 孙丽，王秀伦，景宁．CAPP 系统中基于实例的推理及检索方式的研究．机床与液压[J]，2001（6）：158～159．

[18] 曾芬芳，严晓光．CAPP 的现状与发展趋势．机械制造与自动化[J]，2004（3）：12～14．

[19] 张志平，朱世和，董黎敏．基于特征的派生式 CAPP 系统研究．组合机床与自动化加工技术[J]，2004（3）：38～40．

[20] 周骥平，林岗主编．机械制造自动化技术．北京：机械工业出版社，2009．

[21] 肖刚，李学志主编．机械 CAD 原理与实践．北京：清华大学出版社，1997．

[22] 魏生民，朱熹林．机械 CAD/CAM．武汉：武汉理工大学出版社，2001．

[23] 王隆太．机械 CAD/CAM 技术．北京：机械工业出版社，2002．

[24] 袁红兵．计算机辅助设计与制造．北京：国防工业出版社，2006．

[25] 袁泽虎，戴锦春，王国顺．计算机辅助设计与制造．北京：中国水利水电出版社，2011．

[26] 刘文剑，常伟，金天国等．CAD/CAM 集成技术．哈尔滨：哈尔滨工业大学出版社，2000．

[27] 许超，刘芳．钣金 CAD/CAM 及其集成方法初探．计算机辅助设计与制造[J]，1998（2）：38～40．

[28] 王贤坤等．机械 CAD/CAM 技术应用与开发．北京：机械工业出版社，2002．

[29] 刘继红，王峻峰．复杂产品协同装配设计与规划．武汉：华中科技大学出版社，2011．

[30] 吴淑芳，陆春月．机械结构三维参数化建模与开发．长春：吉林大学出版社，2013．

[31] 王宗彦，吴淑芳，秦慧斌等．SolidWorks 机械产品高级开发技术．北京：北京理工大学出版社，2005．

[32] 王书亭，黄运保．机械 CAD 技术．武汉：华中科技大学出版社，2012．

[33] 苗鸿兵．计算机辅助机械系统概念设计．北京：电子工业出版社，2010．

反侵权盗版声明

电子工业出版社依法对本作品享有专有出版权。任何未经权利人书面许可，复制、销售或通过信息网络传播本作品的行为，歪曲、篡改、剽窃本作品的行为，均违反《中华人民共和国著作权法》，其行为人应承担相应的民事责任和行政责任，构成犯罪的，将被依法追究刑事责任。

为了维护市场秩序，保护权利人的合法权益，我社将依法查处和打击侵权盗版的单位和个人。欢迎社会各界人士积极举报侵权盗版行为，本社将奖励举报有功人员，并保证举报人的信息不被泄露。

举报电话：（010）88254396；（010）88258888
传　　真：（010）88254397
E-mail：　　dbqq@phei.com.cn
通信地址：北京市万寿路 173 信箱
　　　　　电子工业出版社总编办公室
邮　　编：100036